明日科技 编著

Python Web 开发手册

基础·实战·强化

全国百佳图书出版单位
化学工业出版社
·北京·

内容简介

《Python Web 开发手册：基础·实战·强化》是“计算机科学与技术手册系列”图书之一，该系列图书内容全面，以理论联系实际、能学到并做到为宗旨，以技术为核心，以案例为辅助，引领读者全面学习基础技术、代码编写方法和具体应用项目。旨在为想要进入相应领域或者已经在该领域深耕多年的技术人员提供新而全的技术性内容及案例。

本书以 Python 语言为载体讲解 Web 开发，分为 4 篇，分别是：Web 基础篇、Flask 框架实战篇、Django 框架实战篇和项目强化篇，共 30 章，内容由浅入深，循序渐进，使读者在打好基础的同时逐步提升。本书内容包含了 Web 开发必备的基础知识和数据库相关知识，以较大篇幅讲解了目前应用较广的两个框架（Flask 和 Django）和相应的 14 个关键案例，同时配备了两个大型项目，使读者能够同步做出产品，达到学到并且做到的目的。

本书适合 Python Web 开发从业者、Python 开发程序员、Python 开发以及人工智能的爱好者阅读，也可供高校计算机相关专业师生参考。

图书在版编目（CIP）数据

Python Web 开发手册：基础·实战·强化 / 明日科技编著. —北京：化学工业出版社，2022.1

ISBN 978-7-122-40123-6

Ⅰ. ①P… Ⅱ. ①明… Ⅲ. ①软件工具－程序设计 Ⅳ. ① TP311.561

中国版本图书馆 CIP 数据核字（2021）第 210088 号

责任编辑：雷桐辉 周 红
责任校对：杜杏然
装帧设计：尹琳琳

出版发行：化学工业出版社
（北京市东城区青年湖南街13号 邮政编码100011）
印 装：大厂聚鑫印刷有限责任公司
880mm×1230mm 1/16 印张25¾ 字数738千字
2022年2月北京第1版第1次印刷

购书咨询：010-64518888
售后服务：010-64518899
网 址：http://www.cip.com.cn
凡购买本书，如有缺损质量问题，本社销售中心负责调换。

定 价：128.00元

前言

从工业 4.0 到“十四五”规划，我国信息时代正式踏上新的阶梯，电子设备已经普及，在人们的日常生活中随处可见。信息社会给人们带来了极大的便利，信息捕获、信息处理分析等在各个行业得到普遍应用，推动整个社会向前稳固发展。

计算机设备和信息数据的相互融合，对各个行业来说都是一次非常大的进步，已经渗入到工业、农业、商业、军事等领域，同时其相关应用产业也得到一定发展。就目前来看，各类编程语言的发展、人工智能相关算法的应用、大数据时代的数据处理和分析都是计算机科学领域各大高校、各个企业在不断攻关的难题，是挑战也是机遇。因此，我们策划编写了“计算机科学与技术手册系列”图书，旨在为想要进入相应领域的初学者或者已经在该领域深耕多年的从业者提供新而全的技术性内容，以及丰富、典型的实战案例。

目前，国内各大企业对 Python 人才的需求急剧上升，薪资水平也节节攀升，就业前景极其广阔。迄今为止，业内几乎所有大中型互联网企业都在使用 Python，如：豆瓣、知乎、百度、腾讯、拉勾网、美团、YouTube、Facebook、Google 和 Yahoo 等。很多知名的企业网站都是使用 Python 的 Web 框架进行开发的，因此熟练掌握 Web 框架对于 Python 语言的学习者来说也极其重要。

本书内容

全书共分为 30 章，主要通过“Web 基础篇（3 章）+ Flask 框架实战篇（12 章）+Django 框架实战篇（12 章）+ 项目强化篇（3 章）”4 大维度一体化进行讲解，具体的知识结构如下图所示。

Python Web开发手册

Web基础篇	Flask框架实战篇	Django框架实战篇	项目强化篇
第1章 Web基础	第4章 Flask快速应用	第16章 Django快速应用	第28章 基于Flask框架的51商城
第2章 前端基础	第5章 Flask的请求与响应	第17章 Django模板引擎	第29章 基于Django框架的综艺之家管理系统
第3章 MySQL的使用	第6章 Jinja2模板引擎	第18章 Django视图与表单	第30章 Web项目部署
	第7章 Flask视图与蓝图	第19章 Django模型与数据库	
	第8章 Flask操作数据库	第20章 Django缓存	
	第9章 【案例】Flask_SQLAlchemy筛选网易云免费课程	第21章 【案例】Celery异步发送验证邮件	
	第10章 【案例】Splitlines解析数据库文本中的换行内容	第22章 【案例】自定义Admin命令	
	第11章 【案例】Flask_Login用户登录校验	第23章 【案例】Channels实现Web Socket聊天室	
	第12章 【案例】ECharts显示折线图	第24章 【案例】Paginator实现数据分页	
	第13章 【案例】员工信息审核	第25章 【案例】Ajax多级下拉框联动	
	第14章 【案例】网页底部Tab栏设计	第26章 【案例】Haystack站内全局搜索引擎	
	第15章 【案例】多条件查询的使用	第27章 【案例】Message消息提示	

本书中主要介绍了进行 Web 开发的两大常用框架 Flask 和 Django 框架。读者可以根据需要选择性学习。

本书特色

1．突出重点、学以致用

书中每个知识点都结合了简单易懂的示例代码以及非常详细的注释信息，力求能够让读者快速理解所学知识，提高学习效率，缩短学习路径。

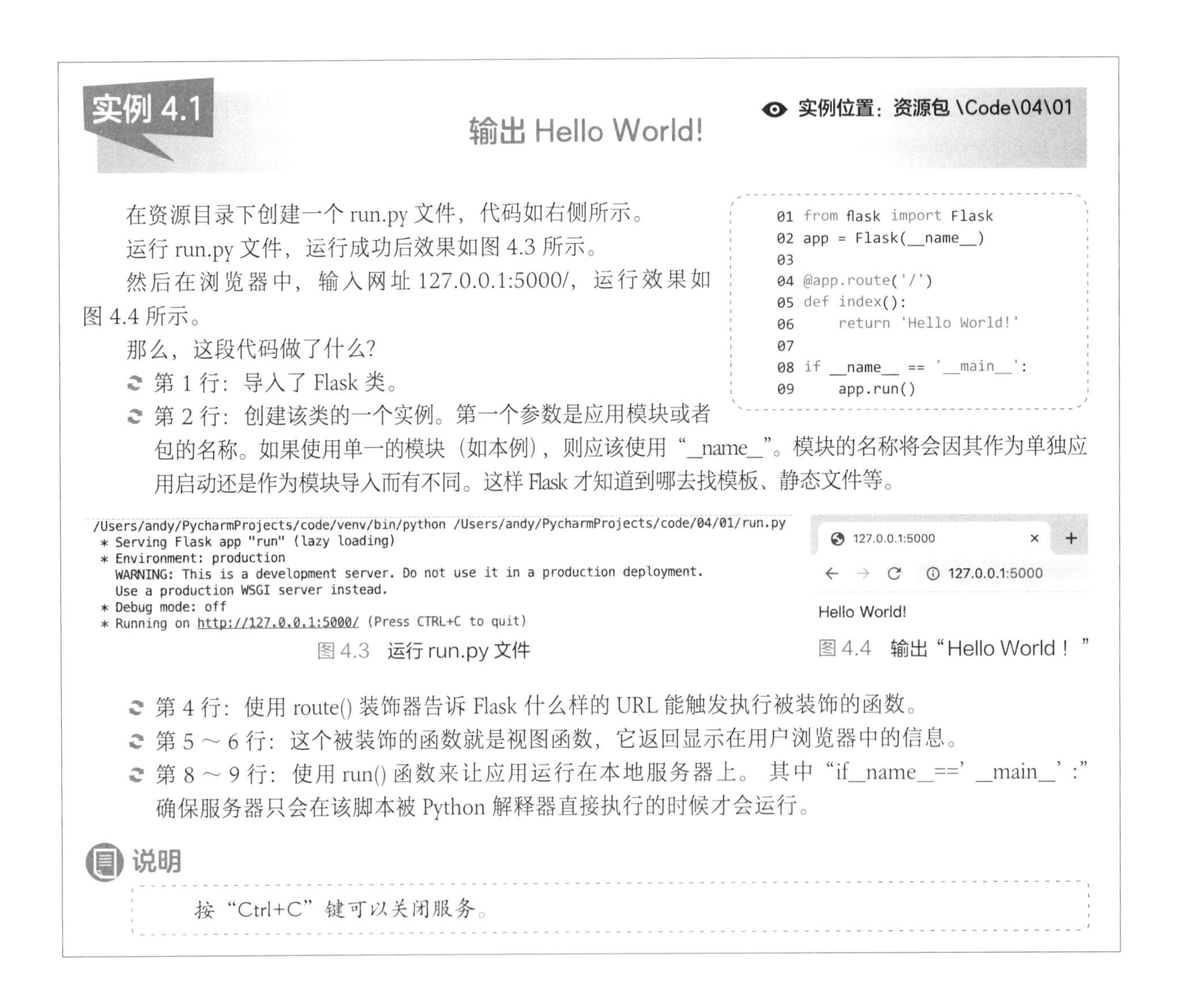

实例 4.1

输出 Hello World!

实例位置：资源包 \Code\04\01

在资源目录下创建一个 run.py 文件，代码如右侧所示。

```
01 from flask import Flask
02 app = Flask(__name__)
03
04 @app.route('/')
05 def index():
06     return 'Hello World!'
07
08 if __name__ == '__main__':
09     app.run()
```

运行 run.py 文件，运行成功后效果如图 4.3 所示。

然后在浏览器中，输入网址 127.0.0.1:5000/，运行效果如图 4.4 所示。

那么，这段代码做了什么?

- 第 1 行：导入了 Flask 类。
- 第 2 行：创建该类的一个实例。第一个参数是应用模块或者包的名称。如果使用单一的模块（如本例），则应该使用“_name_”。模块的名称将会因其作为单独应用启动还是作为模块导入而有不同。这样 Flask 才知道到哪去找模板、静态文件等。

```
/Users/andy/PycharmProjects/code/venv/bin/python /Users/andy/PycharmProjects/code/04/01/run.py
 * Serving Flask app "run" (lazy loading)
 * Environment: production
   WARNING: This is a development server. Do not use it in a production deployment.
   Use a production WSGI server instead.
 * Debug mode: off
 * Running on http://127.0.0.1:5000/ (Press CTRL+C to quit)
```

图 4.3 运行 run.py 文件

图 4.4 输出“Hello World！”

- 第 4 行：使用 route() 装饰器告诉 Flask 什么样的 URL 能触发执行被装饰的函数。
- 第 5 ～ 6 行：这个被装饰的函数就是视图函数，它返回显示在用户浏览器中的信息。
- 第 8 ～ 9 行：使用 run() 函数来让应用运行在本地服务器上。其中“if_name_==' _main_' :”确保服务器只会在该脚本被 Python 解释器直接执行的时候才会运行。

说明

按“Ctrl+C”键可以关闭服务。

2. 提升思维、综合运用

本书以知识点综合运用的方式，带领读者学习各种趣味性较强的 Python Web 开发案例，让读者不断开拓 Python Web 开发思维，还可以快速提高对知识点的综合运用能力，让读者能够回顾以往所学的知识点，并结合新的知识点进行综合应用。

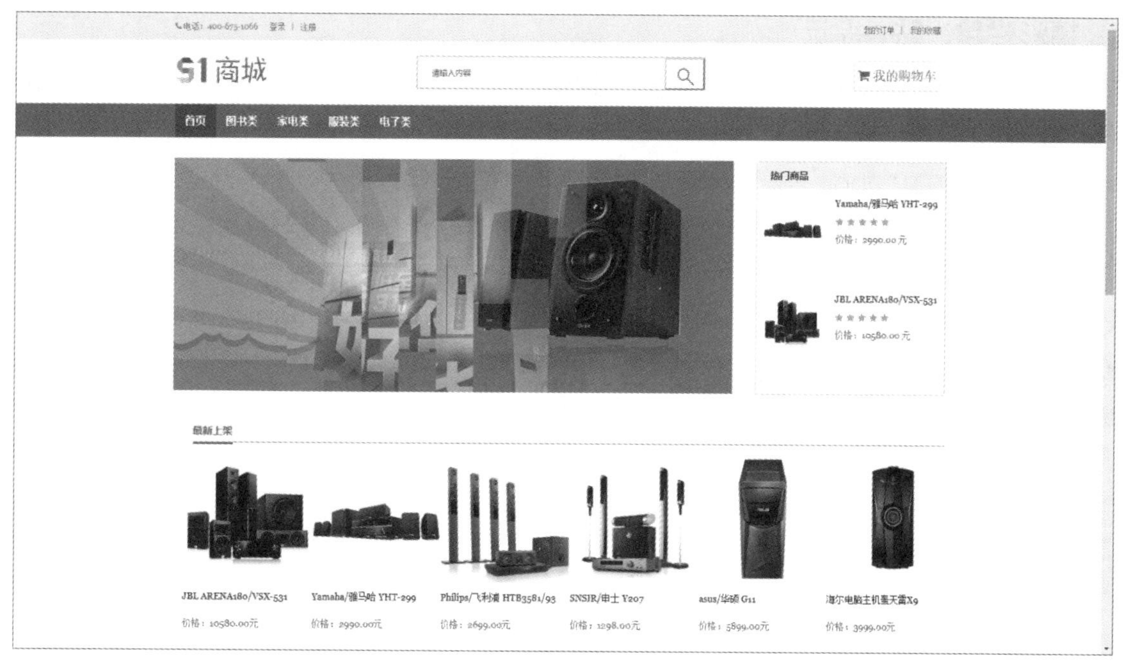

51 商城

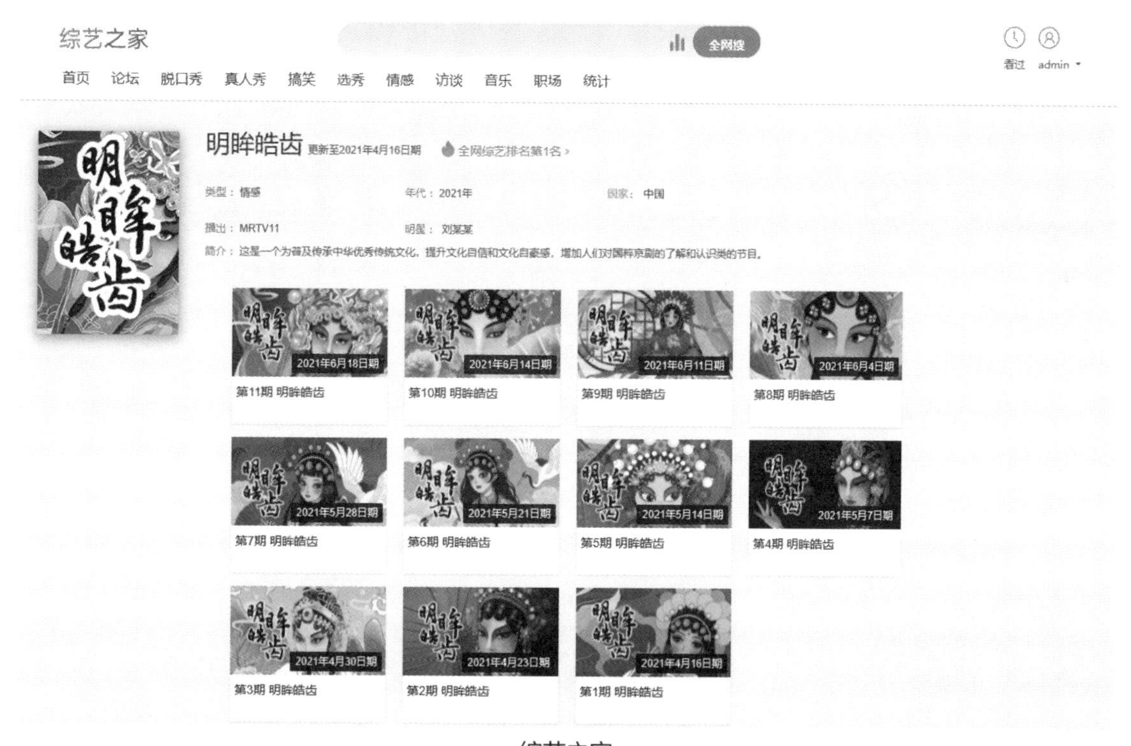

综艺之家

3. 综合技术、实际项目

本书在项目强化篇中提供了两个贴近生活应用的项目，力求通过实际应用使读者更容易地掌握 Python Web 开发的流程。Python Web 开发都是根据实际开发经验总结而来，包含了在实际开发中所遇到的各种问题。项目结构清晰、扩展性强，读者可根据个人需求进行扩展开发。

4. 精彩栏目、贴心提示

本书根据实际学习的需要，设置了“注意”“说明”等许多贴心的小栏目，辅助读者轻松理解所学知识，规避编程陷阱。

本书由明日科技的 Python 开发团队策划并组织编写，主要编写人员有李再天、王国辉、高春艳、李磊、冯春龙、王小科、赛奎春、申小琦、赵宁、张鑫、周佳星、杨柳、葛忠月、李春林、宋万勇、张宝华、杨丽、刘媛媛、庞凤、胡冬、梁英、谭畅、何平、李菁菁、依莹莹、宋磊等。在编写本书的过程中，我们本着科学、严谨的态度，力求精益求精，但疏漏之处在所难免，敬请广大读者批评指正。

感谢您阅读本书，希望本书能成为您编程路上的领航者。

祝您读书快乐！

编著者

如何使用本书

本书资源下载及在线交流服务

方法 1：使用微信立体学习系统获取配套资源。用手机微信扫描下方二维码，根据提示关注“易读书坊”公众号，选择您需要的资源和服务，点击获取。微信立体学习系统提供的资源和服务包括：

- 视频讲解：快速掌握编程技巧
- 源码下载：全书代码一键下载
- 配套答案：自主检测学习效果
- 学习打卡：学习计划及进度表
- 拓展资源：术语解释指令速查

扫码享受
全方位沉浸式学 Python

操作步骤指南

① 微信扫描本书二维码。② 根据提示关注“易读书坊”公众号。
③ 选取您需要的资源，点击获取。④ 如需重复使用可再次扫码。

方法 2：推荐加入 QQ 群：576760840（若此群已满，请根据提示加入相应的群），可在线交流学习，作者会不定时在线答疑解惑。

方法 3：使用学习码获取配套资源。

（1）激活学习码，下载本书配套的资源。

第一步：刮开后勒口的“在线学习码”（如图 1 所示），用手机扫描二维码（如图 2 所示），进入如图 3 所示的登录页面。单击图 3 页面中的“立即注册”成为明日学院会员。

第二步：登录后，进入如图 4 所示的激活页面，在“激活图书 VIP 会员”后输入后勒口的学习码，单击“立即激活”，成为本书的“图书 VIP 会员”，专享明日学院为您提供的有关本书的服务。

第三步：学习码激活成功后，还可以查看您的激活记录，如果您需要下载本书的资源，请单击如图 5 所示的云盘资源地址，输入密码后即可完成下载。

图1　在线学习码

图2　手机扫描二维码

图3　扫码后弹出的登录页面

图4　输入图书激活码

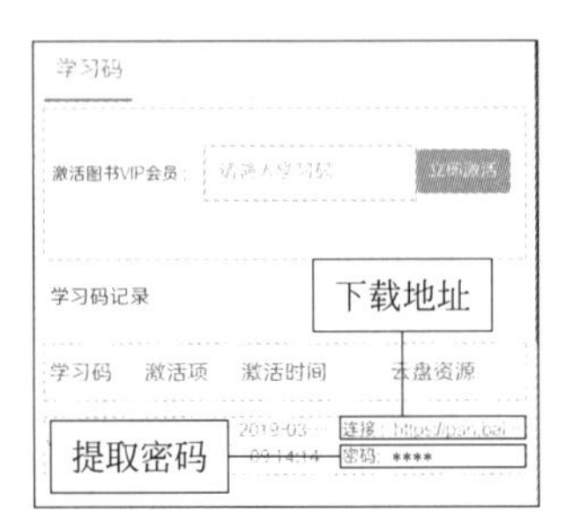

图5　学习码激活成功页面

（2）打开下载到的资源包，找到源码资源。本书共计 30 章，源码文件夹主要包括：实例源码、案例源码、项目源码，具体文件夹结构如下图所示。

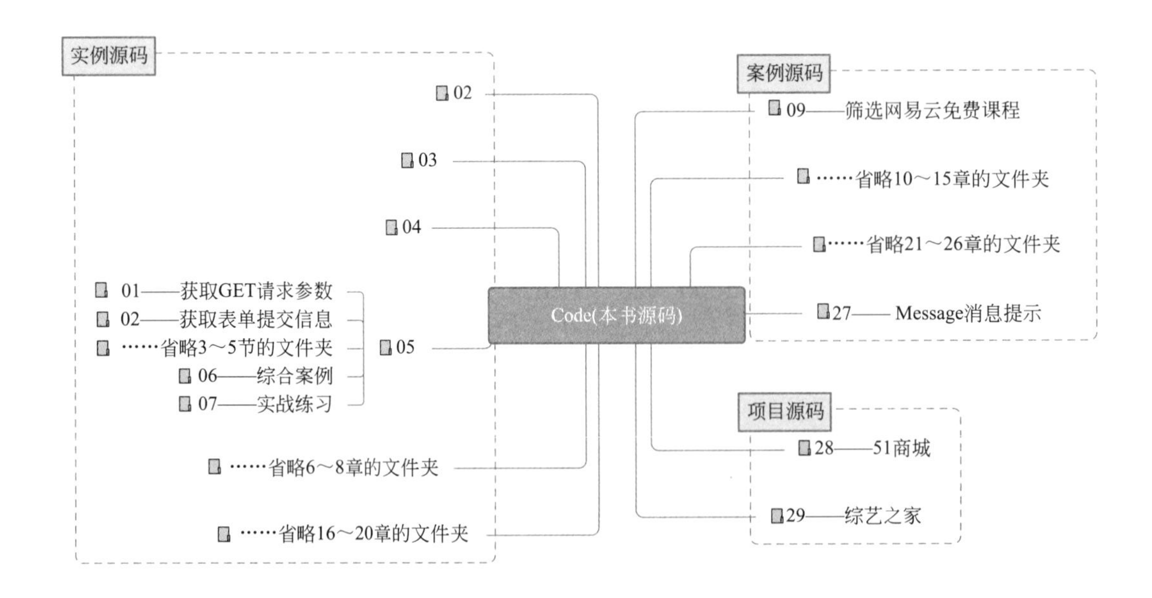

（3）使用开发环境（如 PyCharm）打开章节所对应 Python 项目文件，安装依赖，运行即可。

本书约定

推荐操作系统及 Python 语言版本			
Windows10		Python 3.6.0 及以上	
本书介绍的开发环境			
PyCharm 2021	Anaconda3.8	MySQL	Redis
PC	ANACONDA	MySQL	redis
商业集成开发环境	集成工具	数据库	数据库

读者服务

为方便解决读者在学习本书过程中遇到的疑难问题及获取更多图书配套资源，我们在明日学院网站为您提供了社区服务和配套学习服务支持。此外，我们还提供了读者服务邮箱及售后服务电话等，如图书有质量问题，可以及时联系我们，我们将竭诚为您服务。

读者服务邮箱：mingrisoft@mingrisoft.com

售后服务电话：4006751066

目录

第1篇 Web基础篇

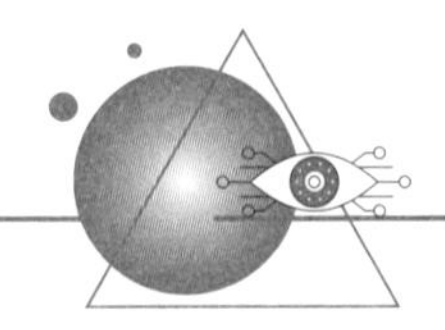

第1章 Web基础

第2章 前端基础

第3章 MySQL的使用

第2篇 Flask框架实战篇

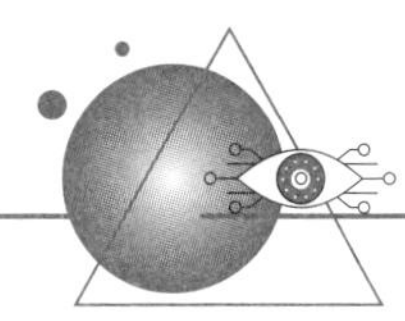

第4章 Flask快速应用

第5章 Flask的请求与响应

第6章 Jinja2 模板引擎

第7章 Flask 视图与蓝图

第8章 Flask 操作数据库

第9章 【案例】Flask_SQLAlchemy 筛选网易云免费课程

第10章 【案例】Splitlines 解析数据库文本中的换行内容

第11章 【案例】Flask_Login 用户登录校验

第12章 【案例】ECharts显示折线图

第13章 【案例】员工信息审核

第14章 【案例】网页底部Tab栏设计

第15章 【案例】多条件查询的使用

第3篇 Django框架实战篇

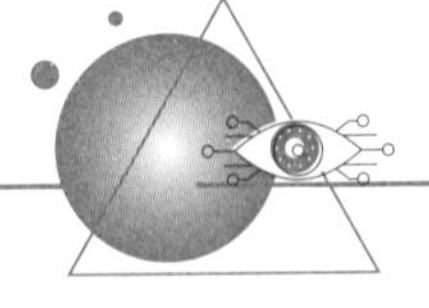

第16章 Django快速应用

第 17 章 Django 模板引擎

第 18 章 Django 视图与表单

第 19 章 Django 模型与数据库

第20章 Django缓存

第21章 【案例】Celery异步发送验证邮件

第22章 【案例】自定义Admin命令

第23章 【案例】Channels实现Web Socket聊天室

第 24 章 【案例】Paginator 实现数据分页

第 25 章 【案例】Ajax 多级下拉框联动

第 26 章 【案例】Haystack 站内全局搜索引擎

第 27 章 【案例】Message 消息提示

第 4 篇　项目强化篇

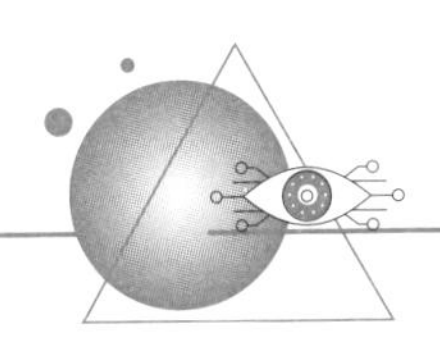

第 28 章　基于 Flask 框架的 51 商城

第 29 章　基于 Django 框架的综艺之家管理系统

第30章 Web 项目部署

附录

第 1 篇 Web 基础篇

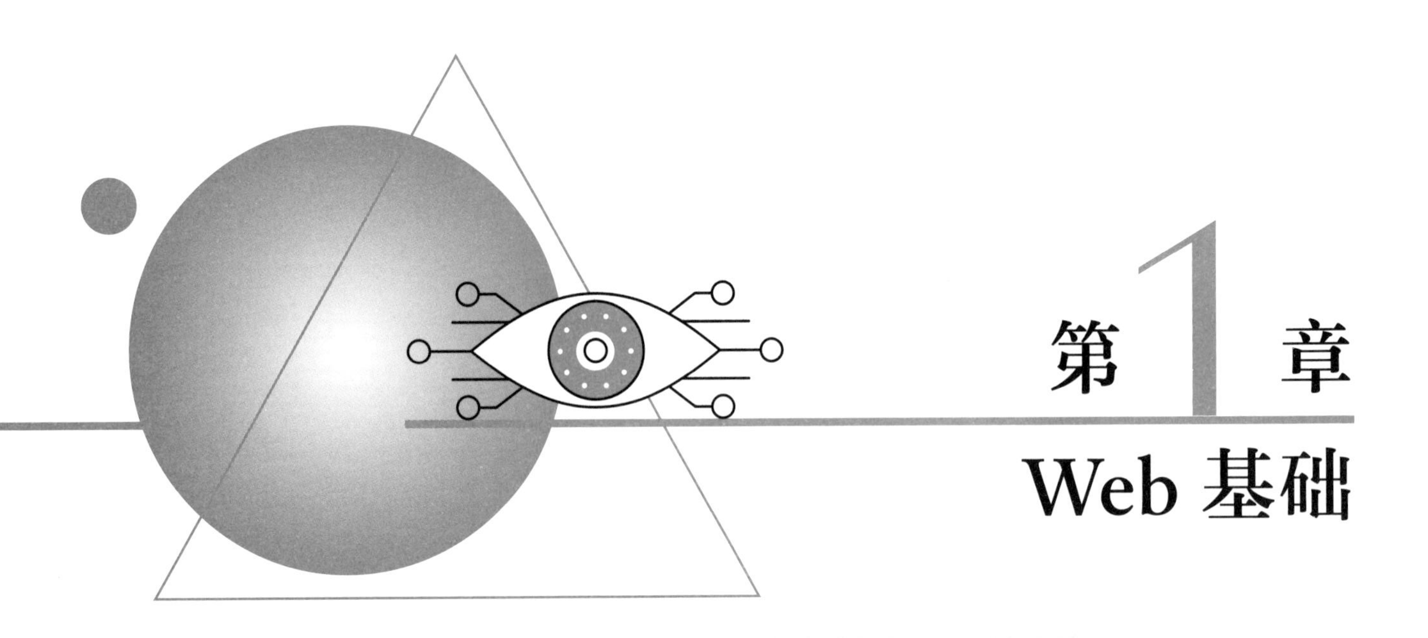

第1章 Web基础

熟练掌握一门编程语言，最好的方法就是充分了解、掌握其基础知识，并亲自体验，多敲代码，熟能生巧。

从1990年圣诞节伯纳斯·李制作的第一个网页浏览器World Wide Web到现在，在这短短的几十年间，Web技术突飞猛进，已经并且正在深刻地改变着我们的生活。本章将介绍什么是Web、Web的工作原理、常用的Web框架以及如何搭建一个Web开发环境等内容。

1.1 Web 概述

Web，全称 World Wide Web，亦作“WWW”，中文译为万维网。万维网是一个通过互联网访问的，由许多互相链接的超文本组成的系统。

万维网是信息时代发展的核心，也是数十亿人在互联网上进行交互的主要工具。网页主要是文本文件格式化和超文本标记语言（HTML）。除了格式化文字之外，网页还可能包含图片、影片、声音和软件组件，这些组件会在用户的网页浏览器中呈现为多媒体内容的连贯页面。

说明

> 互联网和万维网这两个词通常没有多少区别，但是，两者并不相同。互联网是一个全球互相连接的计算机网络系统。相比之下，万维网是透过超链接和统一资源标志符连接全球收集的文件和其他资源。万维网资源通常使用 HTTP 访问，这是许多互联网通信协议的其中之一。

1.1.1 Web 的发展历程

在过去的 20 多年中，Web 也经历了翻天覆地的变化，从最早期的静态页面到后来的动态内容出现，再到脚本编程语言与之后的 Web 框架。

1. 静态页面

1991 年 8 月 6 日，蒂姆 · 伯纳斯 · 李在 alt.hypertext 新闻组贴出了一份关于 World Wide Web 的简单摘要，标志了 Web 页面在 Internet 上的首次登场。其后，随着浏览器的普及和 W3C 的推动，使得 Web 上可以访问的资源逐渐丰富起来。这个时候 Web 的主要功能就是浏览器向服务器请求静态 HTML 信息。Web 静态页面的基本原理如图 1.1 所示。

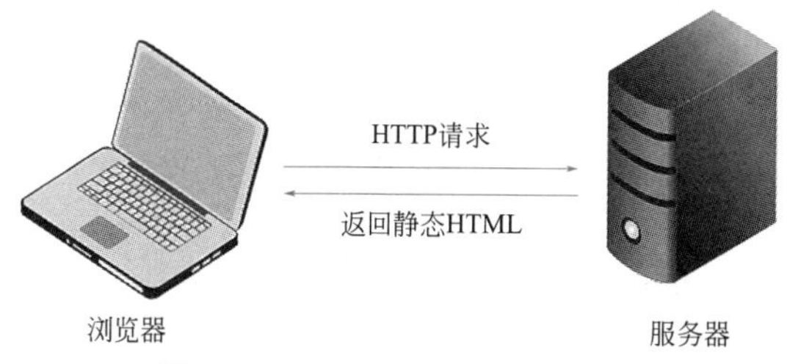

图 1.1 Web 静态页面工作原理

2. 动态内容

最初在浏览器中主要展现的是静态的文本或图像信息，不过人们已经不仅仅满足于访问放在 Web 服务器上的静态文件，1993 年 CGI（Common Gateway Interface）出现了，Web 上的动态信息服务开始蓬勃兴起。

CGI 定义了 Web 服务器与外部应用程序之间的通信接口标准，因此 Web 服务器可以通过 CGI 执行外部程序，让外部程序根据 Web 请求内容生成动态的内容。CGI 是一段程序，运行在服务器上，可以用任何支持标准输入输出和环境变量的语言编写，例如 Shell 脚本、C/C++ 语言等，只要符合接口标准即可。

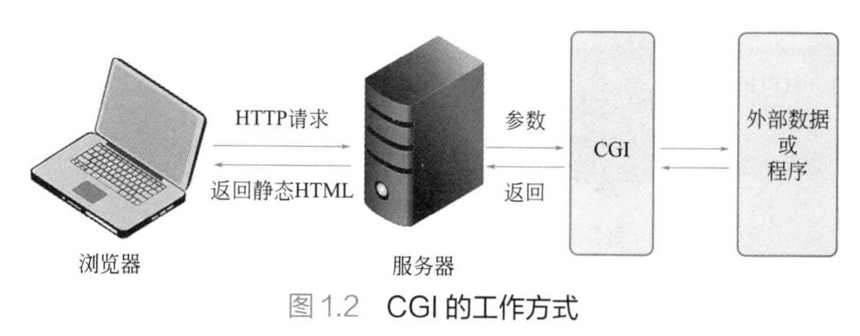

图 1.2 CGI 的工作方式

Web 服务器将请求发送给 CGI 应用程序，再将 CGI 应用程序动态生成的 HTML 页面发送回客户端。CGI 在 Web 服务器和应用之间充当了交互作用，这样才能够处理用户数据，生成并返回最终的动态 HTML 页面。CGI 的工作方式如图 1.2 所示。

3. 脚本语言

尽管 Web 上提供了动态功能，例如实现网站的登录和注册、表单的处理等。CGI 对每个请求都会启动一个进程来处理，因此性能上的扩展性不高。另外，想象一下用在 Perl 和 C 语言中的程序中去，会输出一大堆复杂的 HTML 字符串，可读性和维护性是个大问题。为了处理更复杂的应用，一种方法是把 HTML 返回中固定的部分存起来（称之为模板），把动态的部分标记出来，Web 请求处理的时候，程序先把部分动态的内容嵌入到模板中去执行，最终再返回完整的 HTML。

于是 1994 年的时候，PHP 诞生了，PHP 可以把程序（动态内容）嵌入到 HTML（模板）中去执行，不仅能更好地组织 Web 应用的内容，而且执行效率比 CGI 更高。之后 1996 年出现的 ASP 和 1998 年出现的 JSP 本质上也都可以看成是一种支持某种脚本语言编程（分别是 VB 和 Java）的模板引擎。1996 年 W3C 发布了 CSS1.0 规范。CSS 允许开发者用外联的样式表来取代难以维护的内嵌样式，而不需要逐个去修改 HTML 元素，这让 HTML 页面更加容易创建和维护。此时，有了这些脚本语言，搭配上后端的数据库技术，Web 开发技术突飞猛进。Web 已经从一个静态资源分享媒介真正变为了一个分布式的计算平台了。

Web 脚本语言工作原理如图 1.3 所示。

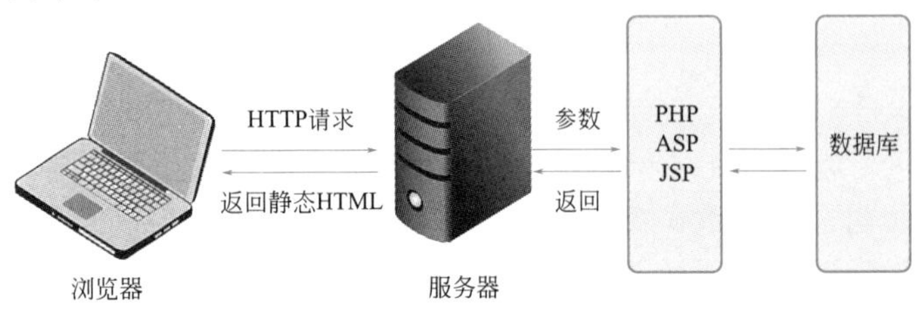

图 1.3　Web 脚本语言工作原理

4. Web 框架

虽然脚本语言大大提高了应用开发效率，但是试想一个复杂的大型 Web 应用，访问各种功能的 URL 地址纷繁复杂，涉及的 Web 页面多种多样，同时还管理着大量的后台数据，因此需要在架构层面上解决维护性和扩展性等问题。这个时候，MVC 的概念被引入到了 Web 开发中。

MVC 早在 1978 年就作为 Smalltalk 的一种设计模式被提出来了，应用到 Web 应用上，模型（Model）用于封装与业务逻辑相关的数据和数据处理方法，视图（View）是数据的 HTML 展现，控制器（Controller）负责响应请求，协调 Model 和 View。Model、View 和 Controller 的分开，是一种典型的关注点分离的思想，不仅使得代码复用性和组织性更好，使得 Web 应用的配置性和灵活性更好。常见的 MVC 模式如图 1.4 所示。

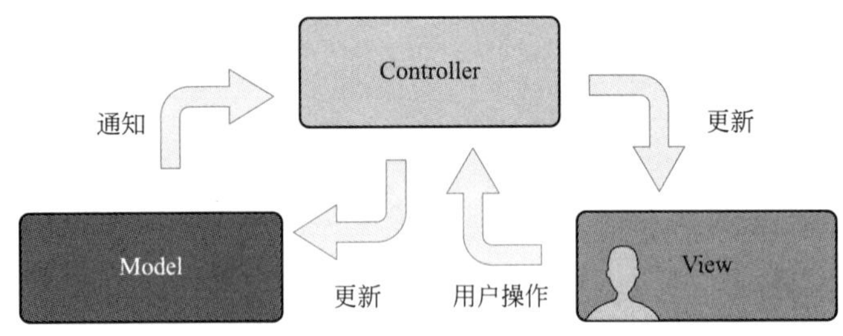

图 1.4　MVC 模式示意图

此外，数据访问也逐渐通过面向对象的方式来替代直接的 SQL 访问，从而出现了 ORM（Object Relation Mapping）的概念。更多的全栈框架开始出现，比如 2003 年出现的 Java 开发框架 Spring，同时更多的动态语言也被加入到 Web 编程语言的阵营，2004 年出现的 Ruby 开发框架 Rails，2005 年出现的 Python 开发框架 Django，都提供了全栈开发框架，或者自身提供 Web 开发的各种组件，又或者可以方便地集成各种组件。

Web 框架的应用如图 1.5 所示。

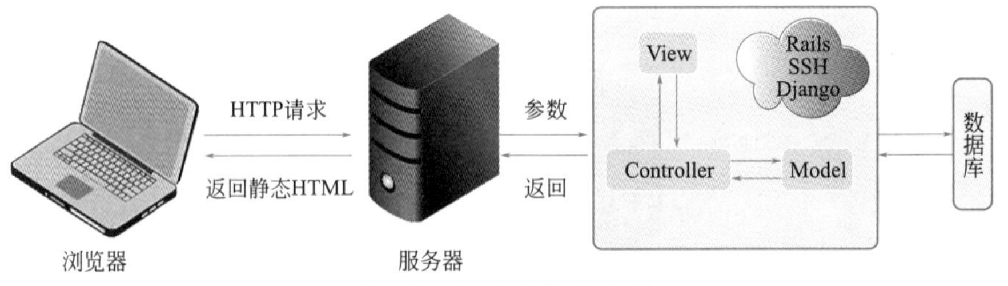

图 1.5　Web 框架的应用

1.1.2　Web 程序工作原理

若要进入万维网上的一个网页，或者获取其他网络资源的时候，通常需在浏览器上键入你想访问的网页的统一资源定位符（URL），或者通过超链接方式链接到那个网页或网络资源。这之后的工作首先是 URL 的服务器名部分，被命名为域名系统的分布于全球的因特网数据库解析，并根据解析结果决定进入哪一个 IP 地址。

接下来的步骤是向在那个 IP 地址工作的服务器发送一个 HTTP 请求。在通常情况下，HTML 文本、图片和构成该网页的一切其他文件很快会被逐一请求并发送回用户。网络浏览器接下来的工作是把 HTML、CSS（层叠样式表）和其他接收到的文件所描述的内容，加上图像、链接和其他必需的资源，显示给用户。这些就构成了所看到的“网页”。

大多数的网页自身包含有超链接指向其他相关网页，可能还有下载、源文件、定义和其他网络资源。像这样通过超链接，把有用的相关资源组织在一起的集合，就形成了一个所谓的信息的“网”。这个网在因特网上被广泛使用，就构成了最早在 1990 年代初蒂姆 · 伯纳斯 · 李所说的万维网。

1.2 Web 框架简介

Web 框架是用来简化 Web 开发的软件框架。事实上，框架根本就不是什么新的东西，它只是一些能够实现常用功能的 Python 文件。可以把框架看作是工具的集合，而不是特定的东西。框架的存在是为了避免“重新发明轮子”，可以在创建一个新的项目时帮助减轻开发成本。典型的框架提供了如下常用功能：

- 管理路由。
- 支持数据库。
- 支持 MVC。
- 支持 ORM。
- 支持模板引擎。
- 管理会话和 Cookies。

1.2.1 ORM 简介

对象 - 关系映射（Object Relation Mapping，简称 ORM），是随着面向对象的软件开发方法发展而产生的。面向对象的开发方法是当今企业级应用开发环境中的主流开发方法，关系型数据库是企业级应用环境中永久存放数据的主流数据存储系统。对象和关系数据是业务实体的两种表现形式，业务实体在内存中表现为对象，在数据库中表现为关系数据。内存中的对象之间存在关联和继承关系，而在数据库中，关系数据无法直接表达多对多关联和继承关系。因此，对象 - 关系映射（ORM）系统一般以中间件的形式存在，主要实现程序对象到关系数据库数据的映射。ORM 与数据库的对应关系如图 1.6 所示。

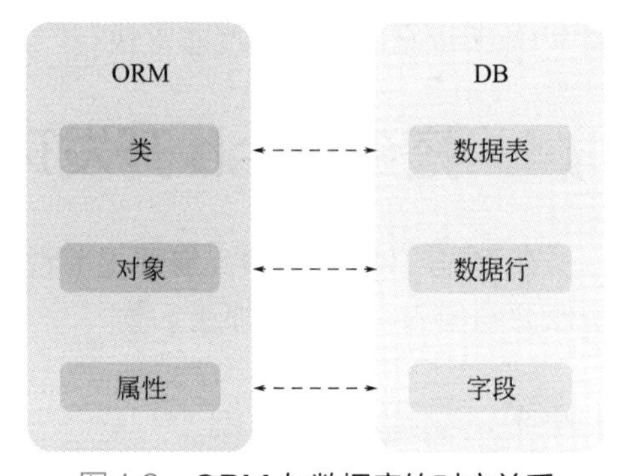

图 1.6　ORM 与数据库的对应关系

1.2.2 模板引擎

模板引擎是为了使用户界面与业务数据（内容）分离而产生的，它可以生成特定格式的文档，用于网站的模板引擎一般生成一个标准的 HTML 文档。Python 很多 Web 框架都内置了模板引擎，使用模板引擎可以在 HTML 页面中使用变量，如右侧代码所示。

```
01 <html>
02 <head>
03 <title>{{title}}</title>
04 </head>
05 <body>
06 <h1>Hello,{{username}}!</h1>
07 </body>
08 </html>
```

右侧代码中的 {{}} 中的变量会被替换成变量值，这就可以让程序实现界面与数据分离，及业务代码与逻辑代码的分离，从而大大提升了开发效率，良好的设计也使得代码重用变得更加容易。

1.3 常用的 Python Web 框架

WSGI 服务器网关接口是一种 Web 服务器和 Web 应用程序或框架之间的简单而通用的接口。也就是说，只要遵循 WSGI 接口规则，就可以自主开发 Web 框架。所以，各种开源 Web 框架至少有上百个，关于 Python 框架优劣的讨论也仍在继续。作为初学者，应该选择一些主流的框架来学习使用。这是因为主流框架文档齐全，技术积累较多，社区繁盛，并且能得到更好的支持。下面，介绍几种 Python 的主流 Web 框架。

1.3.1 Flask

Flask 是一个轻量级 Web 应用框架。它的名字暗示了它的含义，它基本上就是一个微型的胶水框架。它把 Werkzeug 和 Jinja 黏合在了一起，所以它很容易被扩展。Flask 有许多的扩展可以使用，也有一群忠诚的粉丝和不断增加的用户群。它有一份很完善的文档，甚至还有一份唾手可得的常见范例。Flask 很容易使用，只需要几行代码就可以写出来一个“Hello World！”。

1.3.2 Django

这可能是最广为人知和使用最广泛的 Python Web 框架。Django 有世界上最大的社区，最多的包。它的文档非常完善，并且提供了一站式的解决方案，包括缓存、ORM、管理后台、验证、表单处理等，使得开发复杂的数据库驱动的网站变得简单。但是，Django 系统耦合度较高，替换掉内置的功能比较麻烦，所以学习曲线也相当陡峭。

1.3.3 Tornado

Tornado 不单单是个框架，还是个 Web 服务器。它一开始是给 FriendFeed 开发的，后来在 2009 年的时候也给 Facebook 使用。它是为了解决实时服务而诞生的。为了做到这一点，Tornado 使用了异步非阻塞 IO，所以它的运行速度非常快。

1.4 搭建 Web 开发环境

在 Web 开发过程中，需要提前设置好使用的开发环境，例如使用虚拟环境、pip 包管理工具和切换镜像源到国内，以便于加速下载。

1.4.1 创建虚拟环境

当在创建项目的时候，经常会使用第三方包和模块。而这些包和模块也会随时间的增加而变更版本。例如，在创建第 1 个应用程序时，使用的框架是 Django 1.0。当开发第 2 个应用程序时，Django 版本已经升级到 2.0。这意味着安装一个 Python 环境可能无法满足每个应用程序的要求，就导致需求存在冲突，即只安装版本 1.0 或 2.0 将导致某一个应用程序无法运行。

如何解决这种问题呢？ Python 提供的解决方案就是创建多个虚拟环境。一个虚拟环境就是一个目录树，其中安装有特定的 Python 版本，以及许多其他包。

对于不同的应用可以使用不同的虚拟环境，这样就可以解决需求相冲突的问题。应用程序 A 可以拥有自己的安装了 1.0 版本的虚拟环境，而应用程序 B 则拥有安装了 2.0 版本的另一个虚拟环境。如果应用程序 B 要求将某个库升级到 3.0 版本，也不会影响应用程序 A 的环境。多个虚拟环境的使用如图 1.7 所示。

1. 安装 virtualenv（虚拟环境）

virtualenv 的安装非常简单，可以使用如下命令进行安装：

```
pip install virtualenv
```

安装完成后，可以使用如下命令检测 virtualenv 版本：

```
virtualenv --version
```

图 1.7 安装多个虚拟环境

如果运行效果如图 1.8 所示，则说明安装成功。

2. 创建 Python 虚拟环境

下一步是使用 virtualenv 命令创建 Python 虚拟环境。这个命令只有一个必需的参数，即虚拟环境的名字。按照惯例，一般虚拟环境会被命名为“venv”。运行如下命令，如图 1.9 所示。

```
virtualenv venv
```

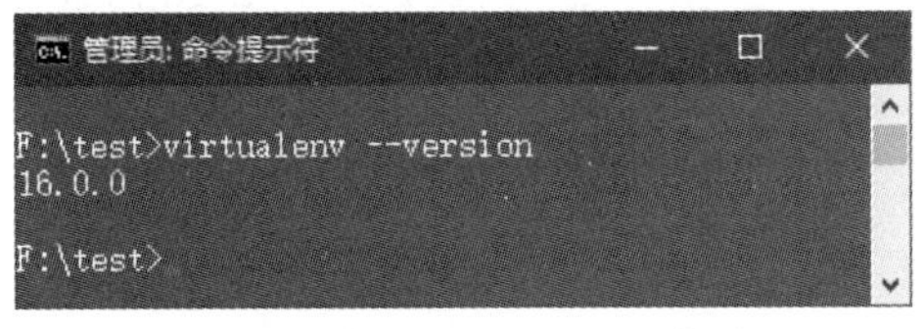

图 1.8 查看 virtualenv 版本

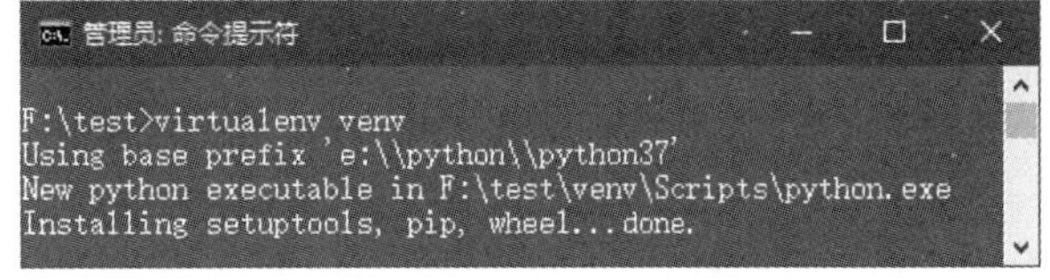

图 1.9 创建 venv 虚拟环境

运行完成后，在运行的目录下，会新增一个 venv 文件夹，它保存一个全新的虚拟环境，目录结构如图 1.10 所示。

图 1.10 venv 文件夹

3. 使用虚拟环境

在使用这个虚拟环境之前，需要先将它“激活”。不同的操作系统激活 venv 虚拟环境的命令不同。

Windows 系统激活虚拟环境命令：

```
venv\Scripts\activate
```

macOS 或 Linux 系统激活虚拟环境命令：

```
source venv/bin/activate
```

激活成功后，会在命令行提示符前面新增（venv）标志，如图 1.11 所示。

使用完成后，可以使用命令关闭虚拟环境，如图 1.12 所示。

图 1.11 激活虚拟环境后效果

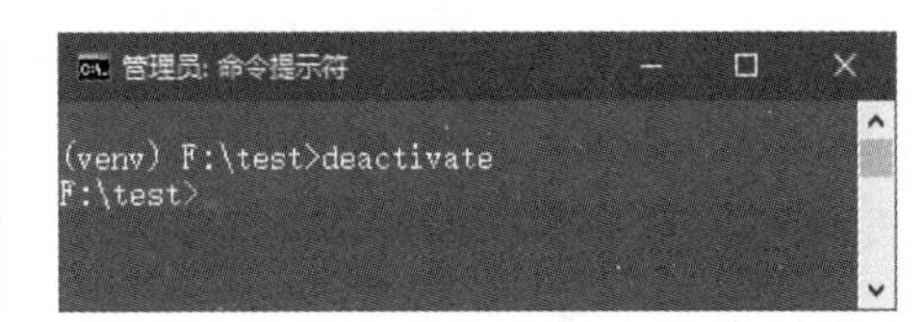

图 1.12 关闭虚拟环境后效果

1.4.2 pip 包管理工具

在 Web 开发过程中，除了可以使用 Python 内置的标准模块外，还需要使用很多第三方模块。Python

提供了 pip 工具用来下载和管理第三方包。可以使用如下命令来检测是否可以使用 pip 工具:

```
pip --version
```

运行结果如图 1.13 所示。

pip 管理包的常用方法如下。

1. 安装包

pip 使用如下命令安装包:

```
pip install 包名
```

例如，使用 pip 安装 beautifultable 模块，如图 1.14 所示。

图 1.13　查看 pip 版本

图 1.14　安装 beautifultable 模块

此外，pip 也可以安装指定版本的包，命令如下:

```
pip install 包名==版本号
```

例如，安装 0.8.0 版本的 beautifultable, 命令如下:

```
pip install beautifultable==0.8.0
```

说明

> 在虚拟环境下安装的包只能在该虚拟环境下使用，在全局环境或其他虚拟环境下无法使用。

pip 也可使用如下命令显示全部已经安装的包名及版本号:

```
pip list
```

如图 1.15 所示。

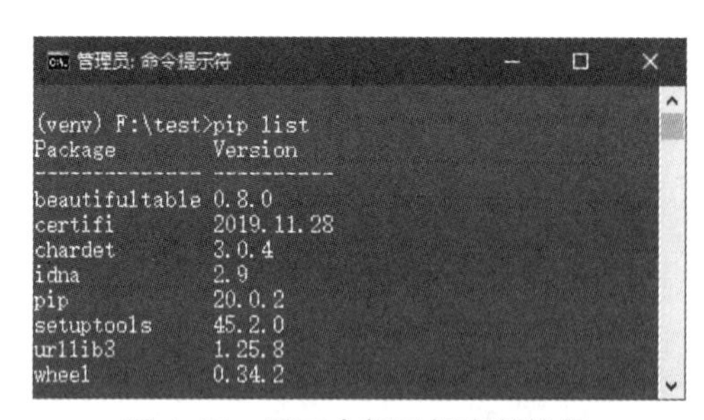

图 1.15　显示全部已经安装的包

此外，还可以使用如下命令查看可以升级的包。

```
pip list --outdate
```

2. 升级包

使用如下命令升级包:

```
pip install --upgrade 包名
```

以上命令可以升级到最新版的包，也可以通过使用"=="">=""<="">""<"来升级到指定版本号。

3. 卸载包

使用如下命令卸载包：

```
pip uninstall 包名
```

4. 输出使用的包

如果将一个已经开发完成的项目迁移到另一个全新的 Python 环境，可以将原项目中的包逐一安装到新环境中，显然这种方式比较烦琐，而且容易遗漏。此时，可以使用如下方法解决环境迁移的问题。

首先，使用如下命令将已经安装好的包输出到 requirements.txt 文件中。

```
pip freeze > requirements.txt
```

说明

上述命令中，">requirements.txt"表示输出到 requirements.txt 文本文件中。输出的文件名字可以自主定义，按照惯例，通常使用 requirements.txt。

requirements.txt 文件中包含了包名以及版本号，例如：

```
PackageVersion
-------------------------------
certifi2018.11.29
chardet3.0.4
pip20.0.2
pygame1.9.6
PyMySQL0.8.0
```

然后，在全新的 Python 环境下一次安装 requirements.txt 文件中的所有包，命令如下：

```
pip install -r requirements.txt
```

1.4.3 切换镜像源

在使用 pip 下载安装第三方包的时候，经常会因为下载超时而报错。这是由于下载包的服务器在国外，所以会出现访问超时的情况。可以使用国内镜像源来解决此类问题，比较常用的国内镜像源有：

- 清华大学：https://pypi.tuna.tsinghua.edu.cn/simple
- 阿里云：http://mirrors.aliyun.com/pypi/simple/
- 豆瓣：http://pypi.douban.com/simple/

使用镜像源的方式有 2 种：临时使用和默认永久使用。

1. 临时使用

临时使用指的是每次安装包时设置一次，下次再安装新的包时，还需要再设置。例如，临时使用清华大学镜像源安装 beautifultable，命令如下：

```
pip install -i https://pypi.tuna.tsinghua.edu.cn/simple beautifultable
```

说明

上述命令中，"-i"参数是 index 的缩写，表示索引，后面紧接着是镜像源的地址。

2. 默认永久使用

如果感觉临时使用镜像源的方式比较烦琐，可以将镜像源设置成配置文件，当使用 pip 下载包时，默认执行该配置文件，到指定镜像源中取下载包。以配置清华大学镜像源为例，配置信息如下：

```
[global]
index-url=https://pypi.tuna.tsinghua.edu.cn/simple
[install]
trusted-host=pypi.tuna.tsinghua.edu.cn
```

对于不同的操作系统，配置文件所在路径并不相同。

（1）Windows 系统

在 user 目录中创建一个 pip 目录，如：C:\Users\Administrator\pip。

注意

Administrator 是默认的用户名，读者需要根据自己电脑的具体情况自行替换。

然后在 pip 文件夹下新建一个 pip.ini 文件，在 pip.ini 文件中添加清华大学镜像源的配置。

（2）Linux 系统或 macOS 系统

创建“～/.config/pip/pip.conf”目录，并在 pip.conf 文件中添加清华大学镜像源的配置。

小结

本章首先介绍了什么是 Web，以及 Web 的工作原理和发展历程。然后介绍了常用的 Web 框架，通过 Web 框架可以极大地缩减开发周期与成本，由于本书重点是介绍使用 Python 语言来进行 Web 开发，所以接下来介绍了在 Python 中常见的三种 Web 框架。最后介绍了使用 Python 进行 Web 开发前需要进行的一些准备，包括创建虚拟环境、使用包管理工具和切换镜像源等常见操作。

扫码领取
- 教学视频
- 配套源码
- 实战练习答案
- ……

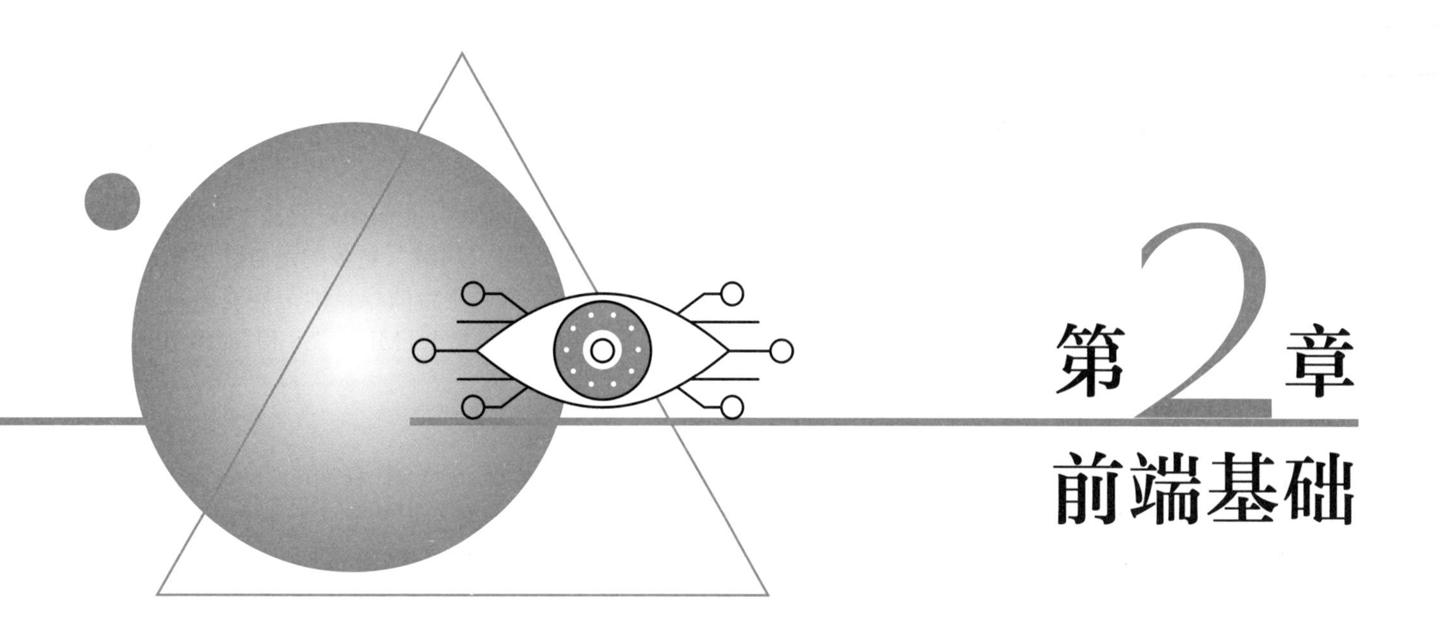

第2章 前端基础

由于 Web 开发通常分为 Web 前端和 Web 后端，本书虽然重点介绍 Python 作为 Web 开发的后端语言，但是读者还需要对 Web 前端知识有一定的了解。所以，本章又着重介绍了 Web 前端开发的基础知识，包括 HTML、CSS、JavaScript、jQuery 和 Bootstrap 等。

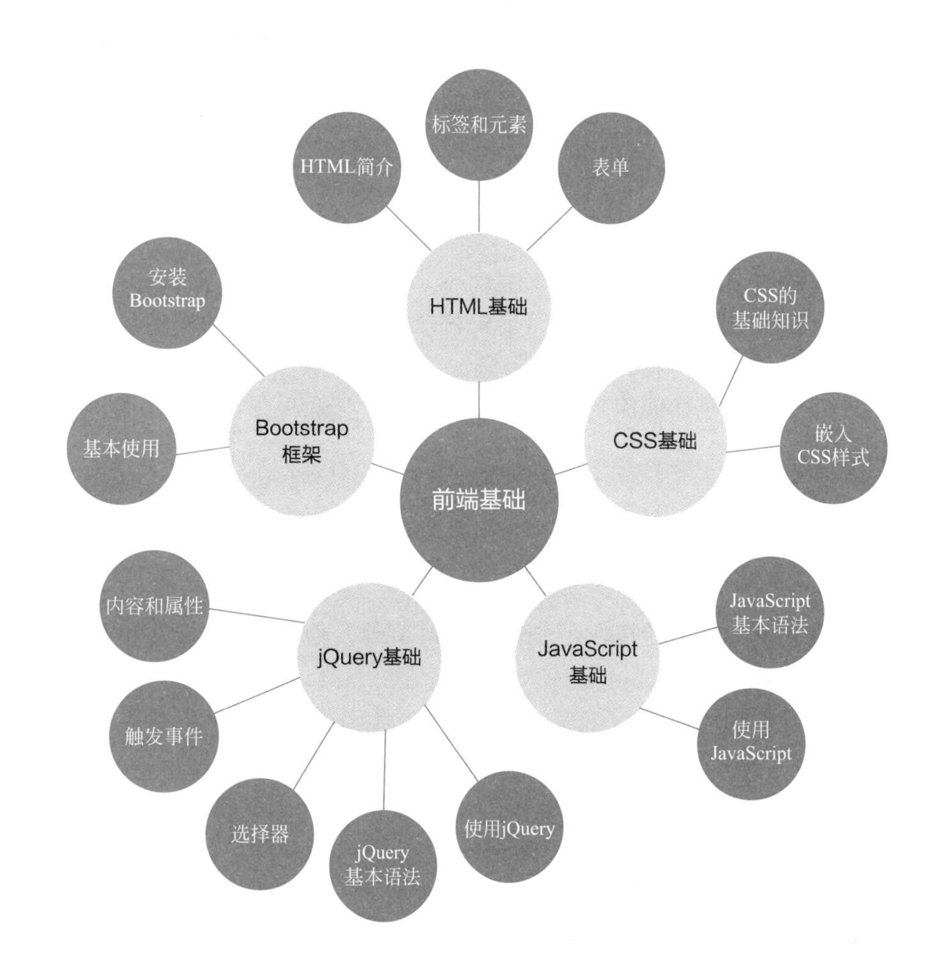

2.1　HTML 基础

对于 Web 开发，通常分为前端（Front-End）和后端（Back-End）。“前端”是与用户直接交互的部分，包括 Web 页面的结构、Web 的外观视觉表现以及 Web 层面的交互实现。“后端”更多的是与数据库进行交互以处理相应的业务逻辑，需要考虑的是如何实现功能、数据的存取、平台的稳定性与性能等。后端的编程语言包括 Python、Java、PHP、ASP.NET 等，而前端编程语言主要包括 HTML、CSS 和 JavaScript。

2.1.1　HTML 简介

HTML 是用来描述网页的一种语言。HTML 指的是超文本标记语言（Hyper Text Markup Language），它不是一种编程语言，而是一种标记语言。标记语言是一套标记标签，这种标记标签通常被称为 HTML 标签，它们是由尖括号包围的关键词，如 <html>。HTML 标签通常是成对出现的，例如 <h1> 和 </h1>。标签对中的第一个标签是开始标签，第二个标签是结束标签。Web 浏览器的作用是读取 HTML 文档，并以网页的形式显示它们。浏览器不会显示 HTML 标签，而是使用标签来解释页面的内容。如图 2.1 所示。

图 2.1　显示页面内容

在图 2.1 中，左侧是 HTML 代码，右侧是显示的页面内容。HTML 代码中，第一行的 <!DOCTYPE html> 表示使用的是 HTML5（最新 HTML 版本），其余的标签基本都是成对出现，并且在右侧的页面中，只显示标签里的内容，不显示标签。

下面将介绍如何使用 PyCharm 开发工具创建第一个 HTML 页面。

第一个 HTML 页面

实例位置：资源包 \Code\02\01

使用 PyCharm 创建一个 index.html 文件。使用 <h1> 标签和 <p> 标签展示明日学院的基本信息。具体实现步骤如下：

① 打开 PyCharm，创建 01 文件夹。选中该文件，单击右键，选择“NEW”→“HTML File”，此时弹出一个 New HTML File 的对话框，在对话框的 Name 栏中填写文件名称 index.html，最后单击“OK”按钮。

② 创建完成后，PyCharm 默认生成了基本的 HTML5 代码结构。我们在 <body> 和 </body> 标签内编写 HTML 代码，具体代码如下：

```
01 <!DOCTYPE html>
02 <html lang="en">
03 <head>
04     <meta charset="UTF-8">
05     <title> 明日学院简介 </title>
06 </head>
07 <body>
08     <h1> 明日学院 </h1>
09     <p>
10         明日学院，是吉林省明日科技有限公司倾力打造的在线实用技能学习平台，该平台于 2016 年正式
11         上线，主要为学习者提供海量、优质的课程，课程结构严谨，用户可以根据自身的学习程度，自主安
12         排学习进度。我们的宗旨是，为编程学习者提供一站式服务，培养用户的编程思维。
13     </p>
14 </body>
15 </html>
```

③ 使用谷歌浏览器打开 index.html 文件，运行结果如图 2.2 所示。

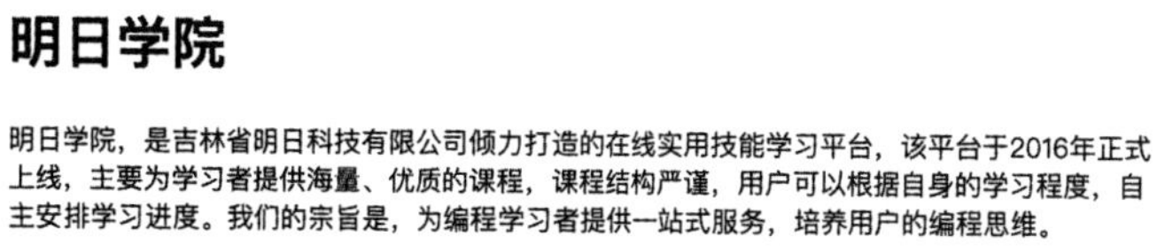

明日学院

明日学院，是吉林省明日科技有限公司倾力打造的在线实用技能学习平台，该平台于2016年正式上线，主要为学习者提供海量、优质的课程，课程结构严谨，用户可以根据自身的学习程度，自主安排学习进度。我们的宗旨是，为编程学习者提供一站式服务，培养用户的编程思维。

图 2.2　页面运行效果

上面 HTML 内容的含义如下：

- <!DOCTYPE html> 声明为 HTML5 文档。
- <html> 元素是 HTML 页面的根元素。
- <head> 元素包含了文档的元（meta）数据。例如，<meta charset="UTF-8"> 定义网页编码格式为 UTF-8。
- <title> 元素描述了文档的标题。
- <body> 元素包含了可见的页面内容。
- <h1> 元素定义一个大标题。
- <p> 元素定义一个段落。

说明

在浏览器的页面上使用键盘上的 <F12> 键开启调试模式，就可以看到组成标签。

2.1.2　标签和元素

HTML 标记标签通常被称为 HTML 标签（HTML tag），它的特点如下：

- HTML 标签是由尖括号包围的关键词，比如 <html>。
- HTML 标签通常是成对出现的，比如 <p> 和 </p>。
- 标签对中的第一个标签是开始标签，第二个标签是结束标签。

标签的形式如下：

```
< 标签 > 内容 </ 标签 >
```

HTML 常用标签如表 2.1 所示。

表 2.1　HTML 常用标签

标签	描述
<!--...-->	定义注释
<!DOCTYPE>	定义文档类型
<a>	定义超文本链接
<article>	定义一个文章区域

续表

标签	描述
<audio>	定义音频内容
<b>	定义文本粗体
<body>	定义文档的主体
 	定义换行
<button>	定义一个点击按钮
<canvas>	定义图形，比如图表和其他图像，标签只是图形容器，必须使用脚本来绘制图形
<caption>	定义表格标题
<col>	定义表格中一个或多个列的属性值
<dd>	定义列表中对项目的描述
<div>	定义文档中的节
<dl>	定义列表详情
<dt>	定义列表中的项目
<em>	定义强调文本
<footer>	定义 section 或 document 的页脚
<form>	定义 HTML 文档的表单
<frame>	定义框架集的窗口或框架
<frameset>	定义框架集
<h1> to <h6>	定义 HTML 标题
<head>	定义关于文档的信息
<header>	定义文档的头部区域
<hr>	定义水平线
<html>	定义 HTML 文档
<i>	定义斜体字
<iframe>	定义内联框架
<img>	定义图像
<input>	定义输入控件
<label>	定义 input 元素的标注
<li>	定义列表的项目
<link>	定义文档与外部资源的关系
<meta>	定义关于 HTML 文档的元信息
<ol>	定义有序列表
<option>	定义选择列表中的选项
<p>	定义段落
<script>	定义客户端脚本
<section>	定义文档中的节（section、区段），比如章节、页眉、页脚或文档中的其他部分
<select>	定义选择列表（下拉列表）
<span>	定义文档中的行内元素
<strong>	定义强调文本
<style>	定义文档的样式信息
<sub>	定义下标文本
<table>	定义表格
<tbody>	定义表格中的主体内容
<td>	定义表格中的单元
<textarea>	定义多行的文本输入控件

续表

标签	描述
<tfoot>	定义表格中的表注内容（脚注）
<th>	定义表格中的表头单元格
<thead>	定义表格中的表头内容
<title>	定义文档的标题
<tr>	定义表格中的行
<ul>	定义无序列表
<video>	定义视频，比如电影片段或其他视频流

HTML 元素以开始标签起始，以结束标签终止。元素的内容是开始标签与结束标签之间的内容。例如右侧的代码就包含了一个 <body> 元素和一个 <p> 元素：

```
01 <body>
02 <p> 吉林省明日科技股份有限公司 </p>
03 </body>
```

不要忘记结束标签。虽然忘记了使用结束标签，大多数浏览器也会正确地显示，但不要依赖这种做法。忘记使用结束标签会产生不可预料的结果或错误。

2.1.3 表单

为了实现浏览器和服务器的互动，可以使用 HTML 表单搜集不同类型的用户输入，将输入的内容从客户端的浏览器传送到服务器端，经过服务器上的 Python 程序进行处理后，再将用户所需要的信息传递回客户端的浏览器上，从而获得用户信息，实现交互效果。HTML 表单形式很多，比如用户注册、登录、个人中心设置等页面。

1. Form 标签属性

在 HTML 中，使用 <form> 元素，即可创建一个表单。表单结构如下：

```
01 <form name="form_name"  method="method" action="url"  enctype="value"
02       target="target_win">
03 …    // 省略插入的表单元素
04 </form >
```

<form> 标签的属性如表 2.2 所示。

表 2.2 <form> 标签的属性

<form> 标签的属性	说明
name	表单的名称
method	设置表单的提交方式（GET 或者 POST 方式①）
action	指向处理该表单页面的 URL（相对位置或者绝对位置）
enctype	设置表单内容的编码方式
target	设置返回信息的显示方式，target 的属性值包括“_blank”“_parent”“_self”“top”

① GET 方式是将表单内容附加在 URL 地址后面发送；POST 方式是将表单中的信息作为一个数据块发送到服务器上的处理程序中，在浏览器的地址栏不显示提交的信息。method 属性默认方式为 GET 方式。

2. HTML 表单元素

表单（form）由表单元素组成。常用的表单元素有以下几种标记：输入域标记 <input>、选择域标记 <select> 和 <option> 及文字域标记 <textarea> 等。

（1）输入域标记 <input>

输入域标记 <input> 是表单中最常用的标记之一。常用的文本框、按钮、单选按钮、复选框等构成了一个完整的表单。语法格式如右侧所示。

参数 name 是指输入域的名称，参数 type 是指输入域的类型。在 <input type=""> 标记中一共提供了 10 种类型的输入区域，用户所选择使用的类型由 type 属性决定。type 属性取值及举例如表 2.3 所示。

```
01 <form>
02 <input name="file_name"  type="type_name">
03 </form>
```


表 2.3　type 属性取值及举例

值	举例	说明	运行结果
text	<input name="user" type="text" value=" 纯净水 " size="12" maxlength="1000">	name为文本框的名称，value是文本框的默认值，size 指文本框的宽度（以字符为单位），maxlength 指文本框的最大输入字符数	添加一个文本框：纯净水
password	<input name="pwd" type="password" value= "666666" size="12"maxlength= "20">	密码域，用户在该文本框中输入的字符将被替换显示为 *，以起到保密作用	添加一个密码域：******
file	<input name="file" type="file" enctype= "multipart/form-data" size="16" maxlength= "200">	文件域，当文件上传时，可用来打开一个模式窗口以选择文件。然后将文件通过表单上传到服务器，如上传 word 文件等。必须注意的是，上传文件时需要指明表单的属性 enctype="multipart/form-data" 才可以实现上传功能	添加一个文件域：浏览...
image	<input name="imageField" type= "image" src="images/banner.gif" width= "120" height= "24" border="0">	图像域是指可以用在提交按钮位置上的图片，这幅图片具有按钮的功能	添加一个图像域：
radio	<input name="sex" type="radio" value= "1" checked> 男 <input name="sex" type="radio" value= "0"> 女	单选按钮，用于设置一组选择项，用户只能选择一项。checked 属性用来设置该单选按钮默认被选中	添加一组单选按钮（例如，您的性别为：） 男 女
checkbox	<input name="checkbox" type= "checkbox" value="1" checked> 封面 <input name="checkbox" type= "checkbox" value="1" checked> 正文内容 <input name="checkbox" type= "checkbox" value="0"> 价 格	复选框，允许用户选择多个选择项。checked 属性用来设置该复选框默认被选中。例如，收集个人信息时，要求在个人爱好的选项中进行多项选择等	添加一组复选框，（如影响您购买本书的因素：） 封面 正文内容 价 格
submit	<input type="submit" name="Submit" value= " 提交 ">	将表单的内容提交到服务器端	添加一个提交按钮：提交
reset	<input type="reset" name="Submit" value= " 重置 ">	清除与重置表单内容，用于清除表单中所有文本框的内容，并使选择菜单项恢复到初始值	添加一个重置按钮：重置
button	<input type="button" name=" Submit" value= " 按钮 ">	按钮可以激发提交表单的动作，可以在用户需要修改表单时，将表单恢复到初始的状态，还可以依照程序的需要发挥其他作用。普通按钮一般是配合 JavaScript 脚本进行表单处理的	添加一个普通按钮：按钮

续表

值	举例	说明	运行结果
hidden	<input type="hidden" name="bookid">	隐藏域，用于在表单中以隐含方式提交变量值。隐藏域在页面中对于用户是不可见的，添加隐藏域的目的在于通过隐藏的方式收集或者发送信息。浏览者单击“发送”按钮发送表单时，隐藏域的信息也被一起发送到 action 指定的处理页	添加一个隐藏域:

（2）选择域标记 <select> 和 <option>

通过选择域标记 <select> 和 <option> 可以建立一个列表或者菜单。菜单的使用是为了节省空间，正常状态下只能看到一个选项，单击右侧的下三角按钮打开菜单后才能看到全部的选项。列表可以显示一定数量的选项，如果超出了这个数量，会自动出现滚动条，浏览者可以通过拖动滚动条来查看各选项。

语法格式如右侧所示。

```
01 <select name="name" size="value" multiple>
02 <option value="value" selected>选项 1</option>
03 <option value="value">选项 2</option>
04 <option value="value">选项 3</option>
05 …
06 </select>
```

参数 name 表示选择域的名称；参数 size 表示列表的行数；参数 value 表示菜单选项值；参数 multiple 表示以菜单方式显示数据，省略则以列表方式显示数据。

选择域标记 <select> 和 <option> 的显示方式及举例如表 2.4 所示。

表 2.4　选择域标记 <select> 和 <option> 的显示方式及举例

显示方式	举例	说明	运行结果
列表方式	<select name="spec" id="spec"> <option value="0" selected> 网络编程 </option> <option value="1"> 办公自动化 </option> <option value="2"> 网页设计 </option> <option value="3"> 网页美工 </option> </select>	下拉列表框，通过选择域标记 <select> 和 <option> 建立一个列表，列表可以显示一定数量的选项，如果超出了这个数量，会自动出现滚动条，浏览者可以通过拖动滚动条来查看各选项。selected 属性用来设置该选项默认被选中	请选择所学专业: 网络编程 网络编程 办公自动化 网页设计 网页美工
菜单方式	<select name="spec" id="spec" multiple > <option value="0" selected> 网络编程 </option> <option value="1"> 办公自动化 </option> <option value="2"> 网页设计 </option> <option value="3"> 网页美工 </option> </select>	multiple 属性用于下拉列表 <select> 标记，指定该选项用户可以使用 Shift 和 Ctrl 键进行多选	请选择所学专业: 网络编程 办公自动化 网页设计 网页美工

说明

在上面的表格中给出了静态菜单项的添加方法，而在 Web 程序开发过程中，也可以通过循环语句动态添加菜单项。

（3）文字域标记 <textarea>

文字域标记 <textarea> 用来制作多行的文字域，可以在其中输入更多的文本。

语法格式如下：

```
01 <textarea name="name" rows=value cols=value value="value" warp="value">
02     …文本内容
03 </textarea>
```

参数 name 表示文字域的名称；rows 表示文字域的行数；cols 表示文字域的列数（这里的 rows 和 cols 以字符为单位）；value 表示文字域的默认值；warp 用于设定显示和送出时的换行方式，值为 off 表示不自动换行，值为 hard 表示自动硬回车换行，换行标记一同被发送到服务器，输出时也会换行，值为 soft 表示自动软回车换行，换行标记不会被发送到服务器，输出时仍然为一列。

例如，使用文字域实现发表建议的多行文本框可以使用下面的代码。

```
01 <textarea name="remark" cols="20" rows= "4" id="remark">  请输入您的建议！
02 </textarea>
```

请输入您的建议!

图 2.3　文字域显示效果

运行上面的代码将显示如图 2.3 所示的结果。

说明

> 更多 HTML 知识，请查阅相关教程。作为 Python Web 初学者，只要求掌握基本的 HTML 知识。

2.2　CSS 基础

CSS 是 Cascading Style Sheets（层叠样式表）的缩写。CSS 是一种标记语言，用于为 HTML 文档定义布局。例如，CSS 涉及字体、颜色、边距、高度、宽度、背景图像、高级定位等方面。运用 CSS 样式可以让页面变得美观，就像化妆前和化妆后的效果一样。如图 2.4 所示。

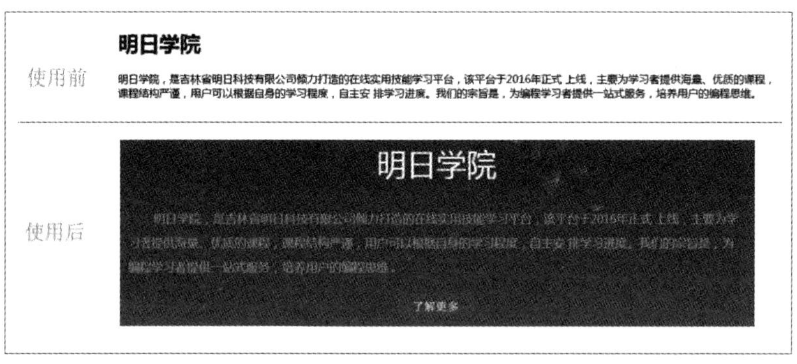

图 2.4　使用 CSS 前后效果对比

2.2.1　基础知识

CSS 规则由两个主要的部分构成：选择器，以及一条或多条声明，如图 2.5 所示。

图 2.5　CSS 语法结构

CSS 的组成部分说明如下：

- 选择器通常是需要改变样式的 HTML 元素。
- 每条声明由一个属性和一个值组成。
- 属性（property）是希望设置的样式属性（style attribute）。
- 每个属性有一个值。属性和值被冒号分开。

CSS 声明总以大括号“{}”括起来：

```
p {color:red;text-align:center;}
```

为了让 CSS 可读性更强，可以每行只描述一个属性，例如右侧代码。

```
01 p{
02 color:red;
03 text-align:center;
04 }
```

注释是用来解释的代码，并且可以随意编辑它，浏览器会忽略它。

CSS 注释以“/*”开始，以“*/”结束，实例如右侧所示。

```
01 /* 这是个注释 */
02 p
03 {
04 text-align:center;
05 /* 这是另一个注释 */
06 color:black;
07 font-family:arial;
08 }
```

如果要在 HTML 元素中设置 CSS 样式，则需要在元素中设置“id”和“class”选择器。

id 选择器可以为标有特定 id 的 HTML 元素指定特定的样式。HTML 元素以 id 属性来设置 id 选择器，CSS 中 id 选择器以“#”来定义。

以下的样式规则应用于元素属性 id="para1"：

```
#para1 { text-align:center; color:red; }
```

class 选择器有别于 id 选择器，class 选择器用于描述一组元素的样式，可以在多个元素中使用。class 选择器在 HTML 中以 class 属性表示，在 CSS 中，类选择器以一个点“.”号显示。

在以下的例子中，所有拥有 center 类的 HTML 元素均为居中，例如：

```
.center {text-align:center;}
```

也可以指定特定的 HTML 元素使用 class。

在以下实例中，所有的 p 元素使用 class="center"，让该元素的文本居中，例如：

```
p.center {text-align:center;}
```

所有 HTML 元素可以看作盒子，在 CSS 中，“box model”这一术语用来设计和布局时使用。

CSS 盒模型本质上是一个盒子，封装周围的 HTML 元素，它包括边距、边框、填充和实际内容。

盒模型允许我们在其他元素和周围元素边框之间的空间放置元素。盒模型 (Box Model) 如图 2.6 所示。

不同部分的说明如下：

- Margin（外边距）：清除边框外的区域，外边距是透明的。
- Border（边框）：围绕在内边距和内容外的边框。
- Padding（内边距）：清除内容周围的区域，内边距是透明的。
- Content（内容）：盒子的内容，显示文本和图像。

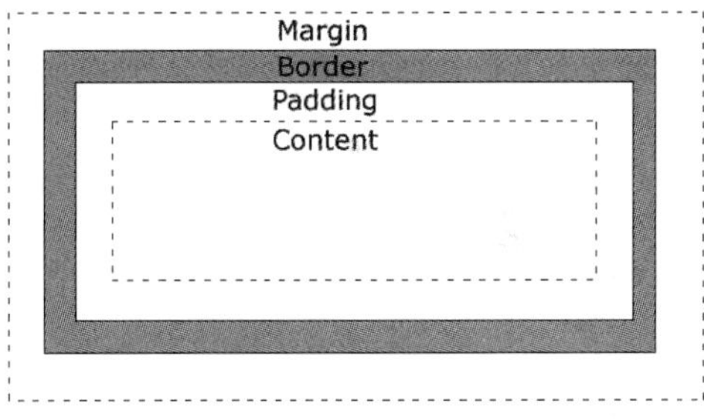

图 2.6 盒子模型

2.2.2 嵌入 CSS 样式

在 HTML 文件中嵌入 CSS 样式有三种方式：内联样式表、内部样式表和外部样式表。

1. 内联样式表

内联样式表就是使用 HTML 属性 style，在 style 属性内添加 CSS 样式。内联样式是仅影响一个元素的 CSS 声明，也就是被 style 属性包括的元素。下面通过一个实例来学习一下内联样式表。

添加 CSS 样式

实例位置：资源包 \Code\02\02

为实例 2.1 中的 index.html 文件中的 <h1> 标签和 <p> 标签添加 CSS 样式。

```
01 <!DOCTYPE html>
02 <html lang="en">
03 <head>
04     <meta charset="UTF-8">
05     <title> 明日学院简介 </title>
06 </head>
07 <body>
08     <h1 style="text-align:center;color:blue"> 明日学院 </h1>
09     <p style="padding:20px;background:yellow">
10         … 省略部分内容
11     </p>
12 </body>
13 </html>
```

运行效果如图 2.7 所示。

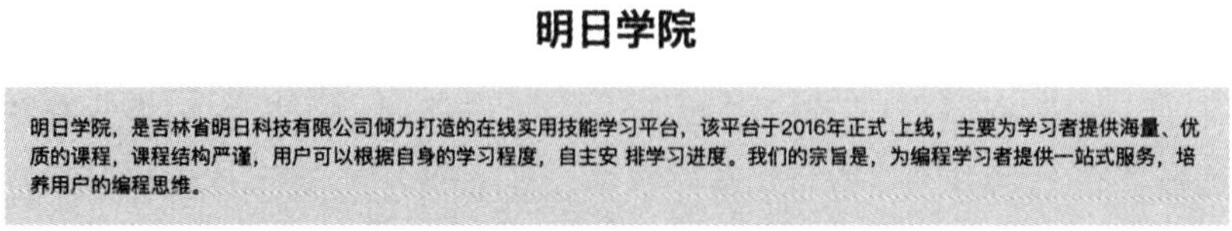

明日学院

明日学院，是吉林省明日科技有限公司倾力打造的在线实用技能学习平台，该平台于2016年正式 上线，主要为学习者提供海量、优质的课程，课程结构严谨，用户可以根据自身的学习程度，自主安 排学习进度。我们的宗旨是，为编程学习者提供一站式服务，培养用户的编程思维。

图 2.7　使用内联样式运行效果

2. 内部样式表

内部样式表即在 HTML 文件内使用 <style> 标签，在文档头部 <head> 标签内定义内部样式表，下面通过一个实例学习一下内联样式表。例如:

```
01 <!DOCTYPE html>
02 <html lang="en">
03 <head>
04     <meta charset="UTF-8">
05     <title> 明日学院简介 </title>
06     <style>
07         h1 {
08             text-align:center;
09             color:blue
10         }
11         p {
12             padding:20px;
13             background:yellow
14         }
15     </style>
16 </head>
17 <body>
18     <h1>  明日学院 </h1>
19     <p>
20         …省略部分内容
21     </p>
22 </body>
23 </html>
```

运行结果与实例 2.2 相同。

3. 外部样式表

外部样式表就是一个扩展名为“css”的文本文件。跟其他文件一样，可以把样式表文件放在 Web 服务器上或者本地硬盘上。然后，在需要使用该样式的 HTML 文件中，创建一个指向外部样式表文件的链接（link）即可，语法格式如下:

```
<link rel="stylesheet" type="text/css" href="style/default.css" />
```

下面通过一个实例来学习。

实例 2.3

使用外部样式表

实例位置：资源包 \Code\02\03

使用外部样式表修改 index.html 文件中的 <h1> 标签和 <p> 标签。首先创建一个 CSS 文件，然后引入到 index.html 文件中。具体步骤如下：

① 在实例文件夹下，创建一个名字为 style.css 的文件，编写如右侧代码。

```
01 h1 {
02     text-align:center;
03     color:blue
04 }
05 p {
06     padding:20px;
07     background:yellow
08 }
```

② 在 index.html 文件中引入 style.css 文件。代码如下：

```
01 <!DOCTYPE html>
02 <html lang="en">
03 <head>
04     <meta charset="UTF-8">
05     <title> 明日学院简介 </title>
06     <link rel="stylesheet" type="text/css" href="style.css">
07 </head>
08 <body>
09     <h1>  明日学院 </h1>
10     <p>
11         … 省略部分内容
12     </p>
13 </body>
14 </html>
```

运行结果与实例 2.2 相同。

说明

更多 CSS 知识，请查阅相关教程。作为 Python Web 初学者，只要求掌握基本的 CSS 知识。

2.3 JavaScript 基础

通常，我们所说的前端就是指 HTML、CSS 和 JavaScript 三项技术：

- HTML：定义网页的内容。
- CSS：描述网页的样式。
- JavaScript：描述网页的行为。

JavaScript 是一种可以嵌入在 HTML 代码中由客户端浏览器运行的脚本语言。在网页中使用 JavaScript 代码，不仅可以实现网页特效，还可以响应用户请求实现动态交互的功能。例如，在用户注册页面中，需要对用户输入信息的合法性进行验证，包括是否填写了“邮箱”和“手机号”，填写的“邮箱”和“手机号”格式是否正确等。

2.3.1 基本语法

如果在 HTML 页面中插入 JavaScript，需要使用 <script> 标签。<script> 和 </script> 会告诉 JavaScript 在何处开始和结束。<script> 和 </script> 之间的代码行包含了 JavaScript 代码。

在编程语言中，一般固定值称为字面量，如 3.14。

数字（Number）字面量可以是整数或者是小数，或者是科学计数（e）。例如：

```
3.14
1001
123e5
```

字符串（String）字面量可以使用单引号或双引号，例如：

```
"John Doe"
'John Doe'
```

表达式字面量用于计算：

```
5 + 6
5 * 10
```

数组（Array）字面量定义一个数组：

```
[40, 100, 1, 5, 25, 10]
```

对象（Object）字面量定义一个对象：

```
{firstName:"John", lastName:"Doe", age:50, eyeColor:"blue"}
```

函数（Function）字面量定义一个函数：

```
function myFunction(a, b) { return a * b;}
```

在编程语言中，变量用于存储数据值。

JavaScript 使用关键字 var 来定义变量，使用等号来为变量赋值：

```
var x, length
x = 5
length = 6
```

变量可以通过变量名访问，在指令式语言中，变量通常是可变的。字面量是一个恒定的值。

说明

> 变量是一个名称。字面量是一个值。

JavaScript 使用算术运算符来计算值，例如：

```
(5 + 6) * 10
```

JavaScript 使用赋值运算符给变量赋值，例如：

```
x = 5
y = 6
z = (x + y) * 10
```

JavaScript 语言有多种类型的运算符，包括赋值运算符、算术运算符、位运算符、条件运算符、比较运算符及逻辑运算符等。

在 HTML 中，JavaScript 语句向浏览器发出命令，语句是用分号分隔，例如：

```
x = 5 + 6;
y = x * 10;
```

不是所有的 JavaScript 语句都是“命令”。双斜杠（//）后的内容将会被浏览器忽略，例如：

```
// 我是注释，不会被执行
```

JavaScript 有多种数据类型：数字，字符串，数组，对象等，例如：

```
01 var length = 16;                               // Number 通过数字字面量赋值
02 var points = x * 10;                           // Number 通过表达式字面量赋值
03 var lastName = "Johnson";                      // String 通过字符串字面量赋值
04 var cars = ["Saab", "Volvo", "BMW"];           // Array  通过数组字面量赋值
05 var person = {firstName:"John", lastName:"Doe"}; // Object 通过对象字面量赋值
```

JavaScript 语句可以写在函数内，函数可以重复引用：

```
引用一个函数 = 调用函数（执行函数内的语句）
```

示例代码如下：

```
01 function myFunction(a, b) {
02     return a * b;                          // 返回 a 乘以 b 的结果
03 }
```

2.3.2 使用 JavaScript

1. HTML 页面嵌入 JavaScript

JavaScript 作为一种脚本语言，可以使用 <script> 标记嵌入到 HTML 文件中。语法格式如下：

```
<script >
…
</script>
```

弹出对话框

实例位置：资源包 \Code\02\04

使用JavaScript的alert()函数弹出对话框“人生苦短，我用Python”。在HTML文件中嵌入JavaScript脚本。这里直接在 <script> 和 </script> 标记中间写入 JavaScript 代码，用于弹出一个提示对话框，代码如下：

```
01 <!DOCTYPE html>
02 <html lang="en">
03 <head>
04     <meta charset="UTF-8">
05     <title> 明日学院简介 </title>
06 </head>
07 <body>
08     <h1> 明日学院 </h1>
09     <p>
10         … 省略部分内容
11     </p>
12     <button onclick="displayAlert()"> 点我呀 </button>
13 <script>
14     function displayAlert(){
15         alert(' 人生苦短，我用 Python')
16     }
17 </script>
18 </body>
19 </html>
```

上面的代码中，<script> 与 </script> 标记之间自定义了一个函数 dislayAlert()，向客户端浏览器弹出一个提示框。当单击“点我呀”按钮时，弹出该提示框，运行结果如图 2.8 所示。

2. 引用外部 JavaScript 文件

与引入外部 CSS 文件类似，可以创建一个 JavaScript 文件，在需要使用的文件中，创建一个指向外部

JavaScript 文件的链接（src）即可，语法格式如下：

```
<script src=url ></script>
```

其中，url 是 JS 文件的路径。使用外部 JS 文件的优点如下：

- 使用 JavaScript 文件可以将 JavaScript 脚本代码从网页中独立出来，便于代码的阅读。
- 一个外部 JavaScript 文件，可以同时被多个页面调用。当共用的 JavaScript 脚本代码需要修改时，只需要修改 JavaScript 文件中的代码即可，便于代码的维护。
- 通过 <script> 标记中的 src 属性不但可以调用同一个服务器上的 JavaScript 文件，还可以通过指定路径来调用其他服务器上的 JavaScript 文件。

图 2.8　弹出框效果

使用外部 JavaScript 文件方式修改实例 2.4

实例位置：资源包 \Code\02\05

首先创建一个 JavaScript 文件，然后引入到 index.html 文件中。具体步骤如下：

① 在实例文件夹下，创建一个名字为 main.js 的文件，编写如下代码：

```
01 function displayAleart(){
02     alert('人生苦短，我用 Python')
03 }
```

② 在 index.html 文件中引入 main.js 文件。代码如下：

```
01 <!DOCTYPE html>
02 <html lang="en">
03 <head>
04     <meta charset="UTF-8">
05     <title>明日学院简介 </title>
06     <script src="main.js"></script>
07 </head>
08 <body>
09     <h1> 明日学院 </h1>
10     <p>
11         … 省略部分内容
12     </p>
13     <button onclick="displayAleart()">点我呀 </button>
14 </body>
15 </html>
```

运行结果与实例 2.4 相同。

说明

更多 JavaScript 知识，请查阅相关教程。作为 Python Web 初学者，只要求掌握基本的 JavaScript 知识。

2.4　jQuery 基础

jQuery 是一个 JavaScript 函数库。jQuery 是一个轻量级的“写得少，做得多”的 JavaScript 库。

jQuery 库包含以下功能：

- HTML 元素选取。
- HTML 元素操作。
- CSS 操作。
- HTML 事件函数。
- JavaScript 特效和动画。
- HTML DOM 遍历和修改。
- AJAX。
- Utilities。

说明

> 除此之外，jQuery 还提供了大量的插件。

2.4.1 使用 jQuery

在 HTML 页面中，通常有 2 种方式来引入 jQuery：从官方下载 jQuery 库和使用 CDN 载入的方式。

1. 下载 jQuery 库

jQuery 官方下载网址为：https://jquery.com/download。在下载页面有两个版本的 jQuery 可供下载：

- Production version：用于实际的网站中，已被精简和压缩。
- Development version：用于测试和开发（未压缩，是可读的代码）。

jQuery 库是一个 JavaScript 文件，可以使用 HTML 的 <script> 标签引用它，示例代码如下：

```
<head> <script src="jquery-3.5.1.min.js"></script> </head>
```

2. CDN 载入 jQuery

如果不希望下载并存放 jQuery，那么也可以通过 CDN（内容分发网络）引用它。推荐 2 个国内的免费 CDN：Staticfile CDN 和 BootCDN。

Staticfile CDN 如下：

```
https://cdn.staticfile.org/jquery/3.5.1/jquery.js
https://cdn.staticfile.org/jquery/3.5.1/jquery.min.js
```

BootCDN 如下：

```
https://cdn.bootcdn.net/ajax/libs/jquery/3.5.1/jquery.js
https://cdn.bootcdn.net/ajax/libs/jquery/3.5.1/jquery.min.js
```

2.4.2 基本语法

通过 jQuery，可以查询 HTML 元素，并对它们执行“操作”。jQuery 语法是通过选取 HTML 元素，并对选取的元素执行某些操作。

基础语法格式如下：

```
$(selector).action()
```

语法格式说明如下：

- 美元符号 $ 用于定义 jQuery。

- 选择符（selector）“查询”和“查找”HTML 元素。
- jQuery 的 action() 执行对元素的操作。

例如：

- $(this).hide()：隐藏当前元素。
- $("p").hide()：隐藏所有 <p> 元素。
- $("p.test").hide()：隐藏所有 class="test" 的 <p> 元素。
- $("#test").hide()：隐藏 id="test" 的元素。

大多数情况下，jQuery 函数位于一个 document ready 函数中：

```
$(document).ready(function(){
    // 开始写 jQuery 代码 ...
});
```

这是为了防止文档在完全加载（就绪）之前运行 jQuery 代码，即在 DOM 加载完成后才可以对 DOM 进行操作。

如果在文档没有完全加载之前就运行函数，操作可能失败，例如：

- 试图隐藏一个不存在的元素。
- 获得未完全加载的图像的大小。

说明

document ready 函数还有如下简写的方式：

```
$(function(){
// 开始写 jQuery 代码 ...
});
```

2.4.3 选择器

jQuery 选择器允许对 HTML 元素组或单个元素进行操作。

jQuery 选择器基于元素的 id、类、类型、属性、属性值等“查找”（或选择）HTML 元素。它基于已经存在的 CSS 选择器，除此之外，它还有一些自定义的选择器。

jQuery 中所有选择器都以美元符号开头：$()。

1. 元素选择器

jQuery 元素选择器基于元素名选取元素。

例如，在页面中选取所有 <p> 元素，代码如下：

```
$("p")
```

实例 2.6　隐藏 <p> 标签　实例位置：资源包 \Code\02\06

使用 jQuery 元素选择器选择所有 <p> 元素，当用户点击按钮后，所有 <p> 元素都隐藏。

```
01 <!DOCTYPE html>
02 <html>
03 <head>
```

```
04 <meta charset="utf-8">
05 <title>jQuery 选择器 </title>
06 <script src="https://cdn.staticfile.org/jquery/3.5.1/jquery.js"></script>
07 <body>
08 <p> 明日科技 </p>
09 <p> 明日学院 </p>
10 <button> 点我 </button>
11 <script>
12 $(document).ready(function(){
13   $("button").click(function(){
14     $("p").hide();
15   });
16 });
17 </script>
18 </body>
19 </html>
```

点击前后页面效果如图 2.9 所示。

图 2.9　点击前后页面效果对比

2. #id 选择器

jQuery #id 选择器通过 HTML 元素的 id 属性选取指定的元素。

页面中元素的 id 应该是唯一的，所以要在页面中选取唯一的元素需要通过 #id 选择器。

通过 id 选取元素语法如下：

```
$("#test")
```

示例代码如下：

```
01 <!DOCTYPE html>
02 <html>
03 <head>
04 <meta charset="utf-8">
05 <title>jQuery 选择器 </title>
06 <script src="https://cdn.staticfile.org/jquery/3.5.1/jquery.js"></script>
07 <body>
08 <p> 明日科技 </p>
09 <p> 明日学院 </p>
10 <p id="web"> 网址：www.mingrisoft.com</p>
11 <button> 点我 </button>
12 <script>
13 $(document).ready(function(){
14   $("button").click(function(){
15     $("#web").hide();
16   });
17 });
18 </script>
19 </body>
20 </html>
```

3. class 选择器

jQuery 类选择器可以通过指定的 class 查找元素。

语法如下：

```
$(".test")
```

例如，用户点击按钮后所有带有 class="test" 属性的元素都隐藏。示例代码如下：

```
01 $(document).ready(function(){
02   $("button").click(function(){
```

```
03     $(".test").hide();
04   });
05 });
```

4. 更多选择器方式

jQuery 还支持很多其他形式的选择器，其中常用的一些选择器如表 2.5 所示。

表 2.5 jQuery 常用的选择器

语法	描述
$("*")	选取所有元素
$(this)	选取当前 HTML 元素
$("p.intro")	选取 class 为 intro 的 <p> 元素
$("p:first")	选取第一个 <p> 元素
$("ul li:first")	选取第一个 <ul> 元素的第一个 <li> 元素
$("ul li:first-child")	选取每个 <ul> 元素的第一个 <li> 元素
$("[href]")	选取带有 href 属性的元素
$("a[target='_blank']")	选取所有 target 属性值等于 "_blank" 的 <a> 元素
$("a[target!='_blank']")	选取所有 target 属性值不等于 "_blank" 的 <a> 元素
$(":button")	选取所有 type="button" 的 <input> 元素 和 <button> 元素
$("tr:even")	选取偶数位置的 <tr> 元素
$("tr:odd")	选取奇数位置的 <tr> 元素

2.4.4 触发事件

页面对不同访问者的响应叫作事件。事件处理程序指的是当 HTML 中发生某些事件时所调用的方法。jQuery 事件与 JavaScript 的事件类似。

在事件中经常使用术语“触发”（或“激发”），例如："当您按下按键时触发 keypress 事件"。

常见的 DOM 事件如表 2.6 所示。

表 2.6 常见的 DOM 事件

鼠标事件	键盘事件	表单事件	文档 / 窗口事件
click	keypress	submit	load
dblclick	keydown	change	resize
mouseenter	keyup	focus	scroll
mouseleave	—	blur	unload
hover	—	—	—

在 jQuery 中，大多数 DOM 事件都有一个等效的 jQuery 方法。

例如，在页面中指定一个点击事件，示例代码如下：

```
$("p").click();
```

再例如，在页面指定一个模拟光标悬停事件。当鼠标移动到元素上时，会触发指定的第一个函数 (mouseenter)；当鼠标移出这个元素时，会触发指定的第二个函数 (mouseleave)，示例代码如下：

```
01 $(document).ready(function(){
02     $("#p1").hover(
03         function(){
```

```
04            alert(" 鼠标已悬停在 p1 元素位置 !");
05        },
06        function(){
07            alert(" 鼠标已经离开了 p1 元素位置 !");
08        }
09    )
10 });
```

2.4.5 内容和属性

jQuery 中非常重要的部分，就是操作 DOM 的能力。jQuery 提供一系列与 DOM 相关的方法，这使访问和操作元素和属性变得很容易。

1. 获得内容

三个简单实用的用于 DOM 操作的 jQuery 方法，如下所示：

- text()： 设置或返回所选元素的文本内容。
- html()： 设置或返回所选元素的内容（包括 HTML 标记）。
- val()： 设置或返回表单字段的值。

下面的例子演示如何通过 text() 和 html() 两种方法来获得内容。示例代码如下：

```
01 <body>
02 <p id="test"> 这是段落中的 <b> 粗体 </b> 文本。</p>
03 <button id="btn1"> 显示文本 </button>
04 <button id="btn2"> 显示 HTML</button>
05 <script>
06 // text() 方法获取内容
07 $("#btn1").click(function(){
08   alert("Text: " + $("#test").text());
09 });
10 // html() 方法获取内容
11 $("#btn2").click(function(){
12   alert("HTML: " + $("#test").html());
13 });
14 </script>
15 </body>
```

单击“显示文本”按钮，弹出弹窗，显示结果如下：

```
Text: 这是段落中的 粗体 文本。
```

单击“显示 HTML”按钮，弹出弹窗，显示结果如下：

```
HTML: 这是段落中的 <b> 粗体 </b> 文本。
```

下面通过一个实例介绍如何使用 val() 获取表单数据。

检测用户填写的用户名和密码是否符合要求 实例位置：资源包 \Code\02\07

使用 val() 分别获取用户填写的用户名和密码，检测用户名长度是否不小于 2 个字符，检测密码长度是否不小于 6 个字符。代码如下：

```
01 <!DOCTYPE html>
02 <html>
```

```
03 <head>
04 <meta charset="utf-8">
05 <title>验证用户名和密码长度</title>
06 <script src="https://cdn.staticfile.org/jquery/3.5.1/jquery.js"></script>
07 <body>
08 <h4>请填写用户信息</h4>
09 <form action="" method="post" >
10     <div>
11         <label for="username">用户名:</label>
12         <input type="text" name="username" id="username">
13     </div>
14     <div>
15         <label for="password">密   码:</label>
16         <input type="password" name="password" id="password">
17     </div>
18     <div>
19         <button id="btn" type="submit" name="submit">提交</button>
20     </div>
21 </form>
22 <script>
23 // val()方法获取内容
24 $("#btn").click(function(){
25   var username = $("#username").val()
26   var password = $("#password").val()
27   if (username.length < 2){
28     alert('用户名不能少于2个字符')
29     return false;
30   }
31   if (password.length < 6){
32     alert('密码不能少于6个字符')
33     return false;
34   }
35 });
36 </script>
37 </body>
38 </html>
```

运行结果如图2.10所示。

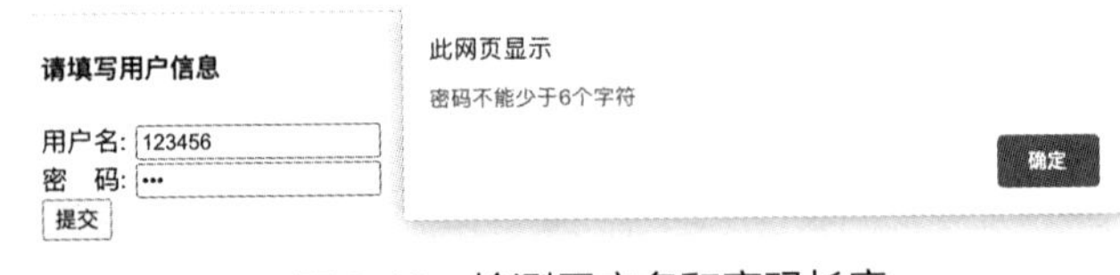

图2.10 检测用户名和密码长度

2. 获得属性

jQuery的attr()方法也用于获取和设置属性值。语法格式如下:

```
attr("属性名") // 获取属性值
attr("属性名","属性值") // 设置属性值
```

下面的例子演示如何获取和设置链接中href属性的值，代码如下:

```
01 <!DOCTYPE html>
02 <html>
03 <head>
04 <meta charset="utf-8">
05 <title>jQuery选择器</title>
06 <script src="https://cdn.staticfile.org/jquery/3.5.1/jquery.js"></script>
07 <body>
08 <div>
09     <a id="test"  href="http://www.mingrisoft.com">明日学院</a>
10 </div>
11 <button id="btn1">获取URL</button>
12 <button id="btn2">修改URL</button>
13 <script>
14 // 获取URL
15 $("#btn1").click(function(){
```

```
16   var url = $("#test").attr("href");
17   alert(url)
18 });
19
20 // 更改 URL
21 $("#btn2").click(function(){
22   var url = $("#test").attr("href","http://www.baidu.com");
23   $("#test").html(" 百度 ");
24 });
25 </script>
26 </body>
27 </html>
```

单击“获取 URL”按钮，会显示明日学院的 URL，运行结果如图 2.11 所示。单击“修改 URL”按钮，会将“明日学院”修改为“百度”，再次单击“获取 URL”，会显示百度的 URL，运行效果如图 2.12 所示。

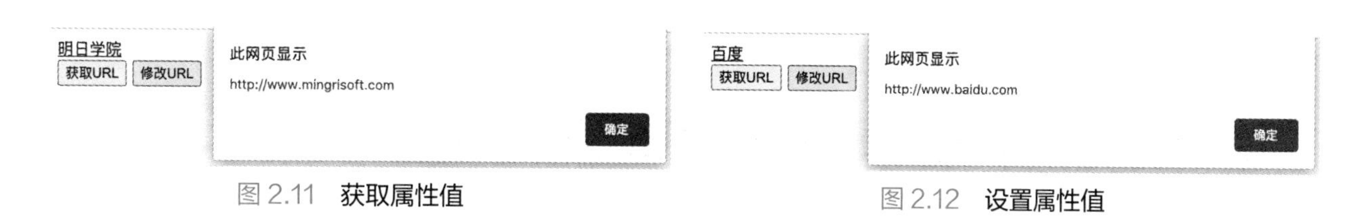

图 2.11　获取属性值　　图 2.12　设置属性值

说明

更多 jQuery 知识，请查阅相关教程。作为 Python Web 初学者，只要求掌握基本的 jQuery 知识。

2.5　Bootstrap 框架

Bootstrap 是全球最受欢迎的前端组件库，用于开发响应式布局、移动设备优先的 Web 项目。Bootstrap 4 目前是 Bootstrap 的最新版本，是一套用于 HTML、CSS 和 JS 开发的开源工具集。利用 Sass 变量和大量 mixin、响应式栅格系统、可扩展的预制组件、基于 jQuery 的强大的插件系统，能够快速根据你的想法开发出原型或者构建整个 APP 。

注意

Bootstrap 4 放弃了对 IE8 以及 iOS 6 的支持，现在仅仅支持 IE9 以上以及 iOS 7 以上版本的浏览器。如果其中需要用到以前的浏览器，那么请使用 Bootstrap 3。

2.5.1　安装 Bootstrap

可以通过以下两种方式来安装 Bootstrap：

- 使用 Bootstrap CDN。
- 从官网 https://getbootstrap.com 下载 Bootstrap。

复制下面的 <link> 样式表粘贴到网页 <head> 里面，并放在其他 CSS 文件之前，例如：

```
<link rel="stylesheet" href="https://stackpath.bootstrapcdn.com/bootstrap/4.3.1/css/ bootstrap.min.css">
```

全局组件运行在 jQuery 组件上，其中包括 Popper.js，以及系统内置 JavaScript 插件。建议将 <script> 的结束放在页面的 </body> 之前以符合新移动 Web 规范，并遵循下面代码的先后顺序。

```
01 <script src="https://code.jquery.com/jquery-3.3.1.slim.min.js"></script>
02 <scriptsrc="https://cdnjs.cloudflare.com/ajax/libs/popper.js/1.14.7/umd/popper.min.js"></script>
03 <scriptsrc="https://stackpath.bootstrapcdn.com/bootstrap/4.3.1/js/bootstrap.min.js"></script>
```

说明

这里需要 jquery、Bootstrap.js、Popper.js 组件清单，如果不熟悉组件需要查看对应文档。

访问官网 https://getbootstrap.com，进入下载页面，单击“Download”按钮，下载 Bootstrap 4。如图 2.13 所示。

下载完成后，解压文件，将解压后的文件复制到项目目录，目录结构如图 2.14 所示。最后在 HTML 文件中引入即可。

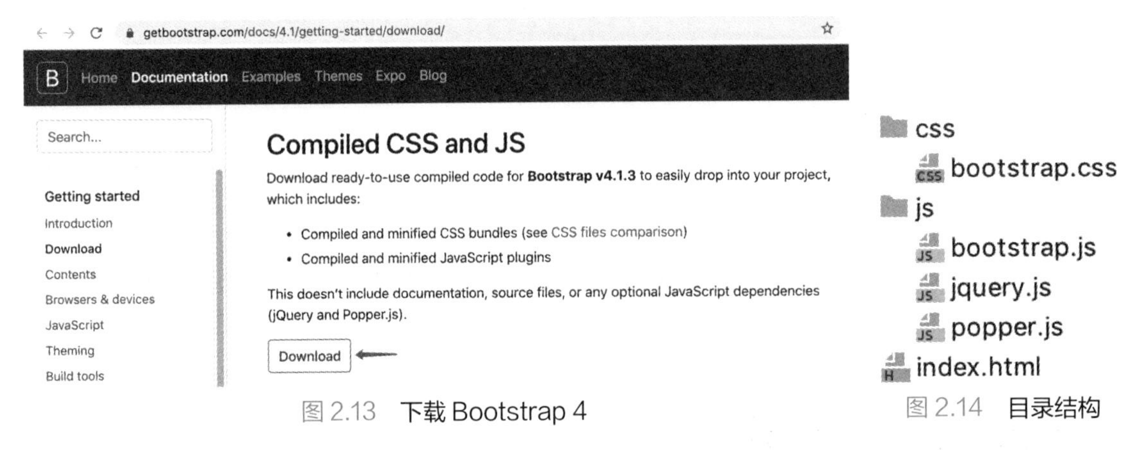

图 2.13　下载 Bootstrap 4　　图 2.14　目录结构

目录结构中 js 文件夹下还包含 jquery.js 和 popper.js 文件，需要单独下载。

2.5.2　基本使用

Bootstrap 为我们提供了非常多的组件，包括巨幕、信息提示框、按钮、表单、导航栏等。在具体使用某个组件时，只需要进入 Bootstrap 网站查找对应的组件内容，就会找到对应的组件示例，再根据个人需求，简单修改就可以快速实现页面效果。

创建一个全屏幕宣传页面

实例位置：资源包 \Code\02\08

在图 2.14 目录结构中的 index.html 文件中，引入相应的 CSS 和 JavaScript 文件，代码如下：

```
01 <!DOCTYPE html>
02 <html lang="en">
03 <head>
04     <meta charset="UTF-8">
05     <link rel="stylesheet" href="css/bootstrap.css">
06     <script src="js/jquery.js"></script>
07     <script src="js/popper.js"></script>
08     <script src="js/bootstrap.js"></script>
```

```
09 </head>
10 <body>
11     <div class="jumbotron">
12       <h1 style="text-align:center">明日学院</h1>
13       <p>明日学院，是吉林省明日科技有限公司倾力打造的在线实用技能学习平台，该平台于 2016 年正式上线，主要为学习者提供海量、优质的课程，
14           课程结构严谨，用户可以根据自身的学习程度，自主安排学习进度。我们的宗旨是，为编程学习者提供一站式服务，培养用户的编程思维。
15       </p>
16     </div>
17 </body>
18 </html>
```

运行效果如图 2.15 所示。

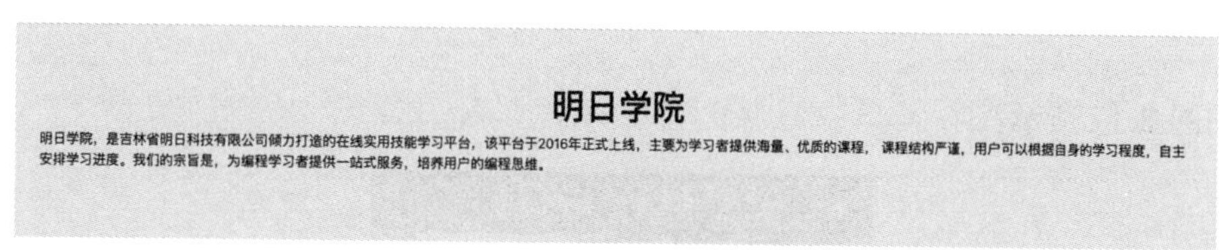

图 2.15　全屏幕宣传页面效果

2.6　综合案例——导航栏菜单

本章主要介绍了 Web 开发中常用的前端技术，下面就通过本章所学知识来为明日学院创建一个导航栏菜单。要实现一个导航栏菜单，首先到 Bootstrap 官网中查找导航栏菜单组件效果，如图 2.16 所示。

图 2.16　Bootstrap 提供导航栏效果

然后复制该导航栏效果的示例代码，修改代码，为导航栏添加背景色，代码如下：

```
01 <!DOCTYPE html>
02 <html lang="en">
03 <head>
04     <meta charset="UTF-8">
05     <link rel="stylesheet" href="css/bootstrap.css">
06     <script src="js/jquery.js"></script>
07     <script src="js/popper.js"></script>
08     <script src="js/bootstrap.js"></script>
09 </head>
10
11 <body>
12 <nav class="navbar navbar-expand-sm bg-primary navbar-dark">
13   <ul class="navbar-nav">
14     <li class="nav-item active">
15       <a class="nav-link" href="#">首页</a>
16     </li>
17     <li class="nav-item">
18       <a class="nav-link" href="#">明日学员</a>
19     </li>
20     <li class="nav-item">
21       <a class="nav-link" href="#">明日图书</a>
22     </li>
23     <!-- Dropdown -->
```

```
24      <li class="nav-item dropdown">
25        <a class="nav-link dropdown-toggle" href="#"
26            id="navbardrop" data-toggle="dropdown">
27          关于我们
28        </a>
29        <div class="dropdown-menu">
30          <a class="dropdown-item" href="#">公司简介</a>
31          <a class="dropdown-item" href="#">企业文化</a>
32          <a class="dropdown-item" href="#">联系我们</a>
33        </div>
34      </li>
35    </ul>
36  </nav>
37  </body>
38
39  </html>
```

运行效果如图 2.17 所示。

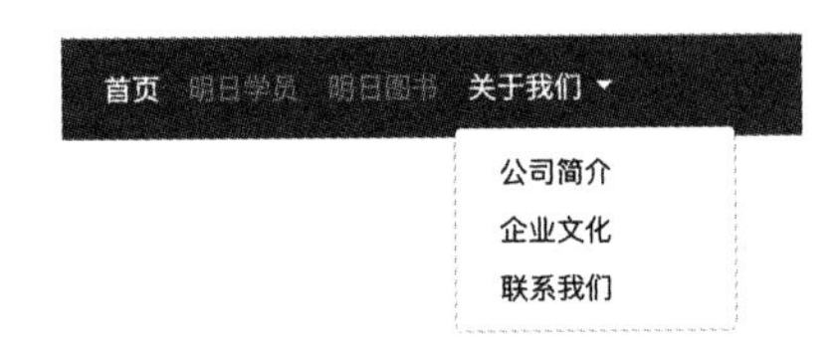

图 2.17　**明日学员导航栏菜单**

2.7　实战练习

在本章案例中，该导航栏菜单只有被点击时才会展开，为了减少用户操作，增加使用体验，可使用少量 js 代码将其更改成当用户鼠标悬停时自动展开，当用户鼠标挪走时又自动收缩，效果应与点击一致。

小结

本章主要介绍 Web 前端的基础知识，包括 HTML 基础、CSS 基础、JavaScript 的基本语法、控制语句、函数和 JavaScript 事件等内容。接下来，介绍了一个非常流行的 JavaScript 库——jQuery，包括 jQuery 的引入方式、基本语法、选择器和事件等知识。最后，介绍了一个最受欢迎的前端组件库——Bootstrap。通过本章的学习，读者将会掌握做 Web 开发必备的一些前端基础知识。

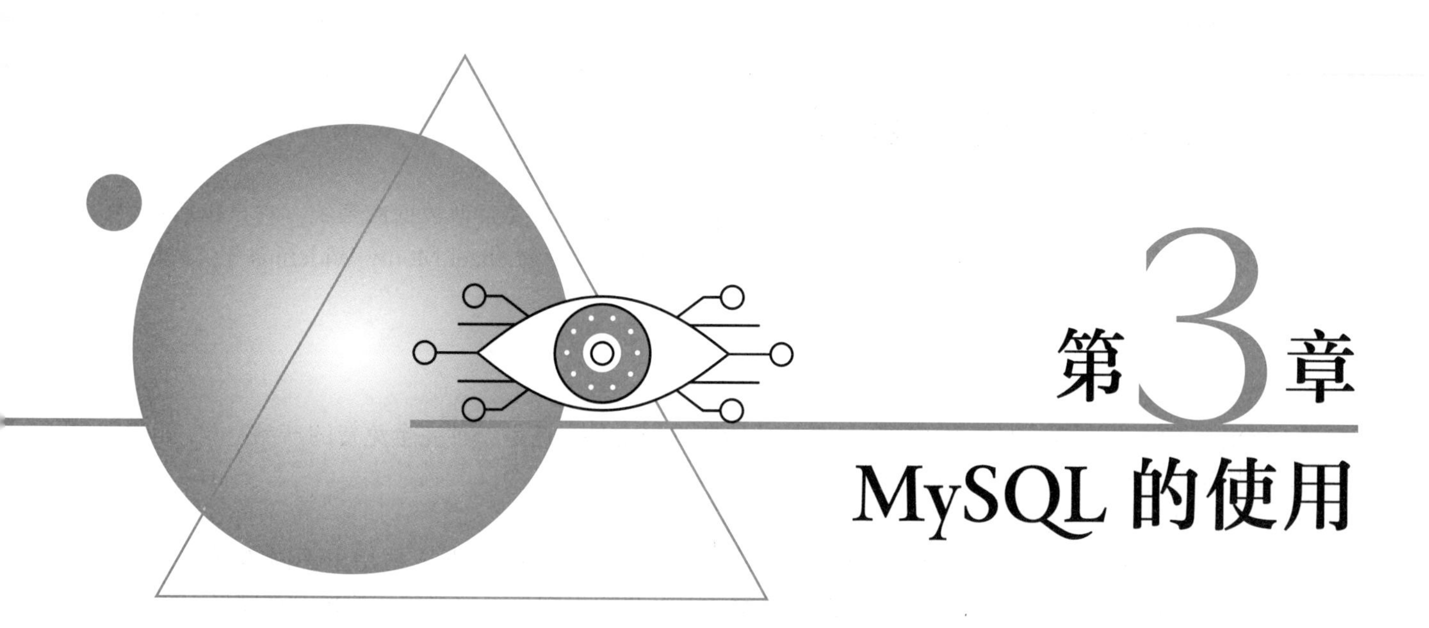

第3章 MySQL的使用

只有与数据库相结合，才能充分发挥动态网页编程语言的魅力，因此网络上的众多应用都是基于数据库的。Python 可以操作不同的数据库，如 SQLite、MySQL、Oracle 等。本章将详细介绍 MySQL 数据库的基础知识，通过本章的学习，读者不但可以轻松掌握操作 MySQL 数据库、数据表的方法，还可以学习 Python 如何操作 MySQL 数据库，从而实现数据的增查改删等操作。

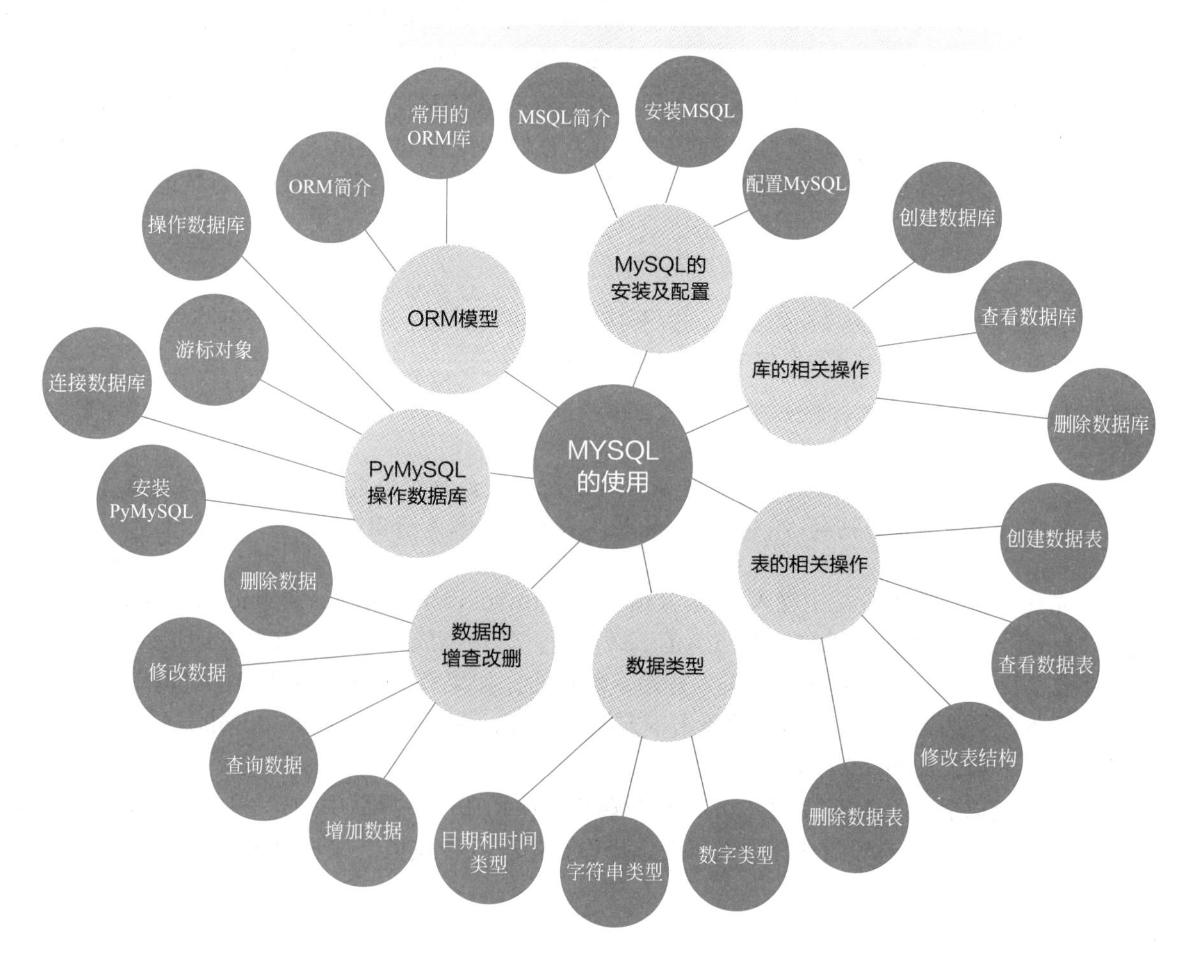

3.1 MySQL 的安装及配置

MySQL 是目前最为流行的开源的数据库，是完全网络化的跨平台关系型数据库系统，它是由瑞典的 MySQL AB 公司开发的，由 MySQL 的初始开发人员 David Axmark 和 Michael Monty Widenius 于 1995 年建立。

3.1.1 MySQL 简介

MySQL 除了具有许多其他数据库所不具备的功能和选择之外，还是一种完全免费的产品，用户可以直接从网上下载使用，而不必支付任何费用。

MySQL 主要有以下特点：

- 功能强大：MySQL 中提供了多种数据库存储引擎，各个引擎各有所长，适用于不同的应用场合，用户可以选择最合适的引擎以得到最高的性能，甚至可以处理每天访问量达数亿的高强度 Web 搜索站点。MySQL 支持事务、视图、存储过程和触发器等。
- 支持跨平台：MySQL 支持至少 20 种以上的开发平台，包括 Linux、Windows、FreeBSD、IBMAIX、AIX 和 FreeBSD 等。这使得在任何平台下编写的程序都可以进行移植，而不需要对程序做任何修改。
- 运行速度快：高速是 MySQL 的显著特性。在 MySQL 中，使用了极快的 B 树磁盘表（MyISAM）和索引压缩；通过使用优化的单扫描多连接，能够极快地实现连接；SQL 函数使用高度优化的类库实现，运行速度极快。
- 成本低：MySQL 数据库是一种完全免费的产品，用户可以直接从网上下载。
- 支持各种开发语言：MySQL 为各种流行的程序设计语言提供支持，为它们提供了很多的 API 函数，包括 PHP、ASP.NET、Java、Eiffel、Python、Ruby、Tcl、C、C++ 和 Perl 等。
- 数据库存储容量大：MySQL 数据库的最大有效表尺寸通常是由操作系统对文件大小的限制决定的，而不是由 MySQL 内部限制决定的。InnoDB 存储引擎将 InnoDB 表保存在一个表空间内，该表空间可由数个文件创建，表空间的最大容量为 64TB，可以轻松处理拥有上千万条记录的大型数据库。

3.1.2 安装 MySQL

MySQL 是一款开源的数据库软件，由于其免费的特性得到了全世界用户的喜爱，是目前使用人数最多的数据库。下面将详细讲解如何下载和安装 MySQL 库。

说明

> 由于 MySQL 的版本在持续更新，所以本章选择相对稳定的 MySQL 5.7 版本下载使用，读者也可以下载当前最新的 MySQL 8.0 版本，本书内容都是通用的。

首先在浏览器的地址栏中输入地址“https://dev.mysql.com/downloads/windows/installer/5.7.html”，并按下“Enter”键，将进入到 MySQL 5.7 的下载页面，选择离线安装包，如图 3.1 所示。

单击“Download”按钮下载，进入开始下载页面，如果有 MySQL 的账户，可以单击 Login 按钮，登录账户后下载，如果没有，可以直接单击下方的“No thanks, just start my download.”超链接，跳过注册步骤，直接下载，如图 3.2 所示。

下载完成以后，开始安装 MySQL。双击安装文件，在所示界面中勾选“I accept the license terms”，点击“next”，进入选择设置类型界面。在选择设置中有 5 种类型，说明如下：

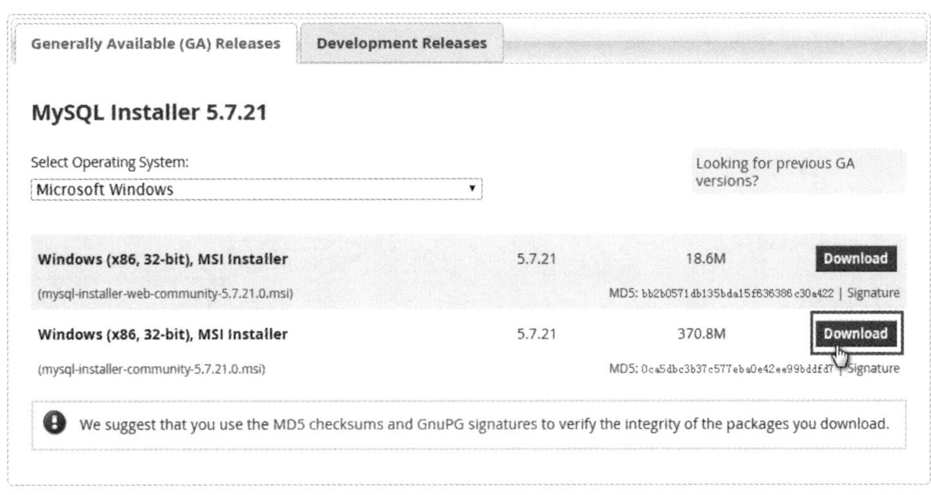

图 3.1 下载 MySQL

- Developer Default：安装 MySQL 服务器以及开发 MySQL 应用所需的工具。工具包括开发和管理服务器的 GUI 工作台、访问操作数据的 Excel 插件、与 Visual Studio 集成开发的插件、通过 NET/Java/C/C++/OBDC 等访问数据的连接器、例子和教程、开发文档。
- Server only：仅安装 MySQL 服务器，适用于部署 MySQL 服务器。
- Client only：仅安装客户端，适用于基于已存在的 MySQL 服务器进行 MySQL 应用开发的情况。
- Full：安装 MySQL 所有可用组件。
- Custom：自定义需要安装的组件。

MySQL 会默认选择“Developer Default”类型，这里我们选择纯净的“Server only”类型，如图 3.3 所示，然后一直默认选择安装。

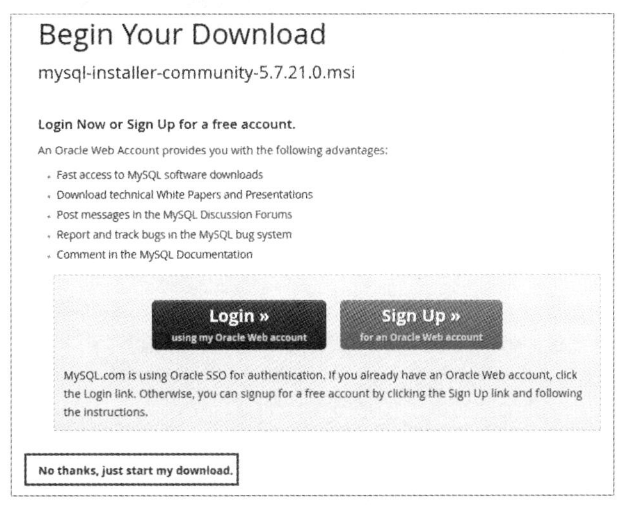

图 3.2 不注册下载

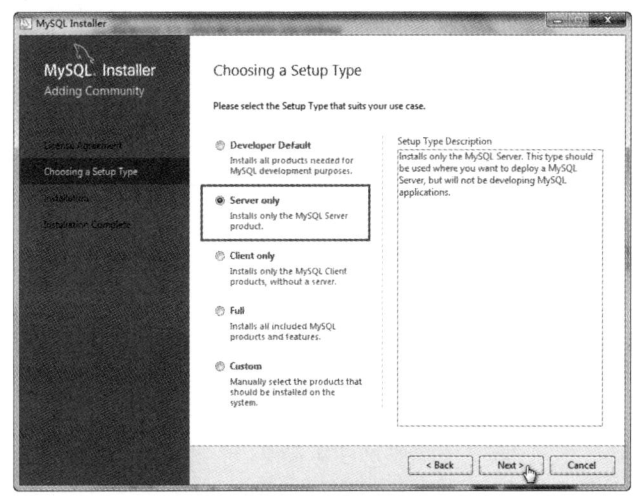

图 3.3 选择安装类型

3.1.3 配置 MySQL

安装完成以后，默认的安装路径是“C:\Program Files\MySQL\MySQL Server 5.7\bin”。下面设置环境变量，以便在任意目录下使用 MySQL 命令。右键单击“计算机”→选择“属性”→选择“高级系统设置”→选择“环境变量”→选择“PATH”→单击“编辑”。将“C:\Program Files\MySQL\MySQL Server 5.7\bin”

写在变量值中。如图 3.4 所示。

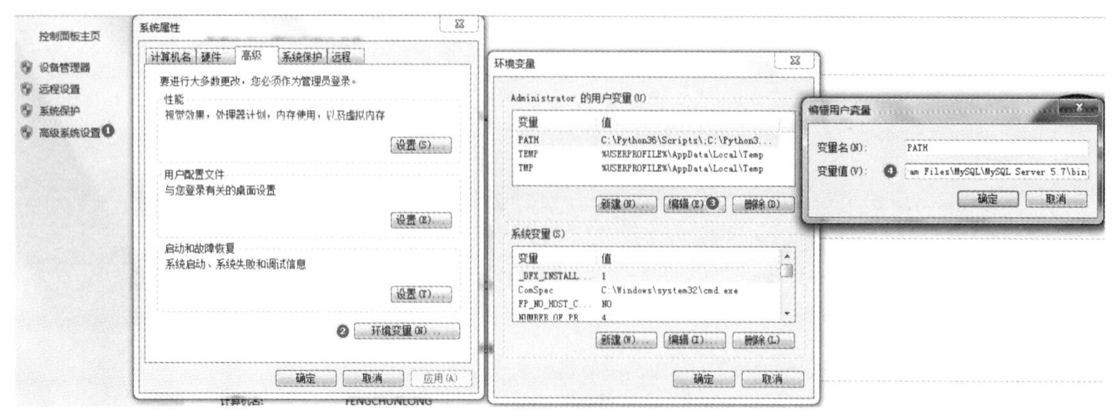

图 3.4　设置环境变量

使用 MySQL 数据库前，需要先启动 MySQL。在 cmd 窗口中，输入命令行“net start mysql57”，来启动 MySQL 5.7。启动成功后，使用账户和密码进入 MySQL。输入命令“mysql - u root- p”，接着提示“Enter password:”，输入密码“root”即可进入 MySQL。如图 3.5 所示。

在 MySQL 控制台中，输入“exit()”即可退出 MySQL 控制台。然后输入“net stop mysql57”即可关闭 MySQL 服务。

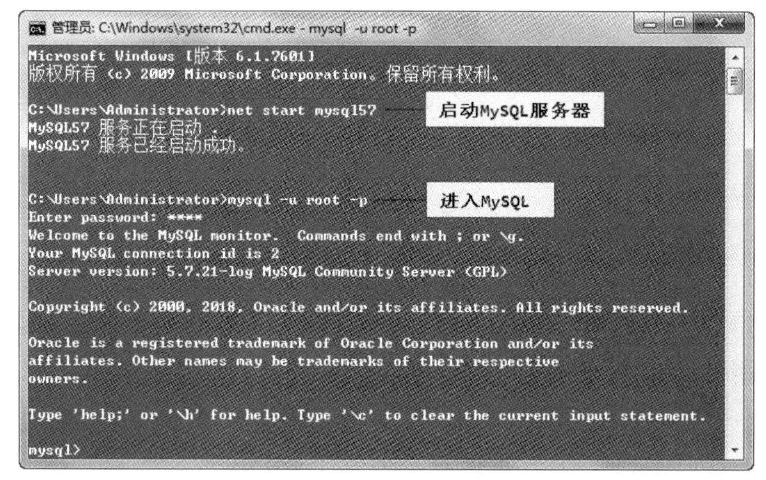

图 3.5　启动 MySQL

3.2　库的相关操作

针对 MySQL 数据库的操作可以分为创建、查看和删除三种，下面分别介绍这三种操作。

3.2.1　创建数据库

在 MySQL 中，应用 create database 语句创建数据库。其语法格式如下：

```
create database 数据库名；
```

在创建数据库时，数据库的命名要遵循如下规则：

- 不能与其他数据库重名。
- 名称可以由任意字母、阿拉伯数字、下划线（_）或者“$”组成，可以使用上述的任意字符开头，但不能使用单独的数字，那样会造成它与数值相混淆。
- 名称最长可由 64 个字符组成（还包括表、列和索引的命名），而别名最多可达 256 个字符。
- 不能使用 MySQL 关键字作为数据库名、表名。
- 默认情况下，Windows 下数据库名、表名的字母大小写是不敏感的，而在 Linux 下数据库名、表名的字母大小写是敏感的。为了便于数据库在平台间进行移植，建议读者采用小写字母来定义数据库名和表名。

下面通过 create database 语句创建一个名称为 db_users 的数据库。在创建数据库时，首先连接 MySQL

服务器，然后编写“create database db_users;”SQL 语句，数据库创建成功。运行结果如图 3.6 所示。

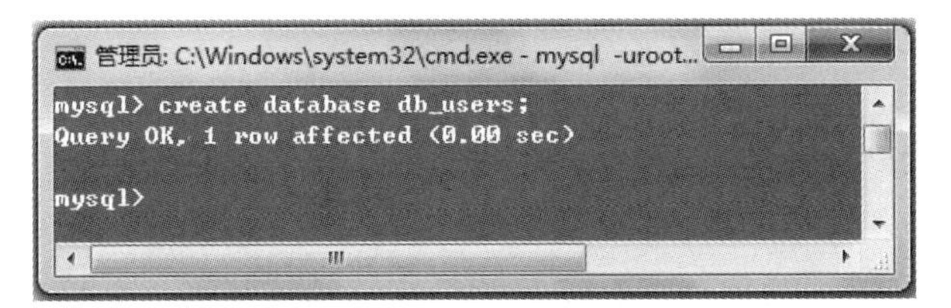

图 3.6 创建数据库

创建 db_users 数据库后，MySQL 管理系统会自动在 MySQL 安装目录下的“MySQL\data”目录下创建 db_users 数据库文件夹及相关文件，以实现对该数据库的文件管理。

use 语句用于选择一个数据库，使其成为当前默认数据库。其语法如下：

```
use 数据库名；
```

例如，选择名称为 db_users 的数据库，操作命令如图 3.7 所示。

选择了 db_users 数据库之后，才可以操作该数据库中的所有对象。

3.2.2 查看数据库

数据库创建完成后，可以使用“show databases;”命令查看 MySQL 数据库中所有已经存在的数据库。语法如下：

```
show databases;
```

例如，使用“show databases;”命令显示本地 MySQL 数据库中所有存在的数据库名，如图 3.8 所示。

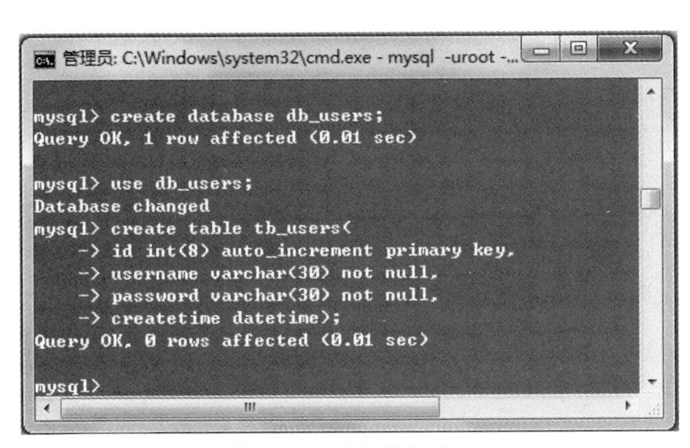

图 3.7 选择数据库

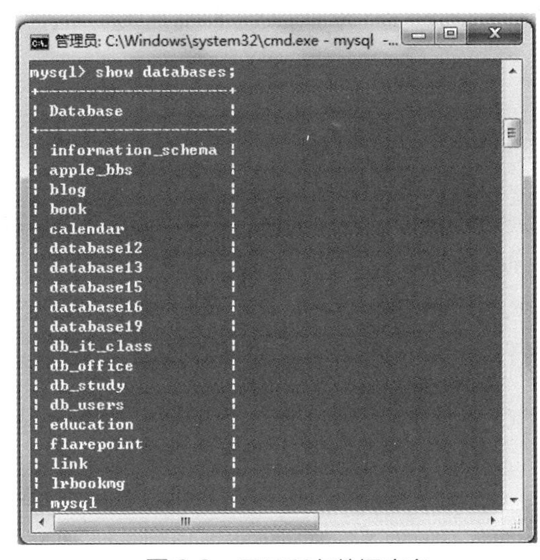

图 3.8 显示所有数据库名

注意

“show databases;”中“databases”是复数形式，并且所有命令都以英文分号“;”结尾。

3.2.3 删除数据库

删除数据库使用的是 drop database 语句，语法如下：

```
drop database 数据库名；
```

例如，在 MySQL 命令窗口中使用“drop database db_users;”SQL 语句即可删除 db_users 数据库，如图 3.9 所示。删除数据库后，MySQL 管理系统会自动删除 MySQL 安装目录下的“\MySQL\data\db_users”目录及相关文件。

注意

对于删除数据库的操作，应该谨慎使用，一旦执行这项操作，数据库的所有结构和数据都会被删除，没有恢复的可能，除非数据库有备份。

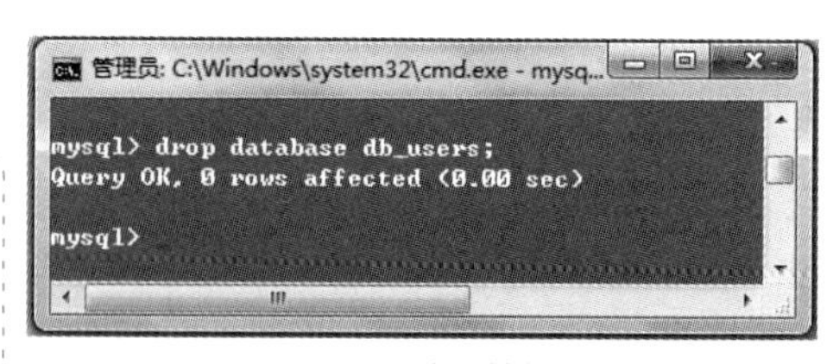

图 3.9　删除数据库

3.3　表的相关操作

数据库创建完成后，即可在命令提示符下对数据库进行操作，如创建数据表、更改数据表结构以及删除数据表等。

3.3.1　创建数据表

MySQL 数据库中，可以使用 create table 命令创建数据表。语法如下：

```
create[TEMPORARY] table [IF NOT EXISTS] 数据表名
[(create_definition,…)][table_options] [select_statement]
```

create table 语句的参数说明如表 3.1 所示。

表 3.1　create table 语句的参数说明

关键字	说明
TEMPORARY	如果使用该关键字，表示创建一个临时表
IF NOT EXISTS	该关键字用于避免表存在时 MySQL 报告的错误
create_definition	这是表的列属性部分。MySQL 要求在创建表时，表要至少包含一列
table_options	表的一些特性参数
select_statement	select 语句描述部分，用它可以快速地创建表

下面介绍列属性 create_definition 的使用方法，每一列具体的定义格式如下：

```
col_name   type [NOT NULL | NULL] [DEFAULT default_value] [AUTO_INCREMENT]
           [PRIMARY KEY ] [reference_definition]
```

属性 create_definition 的参数说明如表 3.2 所示。

表 3.2　属性 create_definition 的参数说明

参数	说明
col_name	字段名
type	字段类型
NOT NULL | NULL	指出该列是否允许是空值，但是数据“0”和空格都不是空值，系统一般默认允许为空值，所以当不允许为空值时，必须使用 NOT NULL
DEFAULT default_value	表示默认值
AUTO_INCREMENT	表示是否是自动编号，每个表只能有一个 AUTO_INCREMENT 列，并且必须被索引
PRIMARY KEY	表示是否为主键。一个表只能有一个 PRIMARY KEY。如表中没有一个 PRIMARY KEY，而某些应用程序要求 PRIMARY KEY，MySQL 将返回第一个没有任何 NULL 列的 UNIQUE 键，作为 PRIMARY KEY
reference_definition	为字段添加注释

在实际应用中，使用 create table 命令创建数据表的时候，只需指定最基本的属性即可，格式如下：

```
create table table_name ( 列名1 属性, 列名2 属性 …);
```

例如，在命令提示符下应用 create database db_users 创建 db_users 数据库，然后使用 create table 命令，在数据库 db_users 中创建一个名为 tb_users 的数据表，表中包括 id、user、pwd 和 createtime 等字段，实现过程如图 3.10 所示。

 **说明**

> 按下“Enter”键即可换行，结尾分号“;”表示该行语句结束。

3.3.2 查看数据表

成功创建数据表后，可以使用 show columns 命令或 describe 命令查看指定数据表的表结构。下面分别对这两个语句进行介绍。

1. show columns 命令

show columns 命令的语法格式如下：

```
show [full] columns  from 数据表名 [from 数据库名];
```

或写成：

```
show  [full] columns  FROM 数据库名.数据表名;
```

例如，应用 show columns 命令查看数据表 tb_users 表结构，如图 3.11 所示。

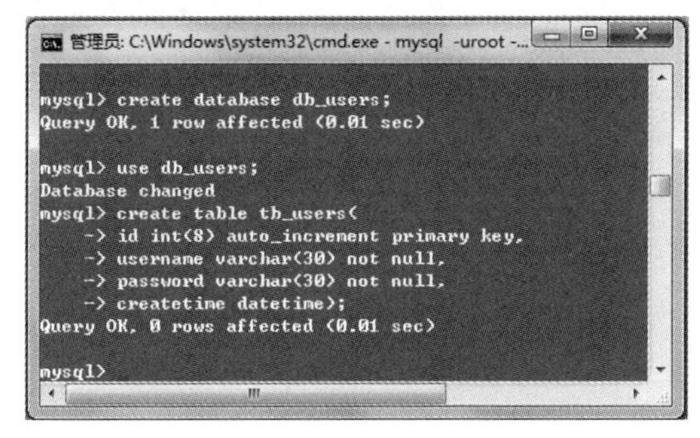

图 3.10　创建 MySQL 数据表

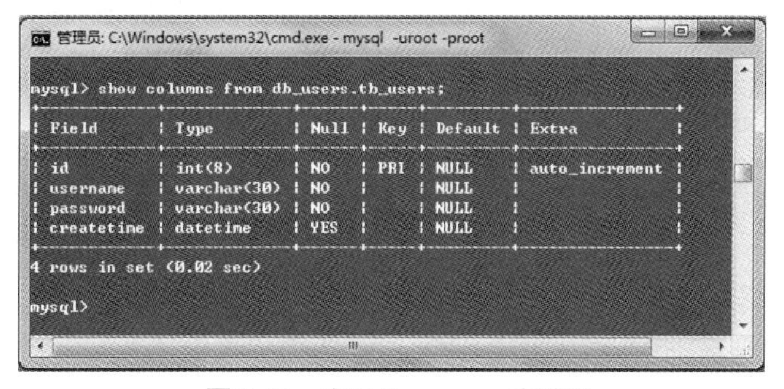

图 3.11　查看 tb_users 表结构

2. describe 命令

describe 命令的语法格式如下：

```
describe 数据表名;
```

其中，describe 可以简写为 desc。在查看表结构时，也可以只列出某一列的信息，语法格式如下：

```
describe 数据表名 列名;
```

例如，应用 describe 命令的简写形式查看数据表 tb_users 的某一列信息，如图 3.12 所示。

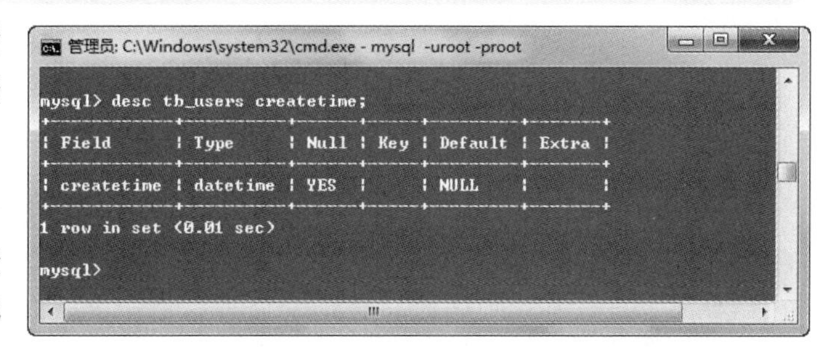

图 3.12　查看 tb_users 表 createtime 列的信息

3.3.3 修改表结构

修改表结构采用 alter table 命令。修改表结构指增加或者删除字段、修改字段名称或者字段类型、设置取消主键外键、设置取消索引以及修改表的注释等。

语法：

```
alter [IGNORE] table 数据表名 alter_spec[,alter_spec]...
```

注意，当指定 IGNORE 时，如果出现重复关键的行，则只执行一行，其他重复的行被删除。其中，alter_spec 子句用于定义要修改的内容，语法如下：

```
alter_specification:
    ADD [COLUMN] create_definition [FIRST | AFTER column_name ]          -- 添加新字段
  | ADD INDEX [index_name] (index_col_name,...)                          -- 添加索引名称
  | ADD PRIMARY KEY (index_col_name,...)                                 -- 添加主键名称
  | ADD UNIQUE [index_name] (index_col_name,...)                         -- 添加唯一索引
  | ALTER [COLUMN] col_name {SET DEFAULT literal | DROP DEFAULT}         -- 修改字段名称
  | CHANGE [COLUMN] old_col_name create_definition                       -- 修改字段类型
  | MODIFY [COLUMN] create_definition                                    -- 修改子句定义字段
  | DROP [COLUMN] col_name                                               -- 删除字段名称
  | DROP PRIMARY KEY                                                     -- 删除主键名称
  | DROP INDEX index_name                                                -- 删除索引名称
  | RENAME [AS] new_tbl_name                                             -- 更改表名
  | table_options
```

alter table 语句允许指定多个动作，动作间使用逗号分隔，每个动作表示对表的一个修改。

例如，向 tb_users 表中添加一个新的字段 address，类型为 varchar(60)，并且不为空值 “not null”，将字段 user 的类型由 varchar(30) 改为 varchar(50)，然后再用 show cdumes 命令查看修改后的表结构，如图 3.13 所示。

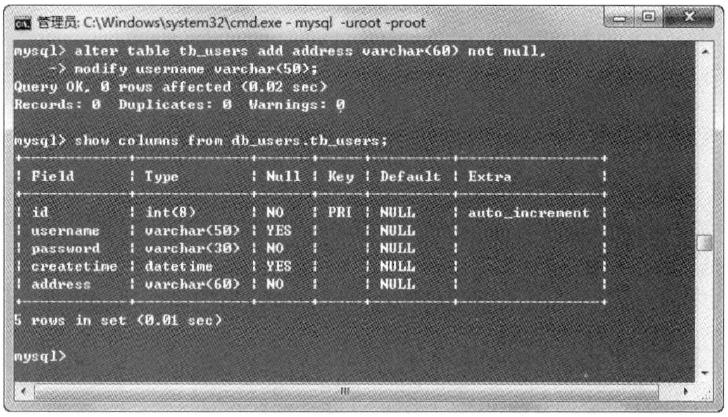

```
管理员: C:\Windows\system32\cmd.exe - mysql -uroot -proot
mysql> alter table tb_users add address varchar(60) not null,
    -> modify username varchar(50);
Query OK, 0 rows affected (0.02 sec)
Records: 0  Duplicates: 0  Warnings: 0

mysql> show columns from db_users.tb_users;
+------------+-------------+------+-----+---------+----------------+
| Field      | Type        | Null | Key | Default | Extra          |
+------------+-------------+------+-----+---------+----------------+
| id         | int(8)      | NO   | PRI | NULL    | auto_increment |
| username   | varchar(50) | YES  |     | NULL    |                |
| password   | varchar(30) | NO   |     | NULL    |                |
| createtime | datetime    | YES  |     | NULL    |                |
| address    | varchar(60) | NO   |     | NULL    |                |
+------------+-------------+------+-----+---------+----------------+
5 rows in set (0.01 sec)

mysql>
```

图 3.13　修改 tb_users 表结构

3.3.4 删除数据表

删除数据表的操作很简单，与删除数据库的操作类似，使用 drop table 命令即可实现。格式如下：

```
drop table 数据表名;
```

例如，在 MySQL 命令窗口中使用 “drop table tb_member;” SQL 语句即可删除 tb_member 数据表。删除数据表后，MySQL 管理系统会自动删除 “D:\phpStudy\MySQL\data\tb_member” 目录下的表文件。

注意

> 删除数据表的操作应该谨慎使用。一旦删除了数据表，那么表中的数据将会全部清除，没有备份则无法恢复。

在删除数据表的过程中，如果删除一个不存在的表将会产生错误，这时在删除语句中加入 if exists 关键字就可避免出错。格式如下：

```
drop table if exists 数据表名;
```

注意

> 在对数据表进行操作之前，首先必须选择数据库，否则无法对数据表进行操作。

例如，先使用 drop table 语句删除一个 tb_users 表，查看提示信息，然后使用 drop table if exists 语句删除 tb_users 表。运行结果如图 3.14 所示。

```
管理员: C:\Windows\system32\cmd.exe - mysql -uroot -proot
mysql> drop table tb_users;
ERROR 1051 (42S02): Unknown table 'tb_users'
mysql> drop table if exists tb_users;
Query OK, 0 rows affected, 1 warning (0.00 sec)

mysql>
```

图 3.14　删除 tb_users 数据表

3.4　数据类型

在 MySQL 数据库中，每一条数据都有其数据类型。MySQL 支持的数据类型主要分成三类：数字类型、字符串（字符）类型、日期和时间类型。

3.4.1　数字类型

MySQL 支持的数字类型包括准确数字的数据类型（NUMERIC、DECIMAL、INTEGER 和 SMALLINT），还包括近似数字的数据类型（FLOAT、REAL 和 DOUBLE PRECISION）。其中的关键字 INT 是 INTEGER 的简写，关键字 DEC 是 DECIMAL 的简写。

一般来说，数字类型可以分成整数型和浮点型两类，详细内容如表 3.3 和表 3.4 所示。

表 3.3　整数数据类型

数据类型	取值范围	说明	单位
TINYINT	符号值：-127 ～ 127 无符号值：0 ～ 255	最小的整数	1 字节
BIT	1 ～ 64	最小的整数	1 字节
BOOL	符号值：-128 ～ 127 无符号值：0 ～ 255	最小的整数	1 字节
SMALLINT	符号值：-32768 ～ 32767 无符号值：0 ～ 65535	小型整数	2 字节
MEDIUMINT	符号值：-8388608 ～ 8388607 无符号值：0 ～ 16777215	中型整数	3 字节
INT	符号值：-2147683648 ～ 2147683647 无符号值：0 ～ 4294967295	标准整数	4 字节
BIGINT	符号值： -9223372036854775808～9223372036854775807 无符号值：0 ～ 18446744073709551615	大整数	8 字节

表 3.4　浮点数据类型

数据类型	取值范围	说明	单位
FLOAT	-3.402823466E+38 ～ -1.175494351E-38，0 以及 1.175494351E-38 ～ 3.402823466E+38	单精度浮点数	8 字节或 4 字节
DOUBLE	-1.7976931348623157E+308～2.2250738585072014E-308，0 以及 2.2250738585072014E-308 ～ 1.7976931348623157E+308	双精度浮点数	8 字节
DECIMAL	可变	一般整数	自定义长度

说明

在创建表时，使用哪种数字类型，应遵循以下原则：

① 选择最小的可用类型，如果值永远不超过 127，则使用 TINYINT 要比使用 INT 好。

② 对于完全都是数字的，可以选择整数类型。

③ 浮点类型用于可能具有小数部分的数。例如：货物单价、网上购物交付金额等。

3.4.2 字符串类型

字符串类型可以分为三类：普通的文本字符串类型（CHAR 和 VARCHAR）、可变类型（TEXT 和 BLOB）和特殊类型（SET 和 ENUM）。它们之间都有一定的区别，取值的范围不同，应用的地方也不同。

① 普通的文本字符串类型，即 CHAR 和 VARCHAR 类型。CHAR 列的长度在创建表时指定，取值在 1 ～ 255 之间; VARCHAR 列的值是变长的字符串，取值和 CHAR 一样。普通的文本字符串类型如表 3.5 所示。

表 3.5　普通的文本字符串类型

类型	取值范围	说明
[national] CHAR(M) [binary|ASCII|unicode]	0 ～ 255 个字符	固定长度为 M 的字符串，其中 M 的取值范围为 0 ～ 255。national 关键字指定了应该使用的默认字符集。binary 关键字指定了数据是否区分大小写（默认是区分大小写的）。ASCII 关键字指定了在该列中使用 latin1 字符集。unicode 关键字指定了使用 UCS 字符集
CHAR	0 ～ 255 个字符	CHAR(M) 类似
[national] VARCHAR(M) [binary]	0 ～ 255 个字符	长度可变，其他和 CHAR(M) 类似

② 可变类型（TEXT 和 BLOB）。它们的大小可以改变，TEXT 类型适合存储长文本，而 BLOB 类型适合存储二进制数据，支持任何数据，如文本、声音和图像等。下面介绍 TEXT 和 BLOB 类型，如表 3.6 所示。

表 3.6　可变类型

类型	取值范围	说明
TINYBLOB	1 ～ 255	小 BLOB 字段
TINYTEXT	1 ～ 255	小 TEXT 字段
BLOB	1 ～ 65535	常规 BLOB 字段
TEXT	1 ～ 65535	常规 TEXT 字段
MEDIUMBLOB	1 ～ 16777215	中型 BLOB 字段
MEDIUMTEXT	1 ～ 16777215	中型 TEXT 字段
LONGBLOB	1 ～ 4294967295	长 BLOB 字段
LONGTEXT	1 ～ 4294967295	长 TEXT 字段

③ 特殊类型（SET 和 ENUM）。特殊类型 SET 和 ENUM 的介绍如表 3.7 所示。

表 3.7　特殊类型

类型	最大值	说明
ENUM（“value1”，“value2”，…）	65 535	该类型的列只可以容纳所列值之一或为 NULL
SET（“value1”，“value2”，…）	64	该类型的列可以容纳一组值或为 NULL

说明

在创建表时，使用哪种数字类型，应遵循以下原则：
① 从速度方面考虑，要选择固定的列，可以使用 CHAR 类型。
② 要节省空间，使用动态的列，可以使用 VARCHAR 类型。
③ 要将列中的内容限制在一种选择，可以使用 ENUM 类型。
④ 允许在一个列中有多于一个的条目，可以使用 SET 类型。
⑤ 如果要搜索的内容不区分大小写，可以使用 TEXT 类型。
⑥ 如果要搜索的内容区分大小写，可以使用 BLOB 类型。

3.4.3 日期和时间类型

日期和时间类型包括：DATE、TIME、DATETIME、TIMESTAMP 和 YEAR。其中每种类型都有其取值的范围，如赋予它一个不合法的值，将会被“0”代替。下面介绍日期和时间数据类型，如表 3.8 所示。

表 3.8 日期和时间数据类型

类型	取值范围	说明
DATE	1000-01-01 9999-12-31	日期，格式 YYYY-MM-DD
TIME	-838:58:59 835:59:59	时间，格式 HH:MM:SS
DATETIME	1000-01-01 00:00:00 9999-12-31 23:59:59	日期和时间，格式 YYYY-MM-DD HH:MM:SS
TIMESTAMP	1970-01-01 00:00:00 2037 年的某个时间	时间标签，在处理报告时使用的显示格式取决于 M 的值
YEAR	1901-2155	年份可指定两位数字和四位数字的格式

在 MySQL 中，日期的顺序是按照标准的 ANSISQL 格式进行输入的。

3.5 数据的增查改删

数据库中包含数据表，而数据表中包含数据。更多时候，操作最多的是数据表中的数据，因此如何更好地操作和使用这些数据才是使用 MySQL 数据库的重点。

向数据表中添加、查询、修改和删除记录可以在 MySQL 命令行中使用 SQL 语句完成。下面介绍如何在 MySQL 命令行中执行基本的 SQL 语句。

3.5.1 增加数据

建立一个空的数据库和数据表时，首先要想到的就是如何向数据表中添加数据。这项操作可以通过 insert 命令来实现。

语法格式如下：

```
insert into 数据表名(column_name,column_name2, … ) values (value1, value2, ... );
```

在 MySQL 中，一次可以同时插入多行记录，各行记录的值清单在 values 关键字后以逗号“,”分隔，而标准的 SQL 语句一次只能插入一行。

说明

值列表中的值应与字段列表中字段的个数和顺序相对应，值列表中值的数据类型必须与相应字段的数据类型保持一致。

例如，向用户信息表 tb_member 中插入一条数据信息，如图 3.15 所示。

```
管理员: C:\Windows\system32\cmd.exe - mysql -uroot -proot

mysql> insert into tb_member(username,password,createtime,address) values ('mr',
'mrsoft','2017-5-18 15:00:00','长春市');
Query OK, 1 row affected (0.00 sec)

mysql>
```

图 3.15　tb_member 表插入新记录

当向数据表中的所有列添加数据时，insert 语句中的字段列表可以省略，例如，

```
insert into tb_member values('2', '小明','xiaoming','2017-6-20 12:12:12','长春市');
```

3.5.2　查询数据

数据表中插入数据后，可以使用 select 命令来查询数据表中的数据。该语句的格式如下：

```
select selection_list  from 数据表名 where condition;
```

其中，selection_list 是要查找的列名，如果有要查询多个列，可以用“,”隔开；如果查询所有列，可以用“*”代替。where 子句是可选的，如果给出该子句，将查询出指定记录。

例如，查询 tb_member 表中数据。运行结果如图 3.16 所示。

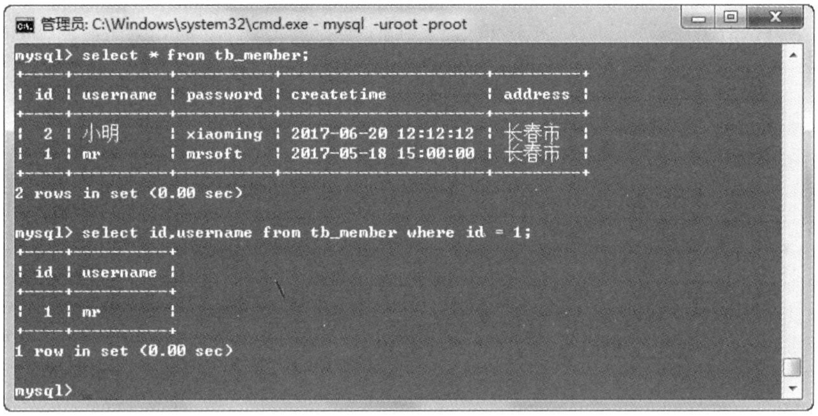

```
管理员: C:\Windows\system32\cmd.exe - mysql -uroot -proot
mysql> select * from tb_member;
+----+----------+----------+---------------------+---------+
| id | username | password | createtime          | address |
+----+----------+----------+---------------------+---------+
|  2 | 小明     | xiaoming | 2017-06-20 12:12:12 | 长春市  |
|  1 | mr       | mrsoft   | 2017-05-18 15:00:00 | 长春市  |
+----+----------+----------+---------------------+---------+
2 rows in set (0.00 sec)

mysql> select id,username from tb_member where id = 1;
+----+----------+
| id | username |
+----+----------+
|  1 | mr       |
+----+----------+
1 row in set (0.00 sec)

mysql>
```

图 3.16　select 查找数据

上述方法只是介绍了最基础的查询操作，实际应用中查询的条件要复杂得多。再来看一下复杂一点的 select 语法：

```
select selection_list                    -- 要查询的内容，选择哪些列
from 数据表名                             -- 指定数据表
where primary_constraint                 -- 查询时需要满足的条件，行必须满足的条件
group by grouping_columns                -- 如何对结果进行分组
order by sorting_cloumns                 -- 如何对结果进行排序
having secondary_constraint              -- 查询时满足的第二条件
limit count                              -- 限定输出的查询结果
```

下面对它的参数进行详细的讲解。

1. selection_list

设置查询内容。如果要查询表中所有列，可以将其设置为“*”；如果要查询表中某一列或多列，则直接输入列名，并以“,”为分隔符。例如，查询 tb_mrbook 数据表中所有列和查询 id 与 bookname 列的代码如下：

```
select * from tb_mrbook;                 # 查询数据表中所有数据
select id,bookname from tb_mrbook;       # 查询数据表中 id 和 bookname 列的数据
```

2. table_list

指定查询的数据表。既可以从一个数据表中查询，也可以从多个数据表中进行查询，多个数据表之

间用“,”进行分隔，并且通过 where 子句，使用连接运算来确定表之间的联系。

例如，从 tb_mrbook 和 tb_bookinfo 数据表中查询 bookname='python 自学视频教程 ' 的 id 编号、书名、作者和价格，其代码如下：

```
select tb_mrbook.id,tb_mrbook.bookname,
    author,price from tb_mrbook,tb_bookinfo
    where tb_mrbook.bookname = tb_bookinfo.bookname
    and tb_bookinfo.bookname = 'python 自学视频教程 ';
```

在上面的 SQL 语句中，因为两个表都有 id 字段和 bookname 字段，为了告诉服务器要显示的是哪个表中的字段信息，要加上前缀。语法如下：

```
表名 . 字段名
```

tb_mrbook.bookname = tb_bookinfo.bookname 将表 tb_mrbook 和 tb_bookinfo 连接起来，叫作等同连接；如果不使用 tb_mrbook.bookname = tb_bookinfo.bookname，那么产生的结果将是两个表的笛卡儿积，叫作全连接。

说明

笛卡儿乘积是指在数学中，两个集合 X 和 Y 的笛卡儿积，又称直积，表示为 X × Y，第一个对象是 X 的成员，而第二个对象是 Y 的所有可能有序对的其中一个成员。

3. where 条件语句

在使用查询语句时，如要从很多记录中查询出想要的记录，就需要一个查询的条件。只有设定了查询的条件，查询才有实际的意义。设定查询条件应用的是 where 子句。

where 子句的功能非常强大，通过它可以实现很多复杂的条件查询。在使用 where 子句时，需要使用一些比较运算符，常用的比较运算符如表 3.9 所示。

表 3.9 **常用的 where 子句比较运算符**

字段名	默认值或绑定	默认值或绑定	默认值或绑定	默认值或绑定	描述
=	等于	id=10	is not null	n/a	id is not null
>	大于	id > 10	between	n/a	id between 1 and 10
<	小于	id < 10	in	n/a	id in (4,5,6)
> =	大于等于	id > =10	not in	n/a	name not in (a,b)
< =	小于等于	id < =10	like	模式匹配	name like ('abc%')
!= 或 <>	不等于	id!=10	not like	模式匹配	name not like ('abc%')
is null	n/a	id is null	regexp	常规表达式	name 正则表达式

表 3.9 中列举的是 where 子句常用的比较运算符，示例中的 id 是记录的编号，name 是表中的用户名。

例如，应用 where 子句，查询 tb_mrbook 表，条件是 type（类别）为 PHP 的所有图书，代码如下：

```
select * from tb_mrbook where type = 'PHP';
```

4. distinct 在结果中去除重复行

使用 distinct 关键字，可以去除结果中重复的行。

例如，查询 tb_mrbook 表，并在结果中去掉类型字段 type 中的重复数据，代码如下：

```
select distinct type from tb_mrbook;
```

5. order by 对结果排序

使用 order by 可以对查询的结果进行升序和降序（desc）排列，在默认情况下，order by 按升序输出结果。如果要按降序排列可以使用 desc 来实现。

对含有 null 值的列进行排序时，如果是按升序排列，null 值将出现在最前面，如果是按降序排列，null 值将出现在最后。例如，查询 tb_mrbook 表中的所有信息，按照“id”进行降序排列，并且只显示五条记录。其代码如下：

```
select * from tb_mrbook order by id desc limit 5;
```

6. like 模糊查询

like 属于较常用的比较运算符，通过它可以实现模糊查询。它有两种通配符：“%”和下划线“_”。“%”可以匹配一个或多个字符，而“_”只匹配一个字符。例如，查找所有书名（bookname 字段）包含“PHP”的图书，代码如下：

```
select * from tb_mrbook where bookname like('%PHP%');
```

说明

> 无论是一个英文字符还是一个中文字符都算作一个字符，在这一点上英文字母和中文没有什么区别。

7. concat 联合多列

使用 concat 函数可以联合多个字段，构成一个总的字符串。例如，把 tb_mrbook 表中的书名（bookname）和价格（price）合并到一起，构成一个新的字符串。代码如下：

```
select id,concat(bookname,":",price) as info,type from tb_mrbook;
```

其中，合并后的字段名为 concat 函数形成的表达式“bookname:price”，看上去十分复杂，通过 AS 关键字给合并字段取一个别名，看上去就更加清晰了。

8. limit 限定结果行数

limit 子句可以对查询结果的记录条数进行限定，控制它输出的行数。例如，查询 tb_mrbook 表，按照图书价格升序排列，显示十条记录，代码如下：

```
select * from tb_mrbook order by price asc limit 10;
```

使用 limit 还可以从查询结果的中间部分取值。首先要定义两个参数，参数 1 是开始读取的第一条记录的编号（在查询结果中，第一个结果的记录编号是 0，而不是 1）；参数 2 是要查询记录的个数。

例如，查询 tb_mrbook 表，从第 3 条记录开始，查询 6 条记录，代码如下：

```
select * from tb_mrbook limit 2,6;
```

9. 使用函数和表达式

在 MySQL 中，还可以使用表达式来计算各列的值，作为输出结果。表达式还可以包含一些函数。

例如，计算 tb_mrbook 表中各类图书的总价格，代码如下：

```
select sum(price) as totalprice,type from tb_mrbook group by type;
```

在对 MySQL 数据库进行操作时，有时需要对数据库中的记录进行统计，例如求平均值、最小值、最大值等，这时可以使用 MySQL 中的统计函数，常用的统计函数如表 3.10 所示。

表 3.10 MySQL 中常用的统计函数

名称	说明
avg（字段名）	获取指定列的平均值
count（字段名）	如指定了一个字段，则会统计出该字段中的非空记录。如在前面增加 distinct，则会统计不同值的记录，相同的值当作一条记录。如使用 count（*）则统计包含空值的所有记录数
min（字段名）	获取指定字段的最小值
max（字段名）	获取指定字段的最大值
std（字段名）	指定字段的标准背离值
stdtev（字段名）	与 STD 相同
sum（字段名）	获取指定字段所有记录的总和

除了使用函数之外，还可以使用算术运算符、字符串运算符以及逻辑运算符来构成表达式。例如，可以计算图书打九折之后的价格，代码如下：

```
select *, (price * 0.9) as '90%' from tb_mrbook;
```

10. group by 对结果分组

通过 group by 子句可以将数据划分到不同的组，实现对记录进行分组查询。在查询时，所查询的列必须包含在分组的列中，目的是使查询到的数据没有矛盾。在与 avg() 函数或 sum() 函数一起使用时，group by 子句能发挥最大作用。例如，查询 tb_mrbook 表，按照 type 进行分组，求每类图书的平均价格，代码如下：

```
select avg(price),type from tb_mrbook group by type;
```

11. 使用 having 子句设定第二个查询条件

having 子句通常和 group by 子句一起使用。在对数据结果进行分组查询和统计之后，还可以使用 having 子句来对查询的结果进行进一步的筛选。having 子句和 where 子句都用于指定查询条件，不同的是 where 子句在分组查询之前应用，而 having 子句在分组查询之后应用，而且 having 子句中还可以包含统计函数。例如，计算 tb_mrbook 表中各类图书的平均价格，并筛选出图书的平均价格大于 60 的记录，代码如下：

```
select avg(price),type from tb_mrbook group by type having avg(price)>60;
```

3.5.3 修改数据

要执行修改的操作可以使用 update 命令，该语句的格式如下：

```
update 数据表名 set column_name = new_value1,column_name2 = new_value2, ...where condition;
```

其中，set 子句指出要修改的列及给定的值；where 子句是可选的，如果给出该子句，将指定记录中哪行应该被更新，否则，所有的记录行都将被更新。

例如，将用户信息表 tb_member 中用户名为 mr 的管理员密码“mrsoft”修改为“mingrisoft”，SQL 语句如下：

```
update tb_member set password='mingrisoft'
where username='mr';
```

运行结果如图 3.17 所示。

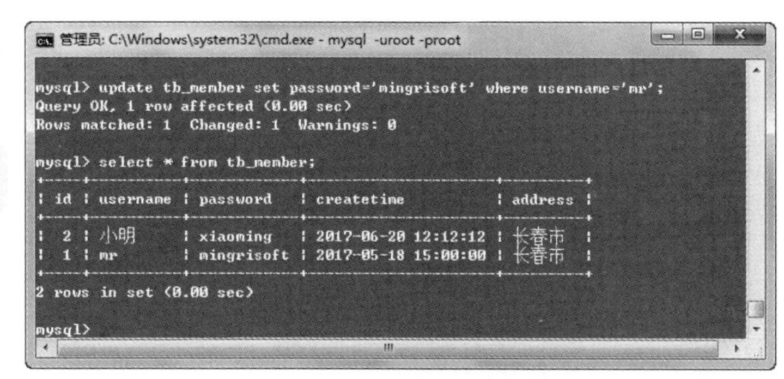

图 3.17 修改数据表记录

3.5.4 删除数据

在数据库中有些数据已经失去意义或者

是错误的，这时就需要将它们删除，此时可以使用 delete 命令。该命令的格式如下：

```
delete from 数据表名 where condition;
```

注意

> 该语句在执行过程中，如果没有指定 where 条件，将删除所有的记录；如果指定了 where 条件，将按照指定的条件进行删除。

使用 delete 命令删除整个表的效率并不高，还可以使用 truncate 命令，利用它可以快速删除表中所有的内容。

例如，删除用户信息表 tb_users 中用户名为“mr”的记录信息，SQL 语句如下：

```
delete from tb_member where username = 'mr';
```

删除后，使用 select 命令查看结果。运行结果如图 3.18 所示。

3.6 PyMySQL 操作数据库

由于 MySQL 服务器以独立的进程运行，并通过网络对外服务，所以，需要支持 Python 的 MySQL 驱动来连接到 MySQL 服务器。在 Python 中支持 MySQL 的数据库模块有很多，我们选择使用 PyMySQL。

3.6.1 安装 PyMySQL

PyMySQL 的安装比较简单，在 cmd 中运行如下命令：

```
pip install PyMySQL
```

运行结果如图 3.19 所示。

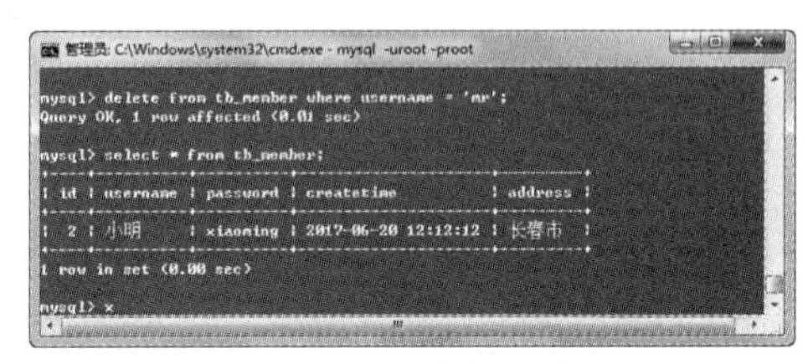

图 3.18 delete 命令删除记录

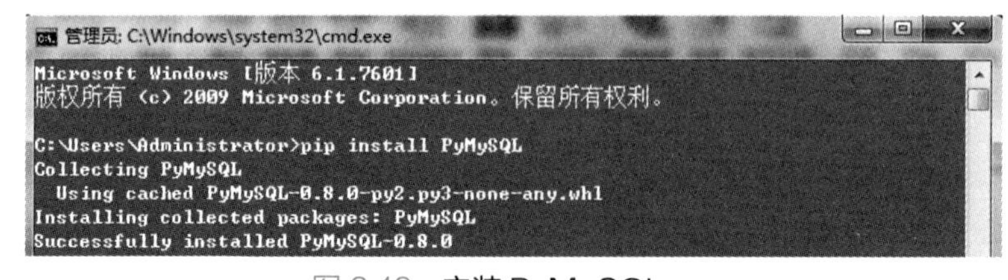

图 3.19 安装 PyMySQL

3.6.2 连接数据库

使用数据库之前需要先来连接数据库。成功连接数据库后会获取连接对象。示例代码如下：

```
01 import pymysql
02
03 try:
04     connection = pymysql.connect(
05         host = 'localhost',                    # 主机名
06         user = 'root',                         # 数据库用户名
07         password = 'root',                     # 数据库密码
08         db = 'mrsoft',                         # 数据库名
```

```
09          charset = 'utf8',                          # 字符集编码
10          cursorclass = pymysql.cursors.DictCursor   # 游标类型
11      )
12      print(connection)
13  except Exception as e:
14      print(e)
```

如果连接数据库参数正确，运行成功后输出结果如下:

```
<pymysql.connections.Connection object at 0x103a59990>
```

成功连接数据库后，会获取连接对象。连接对象有非常多的方法，其中最常用的方法如表 3.11 所示。

表 3.11 连接对象的常用方法

方法名	说明
cursor()	获取游标对象，操作数据库，如执行 DML 操作，调用存储过程等
commit()	提交事务
rollback()	回滚事务
close()	关闭数据库连接

3.6.3 游标对象

连接 MySQL 数据库以后，可以使用游标对象实现 Python 对 MySQL 数据库的操作。通过连接对象的 cursor 方法可以获取游标对象。示例代码如下:

```
cursor = connection.cursor()
```

说明

connection 是连接对象。

通过连接对象的 cursor 方法获取到游标对象，连接对象有非常多的方法，其中最常用的方法如表 3.12 所示。

表 3.12 连接对象的常用方法

方法名	说明
execute(operation[, parameters])	执行数据库操作，SQL 语句或者数据库命令
executemany(operation, seq_of_params)	用于批量操作，如批量更新
fetchone()	获取查询结果集中的下一条记录
fetchmany(size)	获取指定数量的记录
fetchall()	获取结构集的所有记录
close()	关闭当前游标

Python 操作 MySQL 数据库的形式有很多，例如创建数据库、创建数据表、对数据进行增查改删等，但是基本流程是一致的，如图 3.20 所示。

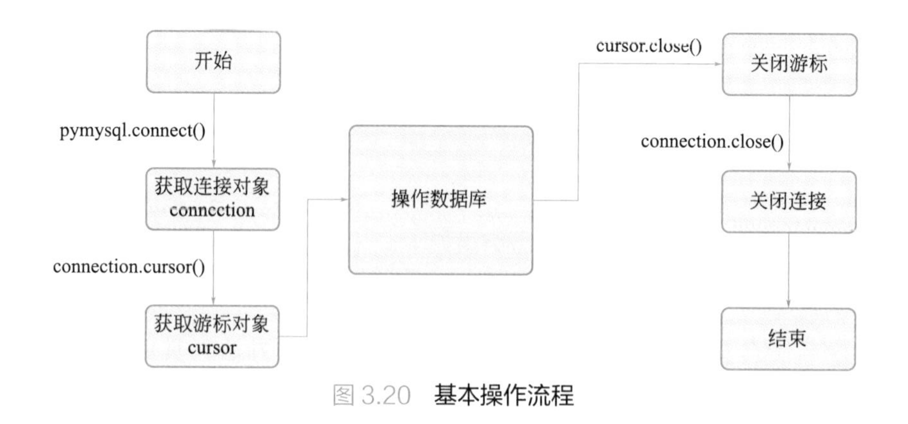

图 3.20 基本操作流程

实例 3.1 向 mrsoft 数据库中添加 books 图书表

实例位置：资源包 \Code\03\01

创建 mrsoft 数据库，编写 Python 程序向 mrsoft 数据库中添加 books 数据表，代码如下：

```
01 import pymysql
02 connection = pymysql.connect(
03     host = 'localhost',                          # 主机名
04     user = 'root',                               # 数据库用户名
05     password = 'andy123456',                     # 数据库密码
06     db = 'mrsoft',                               # 数据库名
07     charset = 'utf8',                            # 字符集编码
08     cursorclass = pymysql.cursors.DictCursor     # 游标类型
09 )
10
11 # SQL 语句
12 sql = """
13 CREATE TABLE books (
14 id int NOT NULL AUTO_INCREMENT,
15 name varchar(255) NOT NULL,
16 category varchar(50) NOT NULL,
17 price decimal(10,2) DEFAULT '0',
18 publish_time date DEFAULT NULL,
19 PRIMARY KEY (id)
20 ) ENGINE=InnoDB AUTO_INCREMENT=1 DEFAULT CHARSET=utf8mb4 COLLATE=utf8mb4_0900_ai_ci;
21 """
22 cursor = connection.cursor()                     # 获取游标对象
23 cursor.execute(sql)                              # 执行 SQL 语句
24 cursor.close()                                   # 关闭游标
25 connection.close()                               # 关闭连接
```

注意

先关闭游标，最后关闭连接。也可以使用 with 语句省略关闭游标操作。

运行结果如图 3.21 所示。

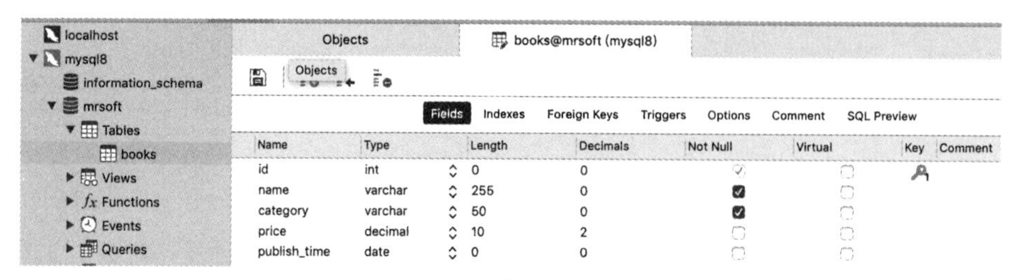

图 3.21 添加 books 表

3.6.4 操作数据库

对于查询操作，执行 select 查询 SQL 语句生成一个结果集，需要使用 fetchone()、fetchmany() 或 fetchall() 方法来获取记录。

对于新增、修改和删除操作，使用 cursor.execute() 执行 SQL 语句后，默认不会自动提交，需要使用 cursor.commit() 函数进行提交。例如，向 books 表中新增一条图书信息，代码如下：

```
01 sql = 'insert into books(name,category,price,publish_time) values(
02                                  "零基础学 Python","Python","79.80","2018-04-01")'
03 cursor = connectiont.cursor()              # 获取游标对象
04 cursor.execute(sql)                        # 执行 SQL 语句
05 cursor.commit()                            # 提交数据
06 cursor.close()                             # 关闭游标
```

3

实例 3.2 向 books 图书表中添加图书数据 实例位置：资源包 \Code\03\02

在向 books 图书表中插入图书数据时，可以使用 excute() 方法添加一条记录，也可以使用 executemany() 方法批量添加多条记录，executemany() 方法格式如下：

```
executemany(operation, seq_of_params)
```

- operation：操作的 SQL 语句。
- seq_of_params：参数序列。

executemany() 方法批量添加多条记录的具体代码如下：

```
01 import pymysql
02
03 # 打开数据库连接
04 db = pymysql.connect("localhost", "root", "root", "mrsoft",charset="utf-8")
05 # 使用 cursor() 方法获取操作游标
06 cursor = db.cursor()
07 # 数据列表
08 data = [("零基础学 Python",'Python','79.80','2018-5-20'),
09         ("Python 从入门到精通 ",'Python','69.80','2018-6-18'),
10         ("零基础学 PHP",'PHP','69.80','2017-5-21'),
11         ("PHP 项目开发实战入门 ",'PHP','79.80','2016-5-21'),
12         ("零基础学 Java",'Java','69.80','2017-5-21'),
13         ]
14 try:
15     # 执行 sql 语句，插入多条数据
16     cursor.executemany("insert into books(name, category, price,
17                                publish_time) values (%s,%s,%s,%s)", data)
18     # 提交数据
19     db.commit()
20 except:
21     # 发生错误时回滚
22     db.rollback()
23
24 # 关闭数据库连接
25 db.close()
```

上述代码中，特别注意以下几点：

- 使用 connect() 方法连接数据库时，额外设置字符集 charset=utf-8，可以防止插入中文时出错。
- 在使用 insert 语句插入数据时，使用 %s 作为占位符，可以防止 SQL 注入。

运行上述代码，在可视化图形软件 Navicat 中查看 books 表数据，如图 3.22 所示。

id	name	category	price	publish_time
1	零基础学Python	Python	79.80	2018-05-20
2	Python从入门到精通	Python	69.80	2018-06-18
3	零基础学PHP	PHP	69.80	2017-05-21
4	PHP项目开发实战入门	PHP	79.80	2016-05-21
5	零基础学Java	Java	69.80	2017-05-21

图 3.22　books 表数据

3.7　ORM 模型

在 Web 开发过程中，随着项目越来越大，在代码中会出现大量的 SQL 语句，那么经常会出现以下问题：

① SQL 语句重复利用率不高，越复杂的 SQL 语句条件越多，代码越长。会出现很多相近的 SQL 语句。

② 很多 SQL 语句是在业务逻辑中拼出来的，如果有数据库需要更改，就要去修改这些逻辑，这会很容易漏掉对某些 SQL 语句的修改。

③ 写 SQL 时容易忽略 Web 安全问题，给未来造成隐患，例：SQL 注入。

而使用 ORM 就可以通过类的方式去操作数据库，而不用再写原生的 SQL 语句。通过把表映射成类，把行作实例，把字段作为属性，ORM 在执行对象操作的时候最终还是会把对应的操作转换为数据库原生语句。

3.7.1　ORM 简介

对象关系映射（Object Relational Mapping，简称 ORM）是一种程序设计技术，用于实现面向对象编程语言里不同类型系统的数据之间的转换。从效果上说，它其实是创建了一个可在编程语言里使用的“虚拟对象数据库”。ORM 模型如图 3.23 所示。

面向对象是从软件工程基本原则（如耦合、聚合、封装）的基础上发展起来的，而关系型数据库则是从数学理论发展而来的，两套理论存在显著的区别。为了解决这个不匹配的现象，对象关系映射技术应运而生。

ORM 把数据库映射成对象。数据库和对象的映射关系如下：

- 数据库的表（table）→ 类（class）
- 记录（record，行数据）→ 对象（object）
- 字段（field）→ 对象的属性（attribute）

映射关系如图 3.24 所示。

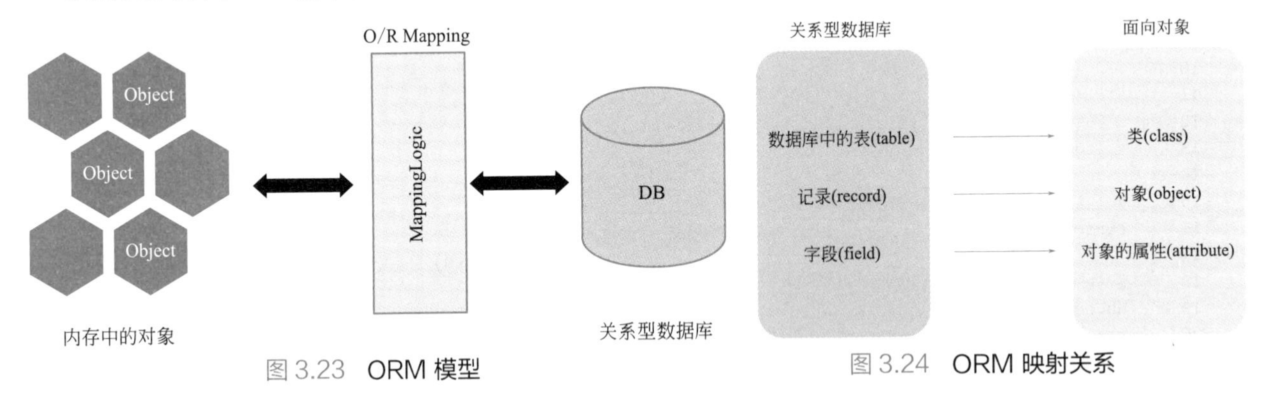

图 3.23　ORM 模型

图 3.24　ORM 映射关系

举例来说，下面是使用面向对象的方式执行 SQL 语句：

```
01 sql = 'select * from books order by price'
02 cursor.execute(sql)
03 data = cursor.fetchall()
```

改成 ORM 的示例写法如下：

```
data = Book.query.all()
```

从上面的对比中可以发现，ORM 使用对象的方式封装了数据库操作，因此可以不用去了解 SQL 语句。开发者只使用面向对象编程，与数据对象直接交互，而不用关心底层数据库。

总结起来，ORM 有下面这些优点：

- 数据模型都在一个地方定义，更容易更新和维护，也利于重用代码。
- ORM 有现成的工具，很多功能都可以自动完成，比如数据消毒、预处理、事务等。
- 它迫使你使用 MVC 架构，ORM 就是天然的模型，最终使代码更清晰。
- 基于 ORM 的业务代码比较简单，代码量少，语义性好，容易理解。
- 不必编写性能不佳的 SQL。

但是，ORM 也有很突出的缺点：

- ORM 库不是轻量级工具，需要花很多精力学习和设置。
- 对于复杂的查询，ORM 要么是无法表达，要么是性能不如原生的 SQL。
- ORM 抽象掉了数据库层，开发者无法了解底层的数据库操作，也无法定制一些特殊的 SQL。

3.7.2 常用的 ORM 库

Python 中提供了非常多的 ORM 库，一些 ORM 库是框架特有的，还有一些是通用的第三方包。虽然每个 ORM 库的应用领域稍有不同，但是它们操作数据库的原理是相同的。下面列举了一下常用的 Python ORM 框架：

- Django ORM：Django 是一个免费的和开源的应用程序框架，它的 ORM 是框架内置的。由于 Django 的 ORM 和框架本身结合太紧密了，所以不推荐脱离 Django 框架使用它。
- SQLAlchemy：它是一个成熟的 ORM 框架，资源和文档都非常丰富。大多数 Python Web 框架对其都有很好的支持，能够胜任大多数应用场合。
- Peewee：它是一个轻量级的 ORM。Peewee 基于 SQLAlchemy 内核开发，整个框架由一个文件构成。Peewee 更关注极简主义，具备简单的 API 和容易理解和使用的函数库。
- Storm：它是一个中型的 ORM 库。它允许开发者跨数据库构建复杂的查询语句，从而支持动态的存储或检索信息。

3.8 综合案例——从数据库查询并筛选数据

本章学习了 MySQL 数据库的相关知识，下面将通过本章所学的知识与 Python 语言中的 PyMySQL 模块相结合来实现从 books 图书表中根据价格由低到高筛选 4 条数据的需求。

3.8.1 设计 SQL

在 MySQL 数据库中，使用 order by 可以实现排序功能，使用 limit 可以设置筛选数量。所以，从 books 图书表中根据价格由低到高筛选 4 条数据，可以使用如下 SQL 语句：

```
select * from books order by price limit 4;
```

3.8.2 实现过程

首先需要引入 PyMySQL 模块，再根据数据库具体的配置连接数据库，具体代码如下所示：

```
01 import pymysql
02
03 connectiont = pymysql.connect(
```

```
04      host = 'localhost',                         # 主机名
05      user = 'root',                              # 数据库用户名
06      password = 'root',                          # 数据库密码
07      db = 'mrsoft',                              # 数据库名
08      charset = 'utf-8',                          # 字符集编码
09      cursorclass = pymysql.cursors.DictCursor    # 游标类型
10 )
```

接下来要设计好需要执行的SQL语句，由于本案例要获取多条记录，可以使用cursor.fetch_all()方法，具体代码如下：

```
11 # SQL 语句
12 sql = 'select * from books order by price limit 4;'
13 with connectiont.cursor() as cursor:
14     cursor.execute(sql)                     # 执行 SQL 语句
15     data = cursor.fetchall()                # 获取全部数据
```

最后直接遍历输出数据即可，具体代码如下：

```
16 # 遍历图书数据
17 for book in data:
18     print(f'图书:{book["name"]}，价格:{book["price"]}')
19
20 connectiont.close() # 关闭连接
```

运行结果如下：

```
图书:Python 从入门到精通，价格:69.80
图书:零基础学 PHP，价格:69.80
图书:零基础学 Java，价格:69.80
图书:零基础学 Python，价格:79.80
```

3.9 实战练习

在上节案例中，如果要实现价格由高到低的一个效果，只需在SQL语句中增加一个“desc”即可，具体SQL语句如下所示：

```
select * from books order by price desc limit 3;
```

运行结果如下：

```
图书:PHP 项目开发实战入门，价格:79.80
图书:零基础学 Python，价格:79.80
图书:零基础学 Java，价格:69.80
```

小结

本章内容主要分为三部分，第一部分介绍MySQL数据相关知识，包括下载安装MySQL数据库、操作数据库、操作数据表等内容；第二部分介绍如何使用Python操作MySQL数据库，包括下载PyMySQL包，以及使用MySQL实现基本的增查改删操作；第三部分介绍了ORM编程技术，为后续章节介绍的在框架中操作数据库的内容做准备。通过本章的学习，将学会MySQL的基本使用，以及通过Python操作MySQL的相关技术。

Python Web
开发手册
基础 · 实战 · 强化

第 2 篇 Flask 框架实战篇

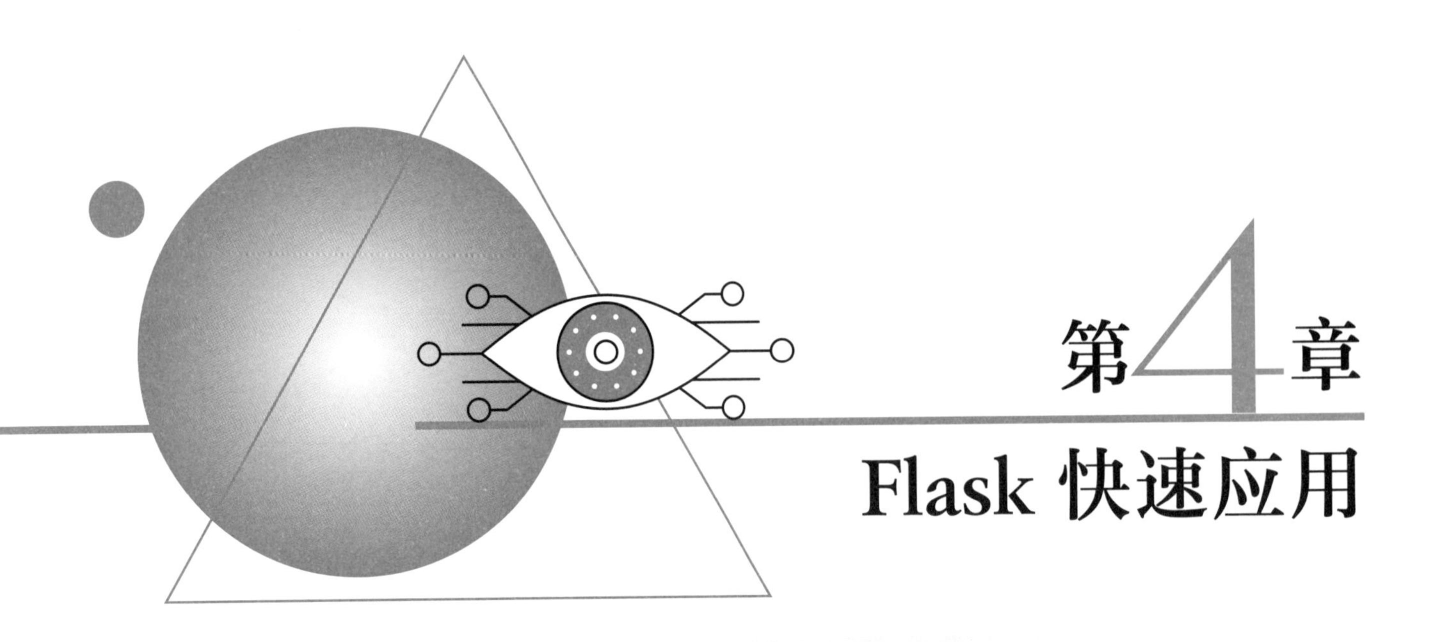

第4章 Flask 快速应用

Flask 是一个使用 Python 编写的轻量级 Web 应用框架。基于 Werkzeug WSGI 工具箱和 Jinja2 模板引擎，Flask 被称为微框架，因为它使用简单的核心，用扩展增加其他功能。Flask 没有默认使用的数据库、窗体验证工具等。然而，Flask 保留了扩增的弹性，可以用 Flask 扩展加入这些功能，例如：ORM，窗体验证工具、文件上传、各种开放式身份验证技术等。

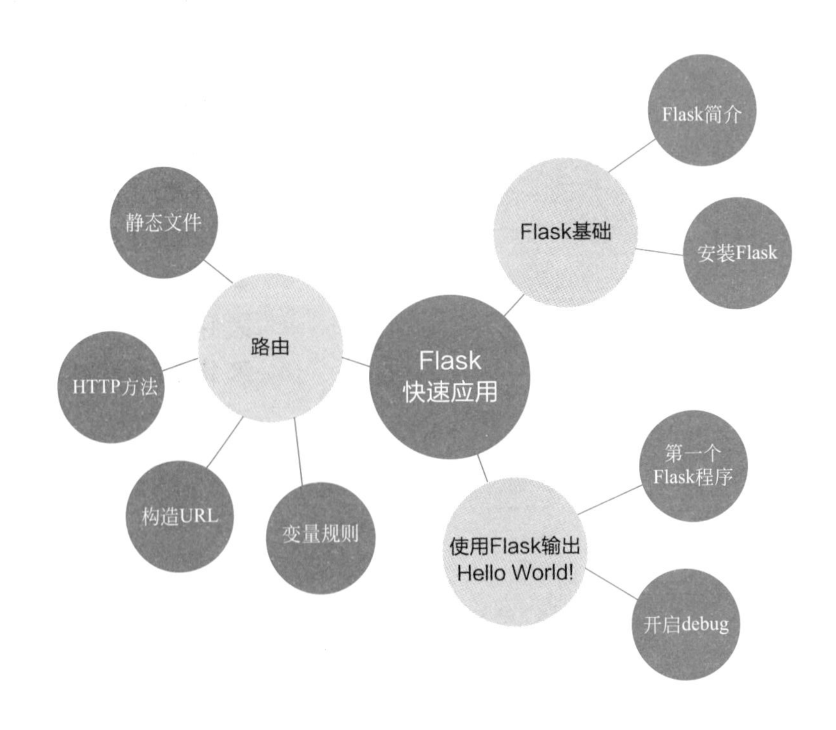

4.1　Flask 基础

Flask 一直被称为是 Python 中轻量级的可定制的框架，其核心简单，相比其他框架更加灵活轻便，也更容易掌握。

4.1.1　Flask 简介

Flask 框架核心简单，同时在使用过程中同样可以保持功能的丰富与扩展性，用户在使用 Flask 开发网站时，可以根据自己的需求添加不同的功能，各种强大的插件库可以让用户完全按照自己的意愿开发出功能强大的网站。

Flask 框架主要有以下特点：

① Flask 主要包含 Werkzeug 和 Jinja2 两个核心函数库，他们为 Web 项目开发提供了丰富的基础组件。

② Flask 中的 Jinja2 模板引擎，提高了前端代码的复用率，可以大大提高开发效率，并且有利于二次开发与维护。

③ Flask 不会指定数据库和模板引擎等对象，用户可以根据自己的需要随心选择数据库。

④ Flask 还支持进行表单数据合法性验证、文件上传处理、用户身份认证和数据库集成等功能。

4.1.2　安装 Flask

Flask 依赖两个外部库：Werkzeug 和 Jinja2。Werkzeug 是一个 WSGI（在 Web 应用和多种服务器之间的标准 Python 接口）工具集。Jinja2 负责渲染模板。所以，在安装 Flask 时，会自动安装这 2 个库。

为了更好地管理 Python 应用，通常情况下都会在虚拟环境中安装 Flask 框架。在虚拟环境下，使用如下命令安装 Flask：

```
pip install flask
```

运行效果如图 4.1 所示。

安装完成以后，可以通过如下命令查看所有安装包：

```
pip list
```

运行结果如图 4.2 所示。

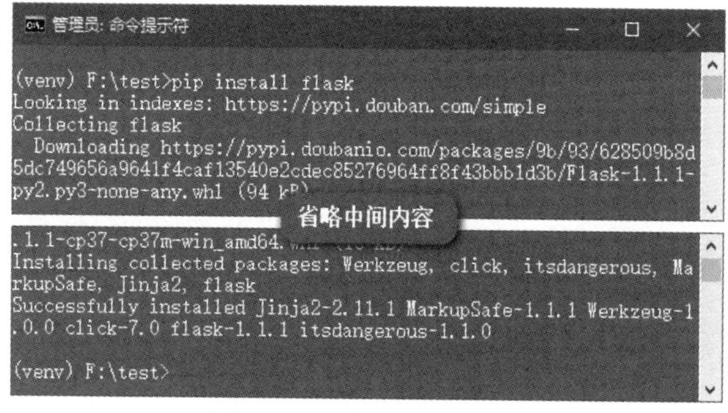

图 4.1　安装 Flask

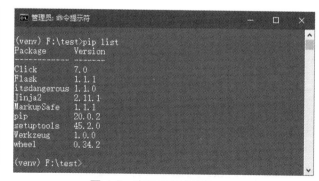

图 4.2　查看所有安装包

从图 4.2 可以看到，已经成功安装了 Flask，当前 Flask 最新版本为 1.1.1，并且也安装 Flask 的 2 个外部依赖库：Werkzeug 和 Jinja2。

4.2 使用 Flask 输出 Hello World!

Flask 框架安装完成后，就可以开始编写第一个 Flask 程序。

4.2.1 第一个 Flask 程序

由于是第一个 Flask 程序，当然要从最简单的 Hello World！开始。

输出 Hello World!

实例位置：资源包 \Code\04\01

```
01 from flask import Flask
02 app = Flask(__name__)
03
04 @app.route('/')
05 def index():
06     return 'Hello World!'
07
08 if __name__ == '__main__':
09     app.run()
```

在资源目录下创建一个 run.py 文件，代码如右侧所示。

运行 run.py 文件，运行成功后效果如图 4.3 所示。

然后在浏览器中，输入网址 127.0.0.1:5000/，运行效果如图 4.4 所示。

那么，这段代码做了什么?

- 第 1 行：导入了 Flask 类。
- 第 2 行：创建该类的一个实例。第一个参数是应用模块或者包的名称。如果使用单一的模块（如本例），则应该使用“_name_”。模块的名称将会因其作为单独应用启动还是作为模块导入而有不同。这样 Flask 才知道到哪去找模板、静态文件等。

```
/Users/andy/PycharmProjects/code/venv/bin/python /Users/andy/PycharmProjects/code/04/01/run.py
 * Serving Flask app "run" (lazy loading)
 * Environment: production
   WARNING: This is a development server. Do not use it in a production deployment.
   Use a production WSGI server instead.
 * Debug mode: off
 * Running on http://127.0.0.1:5000/ (Press CTRL+C to quit)
```

图 4.3 运行 run.py 文件

Hello World!

图 4.4 输出“Hello World！”

- 第 4 行：使用 route() 装饰器告诉 Flask 什么样的 URL 能触发执行被装饰的函数。
- 第 5 ～ 6 行：这个被装饰的函数就是视图函数，它返回显示在用户浏览器中的信息。
- 第 8 ～ 9 行：使用 run() 函数来让应用运行在本地服务器上。其中“if_name_==' _main_' :”确保服务器只会在该脚本被 Python 解释器直接执行的时候才会运行。

说明

按“Ctrl+C”键可以关闭服务。

4.2.2 开启 debug

虽然 run() 方法适用于启动本地的开发服务器，但是每次修改代码后都要手动重启它，这样显然比较烦琐。此时可以启用 Flask 调试模式解决。

有两种途径来启用调试模式。一种是直接在应用对象上设置，示例代码如下：

```
app.debug = True
app.run()
```

另一种是作为 run 方法的一个参数传入：

```
app.run(debug=True)
```

两种方法的效果完全相同。

此外，还可以设置其他参数，例如设置端口号，代码如右侧所示。再次启动服务后，需要在浏览器中访问网址：127.0.0.1:8000。

```
01 app.run(
02     debug = True,
03     port = 8000
04 )
```

4.3 路由

当客户端（例如 Web 浏览器）把请求发送给 Web 服务器，Web 服务器再把请求发送给 Flask 程序实例。程序实例需要知道对每个 URL 请求运行哪些代码，所以保存了一个 URL 到 Python 函数的映射关系。处理 URL 和函数之间关系的程序称为路由。

在 Flask 程序中定义路由的最简便方式，是使用程序实例提供的 app.route 装饰器，把装饰的函数注册为路由。路由映射关系如图 4.5 所示。

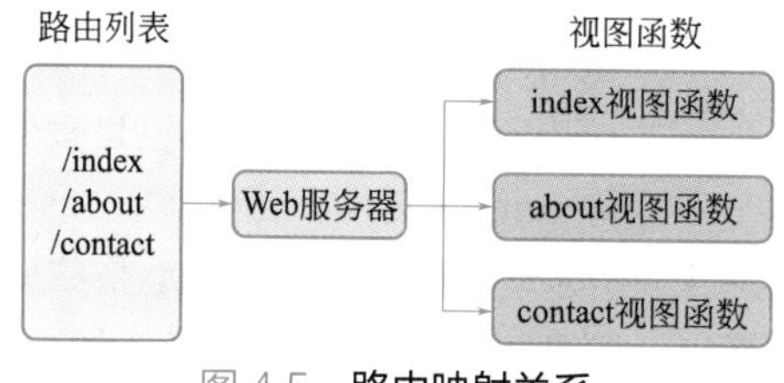

图 4.5 路由映射关系

右侧的例子说明了如何使用这个装饰器声明路由。

```
01 @app.route('/')
02 def index():
03     return '<h1>Hello World!</h1>'
```

说明

装饰器是 Python 语言的标准特性，可以使用不同的方式修改函数的行为。惯常用法是使用装饰器把函数注册为事件的处理程序。

4.3.1 变量规则

在 @app.route() 函数中添加 URL 时，这里 URL 有时是变化的。例如，商品详情页面的商品 ID 是变化的，个人中心页面的用户名称是变化的。针对这种情况，可以构造含有动态部分的 URL，也可以在一个函数上附着多个规则。

要给 URL 添加变量部分，可以把这些特殊的字段标记为“< 变量名 >”的形式，它将会作为命名参数传递到函数。如果要对变量名的类型进行限制，则可以用“< 变量类型 : 变量名 >”指定一个可选的类型转换器。

实例 4.2 根据不同的用户名参数，输出相应的用户信息

实例位置：资源包 \Code\04\02

设置动态 URL “/user/<username>”，<username> 是变化的用户名。设置动态 URL “/post/<post_id>”，<post_id> 是变化的 ID 名，并且设置该 ID 只能为整数。代码如下；

```
01 from flask import Flask
02 app = Flask(__name__)
03
04 @app.route('/')
05 def index():
06     return 'Hello World!'
07
08 @app.route('/user/<username>')
09 def show_user_profile(username):
10     # 显示该用户名的用户信息
```

```
11     return f'用户名是:{username}'
12
13 @app.route('/post/<int:post_id>')
14 def show_post(post_id):
15     # 根据 ID 显示文章，ID 是整型数据
16     return f'ID 是:{post_id}'
17
18 if __name__ == '__main__':
19     app.run(debug = True)
```

上述代码中使用了转换器。它有下面几种:

- int: 接受整数。
- float: 同 int，但是接受浮点数。
- path: 和默认的相似，但也接受斜线。

运行 run.py 文件，当访问“/user/andy”时，运行结果如图 4.6；当访问“/post/1”时，运行结果如图 4.7 所示。当访问的 id 不是整数时，例如访问“/post/one”，由于“/post/”后不是整数，无法匹配该路由，则会提示“Not Found”，运行结果如图 4.8 所示。

图 4.6　获取用户信息　　图 4.7　获取文章信息

图 4.8　路由不匹配时显示 Not Found

4.3.2　构造 URL

如果 Flask 能匹配 URL，那么 Flask 可以生成它们吗？当然可以。可以用 url_for() 函数来给指定的函数构造 URL。它的第一个参数是函数名，其余参数会添加到 URL 末尾作为查询参数。例如:

```
# 返回 hello_world 函数对应的路由 "/"
url_for('hello_world')
# 返回 show_post 函数对应的路由 "/post/2"
url_for('show_post',post_id=2)
# 返回 show_user_profile 函数对应的路由 "/user/andy"
url_for('show_user_profile',username='andy')
```

4.3.3　HTTP 方法

HTTP（与 Web 应用会话的协议）有许多不同的访问 URL 方法。默认情况下，路由只回应 GET 请求，但是通过 route() 装饰器传递 methods 参数可以改变这个行为。例如:

```
01 @app.route('/login', methods=['GET', 'POST'])
02 def login():
```

```
03      if request.method == 'POST':
04          do_the_login()
05      else:
06          show_the_login_form()
```

HTTP 方法（也经常被叫作“谓词”）告知服务器，客户端想对请求的页面做些什么。常见的方法如表 4.1 所示。

表 4.1　常用的 HTTP 方法

方法名	说明
GET	浏览器告知服务器：只获取页面上的信息并发给我。这是最常用的方法
HEAD	浏览器告知服务器：欲获取信息，但是只关心消息头。应像处理 GET 请求一样来处理它，但是不分发实际内容。在 Flask 中完全无需人工干预，底层的 Werkzeug 库已经处理好了
POST	浏览器告知服务器：想在 URL 上发布新信息。并且，服务器必须确保数据已存储且仅存储一次。这是 HTML 表单通常发送数据到服务器的方法
PUT	类似 POST，但是服务器可能触发了存储过程多次，多次覆盖掉旧值。考虑到传输中连接可能会丢失，在这种情况下浏览器和服务器之间的系统可能安全地第二次接收请求，而不破坏其他东西。因为 POST 只触发一次，所以需要使用 PUT
DELETE	删除给定位置的信息
OPTIONS	给客户端提供一个敏捷的途径来弄清这个 URL 支持哪些 HTTP 方法。从 Flask 0.6 开始，实现了自动处理

在以上方法中，GET 和 POST 方法使用最多，其他方法较少使用。

4.3.4　静态文件

动态 Web 应用也会需要静态文件，通常是 CSS 和 JavaScript 文件。默认情况下，只要在包中或是模块的所在目录中创建一个名为 static 的文件夹，在应用中使用“/static”即可访问。例如，test 文件夹为应用目录，在 test 目录下创建 static 文件夹，目录结构如图 4.9 所示。

```
▼ test
  ▼ static
      css
      js
    run.py
```

图 4.9　包含静态资源文件的目录结构

给静态文件生成 URL，可以使用特殊的“static”端点名，示例如下：

```
url_for('static', filename='style.css')
```

上述代码使用 url_for() 函数生成了 style.css 文件的目录，即为“static/style.css”。

4.4　综合案例——模拟登录

本章学习了 Flask 框架的基础内容，并介绍了安装与使用的方法，编写了第一个 Flask 程序。然后又介绍了 Flask 中路由的相关内容，下面就通过本章所学知识来实现一个模拟登录的案例。

使用 url_for() 函数可以构造 URL，所以它经常结合 redirect() 函数来跳转到构造的 URL 页面。url_for() 函数和 redirect() 函数需要从 Flask 模块中导入。

登录页面 URL 为“/login”，首页页面 URL 为“/”，代码如下：

```
01 from flask import Flask,url_for,redirect
02
03 app = Flask(__name__)
04
05 @app.route('/')
```

```
06 def index():
07     return 'Hello World!'
08
09 # 省略部分代码
10
11 @app.route('/login')
12 def login():
13     # 模拟登录流程
14     flag = 'success'
15     # 如果登录成功，跳转到首页
16     if flag:
17         return redirect(url_for('index'))
18     return " 登录页面 "
19
20 if __name__ == '__main__':
21     app.run(debug = True)
```

在浏览器中访问网址 127.0.0.1:5000/login 时，会调用 login() 方法。如果登录成功，则使用 redirect() 函数跳转至 index 方法，也就是首页。运行结果如图 4.10 所示。

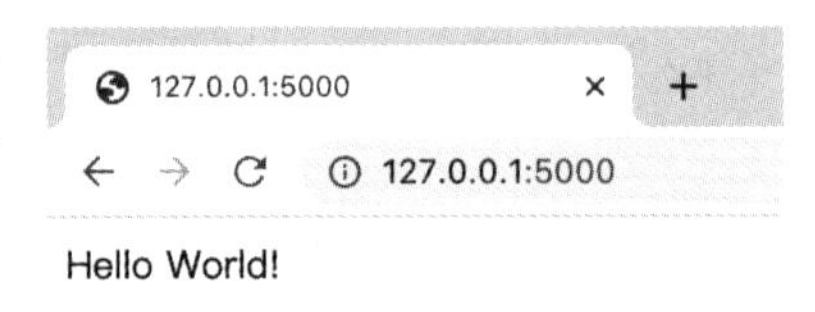

图 4.10　url_for() 函数应用效果图

4.5　实战练习

在本章案例中，如果登录失败了，我们还可将其重定向到公益的 404 页面，运行结果如图 4.11 所示。

图 4.11　重定向到公益 404 页面

小结

本章主要介绍 Flask 框架的基础知识。首先介绍 Flask 框架的下载和安装，然后通过第一个 Flask 程序直观感受使用 Flask 框架的简单快捷。接下来，介绍 Flask 框架的路由内容，包括变量的规则、构造 URL、HTTP 方法和静态文件等。通过本章的学习，将深刻体会到 Flask 框架小而美的设计哲学，并学会使用 Flask 框架简单开发小型 Web 程序。

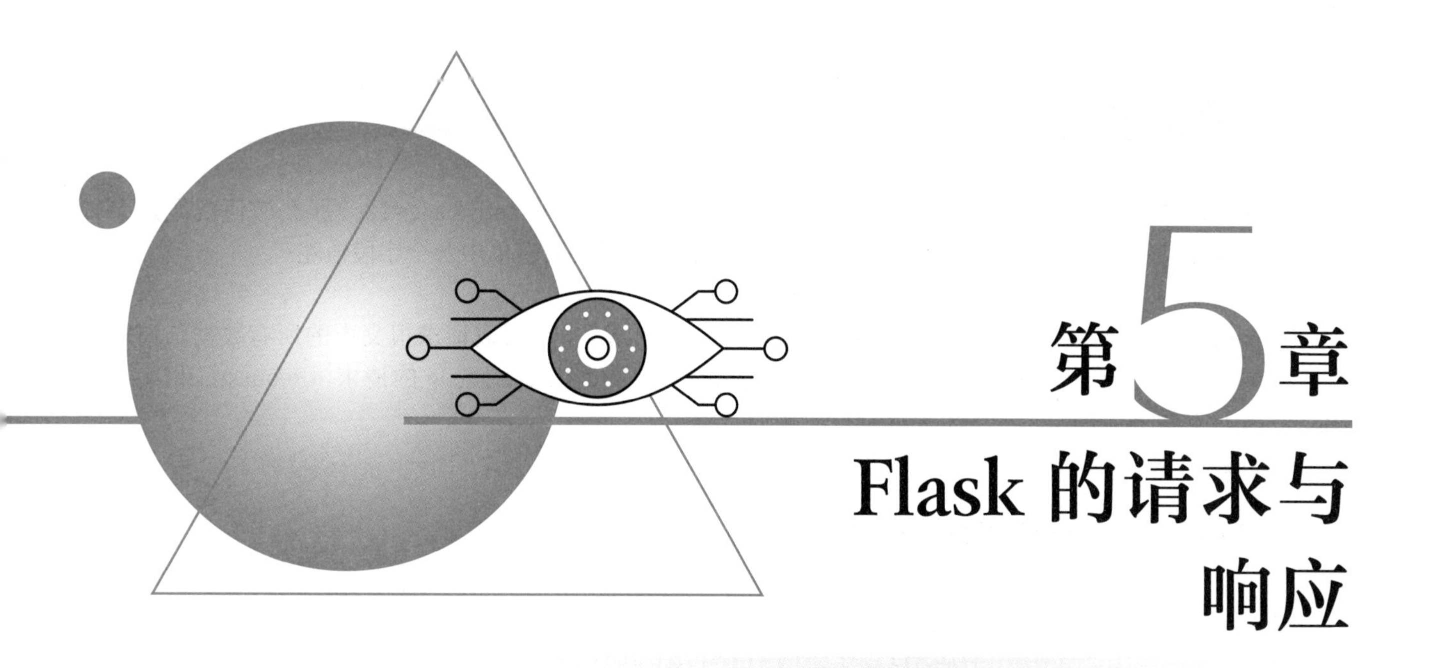

第5章 Flask 的请求与响应

了解了 Flask 的基础知识以后，我们已经能够开发一个简单的 Web 网站。但是为了让网站的功能更加完善，用户体验更好，就还需要学习 Flask 请求与响应的知识。

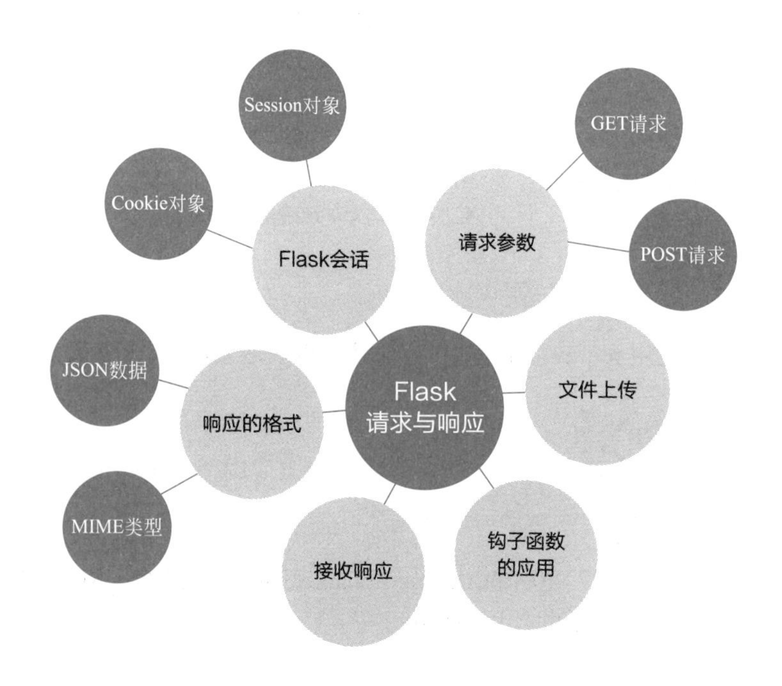

5.1 请求参数

如果以 GET 请求访问 URL，例如 URL 是 127.0.0.1:5000/?name=andy&age=18，那么如何获取这个 URL 中的参数呢？如果以 POST 请求提交一个表单，那么又如何获取表单中各个字段值呢？

Flask 提供的 Request 请求对象就可以实现这个功能。

Request 请求对象封装了从客户端发来的请求报文，可以从其中获取请求报文中的所有数据。请求解析和响应封装实际上大部分是由 Werkzeug 完成的，Flask 子类化 Werkzeug 的请求（Request）和响应（Response）对象并添加了和程序相关的特定功能。

Request 请求对象的常用属性和方法如表 5.1 所示。

表 5.1　Request 请求对象的常用属性和方法

属性或方法	说明
form	一个字典，存储请求提交的所有表单字段
args	一个字典，存储通过 URL 查询字符串传递的所有参数
values	一个字典，form 和 args 的合集
cookies	一个字典，存储请求的所有 cookie
headers	一个字典，存储请求的所有 HTTP 首部
files	一个字典，存储请求上传的所有文件
get_data()	返回请求主体缓冲的数据
get_json()	返回一个 Python 字典，包含解析请求主体后得到的 JSON
blueprint	处理请求的 Flask 蓝本的名称
endpoint	处理请求的 Flask 端点的名称
method	HTTP 请求方法，例如 GET 或 POST
scheme	URL 方案（http 或 https）
is_secure()	通过安全的连接（HTTPS）发送请求时返回 True
host	请求定义的主机名，如果客户端定义了端口号，还包括端口号
path	URL 的路径部分
query_string	URL 的查询字符串部分，返回原始二进制值
full_path	URL 的路径和查询字符串部分
url	客户端请求的完整 URL
base_url	同 url，但没有查询字符串部分
remote_addr	客户端的 IP 地址
environ	请求的原始 WSGI 环境字典

5.1.1 GET 请求

使用 request.args.get() 方法就可以获取 GET 请求参数。

获取 GET 请求参数

实例位置：资源包 \Code\05\01

获取 127.0.0.1:5000/?name=andy&age=18 这个 URL 中的 name 和 age 两个参数。在资源目录下创建一个 run.py 文件，代码如下：

```
01 from flask import Flask,request
02
03 app = Flask(__name__)
04
05 @app.route('/')
06 def index():
07     name = request.args.get('name')
08     age = request.args.get('age')
09     message = f'姓名:{name}\n 年龄:{age}'
10     return message
11
12 if __name__ == '__main__':
13     app.run()
```

在浏览器中访问网址：127.0.0.1:5000/?name=andy&age=18，运行结果如图 5.1 所示。

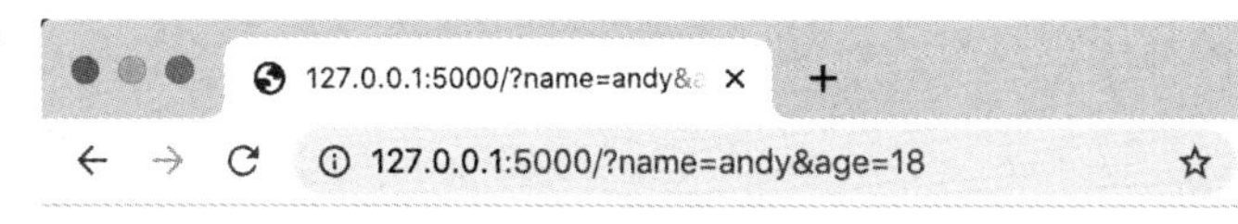

图 5.1　接受 GET 请求参数

5.1.2　POST 请求

使用 request.args.post() 方法可以接收 POST 请求参数。如果接收表单数据，可以使用 form 对象。

实例 5.2

获取表单提交信息

实例位置：资源包 \Code\05\02

首先，创建一个 run.py 文件，在该文件中定义一个 login 路由，代码如下：

```
01 from flask import Flask,request,render_template
02
03 app = Flask(__name__)
04
05 @app.route('/login',methods=['GET','POST'])
06 def login():
07     if request.method == 'POST':
08         username = request.form['username']
09         password = request.form['password']
10         message = f'用户名是:{username}</br>密码是:{password}'
11         return message
12
13     return render_template('login.html')
14
15 if __name__ == '__main__':
16     app.run(debug=True)
```

然后，创建在 run.py 同级目录下，创建“templates”文件夹。

接下来，在“templates”路径下创建 login.html 模板文件，代码如下：

```
01 <!DOCTYPE html>
02 <html lang="en">
03 <head>
04     <meta charset="UTF-8">
05     <title>用户登录</title>
06 </head>
07 <body>
08 <form action="" method="post">
09     <div>
10         <label for="username">用户名</label>
```

```
11          <input type="text" id="username" name="username" value="">
12      </div>
13      <div>
14          <label for="password">密码</label>
15          <input type="password" id="password" name="password" value="">
16      </div>
17      <button type="submit">提交</button>
18  </form>
19
20  </body>
21  </html><!DOCTYPE html>
22  <html lang="en">
23  <head>
24      <meta charset="UTF-8">
25      <title>用户登录</title>
26  </head>
27  <body>
28  <form action="" method="post">
29      <div>
30          <label for="username">用户名</label>
31          <input type="text" id="username" name="username" value="">
32      </div>
33      <div>
34          <label for="password">密码</label>
35          <input type="password" id="password" name="password" value="">
36      </div>
37      <button type="submit">提交</button>
38  </form>
39
40  </body>
41  </html>
```

在浏览器中访问网址：127.0.0.1:5000/login，显示表单页面，运行结果如图 5.2 所示。输入用户名和密码，单击“提交”按钮，运行结果如图 5.3 所示。

图 5.2　表单页面　　　　图 5.3　获取表单数据

5.2　文件上传

在使用 Web 表单时，经常会使用到上传文件功能。request.files 对象可以获取与表单相关的数据。

实现上传用户图片功能

实例位置：资源包 \Code\05\03

首先定义一个路由函数 upload() 用于上传图片，然后提交上传的图片，在另一个路由函数 uploaded_file() 中显示图片内容。具体步骤如下：

① 在 templates 目录下创建文件上传的模板 upload.html。代码如下：

```
01 <!DOCTYPE html>
02 <html lang="en">
03 <head>
04     <meta charset="UTF-8">
```

```
05     <title>上传图片</title>
06 </head>
07 <body>
08 <form action="" method="post" enctype="multipart/form-data">
09     <div>
10         <label for="avatar">上传图片</label>
11         <input type="file" id="avatar" name="avatar" value="">
12     </div>
13     <button type="submit">提交</button>
14 </form>
15
16 </body>
17 </html>
```

上述代码中，form 表单中设置 enctype=”multipart/form-data”，用于上传文件。

② 创建 upload() 路由函数。当接收 GET 请求时，显示模板文件内容；当接收 POST 请求时，上传图片。代码如下：

```
01 @app.route('/upload',methods=['GET','POST'])
02 def upload():
03     """
04      # 头像上传表单页面
05     :return:
06     """
07     if request.method == 'POST':
08         # 接受头像字段
09         avatar = request.files['avatar']
10         # 判断文件是否上传，已经上传文件类型是否正确
11         if avatar and allowed_file(avatar.filename):
12             # 生成一个随机文件名
13             filename = random_file(avatar.filename)
14             # 保存文件
15             avatar.save(os.path.join(app.config['UPLOAD_FOLDER'], filename))
16             return redirect(url_for('uploaded_file',filename=filename))
17
18     return render_template('upload.html')
```

上述代码中，使用 request.files[‘avatar’] 接收表单中 username=’avatar’ 的字段值。然后检测用户是否上传了图片，并且使用 allowed_file() 函数检测上传的文件类型是否满足设定的要求。allowed_file() 函数代码如下：

```
19 def allowed_file(filename):
20     """
21     # 判断上传文件类型是否允许
22     :param filename: 文件名
23     :return: 布尔值 True 或 False
24     """
25     return '.' in filename and \
26            filename.rsplit('.', 1)[1] in ALLOWED_EXTENSIONS
```

接下来，使用 random_file() 函数为上传的文件重新创建一个随机的不重复的文件名。为什么不能使用上传文件的原始的文件名呢？这是因为当上传的路径中存在与正在上传的文件名字相同时，那么它会被当前上传的文件替换。此外，还有出于对安全的考虑，防止恶意用户在文件名字中嵌入恶意代码。

random_file() 函数通过使用 uuid.uuid4() 生成一个随机的几乎不可能重复的文件名。然后拼接一个完整的文件路径。代码如下：

```
27 def random_file(filename):
28     """
29     # 生成随机文件
30     :param filename: 文件名
```

```
31        :return: 随机文件名
32        """
33        # 获取文件后缀
34        ext = os.path.splitext(filename)[1]
35        # 使用 uuid 生成随机字符
36        new_filename = uuid.uuid4().hex+ext
37        return new_filename
```

准备工作完成后，最后调用 avartar.save() 方法将图片存储到相应的路径下。

③ 创建 uploaded_file() 路由函数，显示图片内容。代码如下：

```
01 @app.route('/uploads/<filename>')
02 def uploaded_file(filename):
03     """
04     # 显示上传头像
05     :param filename: 文件名
06     :return: 真实文件路径
07     """
08     return send_from_directory(app.config['UPLOAD_FOLDER'],filename)
```

上述代码中，send_from_directory() 函数用于显示静态资源文件。

在浏览器中输入网址：http://127.0.0.1:5000/upload，显示上传图片页面，单击“选择文件”按钮，弹出一个选择框，选择一个图片后，单击“打开”按钮，会将图片文件名显示在“选择文件”按钮右侧，运行效果如图 5.4 所示。

单击“提交”按钮上传文件，如果上传成功，页面将跳转至 upload, 在该页面显示图片内容，运行效果如图 5.5 所示。

此时，图片被上传到设置的路径下，并创建了一个随机的文件名，如图 5.6 所示。

图 5.4　上传图片　　图 5.5　显示上传的图片内容　　图 5.6　上传图片所在路径和随机文件名

5.3　钩子函数的应用

有时需要对请求进行预处理（preprocessing）和后处理（postprocessing），这时可以使用 Flask 提供的一些请求钩子（Hook），它们可以用来注册在请求处理的不同阶段执行的处理函数（或称为回调函数，即 Callback）。

Flask 的请求钩子指的是在执行视图函数前后执行的一些函数，我们可以在这些函数里面做一些操作。Flask 利用装饰器给我们提供了四种钩子函数。

- before_first_request：在处理第一个请求前执行，比如链接数据库操作。
- before_request：在每次请求前执行，比如权限校验。
- after_request：每次请求之后调用，前提是没有未处理的异常抛出。
- teardown_request：每次请求之后调用，即使有未处理的异常抛出。

下面是请求钩子的一些常见应用场景：

- before_first_request：运行程序前需要进行一些程序的初始化操作，比如创建数据库表，添加管理员用户。这些工作可以放到使用 before_first_request 装饰器注册的函数中。

- before_request：比如网站上要记录用户最后在线的时间，可以通过用户最后发送的请求时间来实现。为了避免在每个视图函数都添加更新在线时间的代码，可以仅在使用 before_request 钩子注册的函数中调用这段代码。
- after_request：在视图函数中进行数据库操作时，比如更新、插入等操作，之后需要将更改提交到数据库中。提交更改的代码就可以放到 after_request 钩子注册的函数中。

下面通过一个实例介绍如何使用请求钩子。

实例 5.4 使用请求钩子，在执行视图函数前后执行相应的函数

实例位置：资源包 \Code\05\04

定义一个 index 视图函数，然后定义 before_first_request、before_request、after_request 和 teardown_request 四个钩子，代码如下：

```
01 from flask import Flask
02
03 app = Flask(__name__)
04
05 @app.route('/')
06 def index():
07     print('视图函数执行')
08     return 'index page'
09
10 # 在第一次请求之前运行
11 @app.before_first_request
12 def before_first_request():
13     print('before_first_request')
14
15 # 在每一次请求前都会执行
16 @app.before_request
17 def before_request():
18     print('before_request')
19
20 # 在请求之后运行
21 @app.after_request
22 def after_request(response):
23     # response 就是前面的请求处理完毕之后，返回的响应数据，前提是视图函数没有出现异常
24     # response.headers["Content-Type"] = "application/json"
25     print('after_request')
26     return response
27
28 # 无论视图函数是否出现异常，每一次请求之后都会调用，会接受一个参数，参数是服务器出现的错误信息
29 @app.teardown_request
30 def teardown_request(error):
31     print('teardown_request: error %s' % error)
32
33 if __name__ == '__main__':
34     app.run(debug=True)
```

第 1 次在浏览器中访问网址 127.0.0.1:5000 时，控制台输出结果如下：

```
before_first_request
before_request
视图函数执行
after_request
teardown_request: error None
```

第 2 次在浏览器中访问网址 127.0.0.1:5000 时，控制台输出结果如下：

```
before_request
视图函数执行
after_request
teardown_request: error None
```

5.4 接收响应

响应在 Flask 中使用 Response 对象表示，响应报文中的大部分内容由服务器处理，大多数情况下，我们只负责返回主体内容。

当在浏览器中输入一个网址时，Flask 会先判断是否可以找到与请求 URL 相匹配的路由，如果没有，则返回 404 响应。如果找到，则调用相应的视图函数。视图函数的返回值构成了响应报文的主体内容。当请求成功时，返回状态码默认为 200。

视图函数可以返回最多由三个元素组成的元组：响应主体、状态码、首部字段。其中首部字段可以为字典，或是两元素元组组成的列表。

比如，最常见的响应可以只包含主体内容，示例代码如右上方所示。

```
01 @app.route('/index')
02 def index():
03     return render_template('index.html')
```

此外，还可以返回带状态码的形式。示例代码如右下方所示。

```
01 @app.errorhandler(404)
02 def page_note_found(e):
03     return render_template('404.html')
```

有时也会想附加或修改某个首部字段。比如，要生成状态码为 3XX 的重定向响应，需要将首部中的 Location 字段设置为重定向的目标 URL。示例代码如下：

```
01 @app.route('/index')
02 def index():
03     return '', 302, {'Location', 'http://www.mingrisoft.com'}
```

当访问 127.0.0.1:5000/hello 时，会重定向到 http://www.mingrisoft.com。在多数情况下，除了响应主体，其他部分我们通常只需要使用默认值即可。

5.5 响应的格式

在 HTTP 响应中，数据可以通过多种格式传输。大多数情况下，使用 HTML 格式，这也是 Flask 中的默认设置。

5.5.1 MIME 类型

不同的响应数据格式需要设置不同的 MIME 类型，MIME 类型在首部的 Content-Type 字段中定义，以默认的 HTML 类型为例，Content-Type 内容如下：

```
Content-Type: text/html; charset=utf-8
```

但是在特定的情况下，也会使用其他格式。此时，可以通过 Flask 提供的 make_response() 方法生成响应对象，传入响应的主体作为参数，然后使用响应对象的mimetype属性设置MIME类型。示例代码如下：

常用的数据格式有纯文本、HTML、XML 和 JSON，它们对应的 MIME 类型如下：

- 纯文本：text/plain
- HTML: text/html
- XML: application/xml
- JSON: application/json

```
01 from flask import Flask,make_response
02
03 app = Flask(__name__)
04
05 @app.route('/index')
06 def index():
07     response = make_response('Hello, World!')
08     response.mimetype = 'text/plain'
09     return response
```

5.5.2 JSON 数据

前面已经大量使用过纯文本类型和 HTML 类型，接下来，重点介绍另一种常见的数据格式类型——JSON。

JSON 指 JavaScript Object Notation（JavaScript 对象表示法），是一种流行的、轻量的数据交换格式。它的出现又弥补了 XML 的诸多不足：XML 有较高的重用性，但 XML 相对于其他文档格式来说体积稍大，处理和解析的速度较慢。JSON 轻量、简洁、容易阅读和解析，而且能和 Web 默认的客户端语言 JavaScript 更好地兼容。JSON 的结构基于“键值对的集合”和“有序的值列表”，这两种数据结构类似 Python 中的字典和列表。正是因为这种通用的数据结构，使得 JSON 在基于这些结构的编程语言之间的交换成为可能。

例如，下面的数据格式就是 JSON 数据类型：

```
{
    "name": "小明",
    "age": 14,
    "gender": true,
    "height": 1.65,
    "grade": null,
    "middle-school": "实验中学",
    "skills": ["JavaScript","Java","Python","Lisp"]
}
```

对于 JSON 格式的数据，MIME 类型为 application/json。Flask 通过引入 Python 标准库中的 json 模块为程序提供了 JSON 支持。可以直接从 Flask 中导入 json 对象，然后调用 dumps() 方法将字典、列表或元组序列化（serialize）为 JSON 字符串，再使用前面介绍的方法修改 MIME 类型，即可返回 JSON 响应，示例代码如右上方所示。

```
01 from flask import Flask, make_response, json
02
03 @app.route('/index')
04 def index():
05
06     data = { 'name':'小明', 'age':18 }
07     response = make_response(json.dumps(data))
08     response.mimetype = 'application/json'
09     return response
```

不过通常情况下，不直接使用 json 模块的 dumps()、load() 等方法，而是使用 Flask 提供的更加方便的 jsonify() 函数。通过 jsonify() 函数，只要传入数据或参数，它会对传入的参数进行序列化，转换成 JSON 字符串作为响应的主体，然后生成一个响应对象，并且设置正确的 MIME 类型。使用 jsonify 函数的示例代码如右下方所示。

```
01 from flask import Flask, jsonify
02
03 @app.route('/index')
04 def index():
05
06     return jsonify(name="小明",age=18)
```

jsonify() 函数接收多种形式的参数。既可以传入普通参数，也可以传入关键字参数。例如：

```
return jsonify({ 'name':'小明', 'age':18 })
```

5.6 Flask 会话

由于 HTTP 的无状态性，为了使某个域名下的所有网页能够共享某些数据，Cookie 和 Session 应运而生。

5.6.1 Cookie 对象

HTTP 是无状态（stateless）协议。一次请求响应结束后，服务器不会留下任何关于对方状态的信息。也就是说，尽管在一个页面登录成功，当跳转到另一个页面时，服务器不会记录当前用户的状态。显然对于大多数 Web 程序来说，这是非常不方便的。为了解决这类问题，就有了 Cookie 技术。Cookie 技术通过在请求和响应报文中添加 Cookie 数据来保存客服端的状态。

Cookie 指 Web 服务器为了存储某些数据（比如用户信息）而保存在浏览器上的小型文本数据。浏览器会在一定时间内保存它，并在下一次向同一个服务器发送请求时附带这些数据。Cookie 通常被用来进行用户会话管理。

在 Flask 中，使用 Response 类提供的 set_cookie() 方法可以在响应中添加一个 Cookie。首先使用 make_response() 方法手动生成一个响应对象，传入响应主体作为参数。这个响应对象默认实例化内置的 Response 类。内置的 Response 类常用的属性和方法如表 5.2 所示。

表 5.2　Response 类常用的属性和方法

属性或方法	说明
headers	一个 Werkzeug 的 headers 对象，表示响应首部，可以向字典一样操作
status	状态
status_code	状态码，文本类型
mimetype	MIME 类型（仅包括内容类型部分）
set_cookie	用来设置 Cookie
get_json	解析为 JSON 数据
is_json	判断是否为 JSON 数据

其中，set_cookie() 方法支持多个参数来设置 Cookie 的选项，如表 5.3 所示。

表 5.3　设置 Cookie 选项的参数

参数	说明
key	Cookie 的键（名称）
value	Cookie 的值
max_age	Cookie 被保存的时间，单位为秒；默认在用户会话结束（关闭浏览器）时过期
expires	具体的过期时间，一个 datetime 对象或 UNIX 时间戳
path	下载 Cookie 只在给定的路径可用，默认为整个域名
domain	设置 Cookie 可用的域名
secure	如果为 True，只有通过 HTTPS 才可以使用
httponly	如果为 True，禁止客户端 JS 获取 Cookie

下面通过一个实例学习如何使用 Cookie。

使用 Cookie 判断用户是否登录

实例位置：资源包 \Code\05\05

创建一个 index 路由函数，只有当用户登录后才能访问该页面，否则提示“请先登录”。步骤如下：

① 创建 run.py 文件，在文件中创建 login() 登录页面路由。接收用户提交的表单数据，如果用户名和密码都为“mrsoft”，则表示登录成功。接下来，将用户名写入到 Cookie。代码如下：

```
01 from flask import Flask,request,render_template,make_response
02
03 @app.route('/login',methods=['GET','POST'])
04 def login():
05     # 验证表单数据
06     if request.method == 'POST':
07         username = request.form['username']
08         password = request.form['password']
09         if username == 'mrsoft' and password == 'mrsoft':
10             # 如果用户名和密码正确，将用户名写入 Cookie
11             response = make_response((' 登录成功 ! '))     # 获取 response 对象
12             response.set_cookie('username', username) # 将用户名写入 Cookie
13             return response # 返回 response 对象
14     return render_template('login.html') # 渲染表单页面
```

② 在 templates 路径下创建 login.html。关键代码如下：

```
01 <form action="" method="post">
02     <div>
03         <label for="username"> 用户名 </label>
04         <input type="text" id="username" name="username" value="">
05     </div>
06     <div>
07         <label for="password"> 密     码 </label>
08         <input type="password" id="password" name="password" value="">
09     </div>
10     <button type="submit"> 提交 </button>
11 </form>
```

在浏览器访问网址：http://127.0.0.1:5000/login，输入用户名“mrsoft”和密码“mrsoft”，运行结果如图 5.7 所示。

然后单击页面中的“提交”按钮，此时会将用户名写入到 Cookie 中。可以通过谷歌浏览器的检查功能查看该 Cookie 值。在该页面中，单击右键，选择谷歌浏览器的“检查”功能，选择 network，查看请求头信息，如图 5.8 所示。

图 5.7　登录页面

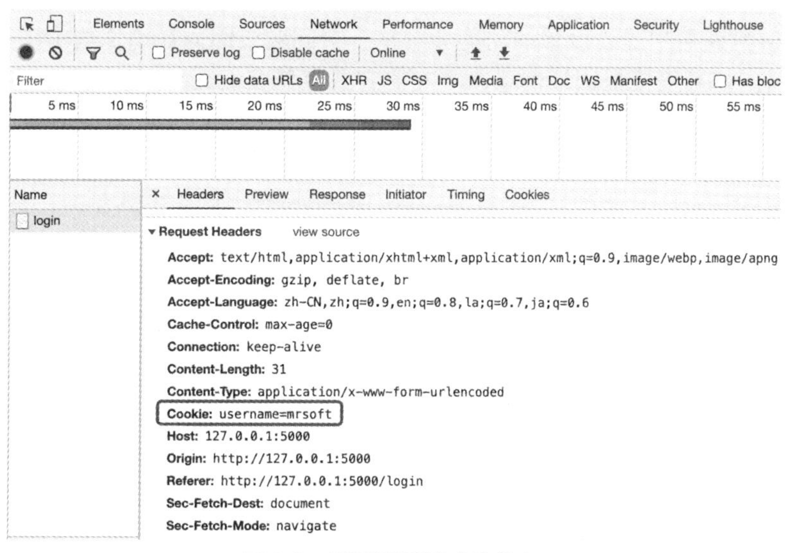

图 5.8　登录页面请求头信息

③ 创建 index() 首页视图函数。判断 Cookie 值是否存在，如果存在则表示用户已经登录，显示“欢迎来到首页 !”，否则显示“请先登录！”。在 run.py 文件中添加如下代码：

```
01 @app.route('/')
02 def index():
03     # 判断 Cookie 是否存在
04     if request.cookies.get('username'):
05         return '登录成功！'
06     else:
07         return '请先登录！'
```

下面分别查看在未登录时和登录时访问首页的运行效果。

查看未登录的效果时，需要先清除一下 Cookie。在 login() 视图函数中，并没有设置 Cookie 的过期时间，则在关闭浏览器时，会自动清除 Cookie。所以先关闭浏览器，然后再次打开浏览器并访问首页网址：127.0.0.1:5000，运行结果如图 5.9 所示。

接下来，访问登录页面网址：127.0.0.1:5000/login，在登录页面输入正确的用户名和密码。此时，再次访问首页，运行效果如图 5.10 所示。

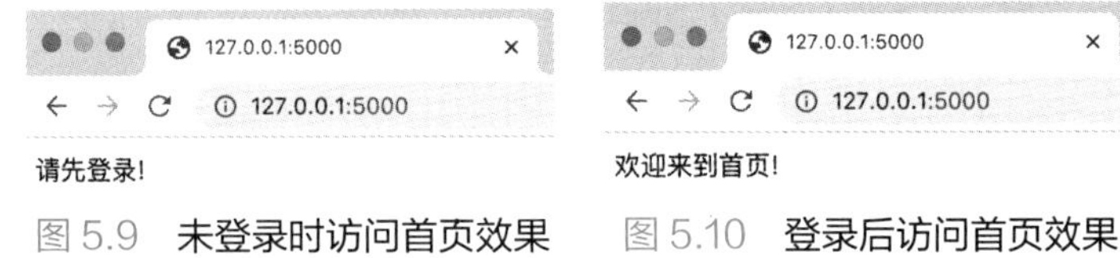

图 5.9　未登录时访问首页效果　　图 5.10　登录后访问首页效果

④ 创建 logout() 退出登录视图函数。退出登录时，只需要清除 Cookie 即可。所以，可以调用 set_cookie() 方法并设置 expires 参数值为 0，则表示 Cookie 已经过期。在 run.py 文件中添加如下代码：

```
01 @app.route('/logout')
02 def logout():
03     response = make_response(('退出登录！'))
04     # 设置 Cookie 过期时间为 0，即删除 Cookie
05     response.set_cookie('username', '', expires=0)
06     return response
```

在浏览器中访问退出登录的网址：127.0.0.1:5000/logout，运行结果如图 5.11 所示。然后再次访问首页，此时页面显示“请先登录！”，表示用户已经退出登录。

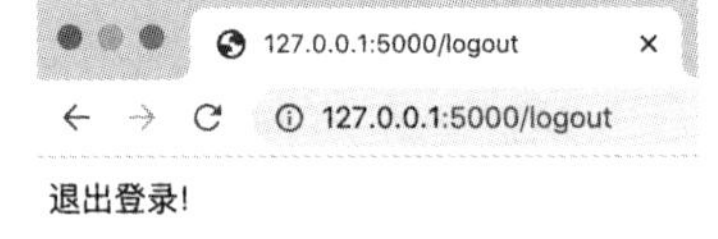

图 5.11　退出登录

5.6.2　Session 对象

前面通过 Cookie 判断用户是否登录的功能会带来一个问题：因为在浏览器中手动添加和修改 Cookie 是很容易的事，所以，如果直接把认证信息以明文的方式存储在 Cookie 里，那么恶意用户就可以通过伪造 Cookie 的内容来获得对网站的权限，冒用别人的账户。为了避免这个问题，需要对敏感的 Cookie 内容进行加密。Flask 提供了 Session 对象，用来将 Cookie 数据加密储存。

Session 指用户会话（user session），又称为对话（dialogue），即服务器和客户端 / 浏览器之间或桌面程序和用户之间建立的交互活动。

Session（会话）是一种持久网络协议，在用户（或用户代理）端和服务器端之间创建关联，从而起到交换数据包的作用，session 在网络协议（例如 telnet 或 FTP）中是非常重要的部分。在不包含会话层（例如 UDP）或者是无法长时间驻留会话层（例如 HTTP）的传输协议中，会话的维持需要依靠在传输数据中的高级别程序。例如，在浏览器和远程主机之间的 HTTP 传输中，HTTP Cookie 就会被用来包含一些相关的信息，例如 Session ID、参数和权限信息等。

在 Flask 中，Session 对象用来加密 Cookie。默认情况下，它会把数据存储在浏览器上一个名为“session”的 Cookie 里。Session 通过密钥对数据进行签名以加密数据，因此，需要先设置一个密钥。这里的密钥就是一个具有一定复杂度和随机性的字符串，可以使用密码生成工具生成随机的密钥。例如：

```
app.secret_key = 'EjpNVSNQTyGi1VvWECj9TvC/+kq3oujee2kTfQUs8yCM6xX9Yjq52v54g+HVoknA'
```

5.7 综合案例——用户登录

除了可以使用 Cookie 来判断用户登录外，也可以使用 Session 来判断用户是否登录。首先需要引入 Flask 框架，然后设置密钥，具体代码如下所示：

```
01 from flask import Flask,request,render_template,make_response,session,redirect,url_for
02
03 app = Flask(__name__)
04 app.secret_key = 'mrsoft12345678' # 设置秘钥
```

然后在 login() 视图函数中判断用户输入的用户名和密码是否正确，如果正确，则将“logged_in”写入到 Session 中。具体代码如下所示：

```
05 @app.route('/')
06 def index():
07     if session.get('logged_in'):
08         return '欢迎来到首页！'
09     else:
10         return '请先登录！'
```

在 index() 视图函数中，使用 session.get('logged_in')，即字典取值的方式判断用户是否已经登录。Session 是一个字典对象，使用 session['logged_in']=True 进行设置。

```
11 @app.route('/login',methods=['GET','POST'])
12 def login():
13     # 验证表单数据
14     if request.method == 'POST':
15         username = request.form['username']
16         password = request.form['password']
17         if username == 'mrsoft' and password == 'mrsoft':
18             session['logged_in'] = True  # 写入 session
19             return redirect(url_for('index'))
20     return render_template('login.html') # 渲染表单页面
```

最后，在 logout() 视图函数中，使用 session.pop('logged_in')，删除该 Session 值。

```
21 @app.route('/logout')
22 def logout():
23     session.pop('logged_in')
24     return redirect(url_for('login'))
```

运行程序，结果如图 5.12 和图 5.13 所示。

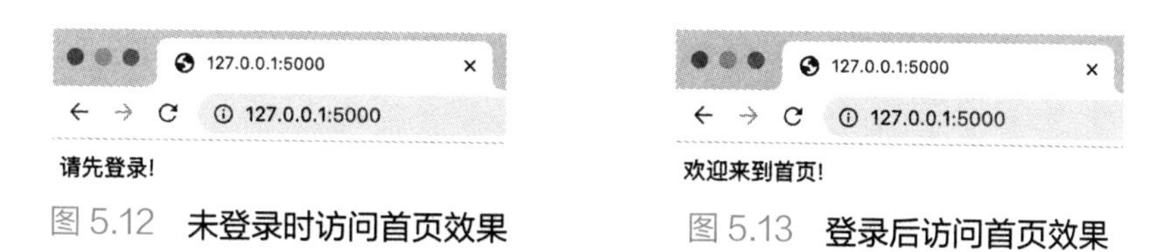

图 5.12 未登录时访问首页效果

图 5.13 登录后访问首页效果

5.8 实战练习

在本章的案例中，如果用户没有登录的话就直接退出登录，程序会抛出 KeyError 的错误，如图 5.14 所示。

所以在退出登录前，需要先判断用户是否已经登录，未登录的话直接重定向到登录页面即可，结果如图 5.15 所示。

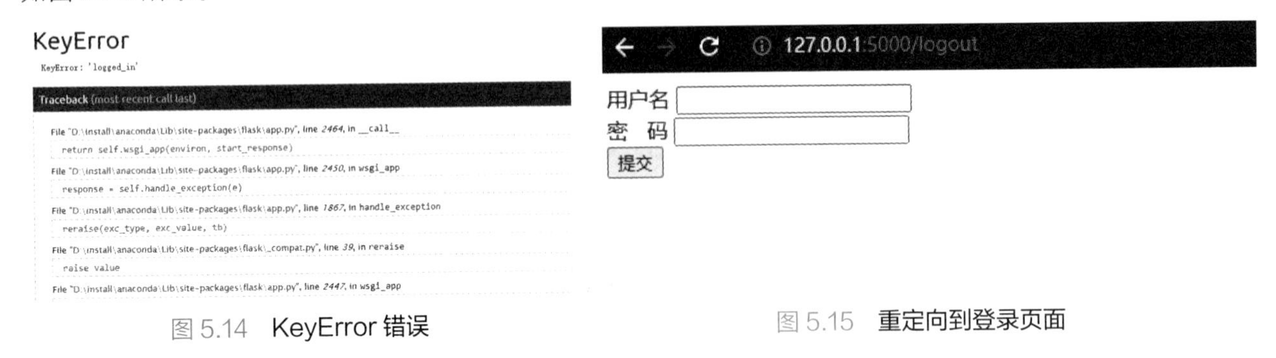

图 5.14 KeyError 错误

图 5.15 重定向到登录页面

小结

本章主要介绍 Flask 请求与响应相关的内容，首先介绍了最常见的两种请求：GET 请求和 POST 请求，其次再使用 POST 请求实现了文件上传的功能，然后介绍了 Flask 中 Hook（钩子）函数的基本使用方法。既然有用户向服务器发出了请求，那么服务器就一定会有响应，响应的格式有很多种，本章重点介绍了纯文本、HTML 类型和 JSON 类型。为了使服务器与客户端方便进行多次对话，所以本章最后一节介绍了在 Flask 中使用 Cookie 对象和 Session 对象。

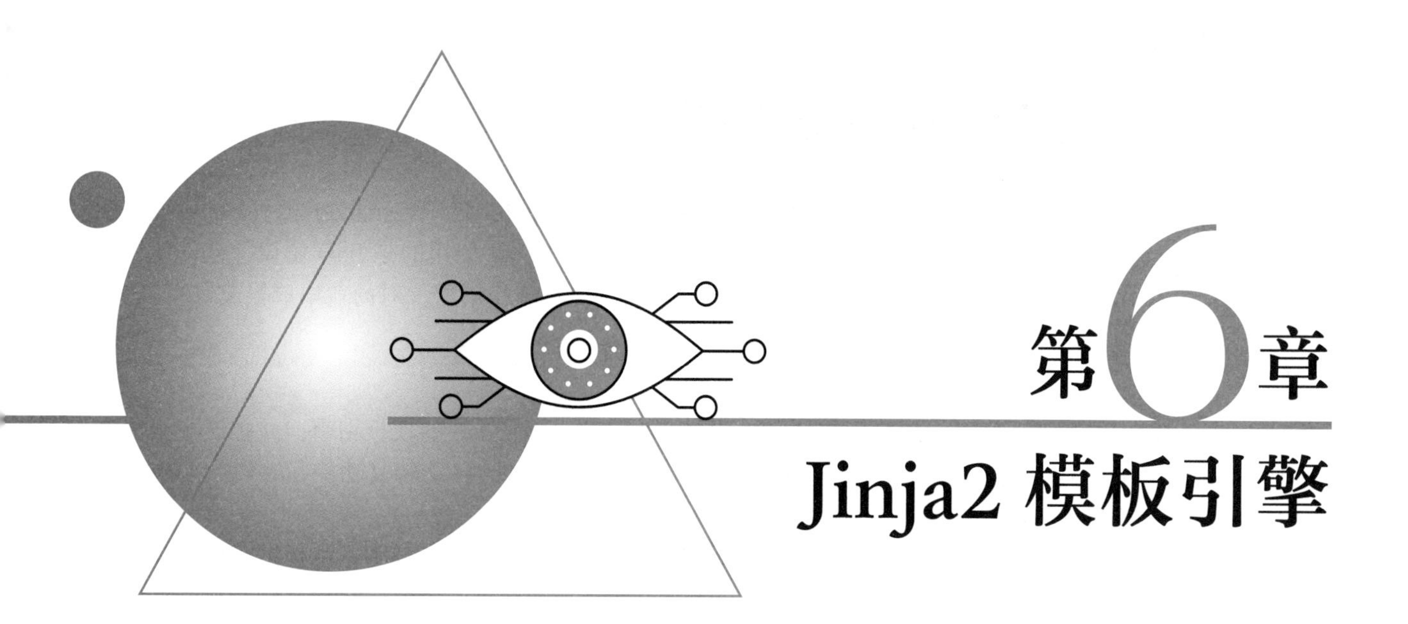

第6章 Jinja2 模板引擎

模板是一个包含响应文本的文件，其中包含用占位变量表示的动态部分，其具体值只在请求的上下文中才能知道。使用真实值替换变量，再返回最终得到的响应字符串，这一过程称为渲染。为了渲染模板，Flask 使用了一个名为 Jinja2 的强大模板引擎，本章将对 Jinja2 模板引擎进行详细的介绍。

6.1 Flask 使用 Jinja2 模板引擎

Jinja2 是基于 Python 的模板引擎，功能类似于 PHP 的 smarty、J2ee 的 Freemarker 和 velocity。它能完全支持 unicode，并具有集成的沙箱执行环境，应用极其广泛。Jinja2 使用的是 BSD 协议，允许使用者修改和重新发布代码，也允许使用或在 BSD 代码上开发商业软件发布和销售，对商业集成很友好。

6.1.1 Jinja2 简介

Jinja2 是被 Python 广泛应用的模板引擎，他的设计思想来源于 Django 的模板引擎，并扩展了语法和一系列强大的功能。其中最显著的一个是增加了沙箱执行功能和可选的自动转义功能，这对大多应用的安全性来说是非常重要的。其主要有以下特性：

① 沙箱执行模式。模板的每个部分都在引擎的监督之下执行，模板将会被明确地标记在白名单或黑名单内，这样对于那些不信任的模板也可以执行。

② 强大的自动 HTML 转义系统，可以有效地阻止跨站脚本攻击。

③ 模板继承机制。此机制可以使得所有的模板都具有相似的布局，也方便了开发人员对模板的修改和管理。

④ 高效的执行效率。Jinja2 引擎在模板第一次加载时就把源码转换成 Python 字节码，加快模板执行时间。

⑤ 可选的预编译模式。

⑥ 调试系统融合了标准的 Python 的 TrackBack 系统，使得模板编译和运行期间的错误能及时被发现和调试。

⑦ 语法可配置。可以重新配置 Jinja2，使得它更好地适应 LaTeX 或 JavaScript 的输出。

⑧ 模板设计人员帮助手册。此手册指导设计人员更好地使用 Jinja2 引擎的各种方法。

6.1.2 渲染模板

默认情况下，Flask 会在程序文件夹中的 templates 子文件夹中寻找模板。Flask 使用 render_template() 函数渲染模板，语法如下：

```
render_template('tempalte_name.html', template_variable=name)
```

render_template 函数需要从 Flask 包中导入，它的第 1 个参数是渲染的模板名称，其余参数为模板中变量的值。例如：

```
return render_template('user.html', username=name)
```

如果在视图函数中调用上面的代码，则会渲染 tempales 目录下的 user.html 模板文件，并且将模板文件中的 {{username}} 使用 name 的值来替换。

下面通过一个实例学习如何渲染模板。

渲染首页模板

实例位置：资源包 \Code\06\01

在 venv 同级目录下创建 templates 文件夹，然后创建 2 个文件并分别命名为 index.html 和 user.html。然后在 venv 同级目录下创建 06.py 文件，渲染这些模板。

在实例文件夹下，创建 templates/index.html 模板文件，模板文件中引入 Bootstrap 前端框架，然后在

run.py 中渲染该文件。目录结构如图 6.1 所示。

```
▼ 04
  ▼ static
    ▶ css
    ▶ js
  ▼ templates
      index.html
    run.py
```

图 6.1 目录结构

templates/index.html 模板代码如下：

```
01 <!DOCTYPE html>
02 <html lang="en">
03 <head>
04     <meta charset="UTF-8">
05     <link rel="stylesheet" href="/static/css/bootstrap.css">
06     <script src="/static/js/jquery.js"></script>
07     <script src="/static/js/bootstrap.js"></script>
08 </head>
09 <body>
10 <nav class="navbar navbar-expand-sm bg-primary navbar-dark">
11   <ul class="navbar-nav">
12     <li class="nav-item active">
13       <a class="nav-link" href="#"> 首页 </a>
14     </li>
15     <li class="nav-item">
16       <a class="nav-link" href="#"> 明日学员 </a>
17     </li>
18     <li class="nav-item">
19       <a class="nav-link" href="#"> 明日图书 </a>
20     </li>
21     <!-- Dropdown -->
22     <li class="nav-item dropdown">
23       <a class="nav-link dropdown-toggle" href="#"
24           id="navbardrop" data-toggle="dropdown">
25         关于我们
26       </a>
27       <div class="dropdown-menu">
28         <a class="dropdown-item" href="#"> 公司简介 </a>
29         <a class="dropdown-item" href="#"> 企业文化 </a>
30         <a class="dropdown-item" href="#"> 联系我们 </a>
31       </div>
32     </li>
33   </ul>
34 </nav>
35 <div class="jumbotron">
36   <h1 class="display-3"> 欢迎来到 {{name}}</h1>
37   <p >
38       {{message}}
39   </p>
40   <hr class="my-4">
41   <p>
42     <a class="btn btn-primary btn-lg" href="#" role="button"> 了解更多 </a>
43   </p>
44 </div>
45 </body>
46 </html>
```

run.py 文件中的关键代码如下：

```
01 from flask import Flask,url_for,redirect,render_template
02
03
04 app = Flask(__name__)
```

```
05
06 @app.route('/')
07 def index():
08     name = "明日学院"
09     message = """
10         明日学院，是吉林省明日科技有限公司倾力打造的在线实用技能学习平台，该平台于 2016 年正式
11         上线，主要为学习者提供海量、优质的课程，课程结构严谨，用户可以根据自身的学习程度，自主安
12         排学习进度。我们的宗旨是，为编程学习者提供一站式服务，培养用户的编程思维。
13     """
14     return render_template("index.html",name=name,message=message)
```

Flask 提供的 render_template 函数把 Jinja2 模板引擎集成到了程序中。render_template 函数的第一个参数是模板的文件名，随后的参数都是键值对，表示模板中变量对应的真实值。在这段代码中，name=name 是关键字参数。左边的“name”表示参数名，就是模板中使用的占位符；右边的“name”是当前作用域中的变量，表示这个参数的值。

运行效果如图 6.2 所示。

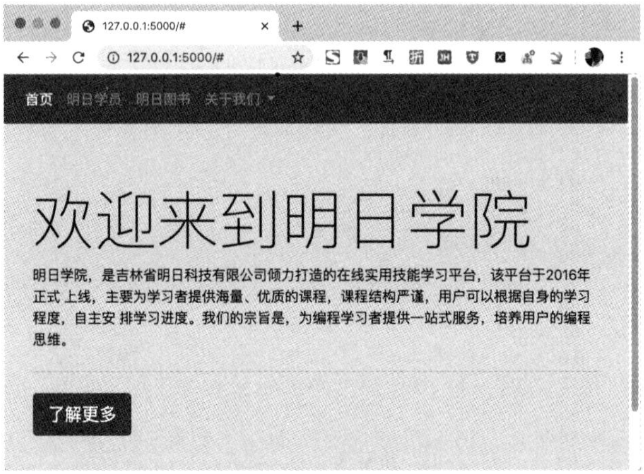

图 6.2　首页效果

6.2　模板中传递参数

实例 6.1 在模板中使用的 {{ name }} 结构表示一个变量，它是一种特殊的占位符，告诉模板引擎这个位置的值从渲染模板时使用的数据中获取。Jinja2 能识别所有类型的变量，甚至是一些复杂的类型，例如：列表、字典和对象。在模板中使用变量的一些示例如下：

```
<p> 从字典中取一个值 : {{ mydict['key'] }}.</p>
<p> 从列表中取一个值 : {{ mylist[3] }}.</p>
<p> 从列表中取一个带索引的值 : {{ mylist[myintvar] }}.</p>
<p> 从对象的方法中取一个值 : {{ myobj.somemethod() }}.</p>
```

此外，可以使用过滤器修改变量。在 Jinja2 中，过滤器（filter）是一些可以用来修改和过滤变量值的特殊函数，过滤器和变量用一个竖线（管道符号）隔开，需要参数的过滤器可以像函数一样使用括号传递。例如，下述模板以首字母大写形式显示变量 name 的值：

```
Hello, {{ name|capitalize }}
```

Jinja2 提供的部分常用过滤器如表 6.1 所示。

表 6.1　常用过滤器

名称	说明
safe	渲染值时不转义
capitalize	把值的首字母转换成大写，其他字母转换成小写
lower	把值转换成小写形式
upper	把值转换成大写形式
title	把值中每个单词的首字母都转换成大写
trim	把值的首尾空格去掉
striptags	渲染之前把值中所有的 HTML 标签都删掉

safe 过滤器值得特别说明一下。默认情况下，出于安全考虑，Jinja2 会转义所有变量。例如，如果一

个变量的值为 '<h1>Hello</h1>'，Jinja2 会将它渲染成 '<h1>Hello</h1>'，浏览器能显示这个 h1 元素，但不会进行解释。很多情况下需要显示变量中存储的 HTML 代码，这时就可使用 safe 过滤器。

6.3 模板的控制语句

Jinja2 提供了多种控制结构，可用来改变模板的渲染流程。本节使用简单的例子介绍其中最有用的控制结构。

6.3.1 if 语句

模板中的 if 判断和 Python 判断类似，可以使用“<、>、>=、<=、==、!=”来进行判断，也可以使用“and 、or、not”判断操作。下面这个例子展示了如何在模板中使用条件控制语句：

```
01 {% if user %}
02 Hello, {{ user }}!
03 {% else %}
04 Hello, Stranger!
05 {% endif %}
```

6.3.2 for 语句

for 循环可以遍历任何一个序列，包括数组、字典、元组，其用法也与 Python 语法类似。下例展示了如何使用 for 循环在模板中渲染一组元素：

```
01 <ul>
02 {% for comment in comments %}
03 <li>{{ comment }}</li>
04 {% endfor %}
05 </ul>
```

6.3.3 模板上下文

Flask 框架有上下文，Jinja2 模板也有上下文。

通常情况下，在渲染模板时调用 render_template() 函数向模板中传入变量。此外，还可以使用 set 标签在模板中定义变量，例如：

```
{% set navigation = [('/', 'Home'), ('/about', 'About')] %}
```

也可以将一部分模板数据定义为变量，使用 set 和 endset 标签声明开始和结束，例如：

```
01 {% set navigation %}
02 <li><a href="/"> 首页 </a>
03 <li><a href="/about"> 关于我们 </a>
04 {% endset %}
```

Flask 在模板上下文中提供了一些内置变量，可以在模板中直接使用，内置变量及说明如表 6.2 所示。

表 6.2 模板内置变量及说明

变量	说明
config	当前的配置对象
request	当前的请求对象，在已激活的请求环境下可用
session	当前的会话对象，在已激活的请求环境下可用
g	与请求绑定的全局变量，在已激活的请求环境下可用

下面通过一个实例介绍如何使用 Session。

使用 Session 判断用户是否登录

实例位置：资源包 \Code\06\02

在模板中判断用户是否登录，如果已经登录则显示用户名，否则显示“请先登录”。步骤如下：

① 创建 run.py 文件，在该文件中创建 index()、login() 和 logout() 三个路由函数。关键代码如下：

```
01 @app.route('/')
02 def index():
03     return render_template('index.html')
04
05 @app.route('/login',methods=['GET','POST'])
06 def login():
07     # 验证表单数据
08     if request.method == 'POST':
09         username = request.form['username']
10         password = request.form['password']
11         if username == 'mrsoft' and password == 'mrsoft':
12             session['username'] = username  # 将用户名写入 Session
13             session['logged_in'] = True     # 登录标识写入 Session
14             return redirect(url_for('index'))
15     return render_template('login.html') # 渲染表单页面
16
17 @app.route('/logout')
18 def logout():
19     session.clear() # 清除 Session
20     return redirect(url_for('login'))
```

② 创建 index.html 模板文件，模板中使用 Session 变量判断用户是否登录，代码如下：

```
01 <!DOCTYPE html>
02 <html lang="en">
03 <head>
04     <meta charset="UTF-8">
05     <title>用户登录</title>
06 </head>
07 <body>
08 {% if session['logged_in'] %}
09     欢迎{{session['username']}}登录
10 {% else %}
11     请先登录
12 {% endif %}
13 </body>
14 </html>
```

未登录时，访问首页网址：127.0.0.1:5000，运行结果如图 6.3 所示。登录成功后，页面跳转至首页，运行结果如图 6.4 所示。

图 6.3 用户未登录访问首页的效果

图 6.4 用户登录后访问首页的效果

6.4 Jinja2 的过滤器

之前的实例中已经介绍过一些简单的过滤器，如 safe、trim 等。在 Jinja2 中还有非常多的过滤器，甚至还可以自定义过滤器。

6.4.1 常用的过滤器

更多常用的内置过滤器如表 6.3 所示。

表 6.3 常用的过滤器

过滤器	说明
default (value, default_ value=u”, boolean=False)	设置默认值作为参数传入，别名为 d
escape(s)	转义 HTML 文本，别名为 e
first (seq)	返回序列的第一个元素
last(seq)	返回序列的最后一个元素
length(object)	返回变量的长度
random(seq)	返回序列中的随机元素
max(value, case_ sensitive= False, attribute= None)	返回序列中的最大值
min(value, case_ sensitive= False, attribute-None)	返回序列中的最小值
unique(value, case_ sensitive= False, attribute= None)	返回序列中的不重复的值
wordcount (s)	计算单词数量
tojson(value, indent=None)	将变量值转换为 JSON 格式
truncate(s,length=255,killwords=False, end='...', leeway=None)	截断字符串常用于显示文章摘要，length 参数设置截断的长度，kiliwords 参数设置是否截断单词，end 参数设置结尾的符号

例如，在模板中 Article.title 变量如下：

```
Article.title = "明日学院，是吉林省明日科技有限公司倾力打造的在线实用技能学习平台，该平台于 2016 年正式上线，主要为学习者提供海量、优质的课程，课程结构严谨，用户可以根据自身的学习程度，自主安排学习进度。我们的宗旨是，为编程学习者提供一站式服务，培养用户的编程思维"
```

使用 truncate() 方法可以截取 Article.title 变量。示例代码如下：

```
{{ Article.title|truncate(10) }}
```

运行效果如下：

```
明日学院，是吉林省明
```

6.4.2 自定义过滤器

通常内置的过滤器不能满足每个人特定的需要，Jinja2 还支持自定义过滤器。通常可以使用 2 种方式创建过滤器，一种是通过 Flask 应用对象的 add_template_filter 方法，另一种是通过 app.template_filter 装饰器来实现自定义过滤器。

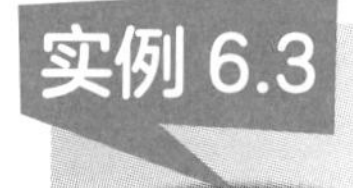

Flask 应用对象的 add_template_filter 方法定义过滤器

实例位置：资源包 \Code\06\03

创建 run.py 文件，在该文件中定义 count_length() 函数，用于统计文章的字数。然后将 count_length()

函数添加到 add_template_filter() 方法中，作为过滤器使用。关键代码如下：

```
01 def count_length(arg):# 实现一个可以求长度的函数
02     return len(arg)
03
04 app = Flask(__name__)
05 app.secret_key = 'mrsoft12345678' # 设置秘钥
06 app.add_template_filter(count_length,'count_length')
07
08 @app.route('/')
09 def index():
10     content = """
11     明日学院，是吉林省明日科技有限公司倾力打造的在线实用技能学习平台，该平台于 2016 年正式上
12 线，主要为学习者提供海量、优质的课程，课程结构严谨，用户可以根据自身的学习程度，自主安排学习进
13 度。我们的宗旨是，为编程学习者提供一站式服务，培养用户的编程思维。
14     """
15     return render_template('index.html',content=content)
```

接下来，创建 index.html 模板文件。代码如右侧所示。

在浏览器中访问网址：127.0.0.1:5000，运行结果如图 6.5 所示。

```
01 <!DOCTYPE html>
02 <html lang="en">
03 <head>
04     <meta charset="UTF-8">
05     <title> 用户登录 </title>
06 </head>
07 <body>
08 <div>
09     全文共 {{ content|count_length }} 字
10 </div>
11 <p>
12 {{ content }}
13 </p>
14
15 </body>
16 </html>
```

图 6.5　统计文章字数

实例 6.4　使用 app.template_filter() 装饰器定义过滤器

实例位置：资源包 \Code\06\04

创建 run.py 文件，在该文件中定义 count_length() 函数，用于统计文章的字数。然后使用 @app.template_filter 装饰器装饰 count_length() 函数，关键代码如下：

```
01 @app.template_filter()
02 def count_length(arg):# 实现一个可以求长度的函数
03     return len(arg)
04
05 @app.route('/')
06 def index():
07     content = """
08     明日学院，是吉林省明日科技有限公司倾力打造的在线实用技能学习平台，该平台于 2016 年正式上线，主要为学习者提供海量、
优质的课程，
09     课程结构严谨，用户可以根据自身的学习程度，自主安排学习进度。我们的宗旨是，为编程学习者提供一站式服务，培养用户的编
程思维。
10     """
11     return render_template('index.html',content=content)
```

运行结果与实例 6.3 相同。

6.5 宏的应用

Jinja2 中的宏功能有些类似于传统程序语言中的函数，跟 Python 中的函数类似，可以传递参数，但不能有返回值，有声明和调用两部分。

6.5.1 宏的定义

宏有声明和调用两部分，首先可使用右①代码声明一个宏。

宏定义要加 macro，宏定义结束要加 endmacro 标志。宏的名称就是 render_comment，它有 1 个参数 comment。调用时用右②这个表达式。

①
```
01 {% macro render_comment(comment) %}
02 <li>{{ comment }}</li>
03 {% endmacro %}
04 <ul>
```

②
```
01 {% for comment in comments %}
02 {{ render_comment(comment) }}
03 {% endfor %}
04 </ul>
```

6.5.2 宏的导入

一个宏可以被不同的模板使用，所以可以将其声明在一个单独的模板文件中，需要使用时导入即可。

导入的方法类似于 Python 中的 import，代码如右③。

③
```
01 {% import 'macros.html' as macros %}
02 <ul>
03 {% for comment in comments %}
04 {{ macros.render_comment(comment) }}
05 {% endfor %}
06 </ul>
```

6.5.3 include 的使用

除了使用函数、过滤器等工具控制模板的输出外，Jinja2 还提供了一些工具来在宏观上组织模板内容。借助这些技术，可以更好地实践 DRY（don' t repeat yourself）原则。

在 Web 程序中，通常会为每一类页面编写一个独立的模板。比如主页模板、用户资料页模板、设置页模板等。这些模板可以直接在视图函数中渲染并作为 HTML 响应主体。除了这类模板，还会用到另一类非独立模板，这类模板通常被称为局部模板或次模板，因为它们仅包含部分代码，所以不会在视图函数中直接渲染它，而是插入到其他独立模板中。

例如，在后台管理系统中，页面右侧有一个菜单栏如图 6.6 所示。每一个独立模板中都会使用同一块 HTML 代码时，这时就可以把这部分代码抽离出来，存储到局部模板中。这样一方面可以避免重复，另一方面也可以方便统一管理。

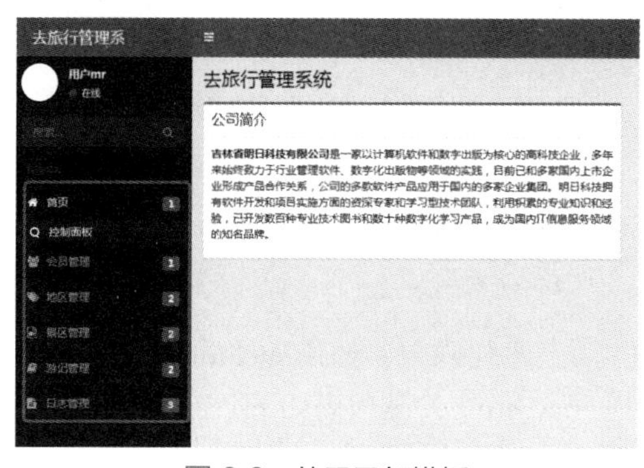

图 6.6　共用局部模板

为了和普通模板区分开，局部模板的命名通常以一个下划线开始。例如，定义一个 _common.html 文件作为后台页面的局部模板。然后在每个页面中，使用 include 标签引入该模板，代码如下：

```
{% include '_common.html' %}
```

其功能就是将另一个模板加载到当前模板中，并直接渲染在当前位置上。它同导入 import 不一样，导入之后你还需要调用宏来渲染内容，include 是直接将目标模板渲染出来。

6.6 模板的继承

模板继承类似于 Python 中类的继承。Jinja2 允许定义一个基模板（也称作父模板），把网页上的导航栏、页脚等通用内容放在基模板中，而每一个继承基模板的子模板在被渲染时都会自动包含这些部分。使用这种方式可以避免在多个模板中编写重复的代码。

在 Jinja2 中，使用 extends 标签实现子模板对父模板的继承。

实例 6.5 使用子模板继承父模板

实例位置：资源包 \Code\06\05

使用 Jinja2 的模板继承功能，提取相同内容作为父模板，然后令子模板继承父模板。步骤如下：

① 创建 run.py 文件，在该文件中定义 3 个路由，包括首页、图书页和“联系我们”页面。关键代码如下：

```
01 @app.route('/')
02 def index():
03     return render_template('index.html')
04
05 @app.route('/books')
06 def books():
07     return render_template('books.html')
08
09 @app.route('/contact')
10 def about():
11     return render_template('contact.html')
```

② 创建 base.html 父模板。代码如下：

```
01 <!DOCTYPE html>
02 <html lang="en">
03 <head>
04     <meta charset="UTF-8">
05     <link rel="stylesheet" href="/static/css/bootstrap.css">
06     <script src="/static/js/jquery.js"></script>
07     <script src="/static/js/bootstrap.js"></script>
08 </head>
09 <body>
10 {% include '_nav.html' %}
11 {% block  content %}
12
13 {% endblock %}
14 {% include '_footer.html' %}
15 </body>
16 </html>
```

上述代码中，使用 include 标签引入了“_nav.html”导航栏和“_footer.html”底部信息栏文件。导航栏 _nav.html 关键代码如下：

```
01 <nav class="navbar navbar-expand-md navbar-dark fixed-top bg-dark">
02       <a class="navbar-brand" href="/"> 明日学院 </a>
03       <button class="navbar-toggler" type="button">
04         <span class="navbar-toggler-icon"></span>
05       </button>
06
07       <div class="collapse navbar-collapse" id="navbarsExampleDefault">
08         <ul class="navbar-nav mr-auto">
09           <li class="nav-item active">
10             <a class="nav-link" href="/books"> 明日图书 <span class="sr-only">
11                (current)</span></a>
12           </li>
13           <li class="nav-item">
14             <a class="nav-link" href="/contact"> 联系我们 </a>
15           </li>
16           <li class="nav-item dropdown">
17             <a class="nav-link dropdown-toggle" href="#" id="dropdown01"
18           data-toggle="dropdown" aria-haspopup="true" aria-expanded="false"> 企业文化 </a>
19             <div class="dropdown-menu" aria-labelledby="dropdown01">
```

```
20                <a class="dropdown-item" href="#">公司简介</a>
21                <a class="dropdown-item" href="#">企业文化</a>
22                <a class="dropdown-item" href="#">联系我们</a>
23              </div>
24            </li>
25          </ul>
26          <form class="form-inline my-2 my-lg-0">
27            <input class="form-control mr-sm-2" type="text" placeholder="Search"
28                aria-label="Search">
29            <button class="btn btn-outline-success my-2 my-sm-0" type="submit">
30                Search</button>
31          </form>
32        </div>
33 </nav>
```

底部信息栏 _footer.html 关键代码如下：

```
01 <footer>
02     <div class="text-muted">
03         吉林省明日科技有限公司 Copyright ©2007-2021, mingrisoft.com, All Rights Reserved
04     </div>
05 </footer>
```

然后使用 block 标签作为占位符，命名为 content。父模板中的占位符，将被子模板中的名为 content 的 block 标签内容替换。

③ 创建 3 个子模板。以首页 index.html 子模板为例，首先使用 extends 继承 base.html 父模板，然后使用 block 标签替换父模板中的 content 内容。代码如下：

```
01 {% extends 'base.html' %}
02 {% block content %}
03 <main role="main">
04   <div class="jumbotron">
05     <div class="container">
06       <h1 class="display-3">欢迎来到明日学院首页！</h1>
07         <p>明日学院，是吉林省明日科技有限公司倾力打造的在线实用技能学习平台，该平台于 2016 年正
08 式上线，主要为学习者提供海量、优质的课程，课程结构严谨，用户可以根据自身的学习程度，自主安排学
09 习进度。我们的宗旨是，为编程学习者提供一站式服务，培养用户的编程思维。
10         </p>
11       <p><a class="btn btn-primary btn-lg" href="#" role="button">Learn more »</a></p>
12     </div>
13   </div>
14 </main>
15 {% endblock %}
```

在浏览中访问网址：127.0.0.1:5000，运行结果如图 6.7 所示。单击“联系我们”，运行效果如图 6.8 所示。

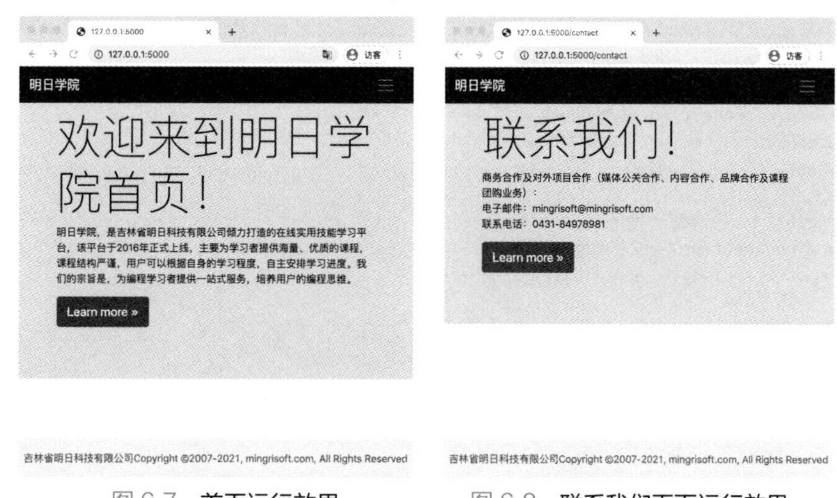

图 6.7　首页运行效果　　　图 6.8　联系我们页面运行效果

6.7 提示信息

在开发过程中，经常需要提示用户操作成功或操作失败。例如，在添加商品信息页面，如果添加成功，应该提示“添加成功”信息，否则提示“添加失败”信息。针对这种需求，Flask 提供了一个非常有用的 flash() 函数，它可以用来“闪现”需要显示给用户的消息。

flash() 函数语法格式如下：

```
flash(message, category)
```

参数说明如下：

- message：消息内容。
- category：消息类型。用于将不同的消息内容分类处理。

调用 flash() 函数，传入消息内容即可“闪现”一条消息。当然，它不是在用户的浏览器弹出一条消息。实际上，使用功能 flash() 函数发送的消息会存储在 Session 中，需要在模板中使用全局函数 get_flashed_messages() 获取消息列表，并将其显示出来。

说明

通过 flash() 函数发送的消息会存储在 session 对象中，所以需要为程序设置密钥。可以通过 app.secret_key 属性或配置变量 secret_key 设置。

实例 6.6 使用 flash 闪现用户登录成功或失败的消息

实例位置：资源包 \Code\06\06

创建 run.py 文件，在该文件中创建 login() 视图函数。代码如下：

```
01 from flask import Flask,request,render_template,redirect,url_for,flash
02
03 app = Flask(__name__)
04 app.secret_key = 'mrsoft12345678' # 设置秘钥
05
06 @app.route('/login',methods=['GET','POST'])
07 def login():
08     # 验证表单数据
09     if request.method == 'POST':
10         username = request.form['username']
11         password = request.form['password']
12         if username == 'mrsoft' and password == 'mrsoft':
13             flash(' 恭喜您登录成功 ','success')
14         else:
15             flash(' 用户名或密码错误 ', 'error')
16         return redirect(url_for('login'))
17     return render_template('login.html') # 渲染表单页面
18
19 if __name__ == '__main__':
20     app.run(debug=True)
```

上述代码中，判断用户输入的用户名和密码是否正确，并且使用 flash() 函数闪现消息。如果登录成功，flash() 类型为 ‘success’，否则为 ‘error’。

接下来，创建 index.html 模板文件，代码如下：

```
01 <!DOCTYPE html>
02 <html lang="en">
03 <head>
04     <meta charset="UTF-8">
05     <style>
06         .error { color: red }
07         .success { color: blue}
08     </style>
09 </head>
10 <body>
11     <div style="padding:20px">
12         {% with messages = get_flashed_messages(with_categories=true) %}
13           {% if messages %}
14             <ul class=flashes>
15             {% for category, message in messages %}
16               <li class="{{ category }}">{{ message }}</li>
17             {% endfor %}
18             </ul>
19           {% endif %}
20         {% endwith %}
21         <form action="" method="post">
22             <div>
23                 <label for="username">用户名</label>
24                 <input type="text" id="username" name="username" value="">
25             </div>
26             <div>
27                 <label for="password">密   码</label>
28                 <input type="password" id="password" name="password" value="">
29             </div>
30             <button type="submit" class="btn btn-primary">提交</button>
31         </form>
32     </div>
33 </body>
34 </html>
```

上述代码中，使用 get_flashed_messages(with_categories=true) 函数获取消息列表，赋值给 messages 变量，并且使用 with 语句限制 messages 变量的作用域。接下来，使用 for 循环显示每一个消息（message）和消息的类型（category）。在模板页面中 <head> 标签内，设置了 category 样式，所以对于不同的消息类型，会显示不同的页面样式效果。

在浏览器中输入网址：http://127.0.0.1:5000/login，当输入的用户名和密码均为“mrsoft”时，表示登录成功，运行效果如图 6.9 所示。否则登录失败，运行效果如图 6.10 所示。

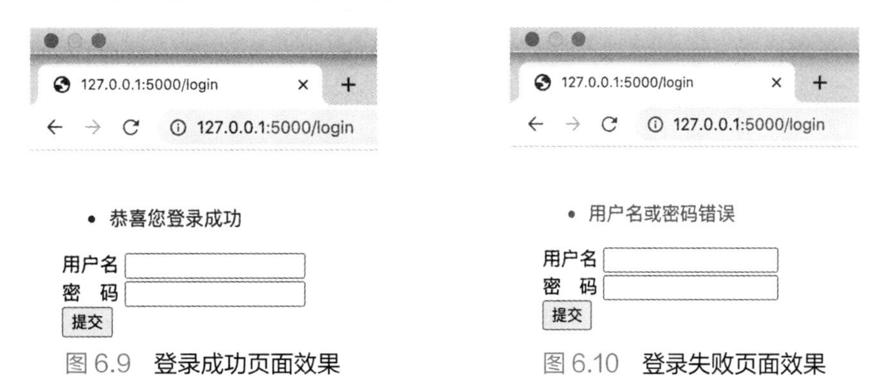

图 6.9　登录成功页面效果　　图 6.10　登录失败页面效果

6.8　综合案例——自定义错误页面

本章我们学习了如何使用 Jinja2 模板引擎，下面就通过本章所学的知识来自定义一个错误页面，在程序代码返回 404 的时候，我们就可重定向到这个页面。

6.8.1 需求分析

用户在浏览网页时，如果服务器无法正常提供信息，或是服务器无法回应且不知原因，那么，就会返回 HTTP 404 或 Not Found 的错误信息。例如，用户访问网站中一个不匹配的路由，Flask 会默认返回如图 6.11 所示内容。

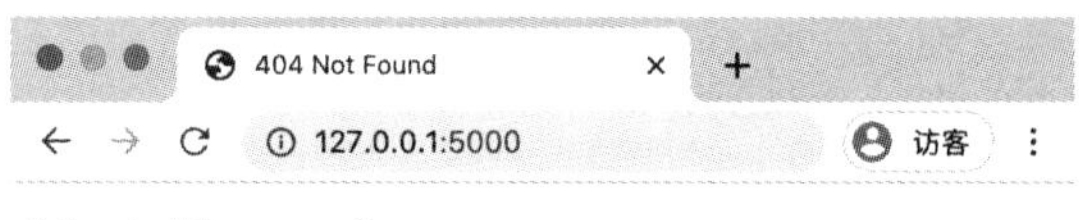

图 6.11 默认 404 错误效果

6.8.2 实现过程

显然，图 6.11 所示的用户体验较差，那么，要如何使用自定义 404 错误页面以达到较好的用户体验呢？可以注册错误处理函数来自定义错误页面。

错误处理函数和视图函数很相似，返回值将会作为响应的主体，因此，先要创建错误页面的模板文件，命名为 404.html。404.html 模板内容代码如下：

```
01 <!DOCTYPE html>
02 <html>
03   <head>
04     <meta charset="utf-8">
05     <title>404 页面 </title>
06     <link rel="stylesheet" href="{{url_for('static',filename='css/style.css')}}">
07 </head>
08 <body  class="reader-black-font">
09 <div class="error">
10     <div class="error-block">
11       <img class="main-img" src="{{url_for('static',filename='images/404.png')}}" />
12       <h3> 您要找的页面不存在 </h3>
13       <div class="sub-title"> 可能是因为您的链接地址有误。</div>
14       <a class="follow" href="/"> 返回首页 </a>
15    </div>
16 </div>
17 </body>
18 </html>
```

接下来，创建 run.py 文件。在该文件中，使用错误处理函数附加 app.errorhandler() 装饰器，并传入错误状态码作为参数。错误处理函数本身则需要接收异常类作为参数，并在返回值中注明对应的 HTTP 状态码。当发生错误时，对应的错误处理函数会被调用，它的返回值会作为错误响应的主体。代码如下：

```
01 from flask import Flask ,request ,render_template
02
03 app = Flask(__name__)     # 实例化 Flask 类
04 app.secret_key = "mrsoft" # 设置 secret_key
05
06 @app.route("/")
07 def index():
08     ''' 首页 '''
09     return render_template('index.html')
10
11 @app.errorhandler(404)
12 def page_not_found(e):
13     return render_template('404.html'), 404
14
15 if __name__ == "__main__":
16     app.run(debug=True) # 运行程序
```

在浏览器中访问一个不存在的路由地址，例如 http://127.0.0.1:5000/about，显示自定义的 404 页面，运行结果如图 6.12 所示。

图 6.12　自定义 404 页面效果

6.9　实战练习

在上节案例中，如果用户输入了错误的网址，则返回一个 404 页面，但也要在 404 页面中加入一个跳转到首页的链接，否则网站将会流失大量的用户。用户通过点击该连接，即可跳转到首页，如图 6.13 所示。

图 6.13　跳转到首页

小结

本章主要介绍 Jinja2 模板引擎的相关知识，首先我们了解了 Flask 如何使用 Jinja2 引擎渲染模板，其次再进行模板的参数传递，然后介绍了模板中的 if 语句、for 语句和模板上下文。接下来介绍了 Jinja2 中常见的一些过滤器与如何自定义一个过滤器来满足业务需求。最后介绍了局部模板、继承模板、消息提示和自定义页面等内容。通过本章的学习，合理的使用模板引擎，可以极大地缩减前端代码量。

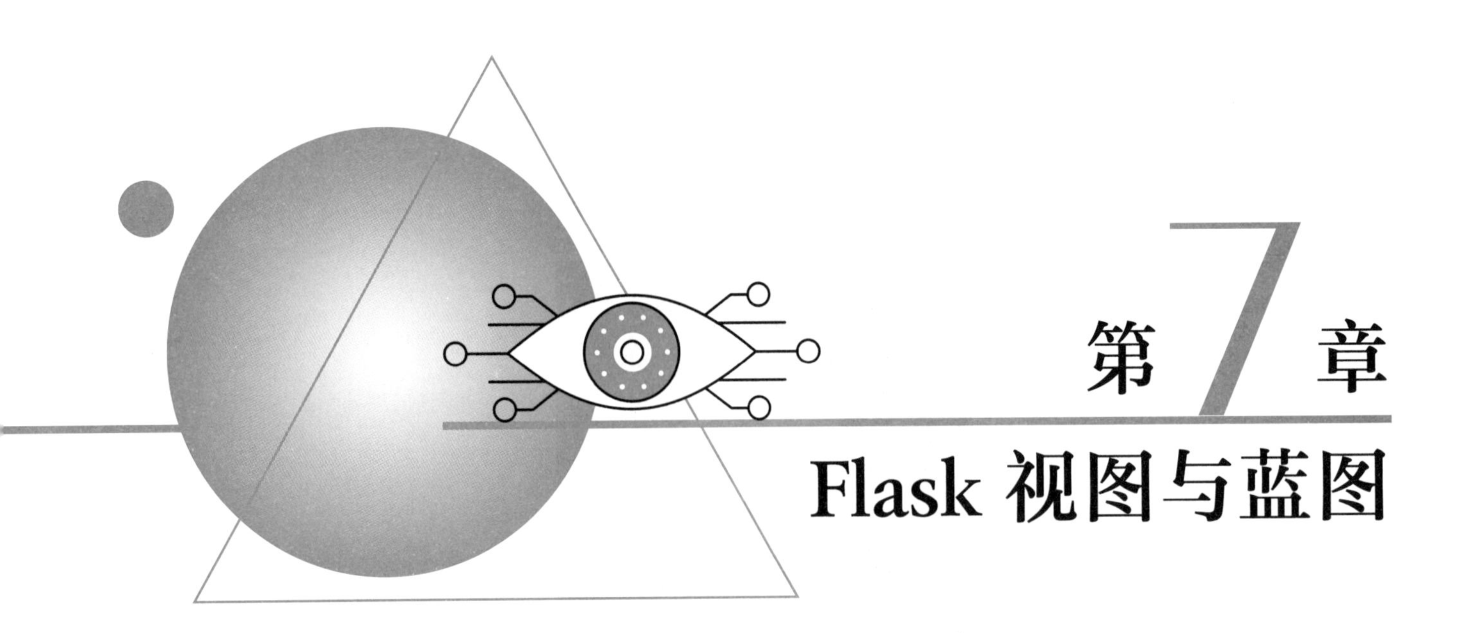

第7章 Flask 视图与蓝图

本章将先对在 Flask 中绑定视图的函数进行详细介绍，然后再介绍 Flask 中的标准类视图、基于调度方法的类视图、装饰器的使用，以及蓝图的使用，接下来再介绍如何通过表单进行前后端的数据交互，最后将表单渲染成 HTML。

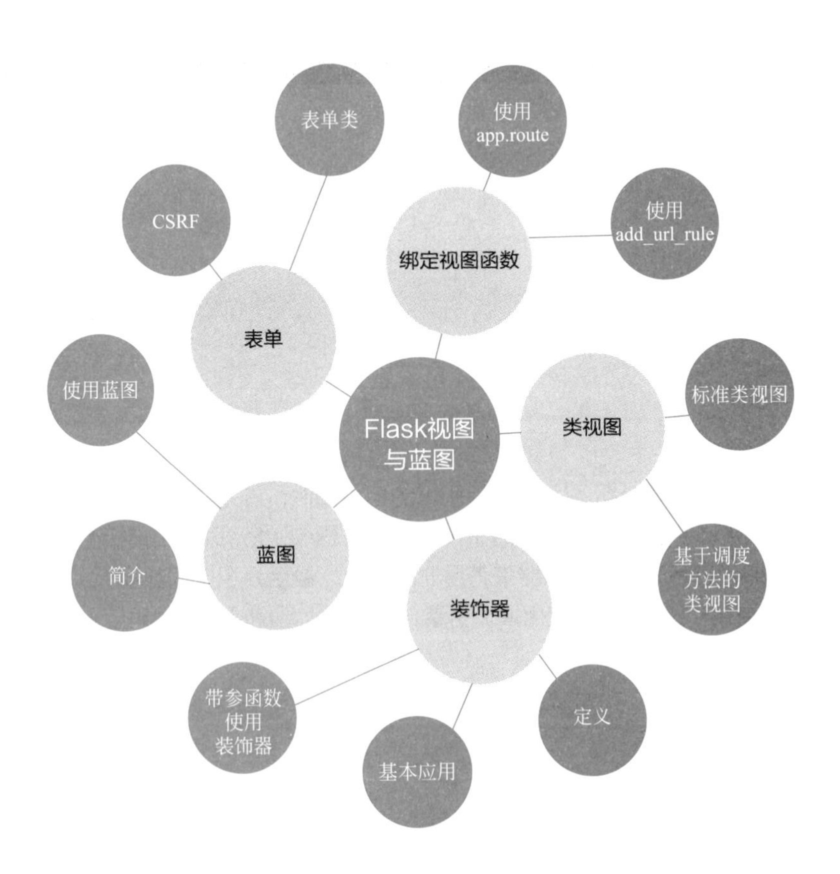

7.1 绑定视图函数

在Flask应用中，路由是指用户请求的URL与视图函数之间的映射，处理URL和函数之间关系的程序称为路由。Flask框架根据HTTP请求的URL在路由表中匹配预定义的URL规则，找到对应的视图函数，并将视图函数的执行结果返回给路由。

7.1.1 使用app.route

在Flask框架中，默认是使用@app.route装饰器将视图函数和URL绑定，例如在下面代码中使用两次@app.route装饰器将视图函数和URL绑定：

```
01 from flask import Flask
02 app = Flask(__name__)
03
04 @app.route('/')
05 def index():
06     return 'Hello World!'
07
08 @app.route('/detail')
09 def detail():
10     return 'Flask Detail!'
11
12 if __name__ == '__main__':
13     app.run()
```

上述代码中，有两个视图函数index()和detail()，使用app.route装饰器能将URL和执行的视图函数关系保存到app.url_map属性上。

对于视图函数index()，代码将URL“/”与其绑定，所以在用时输入http:// http://127.0.0.1:5000/就能显示其内容；detail()的绑定同理，输入http:// http://127.0.0.1:5000/detail就能显示其内容，相当于是子页面。

7.1.2 使用add_url_rule

除了使用@app.route装饰器，还可以使用add_url_rule来绑定视图函数和URL，例如下面的代码中使用add_url_rule()函数将视图函数和URL绑定，即将路由“/test/”和视图函数my_test()进行绑定：

```
01 from flask import Flask
02
03 app = Flask(__name__)
04
05
06 @app.route('/')
07 def index():
08     return "Hello World!"
09
10
11 def test():
12     return "测试页！"
13
14
15 app.add_url_rule('/test/', endpoint='test', view_func=test)
16
17
18 if __name__ == "__main__":
19     app.run(debug=True)
```

在 add_url_rule() 函数中有三个参数，其作用分别如下所示：

① rule。设置的 URL。

② endpoint。给 URL 设置的名称。

③ view_func。指定视图函数的名称。

7.2 类视图

之前所接触的视图都是函数，所以一般简称为视图函数。其实视图函数也可以基于类来实现，类视图的好处是支持继承，可以把一些共性的东西放在父类中，以便于其他子类继承。

编写完类视图需要通过 app.add_url_rule() 函数进行注册，Flask 类视图一般分为标准类视图和基于调度方法的类视图。

7.2.1 标准类视图

标准类视图是继承自 flask.views.View，并且在子类中必须实现 dispatch_request 方法，这个方法类似于视图函数，也要返回一个基于 Response 或者其子类的对象。

一般来说，标准类视图都具有以下特点：

① 必须继承 flask.views.Views。

② 必须实现 dispatch_request 方法。只要有请求过来，都会执行这个方法，这个方法的返回值相当于之前的视图函数，必须返回 Response 或者子类的对象，或者是字符串、元组。

③ 必须通过 app.add_url_rule() 函数来做 URL 与视图的映射，view_func 参数需要使用 as_view 类方法转换。

④ 如果指定了 endpoint，那么在使用 url_for 反转时就必须使用 endpoint 指定的那个值；如果没有指定 endpoint，那么就可以使用 as_view(视图名称) 中指定的视图名称来作为反转。

可以通过以下代码来定义一个类视图：

```
01 from flask import Flask, url_for, views
02
03 app = Flask(__name__)
04
05
06 @app.route('/')
07 def index():
08     print(url_for('personal'))
09     return '首页'
10
11
12 def profile():
13     return '个人中心'
14
15
16 class ListView(views.View):
17     def dispatch_request(self):
18         return '标准类视图'
19
20     def demo(self):
21         return '测试'
22
23
24 app.add_url_rule('/profile/', endpoint='personal', view_func=profile)
25 app.add_url_rule('/list/', endpoint='list', view_func=ListView.as_view('list'))
26
27 if __name__ == '__main__':
28     app.run(debug=True)
```

运行程序，访问 http://127.0.0.1:5000 就会显示出“首页”信息，如果访问 http://127.0.0.1:5000/list/，则会显示“标准类视图”信息。

在定义类视图时，必须要重写 dispatch_request() 方法，否则会抛出 NotImplementedError 错误。如果 add_url_rule() 函数中指定了 endpoint 参数，url_for() 中传的参数就应该是 endpoint 参数的值；如果没有指定，就是 as_view() 方法的值。

还可以用类视图返回公共变量，代码如下：

```
01 from flask import Flask, views, render_template
02
03 app = Flask(__name__)
04
05
06 @app.route('/')
07 def index():
08     return '首页'
09
10
11 class LoginView(views.View):
12     def dispatch_request(self):
13         self.context = {
14             'name': 'cocpy'
15         }
16         return render_template('login.html', **self.context)
17
18
19 class RegisterView(views.View):
20     def dispatch_request(self):
21         self.context = {
22             'name': 'cocpy'
23         }
24         return render_template('register.html', **self.context)
25
26
27 app.add_url_rule('/login/', view_func=LoginView.as_view('login'))
28 app.add_url_rule('/register/', view_func=RegisterView.as_view('register'))
29
30 if __name__ == '__main__':
31     app.run(debug=True)
```

新建一个 templates 文件夹，并在该文件夹中新建 login.html 和 register.html 文件，login.html 文件内容如下：

```
01 <!DOCTYPE html>
02 <html lang="en">
03 <head>
04     <meta charset="UTF-8">
05     <title>Login</title>
06 </head>
07 <body>
08     <h1>登录页面</h1>
09     <h2>{{ name }}</h2>
10 </body>
11 </html>
```

register.html 文件内容如下：

```
01 <!DOCTYPE html>
02 <html lang="en">
03 <head>
04     <meta charset="UTF-8">
```

```
05      <title>Register</title>
06  </head>
07  <body>
08      <h1> 注册页面 </h1>
09      <h2>{{ name }}</h2>
10  </body>
11  </html>
```

运行程序，访问 http://127.0.0.1:5000/login/，结果如图 7.1 所示，访问 http://127.0.0.1:5000/register/，结果如图 7.2 所示。

图 7.1　登录页面　　图 7.2　注册页面

7.2.2　基于调度方法的类视图

如果需要在视图函数中进行判断，实现不同的请求执行不同的逻辑，这种需求虽然利用视图函数也可以实现，但比较复杂！此时就可使用基于调度方法的类视图 flask.views.MethodView，该视图对每个 HTTP 方法执行不同的函数，映射到对应方法的同名方法上。

flask.views.MethodView 类视图使用方法如下：

```
01  from flask import Flask, render_template, request, views
02
03  app = Flask(__name__)
04
05
06  @app.route('/')
07  def index():
08      return render_template('index.html')
09
10
11  class LoginView(views.MethodView):
12      def get(self):
13          return render_template("index.html")
14
15      def post(self):
16          username = request.form.get("username")
17          password = request.form.get("pwd")
18          if username == "cocpy" and password == "mrsoft":
19              return " 登录成功 !"
20          else:
21              return " 用户名或密码错误 !"
22
23
24  app.add_url_rule('/login', view_func=LoginView.as_view('post'))
25
26  if __name__ == "__main__":
27      app.run(debug=True)
```

代码中定义的 get() 函数用于渲染模板，post() 函数用于接收表单中传递过来的用户名和密码，并判断是否正确。再在 templates 文件夹中新建一个 index.html 文件，代码如下：

```
01  <!DOCTYPE html>
02  <html lang="en">
```

```
03 <head>
04     <meta charset="UTF-8">
05     <title>Title</title>
06 </head>
07 <body>
08  <div>
09      <form action="login" method="post">
10          <input type="text" name="username" placeholder=" 用户名 ">
11          <input type="password" name="pwd" placeholder=" 密码 ">
12          <input type="submit" value=" 登录 ">
13      </form>
14 </div>
15 </body>
16 </html>
```

运行程序，输入代码中设置的用户名和密码，点击“登录”按钮就会提交 form 表单，以此来验证用户名和密码是否正确。

7.3 装饰器

装饰器经常用于有切面需求的场景，比如插入日志、性能测试、事务处理、缓存和权限校验等。有了装饰器，就能抽离大量与函数功能无关的雷同代码并继续重用。

7.3.1 装饰器的定义

装饰器本质上是一个 Python 函数，可以让其他函数在不需要做任何代码变动的前提下增加额外的功能，其返回值很特别，是一个函数，比如下方这个 user_login() 函数：

```
01 def user_login(func):
02     def inner():
03         print(" 登录业务处理 ")
04         func()
05
06     return inner
```

函数中使用 func 接收参数，接收到的实际上也是函数，在该函数内部再定义一个名为 inner() 的函数用于执行登录操作，并进行登录业务处理，然后执行一次 func() 函数，最后返回 inner 函数。

注意

return inner() 返回的是函数的结果，而 return inner 返回的是函数。

7.3.2 基本应用

可以参考以下代码来使用装饰器：

```
01 from flask import Flask
02
03 app = Flask(__name__)
04
05
06 @app.route('/')
07 def index():
08     return "Hello"
09
```

```
10
11 def user_login(func):
12     def inner():
13         print(" 登录业务处理 ")
14         func()
15
16     return inner
17
18
19 def list():
20     print("List")
21
22
23 show_list = user_login(list)
24 show_list()
25 print(show_list.__name__)
26
27 if __name__ == "__main__":
28     app.run()
```

show_list 变量的值事实上是调用函数 user_login() 的返回值，将函数 list() 作为参数传递过去，但 inner 函数只是被定义而没有被调用，故不会被执行，返回的是 inner() 的函数名，即 show_list=inner，而下方的“show_list()”，加上括号后才执行了 inner() 函数。inner() 函数的执行会先打印输出“登录业务处理”，func() 函数就是传入的 list() 函数。为了方便理解，增加一句代码 print(show_list.__name__)，用于获取 show_list 对应的函数名。

运行程序，输出结果如下：

```
登录业务处理
List
inner
```

在 Flask 中装饰器还有一种标准写法，用 @ 表示装饰器，同时省略装饰器带入的步骤，用 list(); 作为函数执行：

```
01 from flask import Flask
02
03 app = Flask(__name__)
04
05
06 @app.route('/')
07 def index():
08     return "Hello"
09
10
11 def user_login(func):
12     def inner():
13         print(" 登录业务处理 ")
14         func()
15
16     return inner
17
18
19 @user_login
20 def list():
21     print("List")
22
23
24 # show_list = user_login(list)
25 # show_list()
26 list();
27 # print(show_list.__name__)
```

```
28
29
30 if __name__ == "__main__":
31     app.run()
```

7.3.3 带参函数使用装饰器

如果要使用的函数带有参数，可参考如下代码使用装饰器：

```
01 from flask import Flask
02
03 app = Flask(__name__)
04
05
06 @app.route('/')
07 def index():
08     return "Hello"
09
10
11 def user_login(func):
12     def inner(*args, **kwargs):
13         print(" 登录业务处理 ")
14         func(*args, **kwargs)
15
16     return inner
17
18
19 @user_login
20 def artciles():
21     print(artciles.__name__)
22     print("List")
23
24
25 artciles();
26
27
28 @user_login
29 def artciles_list(*args):
30     page = args[0]
31     print(artciles_list.__name__)
32     print(" 这是第 " + str(page) + " 页文章 ")
33
34
35 artciles_list(4, 3)
36
37 if __name__ == "__main__":
38     app.run()
```

运行程序，结果如下所示：

```
登录业务处理
inner
List
登录业务处理
inner
这是第 4 页文章
```

在上述代码中新增了带参函数 articles_list(*args)。从执行结果可以看出，第一次以无参函数 articles() 传参时，结果同以前一样；如果以 articles_list(*args) 传参时，则返回的是第几页的信息。articles_list(4,3) 函数中传入了两个值，但 page = args[0] 只取了第一个值 “4”，如果将 args[0] 中的 0 改为 1，结果就变为第 3 页。

此时函数 inner(*args, **kwargs) 已经具有多个功能，传入的函数既可以带有参数，也可以不带。但无论是 articles() 函数还是 articles_list() 函数，在执行时都被替换成了 inner() 函数。为了避免原始函数丢失，这里可以使用 functools.wraps 对传进来的函数进行包裹，代码如下：

```
01 from flask import Flask
02 from functools import wraps
03
04 app = Flask(__name__)
05
06
07 @app.route('/')
08 def index():
09     return "Hello"
10
11
12 def user_login(func):
13     @wraps(func)
14     def inner(*args, **kwargs):
15         print(" 登录业务处理 ")
16         func(*args, **kwargs)
17
18     return inner
19
20
21 @user_login
22 def artciles():
23     print(artciles.__name__)
24     print("List")
25
26
27 artciles();
28
29
30 @user_login
31 def artciles_list(*args):
32     page = args[0]
33     print(artciles_list.__name__)
34     print(" 这是第 " + str(page) + " 页文章 ")
35
36
37 artciles_list(4, 3)
38
39 if __name__ == "__main__":
40     app.run()
```

运行程序，结果如下所示：

```
登录业务处理
artciles
List
登录业务处理
artciles_list
这是第 4 页文章
```

其中 @wraps() 中也需要传递一个参数，即 func() 函数。对比两次的结果，此时 inner 已不再显示。

7.4 蓝图

Flask 用蓝图（Blueprints）的概念在一个应用中或跨应用制作应用组件并支持通用的模式。蓝图很好地简化了大型应用工作的方式，并提供给 Flask 扩展在应用上注册操作的核心方法。一个蓝图对象与 Flask 应用对象的工作方式很像，但它不是一个应用，而是一个描述如何构建或扩展应用的蓝图。

7.4.1 简介

Flask 中的蓝图为这些情况设计:

- 把一个应用分解为一个蓝图的集合。这对大型应用是理想的。一个项目可以实例化一个应用对象，初始化几个扩展，并注册一个集合的蓝图。
- 以 URL 前缀和 / 或子域名，在应用上注册一个蓝图。URL 前缀 / 子域名中的参数即成为这个蓝图下的所有视图函数的共同的视图参数（默认情况下）。
- 在一个应用中用不同的 URL 规则多次注册一个蓝图。
- 通过蓝图提供模板过滤器、静态文件、模板和其他功能。一个蓝图不一定要实现应用或者视图函数。
- 初始化一个 Flask 扩展时，可以注册一个蓝图。

Flask 中的蓝图不是即插应用，因为它实际上并不是一个应用——它是可以注册，甚至可以多次注册到应用上。蓝图作为 Flask 层提供分割的替代，共享应用配置，并且在必要情况下可以更改所注册的应用对象。它的缺点是不能在应用创建后撤销注册一个蓝图而不销毁整个应用对象。

蓝图的基本设想是当它们注册到应用上时，它们记录将会被执行的操作。当分派请求和生成从一个端点到另一个的 URL 时，Flask 会关联蓝图中的视图函数。

7.4.2 使用蓝图

在 Flask 框架中使用蓝图前，需要先创建蓝图，然后再注册蓝图。下面通过实例来介绍如何使用蓝图。

实例 7.1 使用蓝图创建前台和后台应用

实例位置：资源包 \Code\07\01

对于一个 Web 项目，通常包括前台和后台。为了更好地开发和维护项目，可以将所有前台相关的代码放到 app/home 目录下，将后台相关的代码放到 app/admin 目录下。然后，将蓝图放在一个单独的包里。所以，在 app/home 和 app/adimin 目录下各创建一个 __init__.py 初始化文件，它表示 home 和 admin 目录都是 Python 的包。结构如图 7.3 所示。

```
app
▼ admin
    __init__.py
▼ home
    __init__.py
run.py
```

图 7.3 目录结构

在 home/__init__.py 文件中创建 home 蓝图，代码如右侧所示。

```
01 from flask import Blueprint
02
03 home = Blueprint("home",__name__)
04
05 @home.route('/')
06 def index():
07     return  '<h1>Hello Home!</h1>'
```

右侧代码中，创建了蓝图对象 home，它使用起来类似于 Flask 应用的 app 对象，它可以有自己的路由 home.route()。初始化 Blueprint 对象的第一个参数 home 指定了这个蓝图的名称，第二个参数指定了该蓝图所在的模块名，这里表示当前文件。

同理，在 admin/__init__.py 文件中创建 admin 蓝图，代码如下:

```
01 from flask import Blueprint
02
03 # 创建蓝图
04 admin = Blueprint("admin",__name__)
05
06 @admin.route('/')
07 def index():
08     return  '<h1>Hello Admin!</h1>'
```

创建完蓝图后，需要注册蓝图。在 Flask 应用 run.py 主程序中，使用 app.register_blueprint() 方法即可，代码如下：

```
01 from flask import Flask
02 from app.home import home as home_blueprint
03 from app.admin import admin as admin_blueprint
04
05 app = Flask(__name__)
06 # 注册蓝图
07 app.register_blueprint(home_blueprint, url_prefix='/home')
08 app.register_blueprint(admin_blueprint, url_prefix='/admin')
09
10 if __name__ == '__main__':
11     app.run(debug=True)
```

上述代码中，使用 app.register_blueprint() 方法来注册蓝图，该方法的第一个参数是蓝图名称，第二个参数 url_prefix 是蓝图的 URL 前缀。

接下来，在浏览器中访问 127.0.0.1:5000/home/ 时就可以加载 home 蓝图的 index 视图，运行结果如图 7.4 所示。在浏览器中访问 127.0.0.1:5000/admin/ 时就可以加载 admin 蓝图的 index 视图，运行结果如图 7.5 所示。

图 7.4　home 蓝图的模板内容　　图 7.5　admin 蓝图的模板内容

7.5　表单

表单是允许用户跟 Web 应用交互的基本元素。Flask 自己不会处理表单，但 Flask-WTF 扩展允许用户在 Flask 应用中使用著名的 WTForms 包。这个包使得定义表单和处理表单变得轻松。

WTForms 的安装非常简单，使用如下命令即可安装：

```
pip install flask-wtf
```

安装完成后，使用如下命令查看所有安装包：

```
pip list
```

如果安装成功，列表中会有 Flask-WTF 及其依赖包 WTForms，如图 7.6 所示。

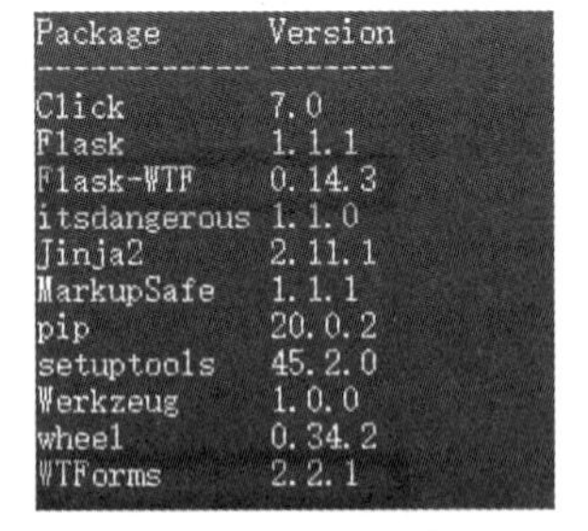

Package	Version
Click	7.0
Flask	1.1.1
Flask-WTF	0.14.3
itsdangerous	1.1.0
Jinja2	2.11.1
MarkupSafe	1.1.1
pip	20.0.2
setuptools	45.2.0
Werkzeug	1.0.0
wheel	0.34.2
WTForms	2.2.1

图 7.6　查看安装包

7.5.1　CSRF

CSRF 全称是 cross site request forgery，即跨站请求伪造。CSRF 通过第三方伪造表单数据，以 POST 到应用服务器上。假设明日学院网站允许用户通过提交一个表单来注销账户，这个表单发送一个 POST 请求到明日学院服务器的注销页面，并且用户已经登录，就可以注销账户。如果黑客在自己的网站中创建一个会发送到明日学院服务器的同一个注销页面的表单。现在，假如有个用户点击了黑客设置的网站表单的“提交”按钮，同时这个用户又登录了账号，那么他的账户就会被注销。

那么，要怎样判断一个 POST 请求是否来自网站自己的表单而不是黑客伪造的表单呢？ WTForms 在渲染每个表单时会生成一个独一无二的 token，使得这一切变得可能。这个 token 将在 POST 请求中随表单数据一起传递，并且会在表单被接受之前进行验证。关键在于 token 的值取决于储存在用户的会话

(cookies) 中的一个值，而且会在一定时间之后过时（默认 30 分钟）。这样只有登录了页面的用户才能提交一个有效的表单，而且仅仅是在登录页面 30 分钟之内才能有效。

默认情况下，Flask-WTF 能保护所有表单免受跨站请求伪造（CSRF）的攻击。恶意网站把请求发送到被攻击者已登录的其他网站时，就会引发 CSRF 攻击。为了实现 CSRF 保护，Flask-WTF 需要程序设置一个密钥，Flask-WTF 使用这个密钥生成加密令牌，再用令牌验证请求中表单数据的真伪。设置密钥的方法如下所示:

```
app = Flask(__name__)
app.config['SECRET_KEY'] = 'mrsoft'
```

app.config 字典可用来存储框架、扩展和程序本身的配置变量。使用标准的字典句法就能把配置值添加到 app.config 对象中。这个对象还提供了一些方法，可以从文件或环境中导入配置值。

SECRET_KEY 配置变量是通用密钥，可在 Flask 和多个第三方扩展中使用。如其名所示，加密的强度取决于变量值的机密程度。不同的程序要使用不同的密钥，而且要保证其他人不知道你所用的字符串。

7.5.2 表单类

使用 Flask-WTF 时，每个 Web 表单都由一个继承自 Form 的类表示。这个类定义表单中的一组字段，每个字段都用对象表示，字段对象可附属一个或多个验证函数，验证函数用来验证用户提交的输入值是否符合要求。例如，使用 Flask-WTF 创建包含一个文本字段、密码字段和一个提交按钮的简单的 Web 表单，代码如下:

```
01 from flask_wtf import FlaskForm
02 from wtforms import StringField, PasswordField,SubmitField
03 from wtforms.validators import Required
04 class NameForm(FlaskForm):
05     name = StringField('请输入姓名', validators=[Required()])
06     password = PasswordField('请输入密码', validators=[Required()])
07     submit = SubmitField('Submit')
```

这个表单中的字段都定义为类变量，类变量的值是相应字段类型的对象。在这个示例中，NameForm 表单中有一个名为 name 的文本字段、名为 password 的密码字段和一个名为 submit 的提交按钮。StringField 类表示属性为 type="text" 的 <input> 元素。SubmitField 类表示属性为 type="submit" 的 <input> 元素。字段构造函数的第一个参数是把表单渲染成 HTML 时使用的标号。StringField 构造函数中的可选参数 validators 指定一个由验证函数组成的列表，在接受用户提交的数据之前验证数据。验证函数 Required()，确保提交的字段不为空。

说明

> Form 基类由 Flask-WTF 扩展定义，所以从 flask.ext.wtf 中导入。字段和验证函数却可以直接从 WTForms 包中导入。

上述代码中，只使用了 3 个 HTML 标准字段，WTForms 还支持很多其他的 HTML 标准字段，如表 7.1 所示。

表 7.1 WTForms 支持的 HTML 标准字段

字段类型	说明
StringField	文本字段
TextAreaField	多行文本字段
PasswordField	密码文本字段
HiddenField	隐藏文本字段
DateField	文本字段，值为 datetime.date 格式
DateTimeField	文本字段，值为 datetime.datetime 格式

续表

字段类型	说明
IntegerField	文本字段，值为整数
DecimalField	文本字段，值为 decimal.Decimal
FloatField	文本字段，值为浮点数
BooleanField	复选框，值为 True 和 False
RadioField	一组单选框
SelectField	下拉列表
SelectMultipleField	下拉列表，可选择多个值
FileField	文件上传字段
SubmitField	表单提交按钮
FormField	把表单作为字段嵌入另一个表单
FieldList	一组指定类型的字段

WTForms 内置的验证函数如表 7.2 所示。

表 7.2 WTForms 内置验证函数

内置验证函数	说明
Email	验证电子邮件地址
EqualTo	比较两个字段的值；常用于要求输入两次密码进行确认的情况
IPAddress	验证 IPv4 网络地址
Length	验证输入字符串的长度
NumberRange	验证输入的值在数字范围内
Optional	无输入值时跳过其他验证函数
Required	确保字段中有数据
Regexp	使用正则表达式验证输入值
URL	验证 URL
AnyOf	确保输入值在可选值列表中

7.6 综合案例——验证用户登录

本章学习了 Flask 框架中视图、蓝图和表单相关的知识，下面就通过本章所学习的知识来实现一个验证用户登录的功能。

我们都知道表单字段是可调用的，在模板中调用后会渲染成 HTML。假设视图函数把一个 NameForm 实例通过参数 form 传入模板，在模板中可以生成一个简单的表单。

首先要创建表单类。创建一个 models.py 文件，定义一个表单类 LoginForm。LoginForm 类有 3 个属性，分别是 name（用户名）、password（密码）和 submit（提交按钮）。具体代码如下：

```
01 from flask_wtf import FlaskForm
02 from wtforms import StringField, PasswordField,SubmitField
03 from wtforms.validators import DataRequired,Length
04
05 class LoginForm(FlaskForm):
06     """
07     登录表单类
08     """
09     name = StringField(label=' 用户名 ', validators=[
10         DataRequired(" 用户名不能为空 "),
```

```
11            Length(max=10,min=3,message=" 用户名长度必须大于 3 且小于 8")
12        ])
13        password = PasswordField(label=' 密码 ', validators=[
14            DataRequired(" 密码不能为空 "),
15            Length(max=10, min=6, message=" 密码长度必须大于 6 且小于 10")
16        ])
17        submit = SubmitField(label=" 提交 ")
```

然后创建视图函数。创建一个 run.py 文件，在文件中分别创建首页视图函数 index() 和登录页视图函数 login()，然后引入 models 类文件并在 login() 视图函数中对用户登录进行验证。如果验证通过，页面跳转至首页，否则，在登录页提示错误信息。代码如下：

```
01 from flask import Flask ,url_for,redirect, render_template
02 from models import LoginForm
03
04 app = Flask(__name__)
05 app.config['SECRET_KEY'] = 'mrsoft'
06
07
08 @app.route('/login', methods=['GET', 'POST'])
09 def login():
10     """
11     登录页面
12     """
13     form = LoginForm()
14     if form.validate_on_submit():
15         username = form.name.data
16         password = form.password.data
17         if username== "andy" and password == "mrsoft":
18             return redirect(url_for('index'))
19     return render_template('login.html',form=form)
20
21 @app.route('/')
22 def index():
23     """
24     首页
25     """
26     name = " 明日学院 "
27     message = """
28         明日学院，是吉林省明日科技有限公司倾力打造的在线实用技能学习平台，该平台于 2016 年正式
29         上线，主要为学习者提供海量、优质的课程，课程结构严谨，用户可以根据自身的学习程度，自主安
30         排学习进度。我们的宗旨是，为编程学习者提供一站式服务，培养用户的编程思维。
31     """
32     return render_template("index.html",name=name,message=message)
33
34 if __name__ == '__main__':
35         app.run(debug=True)
```

上述代码中，app.route 装饰器中添加的 methods 参数告诉 Flask，在 URL 映射中把 login 视图函数注册为 GET 和 POST 请求的处理程序。如果没指定 methods 参数，默认把视图函数注册为 GET 请求的处理程序。对于提交表单大多都作为 POST 请求进行处理。

局部变量 name 和 password 用来存放表单中输入的有效用户名和密码，如果没有输入，其值为 None。如上述代码所示，在视图函数中创建一个 LoginForm 类实例用于表示表单。提交表单后，如果数据能被所有验证函数接受，那么 validate_on_submit() 方法的返回值为 True，否则返回 False。这个函数的返回值决定是重新渲染表单还是处理表单提交的数据。

接下来渲染 login.html 页面。在 templates 目录创建一个 login.html 文件，在该文件中定义一个表单，使用 Flask-WTF 渲染表单，关键代码如下：

```
01 <form action="" method="post">
02     <div class="form-group">
03     {{ form.name.label }}
04     {{ form.name(class="form-control")}}
```

```
05      {% for err in form.name.errors %}
06          <p style="color: red">{{ err }}</p>
07      {% endfor %}
08      </div>
09      <div class="form-group">
10      {{ form.password.label }}
11      {{ form.password(class="form-control") }}
12      {% for err in form.password.errors %}
13         <p style="color: red">{{ err }}</p>
14      {% endfor %}
15      </div>
16      {{ form.csrf_token }}
17      {{ form.submit(class="btn btn-primary") }}
18 </form>
```

最后运行 run.py 文件，在浏览器中输入网址 127.0.0.1:5000。用户第一次访问程序时，服务器会收到一个没有表单数据的 GET 请求，所以 validate_on_submit() 将返回 False。if 语句的内容将被跳过，通过渲染模板处理请求，并传入表单对象和值为 None 的 name 变量作为参数。用户会看到浏览器中显示了一个表单。运行效果如图 7.7 所示。

如果用户提交表单之前没有输入用户名或密码直接提交表单，DataRequired() 验证函数会捕获这个错误。如果用户输入的用户名或密码长度不符合规定，Length() 函数会捕获这个错误，如图 7.8 所示。

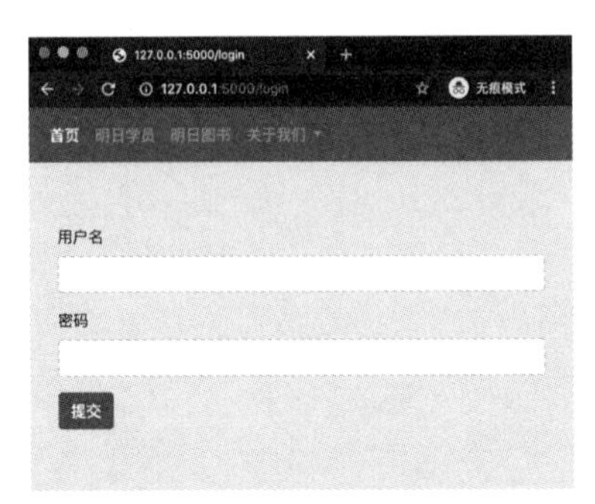

图 7.7　显示表单页面

图 7.8　验证提交字段效果

7.7　实战练习

在上节案例中，也可使用装饰器来校验用户名和密码是否匹配，由于登录时使用的是 POST 方法来提交的表单，所以这里只需要校验 POST 方法即可，登录成功后默认跳转到首页，结果如图 7.9 所示。

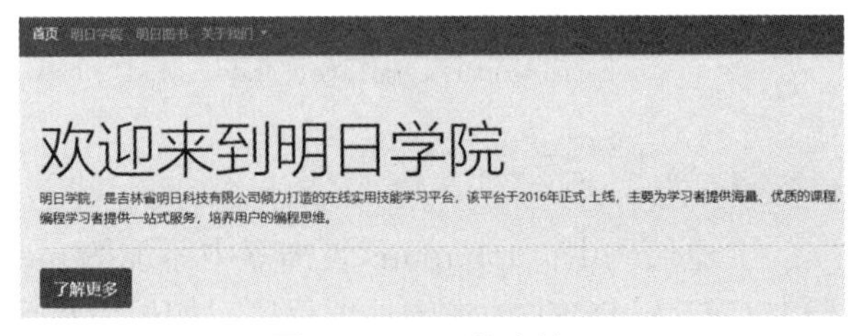

图 7.9　明日学院首页

小结

本章主要介绍 Flask 视图与蓝图相关的知识。首先介绍两个将 URL 与视图绑定的函数 app.route 和 add_url_rule，然后介绍了标准类视图和基于调度方法的类视图。如果项目需要插入日志、性能测试、事务处理、缓存和权限校验等，也可使用装饰器，有了装饰器，就能抽离大量与函数功能无关的雷同代码并继续重用。最后介绍了 Flask 中蓝图与表单的使用。

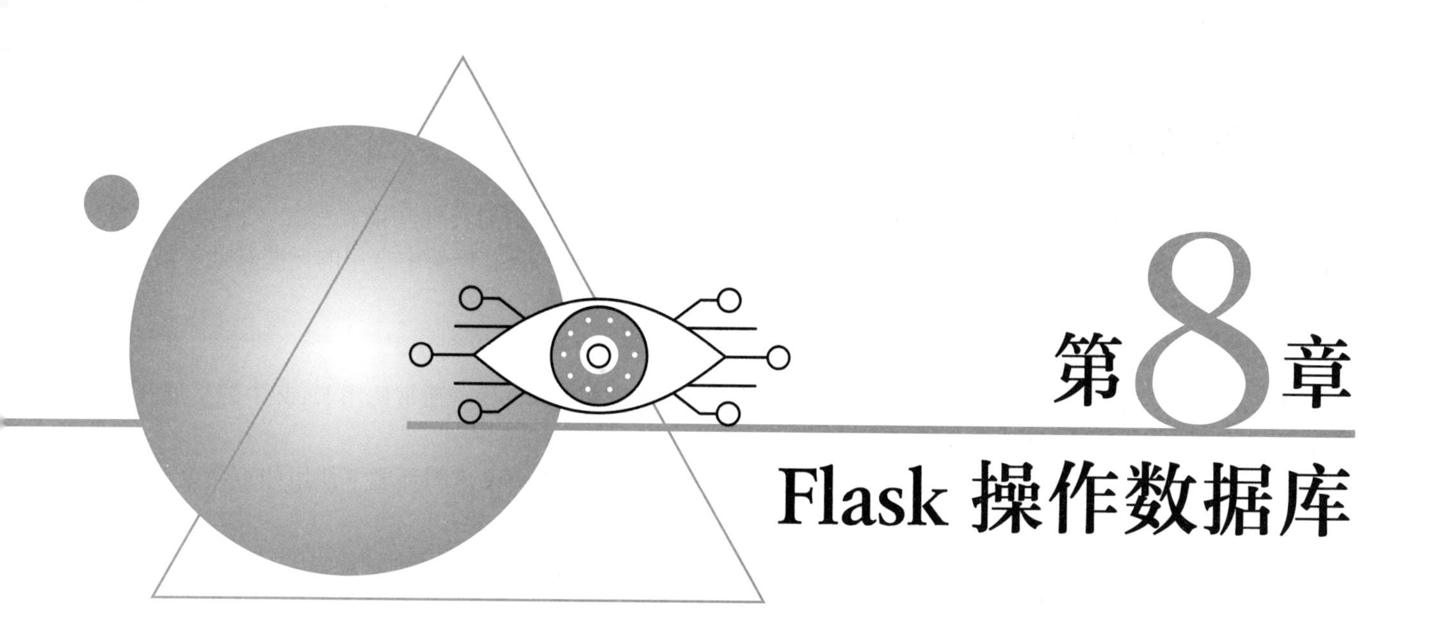

第8章 Flask 操作数据库

在 Web 开发过程中，通常离不开数据库，只有与数据库相结合，才能充分发挥动态网页编程语言的魅力，因此网络上的众多应用都是基于数据库的。

本章将对 Flask 中关于数据库的功能进行详细介绍，然后再介绍常用的一些扩展程序，例: Flask-SQLAlchemy、Flask-Migrate 和 Flask-Script 等。接下来再介绍 Flask 如何连接数据库、定义数据模型和定义关系，最后再实现增查改删的功能。

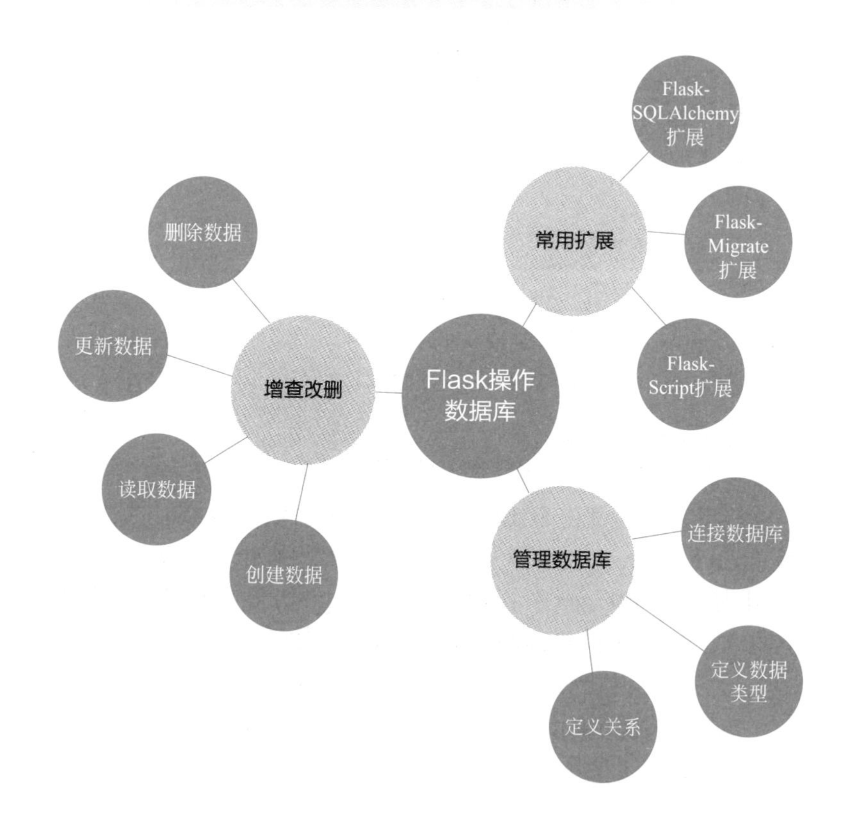

8.1 常用扩展

Flask 框架是一个微框架，它只保留最核心的功能，通过扩展来增加其他功能。例如，前面介绍的 Flask-WTF 扩展，通过它来实现表单的验证功能。下面就来介绍一下 Flask 框架中常用的一些其他扩展。

8.1.1 Flask-SQLAlchemy 扩展

SQLAlchemy 是一个常用的数据库抽象层和数据库关系映射包（ORM），通常使用 Flask 中的扩展——Flask-SQLAlchemy 来操作 SQLAlchemy。

使用 pip 工具来安装 Flask-SQLAlchemy，安装方式非常简单，在 venv 虚拟环境下使用如下命令：

```
pip install Flask-SQLAlchemy
```

使用 Flask-SQLAlchemy 前，需要先创建一个 MySQL 数据库，这里命名为 flask_demo，接下来创建 manage.py 文件。在 manage.py 文件中，在 Flask 实例的全局配置中配置相关属性，然后实例化 SQLAlchemy 类，最后调用 create_all() 方法来创建数据表。代码如下：

```
01 from flask import Flask
02 from flask_sqlalchemy import SQLAlchemy
03 import pymysql
04
05 app = Flask(__name__)
06 # 基本配置
07 app.config['SQLALCHEMY_TRACK_MODIFICATIONS'] = True
08 app.config['SQLALCHEMY_DATABASE_URI'] = (
09         'mysql+pymysql://root:root@localhost/flask_demo'
10         )
11 db = SQLAlchemy(app) # 实例化 SQLAlchemy 类
12 # 创建数据表类
13 class User(db.Model):
14     id = db.Column(db.Integer, autoincrement=True,primary_key=True)
15     username = db.Column(db.String(80),unique=True,nullable=False)
16     email = db.Column(db.String(120),unique=True,nullable=False)
17
18     def __repr__(self):
19         return '<User %r>' % self.username
20
21 if __name__ == "__main__":
22     db.create_all() # 执行创建命令
```

上述代码中，app.config[‘SQLALCHEMY_TRACK_MODIFICATIONS’] 如果设置成 True，Flask-SQLAlchemy 将会追踪对象的修改并且发送信号，这需要额外的内存，如果不必要的可以设置为 False，禁用它。app.config[‘SQLALCHEMY_DATABASE_URI’] 用于连接数据的数据库。例如：

```
sqlite:////tmp/test.db
mysql://username:password@server/db
```

接下来，实例化 SQLAlchemy 类并赋值给 db 对象，然后创建需要映射的数据表类 User。User 类需要继承 db.Model，类属性对应着表的字段。例如：id 字段使用 db.Integer 表示是整型数据，用 key=True 表示 id 为主键；username 字段使用 db.String(80) 表示长度为 80 的字符串型数据，使用 unique=True 表示用户名唯一，并且使用 nullable=False 表示不能为空。

最后，使用 db.create_all() 方法创建所有表。

执行命令 python manage.py。此时，数据库中新增一个 user 表，使用可视化工具 Navicat 查看 user 表结构，如图 8.1 所示。

数据表之间的关系通常包括一对一、一对多和多对多关系。下面以“用户 - 文章”模型为例，介绍如何使用 Flask-SQLAlchemy 定义一对多的关系。

名	类型	长度	小数点	不是 null	
id	int	11	0	☑	🔑1
username	varchar	80	0	☑	
email	varchar	120	0	☑	

图 8.1　Flask-SQLAlchemy 创建数据表

在“用户 - 文章”模型中，一个作者可以写多篇文章，而一篇文章必然属于一个作者。所以，对于作者和文章而言，这是一个典型的一对多关系。在 manage.py 文件中编写这两种对应关系。代码如下：

```
01 from flask import Flask
02 from flask_sqlalchemy import SQLAlchemy
03 import pymysql
04
05 app = Flask(__name__)
06 # 基本配置
07 app.config['SQLALCHEMY_TRACK_MODIFICATIONS'] = True
08 app.config['SQLALCHEMY_DATABASE_URI'] = (
09         'mysql+pymysql://root:root@localhost/flask_demo'
10         )
11 db = SQLAlchemy(app) # 实例化 SQLAlchemy 类
12 # 创建数据表类
13 class User(db.Model):
14     id = db.Column(db.Integer,primary_key=True)
15     username = db.Column(db.String(80),unique=True,nullable=False)
16     email = db.Column(db.String(120),unique=True,nullable=False)
17     articles = db.relationship('Article')
18
19     def __repr__(self):
20         return '<User %r>' % self.username
21
22 class Article(db.Model):
23     id = db.Column(db.Integer,primary_key=True)
24     title = db.Column(db.String(80),index=True)
25     content = db.Column(db.Text)
26     user_id = db.Column(db.Integer,db.ForeignKey('user.id'))
27
28     def __repr__(self):
29         return '<Article %r>' % self.title
30
31
32 if __name__ == "__main__":
33     db.create_all() # 执行创建命令
```

在上述代码中，User 类（“一对多”关系中的“一”）添加了一个 articles 属性，这个属性并没有使用 Column 类声明为列，而是使用 db.relationship() 来定义关系属性，relationship() 参数是另一侧的类名称。当调用 User.articles 时返回多个记录，也就是该用户对应的所有文章。

在 Article 类（“一对多”关系中的“多”）添加了一个 user_id 属性，通过使用 db.ForeignKey() 将它设置为外键。外键（foreign key）是用来在 Article 表存储 User 表的主键值，以便和 User 表建立联系的关系字段。db.ForeignKey('user.id') 中的参数“user”是 User 类所对应的表名，id 则是 user 表的主键。

再次执行命令 python manage.py 文件，flask_demo 数据库中新增一个 article 表。article 表结构的外键如图 8.2 所示。

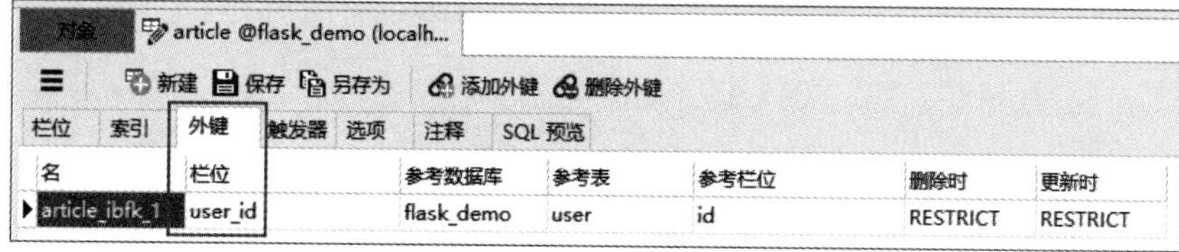

图 8.2　article 表外键

8.1.2 Flask-Migrate 扩展

在实际开发过程中通常需要更新数据表结构，例如在 user 表中新增一个 gender 字段，则需要在 User 类中添加如下一行代码：

```
gender = db.Column(db.BOOLEAN,default=True)
```

添加完成后，执行 python manage.py 命令后发现表结构并没有变化，这是因为重新调用 create_all() 方法不会起到更新表或重新创建表的作用。需要先使用 drop_all() 方法删除表，但是如果这样，表中的数据也会随之消失。SQLAlchemy 的开发者 Michael Bayer 编写了一个数据库迁移工具 Alembic 可以实现数据库的迁移，它可以在不破坏数据的情况下更新数据表结构。

Flask-Migrate 扩展集成了 Alembic，提供了一些 Flask 命令来完成数据迁移。下面介绍如何使用 Flask-Migrate 实现数据迁移。

使用 pip 工具安装 Flask-Migrate, 安装方式非常简单，在 venv 虚拟环境下使用如下命令：

```
pip  install  Flask-Migrate
```

Flask-Migrate 提供了一个命令集，使用 db 作为命令集名称，可以执行“flask db --help”命令来查看 Flak-Migrate 的基本使用。如图 8.3 所示。

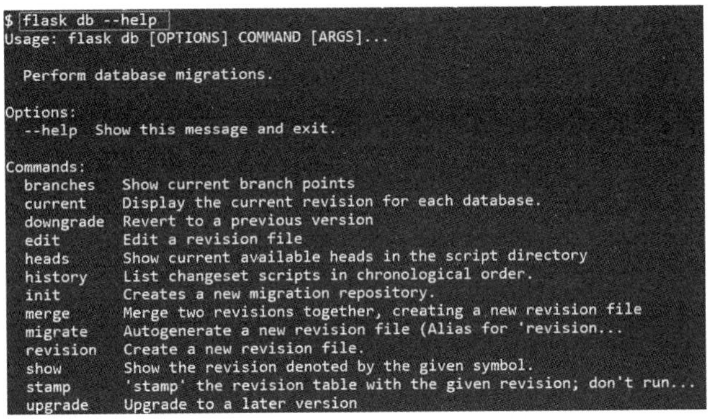

```
$ flask db --help
Usage: flask db [OPTIONS] COMMAND [ARGS]...

  Perform database migrations.

Options:
  --help  Show this message and exit.

Commands:
  branches   Show current branch points
  current    Display the current revision for each database.
  downgrade  Revert to a previous version
  edit       Edit a revision file
  heads      Show current available heads in the script directory
  history    List changeset scripts in chronological order.
  init       Creates a new migration repository.
  merge      Merge two revisions together, creating a new revision file
  migrate    Autogenerate a new revision file (Alias for 'revision...
  revision   Create a new revision file.
  show       Show the revision denoted by the given symbol.
  stamp      'stamp' the revision table with the given revision; don't run...
  upgrade    Upgrade to a later version
```

图 8.3 Flask-Migrate 常用命令

使用 Flask_Migrate 创建迁移环境，首先引入 Migrate 类，然后实例化 Migrate 类。代码如下：

```
01 from flask import Flask
02 from flask_sqlalchemy import SQLAlchemy
03 import pymysql
04 from flask_migrate import Migrate # 新增代码，导入 Migrate
05
06 app = Flask(__name__) # 创建 Flask 应用
07 app.config['SQLALCHEMY_TRACK_MODIFICATIONS'] = True
08 app.config['SQLALCHEMY_DATABASE_URI'] = (
09         'mysql+pymysql://root:root@localhost/flask_demo'
10         )
11 db = SQLAlchemy(app)
12 migrate = Migrate(app,db) # 新增代码，创建 Migrate 实例
13
14 # 创建数据表类
15 class User(db.Model):
16     id = db.Column(db.Integer,primary_key=True)
17     username = db.Column(db.String(80),unique=True,nullable=False)
18     email = db.Column(db.String(120),unique=True,nullable=False)
19     articles = db.relationship('Article')
20
21     def __repr__(self):
22         return '<User %r>' % self.username
23
24 class Article(db.Model):
25     id = db.Column(db.Integer,primary_key=True)
26     title = db.Column(db.String(80),index=True)
27     content = db.Column(db.Text)
28     user_id = db.Column(db.Integer,db.ForeignKey('user.id'))
29
30     def __repr__(self):
31         return '<Article %r>' % self.title
32
33
34 if __name__ == "__main__":
35     db.create_all() # 执行创建命令
```

在上述代码中，在实例化 Migrate 类时传入了 2 个参数，第一个参数 app 是程序实例 app，第二个参数 db 是 SQLAlchemy 类创建的对象。

接下来，需要使用 FLASK_APP 环境变量定义如何载入应用。对于不同的操作系统，命令有所不同。

Windows 系统：

```
set FLASK_APP=manage.py
```

Unix Bash（Linux、Mac 及其他）：

```
export FLASK_APP=manage.py
```

注意

FLASK_APP=manage.py 之间没有空格。当关闭命令行窗口时，这里的设置失效。下次使用时，需要再次设置 FLASK_APP 环境变量。

准备就绪，开始创建一个迁移环境，执行如下命令：

```
flask db init
```

执行完成后，在项目根目录下自动生成了一个 migrations 文件夹，其中包含了配置文件和迁移版本文件，如图 8.4 所示。

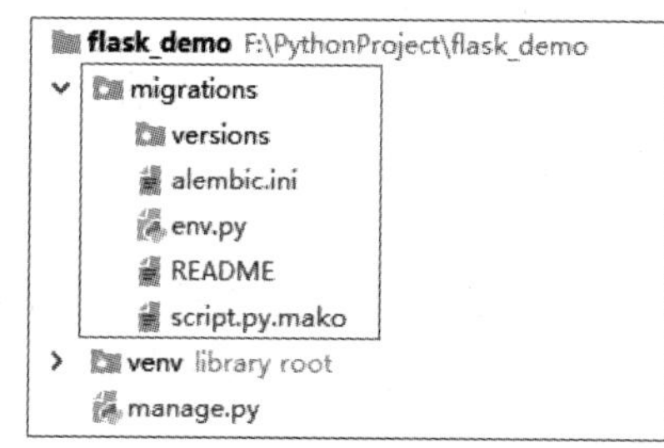

图 8.4 新增 migration 文件夹

创建完迁移环境后，可以执行如下命令自动生成迁移脚本：

```
flask db  migrate  -m "add gender for user table"
```

执行完成后，会在 migrations/versions/ 目录下生成一个迁移脚本文件，关键代码如下：

```
01 def upgrade():
02     ### commands auto generated by Alembic - please adjust! ###
03     op.add_column('user', sa.Column('gender', sa.BOOLEAN(), nullable=True))
04     # ### end Alembic commands ###
05
06
07 def downgrade():
08     # ### commands auto generated by Alembic - please adjust! ###
09     op.drop_column('user', 'gender')
10     # ### end Alembic commands ###
```

上述代码中，upgrade() 函数主要用于将改动应用到数据库，而 downgrade() 函数主要用于撤销改动。

说明

每一次迁移都会生成新的迁移脚本，而且 Alembic 为每一次迁移都生成了修订版本 ID，所以数据库可以恢复到修改历史中的任意版本。

生成迁移脚本后，接下来可以使用如下命令更新数据库：

```
flask  db  upgrade
```

执行完成后，flask_demo 数据库中新增了一个 alembic_version 表，用于记录当前版本号。修改的 user 表中新增了一个 gender 字段。

说明

迁移环境只需要创建一次，也就是说下次修改表时，只需要执行 flask db migrate 和 flask db upgrade 命令即可。

8.1.3 Flask-Script 扩展

Flask-Script 扩展为 Flask 应用添加了一个命令行解析器，它使 Flask 应用可以通过命令行来运行服务器，自定义 Python shell，以及通过脚本来设置数据库、周期性任务以及其他 Flask 应用本身不提供的功能。

Flask-Script 跟 Flask 工作的方式很相似，通过给 Manage 实例对象定义和添加命令，然后就可以在命令行中调用这些命令了。

可以通过 pip 来安装 Flask-Script, 命令如下:

```
pip install flask_script
```

首先创建一个 app.py 文件，在 app.py 中必须创建一个 Manager 对象，Manager 类会记录所有的命令，并处理如何调用这些命令，如右侧代码所示。

```
01 from flask_script import Manager
02 from flask import Flask
03
04 app = Flask(__name__)
05 # 配置 app
06 app.debug = True
07 manager = Manager(app)
08
09 if __name__ == "__main__":
10     manager.run()
```

调用 manager.run() 方法之后，Manager 对象就准备好接收命令行传递的命令了。实例化 Manager 类的时候需要传递一个 Flask 对象给它，这个参数也可以是一个函数或者可调用对象，只要它们能够返回一个 Flask 对象就可以。

下一步就是创建和添加命令，可以通过以下三种方式来创建命令：

- 继承 Command 类。
- 使用 @command 修饰器。
- 使用 @option 修饰器。

从 Flask-Script 中导入 Command 类，然后自定义一个类，令其继承 Command。代码如下：

```
01 from flask_script import Manager,Command
02 from flask import Flask
03
04 app = Flask(__name__)
05 # 配置 app
06 app.debug = True
07 manager = Manager(app)
08
09 class Hello(Command):
10     "prints hello word"
11
12     def run(self):
13         print("Hello World!")
14
15 manager.add_command("hello",Hello())
16
17 if __name__ == "__main__":
18     manager.run()
```

上述代码中，manager.add_command() 必须在 manager.run() 之前执行，接下来就可以执行如下命令：

```
python app.py hello
```

运行结果为：

```
Hello World!
```

也可以直接将 Command 对象传递给 manager.run()，例如：

```
manager.run({'hello' : Hello()})
```

Command 类必须定义一个 run() 方法，方法中的位置参数以及可选参数由命令行中输入的参数决定。

下面，结合 Flask_Migrate 实现数据迁移操作。代码如下：

```
01 from flask import Flask
02 from flask_sqlalchemy import SQLAlchemy
03 import pymysql
04 from flask_migrate import Migrate,MigrateCommand
05 from flask_script import Manager,Shell
06
07
08 app = Flask(__name__) # 创建Flask应用
09 app.config['SQLALCHEMY_TRACK_MODIFICATIONS'] = True
10 app.config['SQLALCHEMY_DATABASE_URI'] = (
11         'mysql+pymysql://root:root@localhost/flask_demo'
12         )
13 db = SQLAlchemy(app)
14 migrate = Migrate(app,db)
15 manager = Manager(app) # 实例化Manager类
16 manager.add_command("db",MigrateCommand) # 新增db命令
17
18 # 设置ORM类
19 class User(db.Model):
20     id = db.Column(db.Integer,primary_key=True)
21     # 省略部分代码
22 class Article(db.Model):
23     id = db.Column(db.Integer,primary_key=True)
24     # 省略部分代码
25
26 if __name__ == "__main__":
27     manager.run()
```

上述代码中，manager.add_command("db",MigrateCommand) 用于创建 db 命令，对应的 Command 类是 Flask_Migrate 中的 MigrateCommand。这样就不再需要使用 flask db 命令实现版本迁移，而是使用如下命令代替：

```
python manage.py db init
python manage.py db migrate
python manage.py db upgrade
```

使用 Manager 实例的 command 方法装饰函数，代码如下：

```
01 from flask_script import Manager
02 from flask import Flask
03
04 app = Flask(__name__)
05 # 配置app
06 app.debug = True
07 manager = Manager(app)
08
09 @manager.command
10 def hello():
11     print("Hello World!")
12
13 if __name__ == "__main__":
14     manager.run()
```

接下来就可以执行如下命令：

```
python app.py hello
```

运行结果为：

```
Hello World!
```

使用 Manager 实例的 command 方法装饰函数，代码如下：

```
01 from flask_script import Manager
02 from flask import Flask
03
04 app = Flask(__name__)
05 # 配置 app
06 app.debug = True
07 manager = Manager(app)
08
09 @manager.option("-n","--name",help="Your name")
10 def hello(name):
11     print("hello {}".format(name))
12
13
14 if __name__ == "__main__":
15     manager.run()
```

执行如下命令：

```
python app.py --name=Andy
```

运行结果为：

```
hello Andy
```

Flask-Script 自身提供了很多默认的命令，例如 Server 和 Shell。下面分别介绍一下 Server 和 Shell 默认命令。Server 命令用于运行 Flask 应用服务器，示例代码如下：

```
01 from flask_script import Server,Manager
02 from flask import Flask
03
04 app = Flask(__name__)
05 app.debug = True
06 manager = Manager(app)
07 manager.add_command("runserver",Server())
08
09 @app.route('/')
10 def hello():
11     return "Hello World!"
12
13 if __name__ == "__main__" :
14     manager.run()
```

调用方式如下：

```
python manage.py runserver
```

通过浏览器访问 127.0.0.1:5000, 运行结果如下：

```
Hello World!
```

Server 命令有许多参数，可以通过 python manager.py runserver -? 来获取详细帮助信息，也可以在构造函数中重定义默认值：

```
server = Server(host=" 0.0.0.0" , port=9000)
```

大多数情况下，runserver 命令用于开启调试模型运行服务器，以便查找 bug。因此，如果没有在配置文件中特别声明的话，runserver 默认是开启调试模式的，当修改代码的时候，会自动重载服务器。

Shell 命令用于打开一个 Python 终端。可以给它传递一个 make_context 参数，这个参数必须是一个可调用对象，并且返回一个字典。结合 Flask_SQLAlchemy 扩展使用 Shell 操作数据库，创建一个 manage_shell.py 文件，代码如下：

```
01 from flask import Flask
02 from flask_sqlalchemy import SQLAlchemy
03 import pymysql
04 from flask_migrate import Migrate,MigrateCommand
05 from flask_script import Manager,Shell
06
07 app = Flask(__name__) # 创建 Flask 应用
08 app.config['SQLALCHEMY_TRACK_MODIFICATIONS'] = True
09 app.config['SQLALCHEMY_DATABASE_URI'] = (
10         'mysql+pymysql://root:root@localhost/flask_demo'
11         )
12 db = SQLAlchemy(app)
13 migrate = Migrate(app,db)
14 manager = Manager(app)
15
16 def make_shell_context():
17     return dict(app=app,db=db,User=User,Article=Article) # 返回一个字典
18
19 manager.add_command("shell",Shell(make_context=make_shell_context))
20
21 class User(db.Model):
22     id = db.Column(db.Integer,primary_key=True)
23     # 省略部分代码
24
25 class Article(db.Model):
26     id = db.Column(db.Integer,primary_key=True)
27     # 省略部分代码
28
29 if __name__ == "__main__":
30     manager.run()
```

创建完成后，就可以使用 Shell 来操作数据库了。首先，使用 db.create_all() 函数生成数据表 user 和 article。然后，使用 db.session.add() 新增一个 user 用户和两篇 article 文章。接下来，使用 db.session.commit() 添加到数据库。如图 8.5 所示。

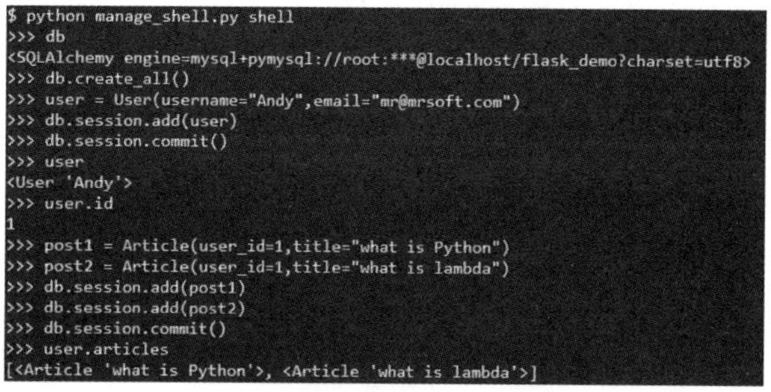

```
$ python manage_shell.py shell
>>> db
<SQLAlchemy engine=mysql+pymysql://root:***@localhost/flask_demo?charset=utf8>
>>> db.create_all()
>>> user = User(username="Andy",email="mr@mrsoft.com")
>>> db.session.add(user)
>>> db.session.commit()
>>> user
<User 'Andy'>
>>> user.id
1
>>> post1 = Article(user_id=1,title="what is Python")
>>> post2 = Article(user_id=1,title="what is lambda")
>>> db.session.add(post1)
>>> db.session.add(post2)
>>> db.session.commit()
>>> user.articles
[<Article 'what is Python'>, <Article 'what is lambda'>]
```

图 8.5　Shell 模式下操作数据

8.2　管理数据库

扩展 Flask-SQLAlchemy 集成了 SQLAlchemy，它简化了连接数据库服务器、管理数据库操作会话等各类工作，让 Flask 中的数据处理体验变得更加轻松。

8.2.1　连接数据库

DBMS 通常会提供数据库服务器运行在操作系统中。要连接数据库服务器，首先要为我们的程序指定数据库 URI（uniform resource identifier，统一资源标识符）。数据库 URI 是一串包含各种属性的字符串，

其中包含了各种用于连接数据库的信息。

一些常用的 DBMS 及其数据库 URI 格式示例如表 8.1 所示。

表 8.1 常用的 DBMS 及数据库 URI

数据库引擎	URI
MySQL	mysql://username:password@hostname/database
Postgres	postgresql://username:password@hostname/database
SQLite(Unix)	sqlite:////absolute/path/database
SQLite(Windows)	sqlite:///c:/absolute/path/database
MySQL	mysql://username:password@hostname/database

在这些 URI 中，hostname 表示 MySQL 服务器所在的主机，可以是本地主机 (localhost)，也可以是远程服务器。数据服务器上可以托管多个数据库，因此 database 表示使用的数据库名，username 和 password 表示数据库用户和密码。

示例代码如下：

```
SQLALCHEMY_DATABASE_URI = 'mysql+pymysql://root:root@localhost/mrsoft?charset=utf8mb4'
```

上述配置中，说明如下：

- 数据库：MySQL
- 数据库驱动：PyMySQL
- 数据库名：root
- 密码：root
- 数据库名称：mrsoft
- 字符集：utf-8mb4

8.2.2 定义数据模型

数据模型（Data Model）是数据特征的抽象，它从抽象层次上描述了系统的静态特征、动态行为和约定条件，为数据库系统的信息表示与操作提供一个抽象的框架。在 ORM 中，模型一般是一个 Python 类，类中的属性对应数据库表中的列。

以用户和权限模型为例，示例代码如下：

```
01 class Role(db.Model):
02     __tablename__ = 'roles'
03     id = db.Column(db.Integer, primary_key=True)
04     name = db.Column(db.String(64), unique=True)
05
06     def __repr__(self):
07         return '<Role %r>' % self.name
08
09 class User(db.Model):
10     __tablename__ = 'users'
11     id = db.Column(db.Integer, primary_key=True)
12     username = db.Column(db.String(64), unique=True, index=True)
13     def __repr__(self):
14         return '<User %r>' % self.username
```

类变量 tablename 定义在数据库中使用的表名。其余的类变量都是该模型的属性，被定义为 db.Column 类的示例。db.Column 类构造函数的第一个参数是数据库列和模型属性的类型。最常用的列类型（字段类型）以及在模型中使用的 Python 类型如表 8.2 所示。

表 8.2　常用的列字段类型

类型名	对应的 Python 类型	说明
Integer	int	普通整数，一般是 32 位
SmallInteger	int	取值范围小的整数，一般是 16 位
BigInteger	int 或 long	不限制精度的整数
Float	float	浮点数
Numeric	decimal.Decimal	定点数
String	str	变长字符串
Text	str	变长字符串，对较长或不限长度的字符串做了优化
Unicode	unicode	变长 Unicode 字符串
UnicodeText	unicode	变长 Unicode 字符串，对较长或不限长度的字符串做了优化
Boolean	bool	布尔值
Date	datetime.date	日期
Time	datetime.time	时间
DateTime	datetime.datetime	日期和时间
Interval	datetime.timedeta	时间间隔
Enum	str	一组字符串
PickleType	任何 Python 对象	自动化使用 Pickle 序列化
LargeBinary	str	二进制文件

最常用的 SQLAlchemy 列选项如表 8.3 所示。

表 8.3　常用的 SQLAlchemy 列选项

选项名	说明
primary_key	如果设为 True，这列就是表的主键
unique	如果设为 True，这列不允许出现重复
index	如果设为 True，为这列创建索引，提升查询效率
nullable	如果设为 True，这列允许使用空值；如果设为 False，这列不允许使用空值
default	为这列定义默认值

8.2.3　定义关系

在关系型数据库中，数据表之间的关系通常分为三种：一对一、一对多和多对多关系。下面举例说明这三种数据关系：

- 一对一：学生和学号。一个学生只有一个学号，而一个学号只属于一个学生。
- 一对多：一个班级有多个学生，一个学生只能属于一个班级。
- 多对多：一个老师有多个学生，而一个学生也要多个老师。

三种数据关系如图 8.6 所示。

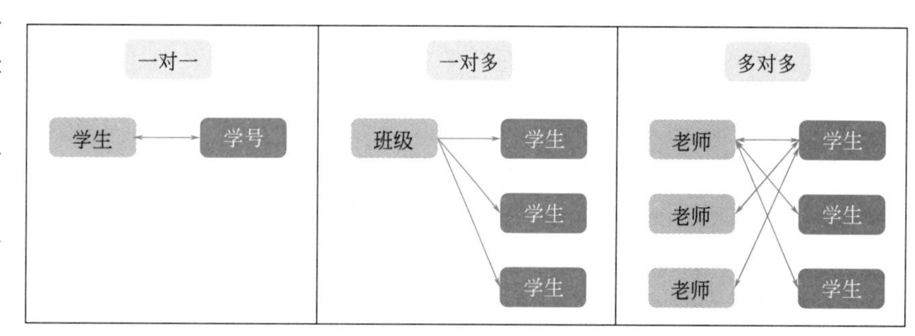

图 8.6　数据表关系

常用的 SQLAlchemy 关系选项如表 8.4 所示。

表 8.4　常用的 SQLAlchemy 关系选项

选项名	说明
backref	在关系的另一个模型中添加反向引用
primaryjoin	明确指定两个模型之间使用的联结条件。只在模棱两可的关系中时需要指定
lazy	指定如何加载相关记录。可选值有 select（首次访问时按需加载）、immediate（源对象加载后加载）、joined（加载记录，但使用联结）、subquery（立即加载，但使用子查询）、noload（永不加载）和 dynamic（不加载记录，但提供加载记录的查询）
uselist	如果设为 False，不使用列表，而使用标量值
order_by	指定关系中记录的排序方式
secondary	指定多对多关系表的名字
secondaryjoin	SQLAlchemy 无法自行决定时，指定多对多关系中的二级联结条件

在上面的用户和角色的例子中，一个 user 只能分配一个 role，一个 role 可以分配给多个 user，所以是一对多的关系，在 user 表中设置外键引用 role 表中的主键。示例代码如下：

```
01 class Role(db.Model):
02     # ...
03     users = db.relationship('User', backref='role', lazy='dynamic')
04
05 class User(UserMixin, db.Model):
06     # ...
07     role_id = db.Column(db.Integer, db.ForeignKey('roles.id'))
```

除一对多关系之外，还有几种其他的关系类型。一对一关系可以用前面介绍的一对多关系表示，但调用 db.relationship() 时要把 uselist 设为 False，把“多”变成“一”。多对一关系也可使用一对多表示，对调两个表即可，或者把外键和 db.relationship() 都放在“多”这一侧。最复杂的关系是多对多，需要用到第三张表，这个表称为关系表。

以用户收藏课程为例，一个 user 可以收藏多个 course，而一个 course 可以被多个 user 收藏，所以它们之间是多对多的关系。定义一个多对多关系模型，示例代码如下：

```
01 class User(db.Model,UserMixin):
02     id = db.Column(db.Integer, autoincrement=True, primary_key=True)
03     username = db.Column(db.String(125), nullable=False)
04     # secondary: 在多对多关系中，指定关联表的名称
05     favorites = db.relationship('Course', secondary='collections',
06                                 backref=db.backref('user',lazy='dynamic'), lazy='dynamic')
07
08 class Course(db.Model):
09     course_id = db.Column(db.BigInteger,nullable=False,primary_key=True)
10
11 # 创建一个收藏的中间表
12 collections = db.Table('collections',
13     db.Column('user_id', db.Integer, db.ForeignKey('user.id')),
14     db.Column('course_id', db.BigInteger, db.ForeignKey('course.course_id'))
15 )
```

上述代码中，在 User 表中定义了 favorites 关系属性。在 relationship() 方法中添加如下属性：

- secondary='collections'，指定中间表为 collections。
- backref=db.backref('user',lazy='dynamic')，设置 backref 添加反向引用，所以在 Course 表中就不需要设置 relationship() 关系。

在中间表 colletions 中，需要设置 user_id 和 course_id 列属性，并且都设置为外键。

8.3 增查改删

数据库最常见的操作就是 CURD, 它们分别代表创建（Create）、读取（Retrieve）、更新（Update）和删除（Delete）操作。下面分别介绍这几种操作。

8.3.1 创建数据

在查询某些内容之前，必须插入一些数据。将数据插入数据库是一个三步过程：

- 创建 Python 对象。
- 将它添加到会话中。
- 提交会话。

这里的会话不是 Flask 会话，而是 Flask-SQLAlchemy，它本质上是数据库事务的增强版本。下面通过一个示例介绍如何新增一个用户，示例代码如下：

```
01 from models import User
02
03 me = User('admin', 'admin@example.com')
04 db.session.add(me)
05 db.session.commit()
```

在将对象添加到会话之前，Flask-SQLAlchemy 基本上不打算将它添加到事务中。此时，仍然可以放弃更改。add() 方法可以将用户对象添加到会话中，但是并不会提交到数据库。commit() 方法才能将会话提交到数据库。

8.3.2 读取数据

添加完数据以后，就可以从数据库中读取数据了。使用模型类提供的 query 属性，然后调用各种过滤方法及查询方法，即可从数据库中读取需要的数据。

通常，一个完整的查询语句格式如下：

```
<模型类>.query.<过滤方法>.<查询方法>
```

例如，查询 User 表中用户名为“mrsoft”的用户信息，示例代码如下：

```
User.query.filter(username='mrsoft').get()
```

上面的示例中，filter() 是过滤方法，get() 是查询方法。在 Flask-SQLAlchemy 中，常用的查询过滤器如表 8.5 所示，常用的查询方法如表 8.6 所示。

表 8.5　常用的 SQLAlchemy 查询过滤器

过滤器	说明
filter()	把过滤器添加到原查询上，返回一个新查询
filter_by()	把等值过滤器添加到原查询上，返回一个新查询
limit()	使用指定的值限制原查询返回的结果数量，返回一个新查询
offset()	偏移原查询返回的结果，返回一个新查询
order_by()	根据指定条件对原查询结果进行排序，返回一个新查询
group_by()	根据指定条件对原查询进行分组，返回一个新查询

表 8.6　常用的 SQLAlchemy 查询方法

方法	说明
all()	以列表形式返回查询的所有结果
first()	返回查询的第一个结果，如果没有结果，返回 None
first_or_404()	返回查询的第一个结果，如果没有结果，则终止请求，返回 404 错误响应
get()	返回指定主键对应的行，如果没有对应的行，返回 None
get_or_404()	返回指定主键对应的行，如果没有对应的行，则终止请求，返回 404 错误响应
count()	返回查询结果的数量
paginate()	返回一个 paginate 对象，它包含指定范围内的结果

在实际的开发过程中，使用的查询数据的方式比较多，下面介绍一些比较常用的查询方式。

① 根据主键查询。在 get() 方法中传递主键，示例代码如下：

```
User.query.get(1)
```

② 精确查询。使用 filter_by() 方法设置查询条件，示例代码如下：

```
user = User.query.filter_by(username='mrsoft').first()
```

使用 filter() 方法设置查询条件，代码如下：

```
user = User.query.filter(User.username='mrsoft').first()
```

③ 模糊查询。示例代码如下：

```
users = User.query.filter(User.email.endswith('@example.com')).all()
```

④ 逻辑非查询。示例代码如下：

```
user = User.query.filter(User.username != 'mrsoft').first()
```

或者使用 not_ 条件，示例代码如下：

```
from sqlalchemy import not_
user = User.query.filter(not_(User.username=='mrsoft')).first()
```

⑤ 逻辑与查询。示例代码如下：

```
01 from sqlalchemy import and_
02
03 user = User.query.filter(and_(User.username=='mrsoft',
04                          User.email.endswith('@example.com'))).first()
```

⑥ 逻辑或查询。示例代码如下：

```
01 from sqlalchemy import or_
02
03 peter = User.query.filter(or_(User.username != 'peter',
04                               User.email.endswith('@example.com'))).first()
```

⑦ 查询结果排序。示例代码如下：

```
User.query.order_by(User.username)
```

⑧ 限制返回数目。示例代码如下：

```
User.query.limit(10).all()
```

8.3.3 更新数据

更新记录非常简单，直接赋值给模型类的字段属性就可以改变字段值，然后调用 commit() 方法，提交会话即可。示例代码如下：

```
01 user = User.query.first()
02 user.username = 'guest'
03 db.session.commit()
```

8.3.4 删除数据

删除数据也非常简单，只需要把插入数据的 add() 替换成 delete() 即可。示例代码如下：

```
01 user = User.query.first()
02 db.session.delete(user)
03 db.session.commit()
```

8.4 综合案例——创建数据表

Flask-SQLAlchemy 是一个 Flask 扩展，简化了在 Flask 程序中使用 SQLAlchemy 的操作。SQLAlchemy 是一个很强大的关系型数据库框架，支持多种数据库后台。使用 Flask-SQLAlchemy，可以将数据库中的表与类对象进行关联，结合 Flask shell 轻松实现数据表的创建。

8.4.1 案例说明

本案例使用 Flask-SQLAlchemy 定义 Course、Sale 和 User3 个类，然后使用 Flask shell 在命令行模式下生成 3 个 MySQL 数据表。

本案例中要实现创建 MySQL 数据表的功能，所以需要安装使用 PyMySQL 驱动。安装命令如下：

```
pip install pymysql
```

此外，Flask_SQLAlchemy 不是 Python 的内置模块，需要安装后才能使用。安装命令如下：

```
pip install flask_sqlalchemy
```

Flask_SQLAlchemy 的使用方法如下：

接下来还需配置数据库连接，代码如下所示：

```
01 app = Flask(__name__)
02 # 基本配置
03 app.config['SQLALCHEMY_TRACK_MODIFICATIONS'] = True
04 app.config['SQLALCHEMY_DATABASE_URI'] = (
05         'mysql+pymysql://root:root@localhost/flask'
06         )
```

上述代码中，第一个 root 是数据库用户名，第二个 root 是数据库密码，最后面的 flask 是数据库名称。

8.4.2 实现案例

使用 Flask_SQLAlchemy 创建数据表的具体步骤如下。

① 进入 MySQL。在 cmd 控制台输入如下命令:

```
mysql -u root -p
```

然后输入数据库密码，进 MySQL 控制台。

② 创建数据库。在 MySQL 控制台输入如下命令，创建一个名为 flask 的数据库:

```
create database  flask;
```

③ 创建 manage.py 文件，具体代码如下:

```
01 from flask_sqlalchemy import SQLAlchemy
02 import pymysql
03
04
05 app = Flask(__name__)
06 # 基本配置
07 app.config['SQLALCHEMY_TRACK_MODIFICATIONS'] = True
08 app.config['SQLALCHEMY_DATABASE_URI'] = (
09         'mysql+pymysql://root:root@localhost/flask'
10         )
11
12 db = SQLAlchemy(app) # 实例化 SQLAlchemy 类
13
14 # 创建数据表类
15 class Course(db.Model):
16     course_id = db.Column(db.BigInteger,nullable=False,primary_key=True)
17     product_id = db.Column(db.BigInteger,nullable=False)
18     product_type = db.Column(db.Integer, nullable=False)
19     product_name = db.Column(db.String(125), nullable=False)
20     provider = db.Column(db.String(125), nullable=False)
21     score = db.Column(db.Float(2))
22     score_level = db.Column(db.Integer)
23     learner_count = db.Column(db.Integer)
24     lesson_count = db.Column(db.Integer)
25     lector_name = db.Column(db.String(125))
26     original_price = db.Column(db.Float(2))
27     discount_price = db.Column(db.Float(2))
28     discount_rate = db.Column(db.Float(2))
29     img_url = db.Column(db.String(125))
30     big_img_url = db.Column(db.String(125))
31     description = db.Column(db.Text)
```

④ 设置 FLASK_APP。重新打开一个 cmd 控制台，进入项目根目录，设置 FLASK_APP。如果是 Windows 系统，输入如下命令:

```
set FLASK_APP=manage.py
```

如果是 Linux 或者 macOS 系统，输入如下命令:

```
export FLASK_APP=manage.py
```

⑤ 使用 Flask shell 工具创建数据库。命令如下:

```
>>> from manage import db
>>> db.create_all()
```

运行完成后，即可在名为 flask 的数据库下，创建 Course 数据表。如图 8.7 所示。

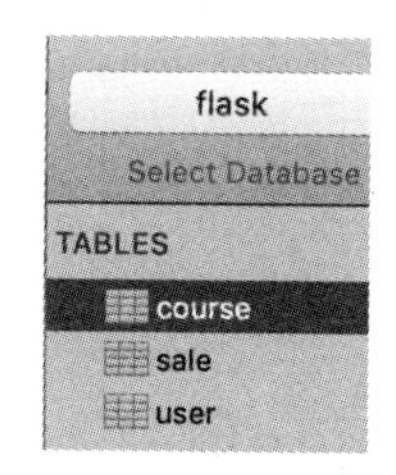

图 8.7　生成的 MySQL 数据表

8.5　实战练习

在本案例中，新增了一个数据表，但这张表内并没有数据，可通过本章所学的内容同表内增添数据，结果如图 8.8 所示。

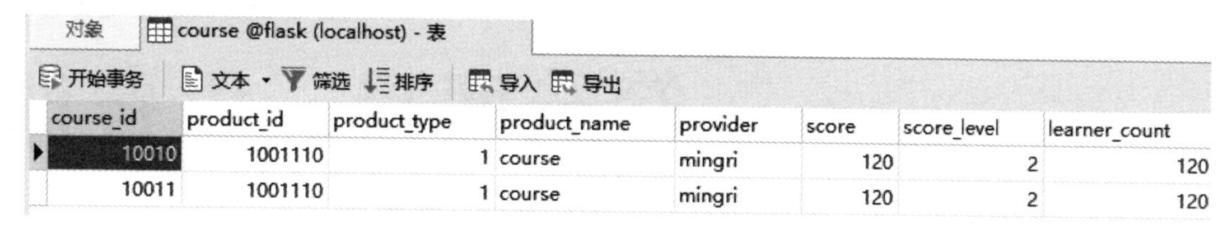

对象 | course @flask (localhost) - 表
开始事务 文本 筛选 排序 导入 导出

course_id	product_id	product_type	product_name	provider	score	score_level	learner_count
10010	1001110	1	course	mingri	120	2	120
10011	1001110	1	course	mingri	120	2	120

图 8.8　添加数据

小结

本章主要介绍 Flask 操作数据库的基础知识，首先介绍了在 Flask 中三种最常见的扩展程序，Flask-SQLAlchemy、Flask-Migrate 和 Flask-Script，分别用于创建数据表、更新数据表结构和解析命令行。接下来介绍了如何使用 Flask-SQLAlchemy 来管理数据库，最后使用 Flask-SQLAlchemy 实现数据的增、查、改、删。

扫码领取
- 教学视频
- 配套源码
- 实战练习答案
- ……

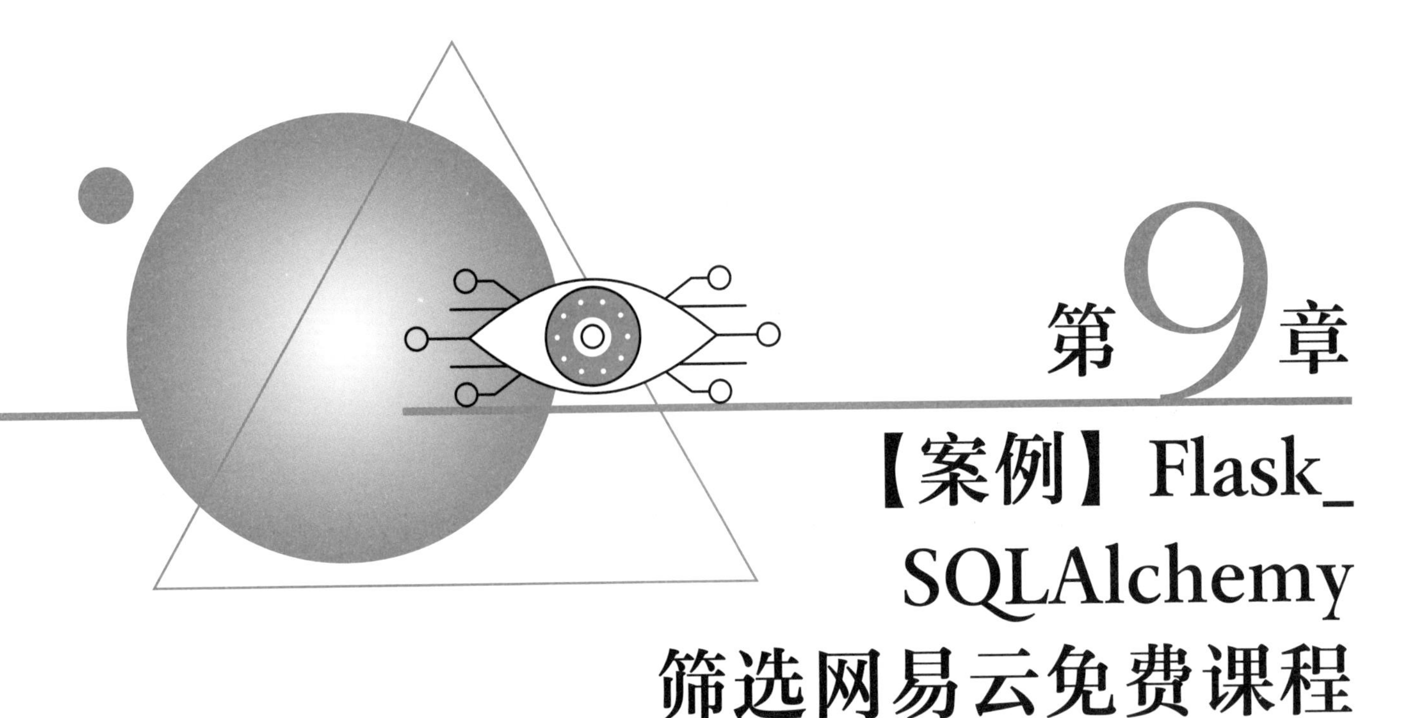

第9章 【案例】Flask_SQLAlchemy筛选网易云免费课程

网易云课堂的Python课程既有免费课程，也有收费课程。在数据库中，通过original_price字段加以区分。如果original_price的值为0，则表示该记录的课程为免费课程，否则为收费课程。本实例首先使用Flask_SQLAlchemy创建一个数据表，最后再分别使用Flask_SQLAlchemy的查询过滤器函数获取免费课程和收费课程。

9.1 案例效果预览

如图9.1所示为MySQL数据表，图9.2为免费课程和热门课程（收费）展示图。

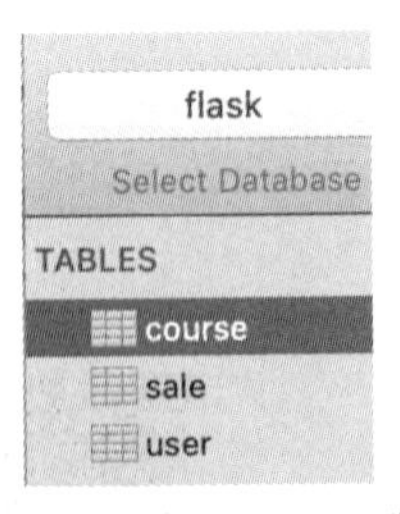

图9.1 生成的MySQL数据表

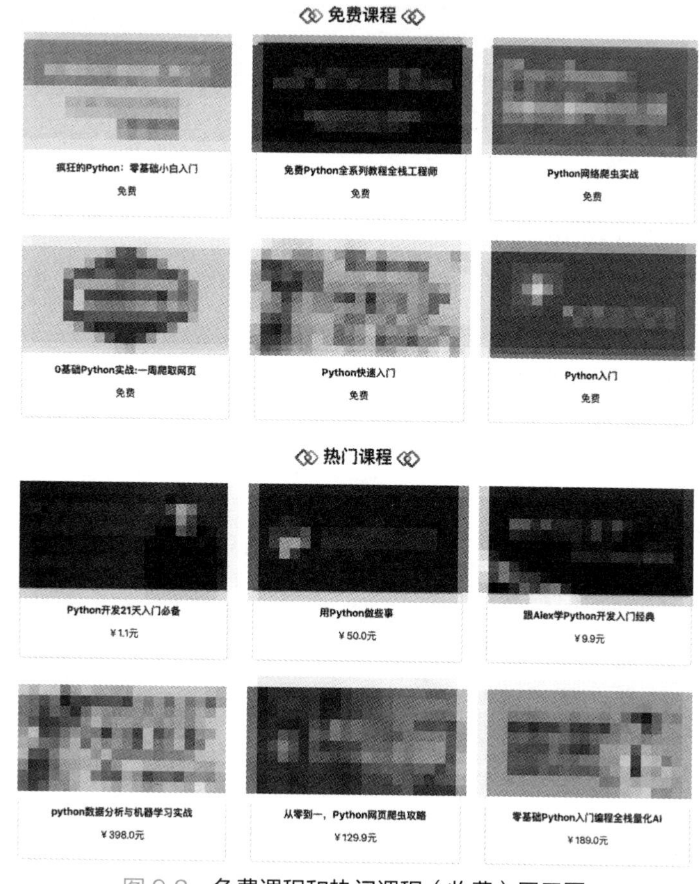

图 9.2　免费课程和热门课程（收费）展示图

9.2　案例准备

- 操作系统：Windows 7 或 Windows 10。
- 语言：Python 3.7 及以上。
- 开发环境：PyCharm。
- 第三方模块：PyMySQL、Flask_SQLAlchemyPandas、Flask。

9.3　业务流程

在使用 Flask_SQLAlchemy 筛选网易云免费课程前，需要先了解实现该业务的主要流程，根据该需求设计出如图 9.3 所示的业务流程图。

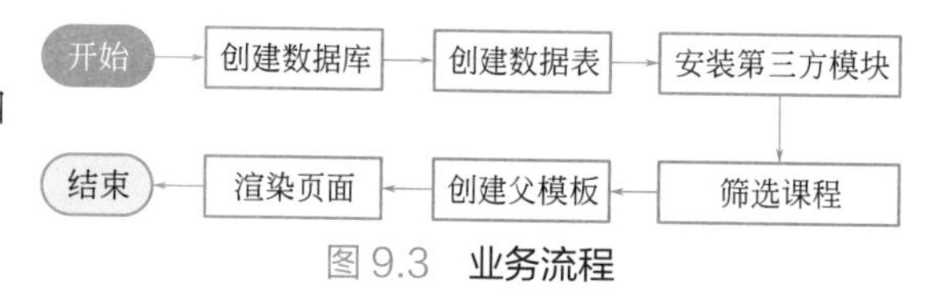

图 9.3　业务流程

9.4　实现过程

Flask-SQLAlchemy 是一个 Flask 扩展，简化了在 Flask 程序中使用 SQLAlchemy 的操作。SQLAlchemy 是一个很强大的关系型数据库框架，支持多种数据库后台。使用 Flask-SQLAlchemy，可以将数据库中的表与类对象进行关联，结合 Flask shell 轻松实现数据表的创建。

9.4.1 创建数据表

使用 Flask_SQLAlchemy 创建数据表的具体步骤如下。

① 进入 MySQL。在 cmd 控制台输入如下命令:

```
mysql -u root -p
```

然后输入数据库密码，进 MySQL 控制台。

② 创建数据库。在 MySQL 控制台输入如下命令，创建一个名为 flask 的数据库:

```
create database  flask;
```

③ 创建 manage.py 文件。具体代码如下:

```
01 from flask_sqlalchemy import SQLAlchemy
02 import pymysql
03
04 app = Flask(__name__)
05 # 基本配置
06 app.config['SQLALCHEMY_TRACK_MODIFICATIONS'] = True
07 app.config['SQLALCHEMY_DATABASE_URI'] = (
08     'mysql+pymysql://root:root@localhost/flask'
09 )
10
11 db = SQLAlchemy(app)  # 实例化 SQLAlchemy 类
12
13
14 # 创建数据表类
15 class Course(db.Model):
16     course_id = db.Column(db.BigInteger, nullable=False, primary_key=True)
17     product_id = db.Column(db.BigInteger, nullable=False)
18     product_type = db.Column(db.Integer, nullable=False)
19     product_name = db.Column(db.String(125), nullable=False)
20     provider = db.Column(db.String(125), nullable=False)
21     score = db.Column(db.Float(2))
22     score_level = db.Column(db.Integer)
23     learner_count = db.Column(db.Integer)
24     lesson_count = db.Column(db.Integer)
25     lector_name = db.Column(db.String(125))
26     original_price = db.Column(db.Float(2))
27     discount_price = db.Column(db.Float(2))
28     discount_rate = db.Column(db.Float(2))
29     img_url = db.Column(db.String(125))
30     big_img_url = db.Column(db.String(125))
31     description = db.Column(db.Text)
```

④ 设置 FLASK_APP。重新打开一个 cmd 控制台，进入项目根目录，设置 FLASK_APP。如果是 Windows 系统，输入如下命令:

```
set FLASK_APP=manage.py
```

如果是 Linux 或者 macOS 系统，输入如下命令:

```
export FLASK_APP=manage.py
```

⑤ 使用 Flask shell 工具创建数据库。命令如下:

```
>>> from manage import db
>>> db.create_all()
```

运行完成后，即可在名为 flask 的数据库下，创建 Course 数据表。

9.4.2 设置过滤器

在设置过滤器时，需要获取免费课程和收费课程的数据，然后渲染模板，在页面中显示免费课程和收费课程的内容。项目目录结构如图 9.4 所示。

```
▼ index
  ▼ static
    ▶ css
    ▶ images
    ▶ js
  ▼ templates
      base.html
      index.html
    index.py
▶ venv
```

图 9.4 项目目录结构

实现本实例功能的具体步骤如下。

① 由于使用了第三方模块 Flask、Flask_SQLAlchemy 和 PyMySQL，所以需要先安装这些模块。使用 pip 命令安装模块：

```
pip install flask
pip install flask_sqlalchemy
pip install pymysql
```

② 导入程序中需要使用的模块。具体代码如下：

```
01 from flask import Flask,render_template
02 from flask_sqlalchemy import SQLAlchemy
03 import pymysql
04 import datetime
05 from sqlalchemy import desc
```

③ 实现获取课程的逻辑。在 run.py 文件中，使用 @app.route(“/”) 定义一个路由，该路由匹配 index() 方法。在 index() 方法下，实现获取免费课程和收费课程的功能，代码如下：

```
06 app = Flask(__name__)
07 # 基本配置
08 app.config['SQLALCHEMY_TRACK_MODIFICATIONS'] = True
09 app.config['SQLALCHEMY_DATABASE_URI'] = (
10     'mysql+pymysql://root:root@localhost/flask'
11 )
12
13 db = SQLAlchemy(app)  # 实例化 SQLAlchemy 类
14
15
16 # 创建数据表类
17 class Course(db.Model):
18     course_id = db.Column(db.BigInteger, nullable=False, primary_key=True)
19     product_id = db.Column(db.BigInteger, nullable=False)
20     product_type = db.Column(db.Integer, nullable=False)
21     product_name = db.Column(db.String(125), nullable=False)
22     provider = db.Column(db.String(125), nullable=False)
23     score = db.Column(db.Float(2))
24     score_level = db.Column(db.Integer)
25     learner_count = db.Column(db.Integer)
26     lesson_count = db.Column(db.Integer)
27     lector_name = db.Column(db.String(125))
28     original_price = db.Column(db.Float(2))
29     discount_price = db.Column(db.Float(2))
30     discount_rate = db.Column(db.Float(2))
31     img_url = db.Column(db.String(125))
32     big_img_url = db.Column(db.String(125))
33     description = db.Column(db.Text)
34
35
36 class Sale(db.Model):
37     id = db.Column(db.Integer, autoincrement=True, primary_key=True)
38     course_id = db.Column(db.BigInteger, db.ForeignKey('course.course_id'))
39     product_name = db.Column(db.String(125), nullable=False)
40     learner_count = db.Column(db.Integer)
```

```
41      create_time = db.Column(db.Date, default=datetime.date.today())
42
43      course = db.relationship('Course',
44                               backref=db.backref('sale', lazy='dynamic'))
45
46
47  class User(db.Model):
48      id = db.Column(db.Integer, autoincrement=True, primary_key=True)
49      username = db.Column(db.String(125), nullable=False)
50      email = db.Column(db.String(125), nullable=False)
51      password = db.Column(db.String(125), nullable=False)
52
53
54  @app.route('/')
55  def index():
56      """
57      首页
58      :return:
59      """
60      # 获取热门课程
61      hot_course = Course.query.filter(
62          Course.original_price != 0).order_by(
63          desc(Course.learner_count)).limit(6).all()
64      # 获取免费课程
65      free_course = Course.query.filter_by(original_price=0).order_by(
66          desc(Course.learner_count)).limit(6).all()
67      return render_template('index.html', hot_course=hot_course,
68                             free_course=free_course)
69
70
71  if __name__ == "__main__":
72      app.run(debug=True)
```

④ 创建父模板 base.html。网站的头部信息和底部信息是网站的通用内容，通常将它设置为一个父类模板，将每个页面作为子模板，然后令模板继承父模板以实现代码的重用。base.html 代码如下：

```
01 <!doctype html>
02 <html lang="en">
03 <head>
04     <!-- 省略部分代码 -->
05 </head>
06 <body>
07 <!-- 导航栏开始  -->
08 <nav class="navbar navbar-expand-lg navbar-dark bg-dark">
09     <div class="container">
10         <!-- 省略部分代码 -->
11     </div>
12 </nav>
13 <!-- 导航栏结束  -->
14 {% block content %}
15
16 {% endblock %}
17 <!-- 底部信息开始  -->
18 <div class="footer">
19     <!-- 省略部分代码  -->
20 </div>
21 <!-- 底部信息结束  -->
22
23 </body>
24 </html>
```

⑤ 创建课程文件。在 index() 方法中，使用了 render_template() 函数渲染 index.html 模板文件。index.html 关键代码如下：

```
25 {% extends 'base.html' %}
26 {% block content%}
27 <div class="course_list">
28     <div style="text-align:center;padding-top:20px;">
29         <h3><span> 免费课程 </span></h3>
30     </div>
31     <div class="container">
32         <div class="row" style="text-align:center;">
33             {% for course in free_course %}
34             <div class="col-sm-4" style="padding: 20px">
35                 <a href="#" style="text-decoration: none;color:inherit;">
36                     <div class="card" style="height:280px">
37                         <img src="{{course.img_url}}" class="card-img-top"
38                              alt="..." height="170px">
39                         <div class="card-body">
40                             <p class="card-title" style="font-weight: bold;">
41                                 {{course.product_name}}</p>
42                             <p class="card-text"> 免费 </p>
43                         </div>
44                     </div>
45                 </a>
46             </div>
47             {% endfor %}
48         </div>
49     </div>
50 </div>
51
52 <div class="course_list">
53     <div style="text-align:center;padding-top:20px;">
54         <h3><span> 热门课程 </span></h3>
55     </div>
56     <div class="container">
57         <div class="row" style="text-align:center;">
58             {% for course in hot_course %}
59             <div class="col-sm-4" style="padding: 20px">
60                 <a href="#" style="text-decoration: none;color:inherit;">
61                     <div class="card" style="height:280px">
62                         <img src="{{course.img_url}}" class="card-img-top"
63                              alt="..." height="170px">
64                         <div class="card-body">
65                             <p class="card-title" style="font-weight: bold;">
66                                 {{course.product_name}}</p>
67                             {% if course.discount_price %}
68                             <p class="card-text"> ￥{{course.discount_price}} 元 </p>
69                             {% else %}
70                             <p class="card-text"> ￥{{course.original_price}} 元 </p>
71                             {% endif %}
72                         </div>
73                     </div>
74                 </a>
75             </div>
76             {% endfor %}
77         </div>
78     </div>
79 </div>
80
81 {% endblock %}
```

9.5 关键技术

本案例中要实现创建 MySQL 数据表的功能，所以需要安装使用 PyMySQL 驱动。安装命令如下：

```
pip install pymysql
```

此外，Flask_SQLAlchemy 不是 Python 的内置模块，需要安装后才能使用。安装命令如下：

```
pip install flask_sqlalchemy
```

Flask_SQLAlchemy 的使用方法如下：

① 配置数据库连接。代码如下：

```
01 app = Flask(__name__)
02 # 基本配置
03 app.config['SQLALCHEMY_TRACK_MODIFICATIONS'] = True
04 app.config['SQLALCHEMY_DATABASE_URI'] = (
05         'mysql+pymysql://root:root@localhost/flask'
06         )
```

上述代码中，第一个 root 是数据库用户名，第二个 root 是数据库密码，最后面的 flask 是数据库名称。

② 定义模型。模型一般是一个 Python 类，类中的属性对应数据库表中的列。Flask-SQLAlchemy 创建的数据库实例为模型提供了一个基类以及一系列辅助类和辅助函数，可用于定义模型的结构。常用的 SQLAlchemy 字段类型如表 9.1 所示。

表 9.1 常用的 SQLAlchemy 字段类型

类型名	Python 中的类型	说明
Integer	int	普通整数，一般是 32 位
SmallInteger	int	取值范围小的整数，一般是 16 位
BigInteger	int 或 long	不限制精度的整数
Float	float	浮点数
Numeric	decimal.Decimal	普通整数，一般是 32 位
String	str	变长字符串
Text	str	变长字符串，对较长或不限长度的字符串做了优化
Unicode	unicode	变长 Unicode 字符串
UnicodeText	unicode	变长 Unicode 字符串，对较长或不限长度的字符串做了优化
Boolean	bool	布尔值
Date	datetime.date	时间
Time	datetime.datetime	日期和时间
LargeBinary	str	二进制文件

③ 操作数据表。操作数据表的命令主要有 2 个：

- 创建表：db.create_all()
- 删除表：db.drop_all()

实现查询免费课程和收费课程的功能，需要设置过滤条件。Flask_SQLAlchemy 的查询过滤器如表 9.2 所示。

表 9.2　Flask_SQLAlchemy 查询过滤器

过滤器	返回结果
filter()	把过滤器添加到原查询上，返回一个新查询
filter_by()	把等值过滤器添加到原查询上，返回一个新查询
limit	使用指定的值限定原查询返回的结果
offset()	偏移原查询返回的结果，返回一个新查询
order_by()	根据指定条件对原查询结果进行排序，返回一个新查询
group_by()	根据指定条件对原查询结果进行分组，返回一个新查询

④ 使用 filter_by() 函数过滤免费课程。filter_by() 函数把等值过滤器添加到原查询上，返回一个新查询。示例代码如下：

```
free_course = Course.query.filter_by(original_price=0).order_by(
    desc(Course.learner_count)).limit(6).all()
```

⑤ 使用 filter() 函数过滤收费课程。filter() 函数把过滤器添加到原查询上，返回一个新查询。示例代码如下：

```
hot_course = Course.query.filter(
    Course.original_price != 0).order_by(
    desc(Course.learner_count)).limit(6).all()
```

小结

通过本章案例的学习，读者能够了解到如何使用 Flask-SQLAlchemy 定义 Course、Sale 和 User 类，并使用 Flask shell 在命令行模式下生成 3 个 MySQL 数据表，最后再使用 Flask_SQLAlchemy 的查询过滤器函数来获取免费课程和收费课程。

扫码领取
· 教学视频
· 配套源码
· 实战练习答案
· ……

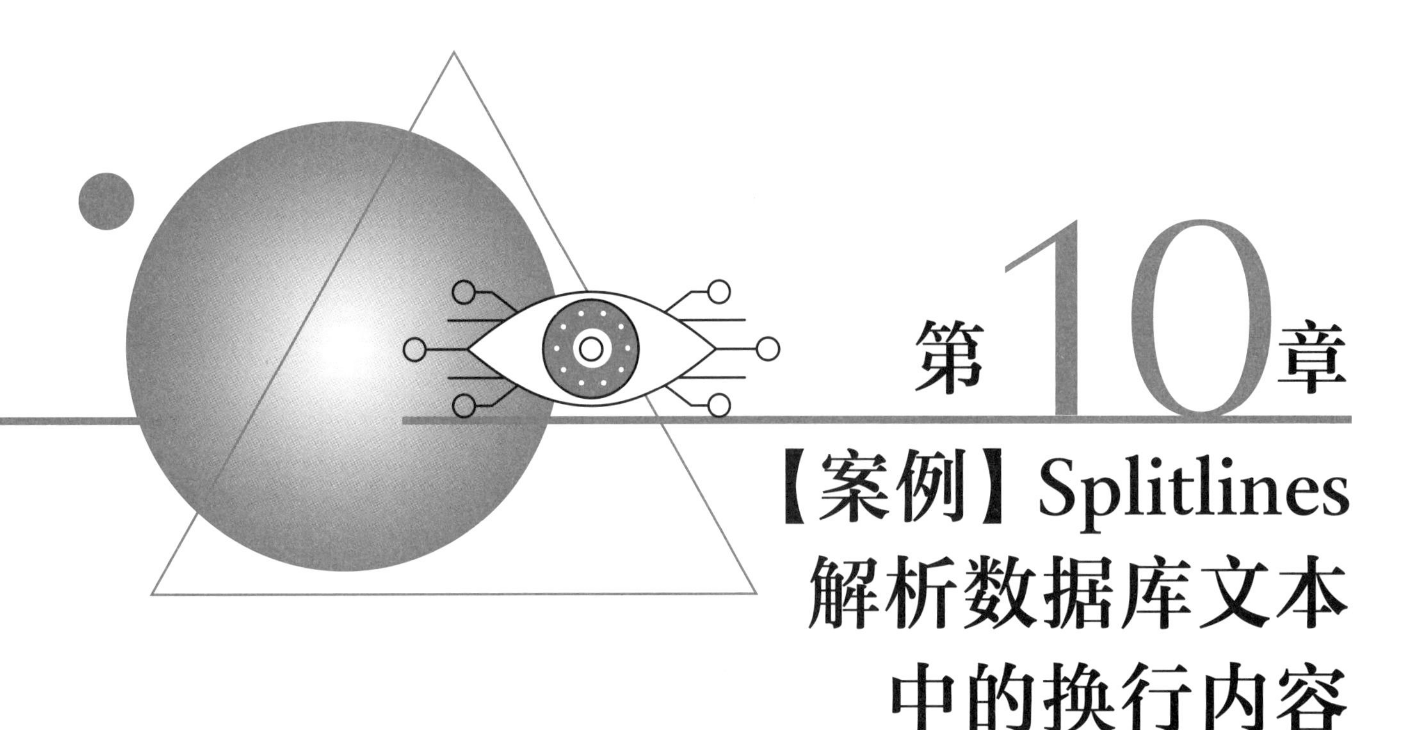

第10章 【案例】Splitlines 解析数据库文本中的换行内容

在网站开发过程中，经常需要从数据库读取数据并在前端页面展示出来。但这些数据有时候并不是标准的格式，常常会夹带一些特殊的符号，例如换行符以及空格符等。这样的数据如果直接拿到前端页面去展示将非常不美观，且需要换行的地方，浏览器也不能正确解析。此时，就可以借助 splitlines() 函数来解决这一问题。

10.1 案例效果预览

如图 10.1 为 Text 类型数据，图 10.2 为换行符被省略时的页面展示，图 10.3 为有换行符时的页面展示。

图 10.1　Text 类型数据

10.2 案例准备

- 操作系统：Windows 7 或 Windows 10。
- 语言：Python 3.7。

- 开发环境：PyCharm。
- 第三方模块：Flask、Flask_SQLAlchemy、PyMySQL。

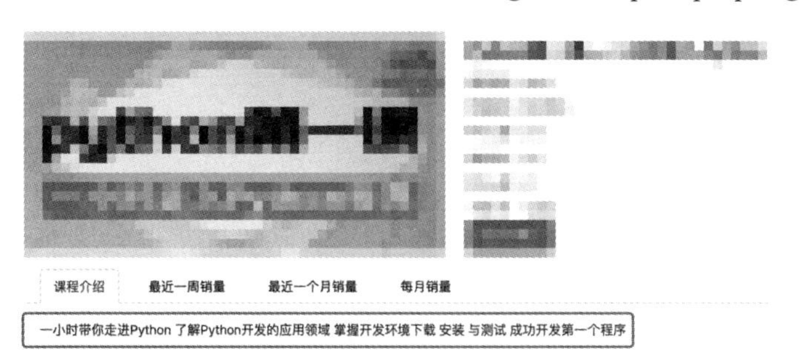

图 10.2　换行符被省略

图 10.3　换行符未省略

10.3　业务流程

在使用 Splitlines 解析数据库文本中的换行内容前，需要先了解实现该业务的主要流程，根据该需求设计出如图 10.4 所示的业务流程图。

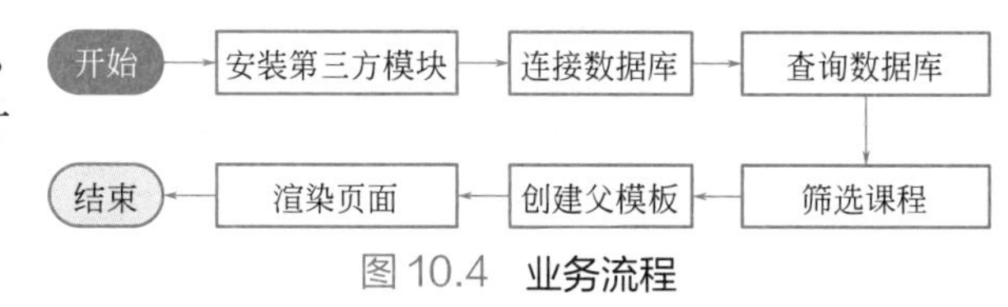

图 10.4　业务流程

10.4　实现过程

本案例是解析数据库中的换行内容，所以需要提前安装好 MySQL 数据库，具体方法可参考第 3 章内容。

10.4.1　项目结构

本案例中，需要获取课程数据，然后渲染模板，在页面中显示课程内容，以及是否换行成功。项目目录结构如图 10.5 所示。

图 10.5　项目目录结构

10.4.2　安装模块

由于使用了第三方模块 Flask、Flask_SQLAlchemy 和 PyMySQL，所以需要先安装这些模块。使用 pip 命令安装模块的命令如下：

```
pip install flask
pip install flask_sqlalchemy
pip install pymysql
```

导入程序中需要使用的模块，具体代码如下：

```
01 from flask import Flask, render_template
02 from flask_sqlalchemy import SQLAlchemy
03 import pymysql
04 import datetime
05 from sqlalchemy import desc
```

10.4.3　连接数据库

连接数据库，创建数据表映射类，具体代码如下：

```
01 app = Flask(__name__)
02 # 基本配置
03 app.config['SQLALCHEMY_TRACK_MODIFICATIONS'] = True
04 app.config['SQLALCHEMY_DATABASE_URI'] = (
05     'mysql+pymysql://root:root@localhost/flask'
06 )
07
08 db = SQLAlchemy(app)  # 实例化 SQLAlchemy 类
09
10
11 # 创建数据表类
12 class Course(db.Model):
13
14
15 # 省略部分代码
16
17 class Sale(db.Model):
18
19
20 # 省略部分代码
21
22 class User(db.Model):
23     id = db.Column(db.Integer, autoincrement=True, primary_key=True)
24     username = db.Column(db.String(125), nullable=False)
25     email = db.Column(db.String(125), nullable=False)
26     password = db.Column(db.String(125), nullable=False)
```

10.4.4　业务逻辑

在 run.py 文件中，使用 @app.route("/course/<int:id>") 定义一个路由，该路由匹配 detail() 方法。在 detail() 方法下，实现根据课程 ID 获取课程信息和渲染模板的功能，代码如下:

```
01 @app.route('/course/<int:id>')
02
03
04 def detail(id):
05     """
06     课程详情
07     :param id:
08     :return: 课程详细信息
09     """
10     # 根据课程 ID 获取课程信息
11     course = Course.query.filter_by(course_id=id).first()
12     # 渲染模板
13     return render_template('detail.html', course=course)
14 if __name__ == "__main__":
15     app.run(debug=True)
```

10.4.5　创建父模板

网站的头部信息和底部信息是网站的通用内容，通常将它设置为一个父类模板，将每个页面作为子模板，然后令模板继承父模板以实现代码的重用。base.html 代码如下:

```
01 <!doctype html>
02 <html lang="en">
03 <head>
04     <!-- 省略部分代码 -->
05 </head>
06 <body>
07 <!-- 导航栏开始  -->
```

```
08 <nav class="navbar navbar-expand-lg navbar-dark bg-dark">
09     <div class="container">
10         <!-- 省略部分代码  -->
11     </div>
12 </nav>
13 <!-- 导航栏结束  -->
14 {% block content %}
15
16 {% endblock %}
17 <!-- 底部信息开始  -->
18 <div class="footer">
19     <!--  省略部分代码  -->
20 </div>
21 <!-- 底部信息结束  -->
22
23 </body>
24 </html>
```

10.4.6 创建详情文件

在 detail() 方法中，使用了 render_template() 函数渲染 detail.html 模板文件。detail.html 代码如下：

```
01 {% extends 'base.html' %}
02 {% block content %}
03
04 <div class="container">
05     <div class="row" style="margin:20px auto;">
06         <div class="col-sm-6">
07             <h4>{{course.product_name}}</h4>
08             <div class="course-info">课程讲师:
09                 {% if course.lector_name %}
10                 {{ course.lector_name }}
11                 {% else %}
12                 {{ course.provider }}
13                 {% endif %}
14             </div>
15             <div class="course-info">所属机构: {{course.provider}}</div>
16             <div class="course-info">学习人数: {{course.learner_count}} 人 </div>
17             <div class="course-info">课程评分: {{course.score}}</div>
18             <div class="course-info">学习人数: {{course.learner_count}}</div>
19             <div class="course-price">
20                 {% if course.original_price%}
21                 {% if course.discount_price %}
22                 ¥{{course.discount_price}}
23                 <span class="original-price">
24                          ¥{{course.original_price}}</span>
25                 {% else %}
26                 ¥{{course.original_price}}
27                 {% endif %}
28                 {% else %}
29                 免费
30                 {% endif %}
31             </div>
32         </div>
33     </div>
34     <div class="col-sm">
35         <ul class="nav nav-tabs" id="myTab" role="tablist">
36             <!--  省略部分代码  -->
37         </ul>
38         <div class="tab-content" id="myTabContent">
39             <div class="tab-pane fade show active" id="home" role="tabpanel" aria-labelledby="home-tab">
40                 {% for content in course.description.splitlines() %}
41                 {{ content }}<br>
```

```
42                {% endfor %}
43            </div>
44            <div class="tab-pane fade" id="week" role="tabpanel" aria-labelledby="week-tab">
45                <div id="sale-week" class="tab-sale"></div>
46            </div>
47            <div class="tab-pane fade" id="month" role="tabpanel" aria-labelledby="month-tab">
48                <div id="sale-month" class="tab-sale"></div>
49            </div>
50            <div class="tab-pane fade" id="year" role="tabpanel" aria-labelledby="year-tab">
51                <div id="sale-year" class="tab-sale"></div>
52            </div>
53        </div>
54    </div>
55 </div>
56
57 {% endblock %}
```

10.5 关键技术

Python splitlines() 按照行 ('\r', '\r\n', \n') 分隔，返回一个包含各行为元素的列表。如果参数 keepends 为 False，则不包含换行符；如果为 True，则保留换行符。示例代码如下：

```
01 str1 = 'ab c\n\nde fg\rkl\r\n'
02 print(str1.splitlines())
03 str2 = 'ab c\n\nde fg\rkl\r\n'
04 print(str2.splitlines(True))
```

输出结果如下：

```
['ab c', '', 'de fg', 'kl']
['ab c\n', '\n', 'de fg\r', 'kl\r\n']
```

小结

本案例在爬取课程数据时，将课程简介内容以 Text 字段类型格式存储到 MySQL 数据库中，Text 字段类型可以保留换行符。但是当渲染页面时，如果直接输出课程简介字段，会自动忽略换行符。此时可以使用 splitlines() 函数来实现文本自动换行功能。

扫码领取
· 教学视频
· 配套源码
· 实战练习答案
· ……

第11章 【案例】Flask_Login用户登录校验

对于一些包含会员系统的网站而言，某些页面允许游客访问，而某些页面只有当用户登录以后才能够访问。以明日学院网站的论坛系统为例，普通游客可以查看论坛帖子，但是只有登录以后才能发帖或回帖。

11.1 案例效果预览

如图 11.1 和图 11.2 所示分别为未登录和登录后明日学院网站首页效果图。

图 11.1 未登录首页效果图

图 11.2 登录后首页效果图

如图 11.3 未登录时账号密码登录界面效果图，图 11.4 为登录后修改密码界面效果图。

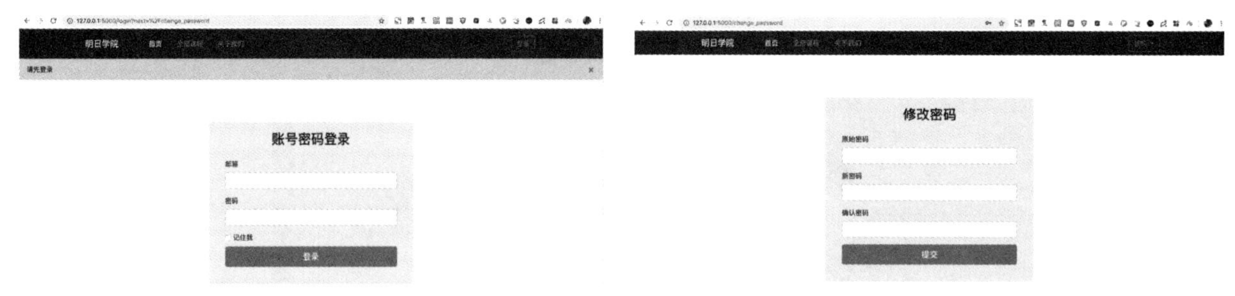

图 11.3　未登录时账号密码登录界面效果图　　图 11.4　登录后修改密码界面效果图

11.2　案例准备

本系统的软件开发及运行环境具体如下：

- 操作系统：Windows 7 或 Windows 10。
- 语言：Python 3.7。
- 开发环境：PyCharm。
- 第三方模块：PyMySQL、Flask、Flask_Login。

11.3　业务流程

在使用 Flask_Login 来校验用户是否成功登录前，需要先了解实现该业务的主要流程，根据该需求设计出如图 11.5 所示的业务流程图。

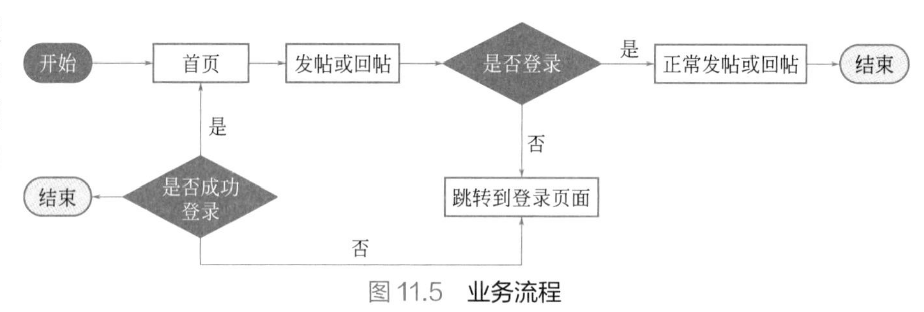

图 11.5　业务流程

11.4　实现过程

当游客尝试发帖或回帖时，页面会跳转至登录页，并提示用户登录。为实现较好的用户体验，当用户登录成功后，页面应该跳转至上一个发帖或回帖的页面。如果用户直接访问的是登录页面，那么登录成功后，页面应该跳转至首页。

11.4.1　登录与权限校验

游客访问首页，页面效果如图 11.1 所示。登录成功后，访问首页，效果如图 11.2 所示。本案例目录结构如图 11.6 所示。

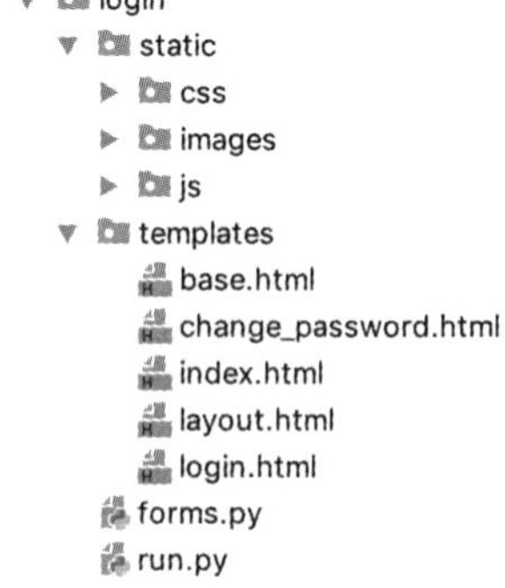

图 11.6　目录结构

实现本案例功能的具体步骤如下。

由于使用了第三方模块 Flask_Login，所以需要先安装该模块。使用 pip 命令安装 Flask_Login 模块的命令如下：

```
pip install flask_login
```

导入程序中需要使用的模块，具体代码如下：

```
01 from flask import Flask, render_template, request, redirect, url_for, flash
02 from app.forms import LoginForm, SettingForm
03 from werkzeug.security import check_password_hash
04 from flask_login import (UserMixin, LoginManager, login_user,
05                          logout_user, current_user, login_required)
06 from flask_sqlalchemy import SQLAlchemy
```

配置 MySQL 数据库信息和 Flask_Login 信息，具体代码如下：

```
07 app = Flask(__name__)
08 # 基本配置
09 app.config["SECRET_KEY"] = "mrsoft"
10 app.config['SQLALCHEMY_TRACK_MODIFICATIONS'] = True
11 app.config['SQLALCHEMY_DATABASE_URI'] = (
12     'mysql+pymysql://root:root@localhost/flask'
13 )
14
15 # 实例化 SQLAlchemy 类
16 db = SQLAlchemy(app)
17 # 实例化 LoginManager 类
18 login_manager = LoginManager(app)
19 # 跳转的页面
20 login_manager.login_view = 'login'
21 # 提示信息
22 login_manager.login_message = " 请先登录 "
23 # 提示样式
24 login_manager.login_message_category = 'danger'
```

创建 User 类并设置 user_loader() 回调函数，代码如下：

```
01 @login_manager.user_loader
02
03
04 def load_user(user_id):
05     return User.query.get(int(user_id))
06
07
08 class User(db.Model, UserMixin):
09     id = db.Column(db.Integer, autoincrement=True, primary_key=True)
10     username = db.Column(db.String(125), nullable=False)
11     email = db.Column(db.String(125), nullable=False)
12     password = db.Column(db.String(125), nullable=False)
```

设置路由并渲染模板，代码如下：

```
01 @app.route('/login', methods=['GET', 'POST'])
02
03 def login():
04     """
05     登录
06     """
07     # 如果用户已经登录，访问登录页面会跳转到首页
08     if current_user.is_authenticated:
09         return redirect(url_for('index'))
10     form = LoginForm()  # 实例化 LoginForm() 类
11     # 验证表单
12     if form.validate_on_submit():
13         # 判断邮箱是否存在，如果不存在提示错误信息
14         # 如果存在，继续判断邮箱密码是否匹配
15         # 如果匹配，跳转到上一页或首页，否则，提示错误信息
```

```
16          user = User.query.filter_by(email=form.email.data).first()
17          if not user:
18              flash(' 邮箱不存在 ', 'danger')
19          elif check_password_hash(user.password, form.password.data):
20              login_user(user, remember=form.remember.data)
21              next_page = request.args.get('next')
22              return redirect(next_page) if next_page else redirect(url_for('index'))
23          else:
24              flash(' 用户名和密码不匹配 ', 'danger')
25      return render_template('login.html', form=form)
26
27
28  @app.route('/logout')
29  def logout():
30      """
31      退出登录
32      """
33      logout_user()
34      return redirect(url_for('login'))
35
36
37  @app.route('/')
38  def index():
39      """
40      首页
41      """
42      return render_template("index.html")
43
44
45  @app.route('/change_password')
46  @login_required
47  def change_password():
48      """
49      密码
50      """
51      form = SettingForm()
52      return render_template("change_password.html", form=form)
53
54
55  if __name__ == "__main__":
56      app.run(debug=True)
```

在路由函数中，使用了 LoginForm 类和 SettingForm 类。这两个类文件从 forms.py 模块中导入，form.py 模块代码如下：

```
01  from flask_wtf import FlaskForm
02  from wtforms import StringField, PasswordField, SubmitField, BooleanField
03  from wtforms.validators import DataRequired, Length, Email, EqualTo
04
05
06  class LoginForm(FlaskForm):
07      email = StringField(' 邮箱 ',
08                          validators=[
09                              DataRequired(message=" 邮箱不能为空 "),
10                              Email()])
11      password = PasswordField(' 密码 ',
12                              validators=[
13                                  DataRequired(message=" 密码不能为空 "),
14                                  Length(min=6, max=25, message=' 密码长度为 6-25 个字符 '),
15                              ])
16      remember = BooleanField('Remember Me')
17      submit = SubmitField('Login')
18
19
```

```
20 class SettingForm(FlaskForm):
21     password = PasswordField('原始密码',
22                              validators=[
23                                  DataRequired(message="原始密码不能为空"),
24                                  Length(min=6, max=25, message='密码长度为 6-25 个字符'),
25                              ])
26     new_password = PasswordField('新密码',
27                                  validators=[
28                                      DataRequired(message="新密码不能为空"),
29                                      Length(min=6, max=25, message='密码长度为 6-25 个字符')])
30     confirm_password = PasswordField('确认密码',
31                                      validators=[
32                                          DataRequired(message="确认密码不能为空"),
33                                          EqualTo('new_password', message="2 次输入密码不一致")])
34     remember = BooleanField('Remember Me')
35     submit = SubmitField('Login')
```

创建 base.html 模板文件。具体代码如下:

```
01 <!doctype html>
02 <html lang="en">
03 <head>
04     <!-- 省略部分代码 -->
05 </head>
06 <body>
07 <!-- 导航栏开始 -->
08 <nav class="navbar navbar-expand-lg navbar-dark bg-dark">
09     <div class="container">
10         <!-- 省略部分代码 -->
11         <ul class="navbar-nav">
12             {% if current_user.is_authenticated %}
13             <li class="nav-item dropdown">
14                 <button class="btn btn-outline-success dropdown-toggle"
15                         href="#" id="navbarDropdown" role="button"
16                         data-toggle="dropdown" aria-haspopup="true" aria-expanded="false">
17                     我的
18                 </button>
19                 <div class="dropdown-menu" aria-labelledby="navbarDropdown">
20                     <a class="dropdown-item" href="/change_password">修改密码</a>
21                     <div class="dropdown-divider"></div>
22                     <a class="dropdown-item" href="/logout">退出登录</a>
23                 </div>
24             </li>
25             {% else %}
26             <li class="nav-item">
27                 <a class="nav-link" href="/login" style="color:white;">
28                     <button class="btn btn-outline-success">
29                         登录
30                     </button>
31                 </a>
32             </li>
33             {% endif %}
34         </ul>
35     </div>
36 </nav>
37 <!-- 导航栏结束 -->
38 {% block content %}
39 
40 {% endblock %}
41 <!-- 底部信息开始 -->
42 <div class="footer">
43     <!-- 省略部分代码 -->
44 </div>
45 <!-- 底部信息结束 -->
46 
47 </body>
48 </html>
```

创建 login.html 登录页面模板。代码如下：

```
01 {% extends 'base.html' %}
02 {% block content%}
03
04 {% include "layout.html" %}
05
06 <div class="login-container">
07     <h2 class="login-title">账号密码登录</h2>
08     <form class="login-form" method="post"
09           action="{{ url_for('login')  }}">
10         <div class="form-group">
11             {{ form.email.label() }}
12             {% if form.email.errors %}
13             {{ form.email(class="form-control is-invalid") }}
14             <div class="invalid-feedback">
15                 {% for error in form.email.errors %}
16                 <span>{{ error }}</span>
17                 {% endfor %}
18             </div>
19             {% else %}
20             {{ form.email(class="form-control") }}
21             {% endif %}
22         </div>
23         <div class="form-group">
24             {{ form.password.label() }}
25             {% if form.password.errors %}
26             {{ form.password(class="form-control is-invalid") }}
27             <div class="invalid-feedback">
28                 {% for error in form.password.errors %}
29                 <span>{{ error }}</span>
30                 {% endfor %}
31             </div>
32             {% else %}
33             {{ form.password(class="form-control") }}
34             {% endif %}
35         </div>
36         <div class="form-check" style="padding-bottom:10px">
37             <label class="form-check-label">
38                 <input class="form-check-input" type="checkbox" name="remember"> 记住我
39             </label>
40         </div>
41         <button type="submit" class="btn btn-success btn-lg btn-block">登录</button>
42         {{ form.hidden_tag() }}
43     </form>
44 </div>
45 {% endblock %}
```

登录页面效果如图 11.7 所示。

当游客访问路由“/change_password”时，@login_required 装饰器判断用户没有登录，页面将跳转的是设置的 index.html 首页。运行效果如图 11.8 所示。

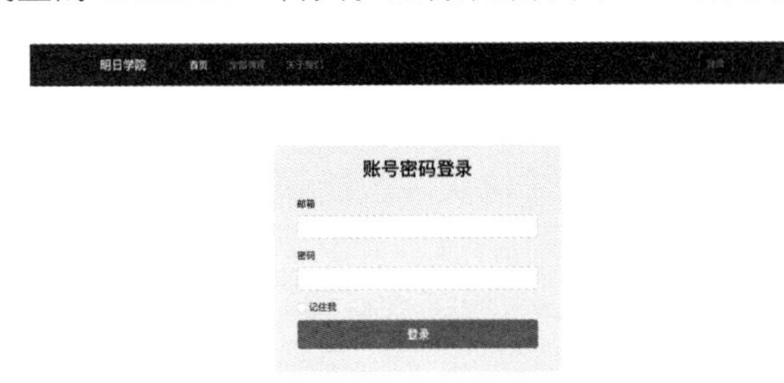

图 11.7　登录页面效果

图 11.8　权限验证失败，跳转至登录页面

11.4.2 更改密码

对于包含会员系统的网站，都会为用户提供修改密码的功能。修改密码时，需要用户填写原始密码和新密码，以及确认密码。

在上一节的代码基础上，需要先设置路由并渲染模板，具体代码如下：

```
01 @app.route('/login', methods=['GET', 'POST'])
02
03
04 def login():
05     """
06     登录
07     """
08     # 如果用户已经登录，访问登录页面会跳转到首页
09     if current_user.is_authenticated:
10         return redirect(url_for('index'))
11     form = LoginForm()  # 实例化 LoginForm() 类
12     # 验证表单
13     if form.validate_on_submit():
14         # 判断邮箱是否存在，如果不存在提示错误信息
15         # 如果存在，继续判断邮箱密码是否匹配
16         # 如果匹配，跳转到上一页或首页，否则，提示错误信息
17         user = User.query.filter_by(email=form.email.data).first()
18         if not user:
19             flash(' 邮箱不存在 ', 'danger')
20         elif check_password_hash(user.password, form.password.data):
21             login_user(user, remember=form.remember.data)
22             next_page = request.args.get('next')
23             return redirect(next_page) if next_page else redirect(url_for('index'))
24         else:
25             flash(' 用户名和密码不匹配 ', 'danger')
26     return render_template('login.html', form=form)
27
28
29 @app.route('/logout')
30 def logout():
31     """
32     退出登录
33     """
34     logout_user()
35     return redirect(url_for('login'))
36
37
38 @app.route('/')
39 def index():
40     """
41     首页
42     """
43     return render_template("index.html")
44
45
46 @app.route('/change_password')
47 @login_required
48 def change_password():
49     """
50     密码
51     """
52     form = SettingForm()
53     return render_template("change_password.html", form=form)
54
55
56 if __name__ == "__main__":
57     app.run(debug=True)
```

在路由函数中，使用了 LoginForm 类和 SettingForm 类。这两个类文件从 forms.py 模块中导入，form.py 模块代码如下：

```
58 from flask_wtf import FlaskForm
59 from wtforms import StringField, PasswordField, SubmitField, BooleanField
60 from wtforms.validators import DataRequired, Length, Email, EqualTo
61
62
63 class LoginForm(FlaskForm):
64     email = StringField('邮箱',
65                         validators=[
66                             DataRequired(message="邮箱不能为空"),
67                             Email()])
68     password = PasswordField('密码',
69                              validators=[
70                                  DataRequired(message="密码不能为空"),
71                                  Length(min=6, max=25, message='密码长度为 6-25 个字符'),
72                              ])
73     remember = BooleanField('Remember Me')
74     submit = SubmitField('Login')
75
76
77 class SettingForm(FlaskForm):
78     password = PasswordField('原始密码',
79                              validators=[
80                                  DataRequired(message="原始密码不能为空"),
81                                  Length(min=6, max=25, message='密码长度为 6-25 个字符'),
82                              ])
83     new_password = PasswordField('新密码',
84                                  validators=[
85                                      DataRequired(message="新密码不能为空"),
86                                      Length(min=6, max=25, message='密码长度为 6-25 个字符')])
87     confirm_password = PasswordField('确认密码',
88                                      validators=[
89                                          DataRequired(message="确认密码不能为空"),
90                                          EqualTo('new_password', message="2 次输入密码不一致")])
91     remember = BooleanField('Remember Me')
92     submit = SubmitField('Login')
```

创建 base.html 模板文件。具体代码如下：

```
01 <!doctype html>
02 <html lang="en">
03 <head>
04     <!-- 省略部分代码 -->
05 </head>
06 <body>
07 <!-- 导航栏开始 -->
08 <nav class="navbar navbar-expand-lg navbar-dark bg-dark">
09     <div class="container">
10         <!-- 省略部分代码 -->
11         <ul class="navbar-nav">
12             {% if current_user.is_authenticated %}
13             <li class="nav-item dropdown">
14                 <button class="btn btn-outline-success dropdown-toggle"
15                         href="#" id="navbarDropdown" role="button"
16                         data-toggle="dropdown" aria-haspopup="true" aria-expanded="false">
17                     我的
18                 </button>
19                 <div class="dropdown-menu" aria-labelledby="navbarDropdown">
20                     <a class="dropdown-item" href="/change_password">修改密码</a>
21                     <div class="dropdown-divider"></div>
22                     <a class="dropdown-item" href="/logout">退出登录</a>
```

```
23                  </div>
24              </li>
25              {% else %}
26              <li class="nav-item">
27                  <a class="nav-link" href="/login" style="color:white;">
28                      <button class="btn btn-outline-success">
29                          登录
30                      </button>
31                  </a>
32              </li>
33              {% endif %}
34          </ul>
35      </div>
36  </nav>
37  <!-- 导航栏结束  -->
38  {% block content %}
39
40  {% endblock %}
41  <!-- 底部信息开始  -->
42  <div class="footer">
43      <!--  省略部分代码 -->
44  </div>
45  <!-- 底部信息结束  -->
46
47  </body>
48  </html>
```

创建 change_password.html 登录页面模板。代码如下:

```
01 {% extends 'base.html' %}
02 {% block content%}
03 {% include "layout.html" %}
04
05 <div class="login-container">
06     <h2 class="login-title">修改密码 </h2>
07     <form class="login-form" method="post" action="/change_password">
08         <div class="form-group">
09             {{ form.password.label() }}
10             {% if form.password.errors %}
11             {{ form.password(class="form-control is-invalid") }}
12             <div class="invalid-feedback">
13                 {% for error in form.password.errors %}
14                 <span>{{ error }}</span>
15                 {% endfor %}
16             </div>
17             {% else %}
18             {{ form.password(class="form-control") }}
19             {% endif %}
20         </div>
21         <div class="form-group">
22             {{ form.new_password.label() }}
23             {% if form.new_password.errors %}
24             {{ form.new_password(class="form-control is-invalid") }}
25             <div class="invalid-feedback">
26                 {% for error in form.new_password.errors %}
27                 <span>{{ error }}</span>
28                 {% endfor %}
29             </div>
30             {% else %}
31             {{ form.new_password(class="form-control") }}
32             {% endif %}
33         </div>
34         <div class="form-group">
35             {{ form.confirm_password.label() }}
```

```
36              {% if form.confirm_password.errors %}
37              {{ form.confirm_password(class="form-control is-invalid") }}
38              <div class="invalid-feedback">
39                  {% for error in form.confirm_password.errors %}
40                  <span>{{ error }}</span>
41                  {% endfor %}
42              </div>
43              {% else %}
44              {{ form.confirm_password(class="form-control") }}
45              {% endif %}
46          </div>
47          <button type="submit" class="btn btn-success btn-lg btn-block">提交</button>
48          {{ form.hidden_tag() }}
49      </form>
50  </div>
51  {% endblock %}
```

原始密码错误，需修改密码效果如图 11.9 所示，修改密码成功后效果如图 11.10 所示。

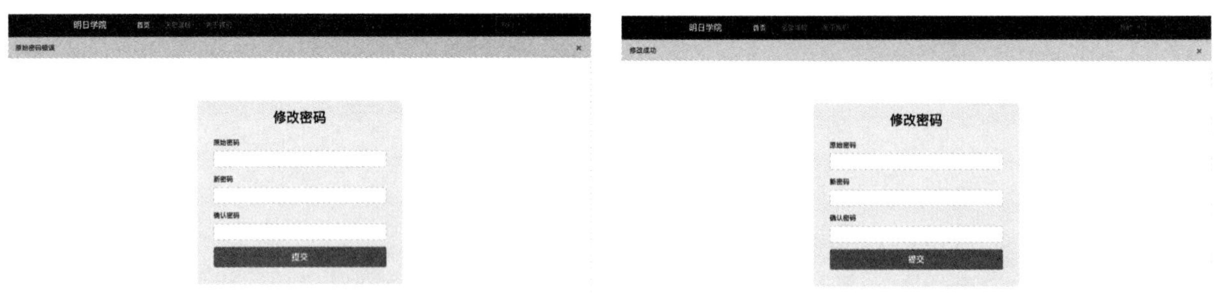

图 11.9　原始密码错误　　图 11.10　密码修改成功

11.4.3　登录成功后的处理

在本实例中，未登录时访问修改密码页面，页面跳转至登录页，并在 URL 中添加 next 参数，如图 11.3 所示。当成功登录后，页面跳转至 next 参数指向的路由地址，如图 11.4 所示。在前两节的代码基础上，首先设置路由并渲染模板，具体代码如下：

```
01 @app.route('/login', methods=['GET', 'POST'])
02 def login():
03     """
04     登录
05     """
06     # 如果用户已经登录，访问登录页面会跳转到首页
07     if current_user.is_authenticated:
08         return redirect(url_for('index'))
09     form = LoginForm()  # 实例化 LoginForm() 类
10     # 验证表单
11     if form.validate_on_submit():
12         # 判断邮箱是否存在，如果不存在提示错误信息
13         # 如果存在，继续判断邮箱密码是否匹配
14         # 如果匹配，跳转到上一页或首页，否则，提示错误信息
15         user = User.query.filter_by(email=form.email.data).first()
16         if not user:
17             flash('邮箱不存在', 'danger')
18         elif check_password_hash(user.password, form.password.data):
19             login_user(user, remember=form.remember.data)
20             next_page = request.args.get('next')  # 获取 next_page 参数
21             # 检测 next_page 是否存在，以及是否合法
22             if not next_page or url_parse(next_page).netloc != '':
23                 next_page = url_for('index')
```

```
24             return redirect(next_page)
25         else:
26             flash(' 用户名和密码不匹配 ', 'danger')
27     return render_template('login.html', form=form)
28
29
30 @app.route('/logout')
31 def logout():
32     """
33     退出登录
34     """
35     logout_user()
36     return redirect(url_for('login'))
37
38
39 @app.route('/')
40 def index():
41     """
42     首页
43     """
44     return render_template("index.html")
45
46
47 @app.route('/change_password')
48 @login_required
49 def change_password():
50     """
51     密码
52     """
53     form = SettingForm()
54     return render_template("change_password.html", form=form)
55
56
57 if __name__ == "__main__":
58     app.run(debug=True)
```

创建 login.html 登录页面模板。代码如下：

```
01 {% extends 'base.html' %}
02 {% block content%}
03
04 {% include "layout.html" %}
05
06 <div class="login-container">
07     <h2 class="login-title"> 账号密码登录 </h2>
08     <form class="login-form" method="post"
09           action="{{ url_for('login',next=request.args.next)  }}">
10         <div class="form-group">
11             {{ form.email.label() }}
12             {% if form.email.errors %}
13             {{ form.email(class="form-control is-invalid") }}
14             <div class="invalid-feedback">
15                 {% for error in form.email.errors %}
16                 <span>{{ error }}</span>
17                 {% endfor %}
18             </div>
19             {% else %}
20             {{ form.email(class="form-control") }}
21             {% endif %}
22         </div>
23         <div class="form-group">
24             {{ form.password.label() }}
25             {% if form.password.errors %}
26             {{ form.password(class="form-control is-invalid") }}
```

```
27            <div class="invalid-feedback">
28                {% for error in form.password.errors %}
29                <span>{{ error }}</span>
30                {% endfor %}
31            </div>
32            {% else %}
33            {{ form.password(class="form-control") }}
34            {% endif %}
35        </div>
36        <div class="form-check" style="padding-bottom:10px">
37            <label class="form-check-label">
38                <input class="form-check-input" type="checkbox" name="remember"> 记住我
39            </label>
40        </div>
41        <button type="submit" class="btn btn-success btn-lg btn-block"> 登录 </button>
42        {{ form.hidden_tag() }}
43    </form>
44 </div>
45 {% endblock %}
```

当游客访问路由“/change_password”时，@login_required 装饰器判断用户没有登录，页面将跳转至设置的 login.html 首页，运行效果如图 11.3 所示。当用户填写完用户名和密码登录成功后，页面将跳转至修改密码的页面。

11.5　关键技术

本案例的关键技术主要有以下三点。

（1）Flask_Login 为插件

Flask_Login 是 Flask 框架的一个插件，可以非常方便地管理用户对网站的访问。Flask_login 的常见操作如下：

① 提供 user_loader() 回调函数。使用 Flask_Login 时，需要为其提供一个 user_loader() 回调函数。user_loader() 函数主要是通过获取 user 对象存储到 session 中。

② 定义 User 类的属性和方法。如下所示：

- is_authenticated：用来判断是否已经授权，如果已经授权就会返回 true。
- is_active：判断是否已经激活。
- is_anonymous：判断是否是匿名用户。
- get_id()：返回用户的唯一标识。

这些属性和方法也可以直接继承于 userMixin 的默认方法和属性，示例代码如下：

```
01 class User(db.Model,UserMixin):
02     id = db.Column(db.Integer, autoincrement=True, primary_key=True)
03     username = db.Column(db.String(125), nullable=False)
04     email = db.Column(db.String(125), nullable=False)
05     password = db.Column(db.String(125), nullable=False)
```

③ 自定义登录过程。当游客访问需要登录的页面时，应提示登录信息，并跳转到登录页面。Flask_login 提供了配置属性，如下所示：

```
01 # 实例化 LoginManager 类
02 login_manager = LoginManager(app)
03 # 跳转的页面
04 login_manager.login_view = 'login'
```

```
05 # 提示信息
06 login_manager.login_message = " 请先登录 "
07 # 提示样式
08 login_manager.login_message_category = 'danger'
```

④“记住我”操作。默认情况下，当用户关闭浏览器时，Flask 会话被删除，用户注销。“记住我”可以防止用户在关闭浏览器时意外退出，这并不意味着在用户注销后记住或预先填写登录表单中的用户名或密码。只需将 remember = True 传递给 login_user 调用即可。示例代码如下：

```
login_user(user, remember=form.remember.data)
```

（2）Flask 框架提供关键函数

Flask 框架的 werkzeug 库提供了密码生成函数 generate_password_hash 和密码验证函数 check_password_hash。这两个函数的使用说明如下所示。

① 密码生成函数 generate_password_hash。密码生成函数的定义如下：

```
werkzeug.security.generate_password_hash(password, method='pbkdf2:sha1', salt_length=8)
```

generate_password_hash 是一个密码加盐哈希（salt/hash）函数，哈希之后的哈希字符串格式是这样的：

```
method$salt$hash
```

参数说明如下：

- password: 明文密码。
- method: 哈希的方式（需要 hashlib 库支持），格式为 :pbpdf2:<method>[:iteration]。其中，
- method：哈希的方式，一般为 SHA1。iterations：（可选参数）迭代次数，默认为 1000。
- slat_length: 盐值的长度，默认为 8。

密码生成示例如下：

```
01 from werkzeug.security import generate_password_hash
02
03 print(generate_password_hash('123456'))
```

运行结果如下：

```
'pbkdf2:sha1:1000$X97hPa3g$252c0cca000c3674b8ef7a2b8ecd409695aac370'
```

因为盐值是随机的，所以就算是相同的密码，生成的哈希值也不会是一样的。

② 密码验证函数 check_password_hash。check_password_hash 函数定义如下：

```
werkzeug.security.check_password_hash(pwhash, password)
```

其中，check_password_hash() 函数用于验证经过哈希的密码。若密码匹配，则返回真，否则返回假。

check_password_hash() 函数的参数说明如下：

- pwhash: generate_password_hash 生成的哈希字符串。
- password: 需要验证的明文密码。

密码验证示例如下：

```
01 from werkzeug.security import check_password_hash
02
03 pwhash = 'pbkdf2:sha1:1000$X97hPa3g$252c0cca000c3674b8ef7a2b8ecd409695aac370'
04 print(check_password_hash(pwhash, '123456'))  # 输出为 True
```

运行结果如下：

```
True
```

（3）URL 设置“返回”

为了能够在登录成功后返回上一页，需要在登录页面的 URL 中设置一个参数，例如，http://127.0.0.1:5000/login?next=/change_password，这里的参数“next”的值是“/change_password”。

接下来，需要在登录页面的 Form 表单中设置表单提交的 URL，示例代码如下：

```
<form class="login-form" method="post"
    action="{{ url_for('login',next=request.args.next) }}">
```

上述代码中，action 属性的值中添加了一个 next 参数，这个参数的值就是上面设置的“/change_password”。当用户提交登录时，会将表单中的 next 参数一起传递到路由函数。

接下来，在路由函数中接受 next 参数，执行完业务逻辑后，可以使用 redirect() 函数跳转到 next 参数指向的路由。

小结

通过本章案例的学习，读者能够了解在网站开发过程中验证账户是否与数据库内容匹配、账户登出、权限校验、更改密码以及登录成功后的处理方法。通过本章内容，基本可以实现一个网站的用户中心功能。

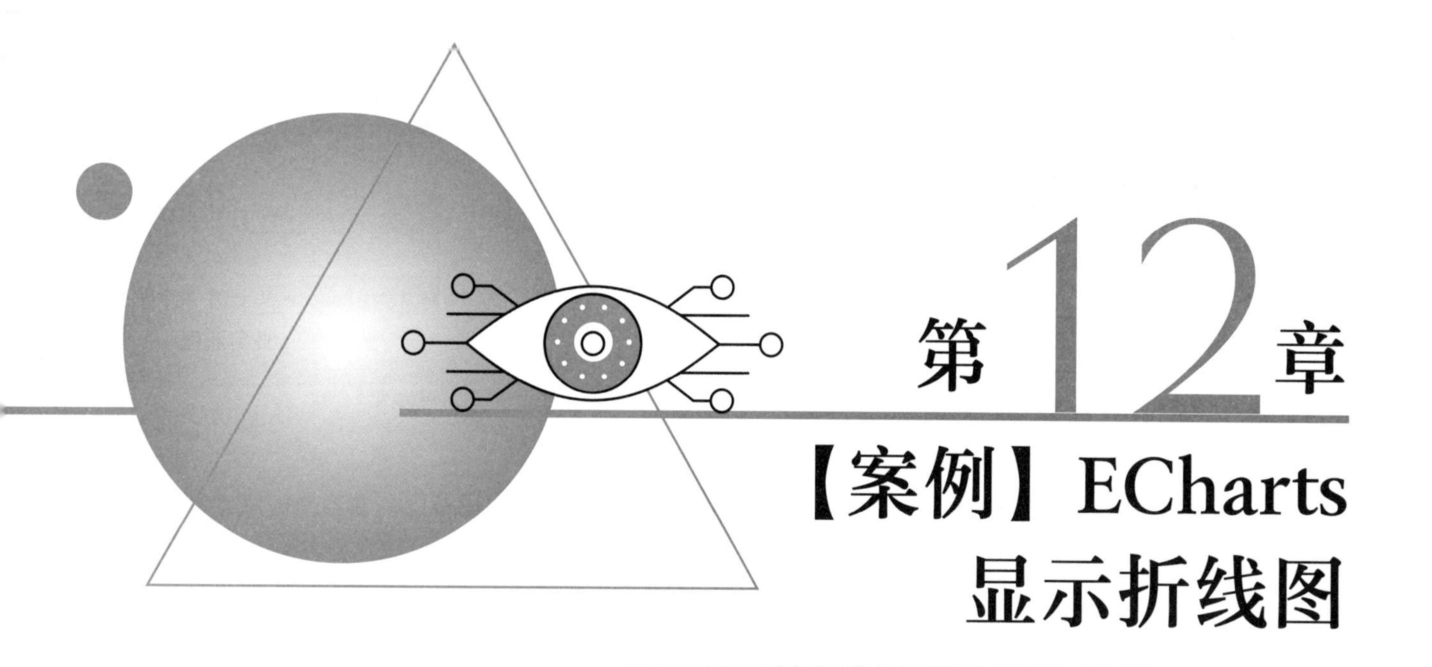

第12章 【案例】ECharts显示折线图

在网站的后台管理页面中，由于需要管理大量的数据，以文字的形式展现出来往往不够直观，所以通用的解决方法是使用图表进行展示。

12.1 案例效果预览

如图12.1所示为最近一周销量折线图。

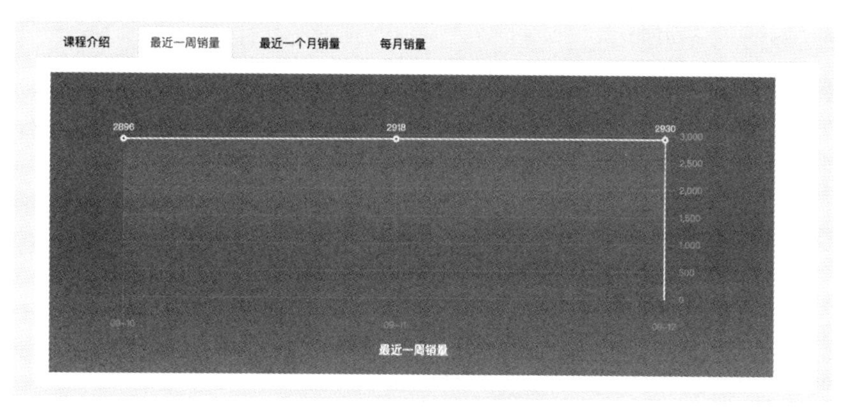

图12.1 最近一周销量折线图

12.2 案例准备

本系统的软件开发及运行环境具体如下：

- 操作系统：Windows 7或Windows 10。
- 语言：Python 3.7。
- 开发环境：PyCharm。

- 第三方模块：Flask、Flask_SQLAlchemy、PyMySQL。

12.3 业务流程

在使用 ECharts 显示最近一周的销量折线图前，需要先了解实现该业务的主要流程，根据需求设计出如图 12.2 所示的业务流程图。

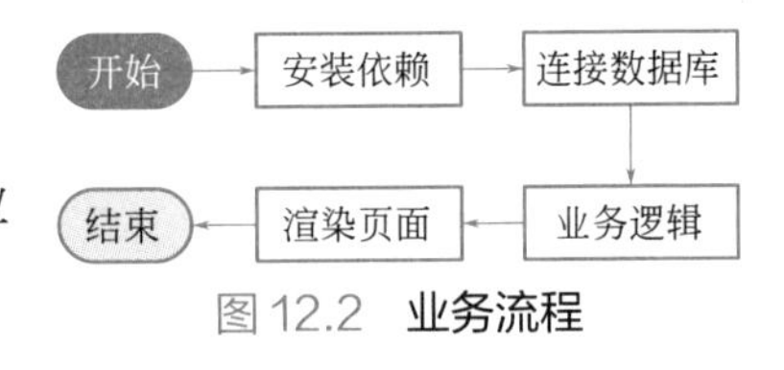

图 12.2 业务流程

12.4 实现过程

Echarts 是一个纯 JavaScript 的图表库，可以流畅地运行在 PC 和移动设备上，兼容当前绝大部分浏览器，底层依赖轻量级的 Canvas 类库 ZRender，提供直观、生动、可交互、可高度个性化定制的数据可视化图表。

12.4.1 安装依赖

本案例目录结构如图 12.3 所示。

```
▼ week_sale_chart
  ▶ static
  ▼ templates
      base.html
      detail.html
    run.py
```

图 12.3 项目目录结构

由于使用了第三方模块 Flask、Flask_SQLAlchemy 和 PyMySQL，所以需要先安装这些模块。使用 pip 命令安装模块的命令如下：

```
pip install flask
pip install flask_sqlalchemy
pip install pymysql
```

导入程序中需要使用的模块，具体代码如下：

```
01 from flask import Flask,render_template
02 from flask_sqlalchemy import SQLAlchemy
03 import pymysql
04 import datetime
05 from sqlalchemy import desc
```

12.4.2 连接数据库

连接数据库，创建数据表映射类，具体代码如下：

```
01 app = Flask(__name__)
02 # 基本配置
03 app.config['SQLALCHEMY_TRACK_MODIFICATIONS'] = True
04 app.config['SQLALCHEMY_DATABASE_URI'] = (
05     'mysql+pymysql://root:root@localhost/flask'
06 )
07
08 db = SQLAlchemy(app)  # 实例化 SQLAlchemy 类
09
10
11 # 创建数据表类
12 class Course(db.Model):
13
14
15 # 省略部分代码
16
17 class Sale(db.Model):
18
```

```
19
20 # 省略部分代码
21
22 class User(db.Model):
23 # 省略部分代码
```

12.4.3 业务逻辑

为实现显示销量图表的逻辑，在 run.py 文件中，使用 @app.route('/course_data/<int:id>/type/<type>') 定义一个路由，该路由匹配 course_data() 方法。在 course_data() 方法下，实现查看课程详情的功能。代码如下：

```
01 @app.route('/course_data/<int:id>/type/<type>')
02
03
04 def course_data(id, type):
05     """
06     获取课程的 Json 数据
07     :param id: 课程 id
08     :param id: 课程类型
09     :return: 返回课程的 Json 数据
10     """
11     data = {}  # 初始化返回值
12     if type == 'week':
13         # 获取最近一周
14         data['title'] = '最近一周销量'
15         condition = 'DATE_SUB(CURDATE(), INTERVAL 7 DAY) <= date(create_time)'
16         sql = f'select create_time,learner_count from sale where course_id = {id} and {condition}'
17         sale_data = db.session.execute(sql)
18
19     create_time = []  # 初始化数据
20     learner_count = []  # 初始化数据
21     for item in sale_data:
22         # 最近一周日期是 date_time 类型，需要转化为字符串
23         create_time.append(item[0].strftime('%m-%d'))
24         learner_count.append(item[1])
25     data['categories'] = create_time
26     data['data'] = learner_count
27     return json.dumps(data)
28
29
30 if __name__ == "__main__":
31     app.run(debug=True)
```

12.4.4 渲染页面

① 创建父模板 base.html。网站的头部信息和底部信息是网站的通用内容，通常将它设置为一个父类模板，将每个页面作为子模板，然后令模板继承父模板以实现代码的重用。base.html 代码如下：

```
01 <!doctype html>
02 <html lang="en">
03 <head>
04     <!--  省略部分代码 -->
05 </head>
06 <body>
07 <!-- 导航栏开始  -->
08 <nav class="navbar navbar-expand-lg navbar-dark bg-dark">
09     <div class="container">
10         <!--  省略部分代码 -->
```

```
11     </div>
12 </nav>
13 <!-- 导航栏结束  -->
14 {% block content %}
15
16 {% endblock %}
17 <!-- 底部信息开始  -->
18 <div class="footer">
19     <!--  省略部分代码 -->
20 </div>
21 <!-- 底部信息结束  -->
22
23 </body>
24 </html>
```

② 创建课程详情文件。在 detail() 方法中，使用了 render_template() 函数渲染 detail.html 模板文件。detail.html 代码如下：

```
01 {% extends 'base.html' %}
02 {% block content %}
03
04 <div class="container">
05     <div class="row" style="margin:20px auto;">
06         <div class="col-sm-6">
07             <img src="{{course.big_img_url}}" class="card-img-top"
08                  alt="..." width="450px" height="260px">
09         </div>
10         <div class="col-sm-6">
11             <!--  省略部分代码 -->
12         </div>
13     </div>
14     <div class="col-sm">
15         <ul class="nav nav-tabs" id="myTab" role="tablist">
16             <li class="nav-item">
17                 <a class="nav-link active" id="home-tab" data-toggle="tab" href="#home" role="tab" aria-
controls=" 课程介绍 "
18                    aria-selected="true"> 课程介绍 </a>
19             </li>
20             <li class="nav-item">
21                 <a class="nav-link" id="week-tab" data-toggle="tab" href="#week" role="tab" aria-controls=" 本周销量 "
22                    aria-selected="false"> 最近一周销量 </a>
23             </li>
24             <li class="nav-item">
25                 <a class="nav-link" id="month-tab" data-toggle="tab" href="#month" role="tab" aria-controls=" 本月销量 "
26                    aria-selected="true"> 最近一个月销量 </a>
27             </li>
28             <li class="nav-item">
29                 <a class="nav-link" id="year-tab" data-toggle="tab" href="#year" role="tab" aria-controls=" 年度销量 "
30                    aria-selected="false"> 每月销量 </a>
31             </li>
32         </ul>
33         <div class="tab-content" id="myTabContent">
34             <div class="tab-pane fade show active" id="home" role="tabpanel" aria-labelledby= "home-tab">
35                 {% for content in course.description.splitlines() %}
36                 {{ content }}<br>
37                 {% endfor %}
38             </div>
39             <div class="tab-pane fade" id="week" role="tabpanel" aria-labelledby="week-tab">
40                 <div id="sale-week" style="width: 1000px;height:400px;"></div>
41             </div>
42             <div class="tab-pane fade" id="month" role="tabpanel" aria-labelledby="month-tab">
43                 <div id="sale-month" style="width: 1000px;height:400px;"></div>
```

```
44            </div>
45            <div class="tab-pane fade" id="year" role="tabpanel" aria-labelledby="year-tab">
46                <div id="sale-year" style="width: 1000px;height:400px;"></div>
47            </div>
48        </div>
49    </div>
50 </div>
```

③ 创建异步，获取每周数据接口。在课程详情页面，当单击“最近一周销量”时，使用 Ajax 异步提交到获取最近一周数据的接口，然后调用 echarts.js，以折线图形式展示最近一周数据。在 detail.html 文件中添加如下代码：

```
01 <script
02         src="https://code.jquery.com/jquery-3.4.1.js"
03         integrity="sha256-WpOohJOqMqqyKL9FccASB9O0KwACQJpFTUBLTYOVvVU="
04         crossorigin="anonymous"></script>
05 <script src="https://cdnjs.cloudflare.com/ajax/libs/echarts/4.2.1/echarts-en.common.js"></script>
06
07 <script>
08     $('.nav-link').click(function () {
09         var id = $(this).attr('id');
10         var type = id.split("-")[0];
11         var echarts_id = 'sale-' + type;
12         // 基于准备好的 dom，初始化 echarts 实例
13         var myChart = echarts.init(document.getElementById(echarts_id));
14         /*
15         myChart.setOption({
16                     title: {
17                         text: ''
18                     },
19                     tooltip: {},
20                     legend: {
21                         data:['销量']
22                     },
23                     xAxis: {
24                         data: []
25                     },
26                     yAxis: {
27                     min: function(value) {
28                             return value.min - 10;
29                         }
30                     },
31                     series: [{
32                         name: '销量',
33                         type: 'line',
34                         data: []
35                     }]
36                 });
37                 */
38         myChart.setOption({
39             backgroundColor: new echarts.graphic.LinearGradient(0, 0, 0, 1, [{
40                 offset: 0,
41                 color: '#c86589'
42             },
43                 {
44                     offset: 1,
45                     color: '#06a7ff'
46                 }
47             ], false),
48             title: {
49                 text: "OCTOBER 2015",
50                 left: "center",
51                 bottom: "5%",
52                 textStyle: {
53                     color: "#fff",
54                     fontSize: 16
```

```
55                 }
56             },
57             grid: {
58                 top: '20%',
59                 left: '10%',
60                 right: '10%',
61                 bottom: '15%',
62                 containLabel: true,
63             },
64             xAxis: {
65                 type: 'category',
66                 boundaryGap: false,
67                 data: [],
68                 axisLabel: {
69                     margin: 30,
70                     color: '#ffffff63'
71                 },
72                 axisLine: {
73                     show: false
74                 },
75                 axisTick: {
76                     show: true,
77                     length: 25,
78                     lineStyle: {
79                         color: "#ffffff1f"
80                     }
81                 },
82                 splitLine: {
83                     show: true,
84                     lineStyle: {
85                         color: '#ffffff1f'
86                     }
87                 }
88             },
89             yAxis: [{
90                 type: 'value',
91                 position: 'right',
92                 axisLabel: {
93                     margin: 20,
94                     color: '#ffffff63'
95                 },
96 
97                 axisTick: {
98                     show: true,
99                     length: 15,
100                     lineStyle: {
101                         color: "#ffffff1f",
102                     }
103                 },
104                 splitLine: {
105                     show: true,
106                     lineStyle: {
107                         color: '#ffffff1f'
108                     }
109                 },
110                 axisLine: {
111                     lineStyle: {
112                         color: '#fff',
113                         width: 2
114                     }
115                 }
116             }],
117 
118             series: [{
119                 name: '注册总量',
120                 type: 'line',
121                 smooth: true, //是否平滑曲线显示
122                 showAllSymbol: true,
123                 symbol: 'circle',
```

```
124                 symbolSize: 6,
125                 lineStyle: {
126                     normal: {
127                         color: "#fff", // 线条颜色
128                     },
129                 },
130                 label: {
131                     show: true,
132                     position: 'top',
133                     textStyle: {
134                         color: '#fff',
135                     }
136                 },
137                 itemStyle: {
138                     color: "red",
139                     borderColor: "#fff",
140                     borderWidth: 3
141                 },
142                 tooltip: {
143                     show: false
144                 },
145                 areaStyle: {
146                     normal: {
147                         color: new echarts.graphic.LinearGradient(0, 0, 0, 1, [{
148                             offset: 0,
149                             color: '#eb64fb'
150                         },
151                             {
152                                 offset: 1,
153                                 color: '#3fbbff0d'
154                             }
155                         ], false),
156                     }
157                 },
158                 data: []
159             }]
160         })
161         // 异步加载数据
162         url = '/course_data/' + {
163         {
164             course.course_id
165         }
166     }
167         +'/type/' + type
168         $.get(url).done(function (data) {
169             data = JSON.parse(data) // 将字符串转化为对象
170             // 填入数据
171             myChart.setOption({
172                 title: {
173                     text: data.title
174                 },
175                 xAxis: {
176                     data: data.categories
177                 },
178                 series: [{
179                     // 根据名字对应到相应的系列
180                     name: '销量',
181                     data: data.data
182                 }]
183             });
184         });
185
186     })
187
188 </script>
189 {% endblock %}
```

12.5 关键技术

统计最近一周的销量，常规做法是获取当前日期，然后再获取 7 天前日期，最后使用 between 语句获取这 7 天数据。然而在 MySQL 中，可以使用更加简单的 DATE_SUB 函数实现同样的功能。

DATE_SUB() 函数从日期减去指定的时间间隔。其语法格式如下：

```
DATE_SUB(date,INTERVAL expr type)
```

其中，date 是指定的日期；INTERVAL 为关键词；expr 是具体的时间间隔；type 是时间单位。注意：type 可以复合型的，比如 YEAR_MONTH。Type 参数及含义如表 12.1 所示。

表 12.1　Type 参数及含义

类型 (type 值)	含义
MICROSECOND	间隔单位：毫秒
SECOND	间隔单位：秒
MINUTE	间隔单位：分钟
HOUR	间隔单位：小时
DAY	间隔单位：天
WEEK	间隔单位：星期
MONTH	间隔单位：月
QUARTER	间隔单位：季度
YEAR	间隔单位：年
SECOND_MICROSECOND	复合型，间隔单位：秒、毫秒。expr 可以用两个值来分别指定秒和毫秒
MINUTE_MICROSECOND	复合型，间隔单位：分、毫秒
MINUTE_SECOND	复合型，间隔单位：分、秒
HOUR_MICROSECOND	复合型，间隔单位：小时、毫秒
HOUR_SECOND	复合型，间隔单位：小时、秒
HOUR_MINUTE	复合型，间隔单位：小时、分
DAY_MICROSECOND	复合型，间隔单位：天、毫秒
DAY_SECOND	复合型，间隔单位：天、秒
DAY_MINUTE	复合型，间隔单位：天、分
DAY_HOUR	复合型，间隔单位：天、小时
YEAR_MONTH	复合型，间隔单位：年、月

所以，可以使用如下 SQL 语句来查找最近一周的数据：

```
SELECT * FROM 表名 where DATE_SUB(CURDATE(), INTERVAL 7 DAY) <= date(时间字段名)
```

小结

通过本章案例的学习，读者能够了解 Python 连接 MySQL 数据库的技术，并通过 SQL 语句查询数据表获取数据，在拿到这些数据后，可通过 Python 直接显示出来，如果想要在网页上显示出来，就可以使用 ECharts 绘制一个折线图。

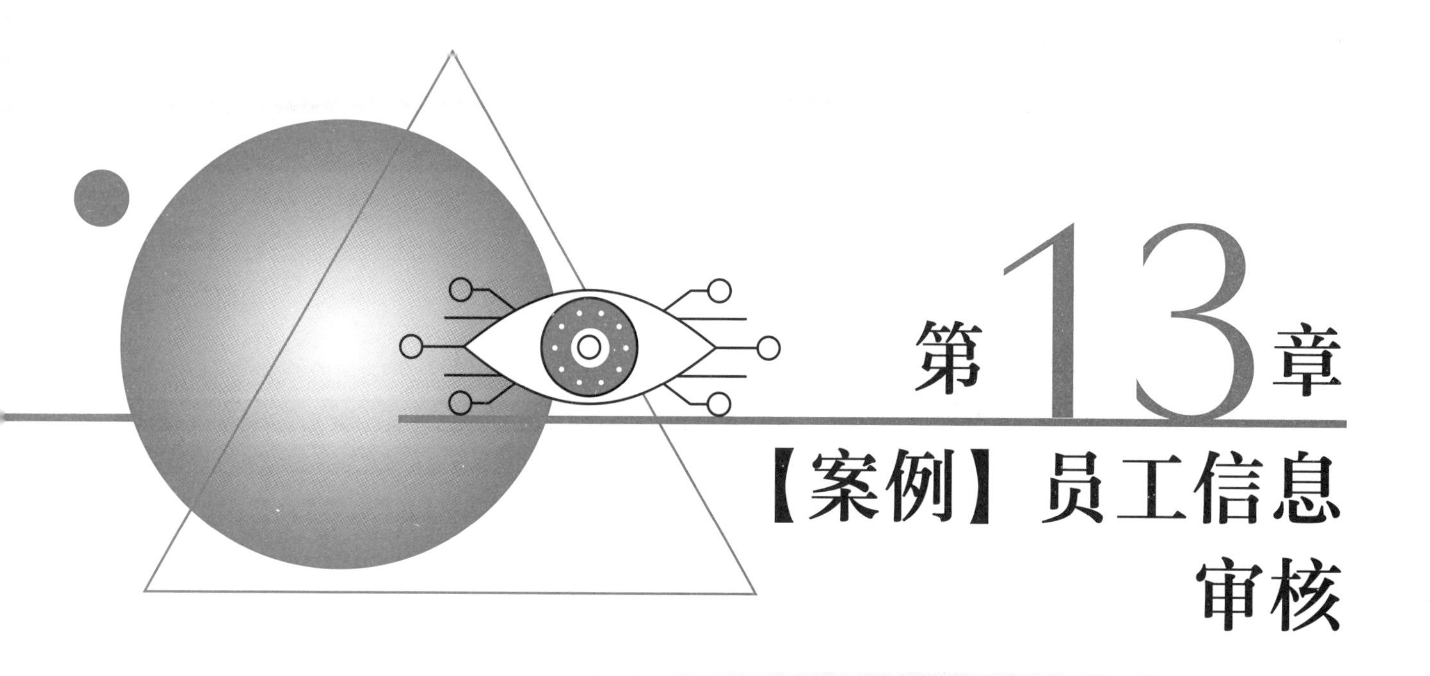

第13章 【案例】员工信息审核

在诸多的大中小企业中，都在使用员工信息管理系统，通过该系统可以更加方便地管理员工“入”“离”“调”“转”全流程，快速寻找员工信息，第一时间了解各部门员工异动情况，以便及时调整、维护组织架构。

本章以该系统下的员工信息审核为例，通过该功能员工可以自主审核个人信息，无误后单击“确认”按钮；如果信息有误，单击“修改”按钮，修改错误信息后，单击“提交”按钮，进入到待审核列表。在该列表中，会显示员工修改的信息，管理员确认员工修改信息正确后，单击“审核通过”按钮，则表示审核通过。

13.1　案例效果预览

如图 13.1 所示为登录页面，图 13.2 所示为个人信息页面。

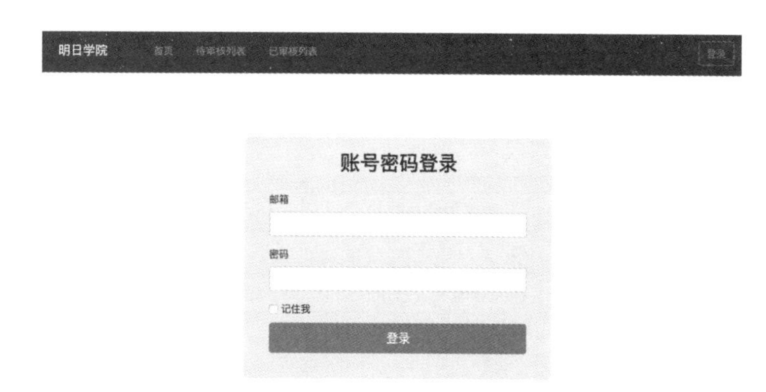

图 13.1　登录页面

图 13.3 ～图 13.5 分别为已审核列表、个人信息编辑页面和待审核列表。

图 13.2　个人信息页面

图 13.3　已审核列表

图 13.4　个人信息编辑页面

图 13.5　待审核列表

13.2　案例准备

本系统的软件开发及运行环境具体如下：

- 操作系统：Windows 7 或 Windows 10。
- 语言：Python 3.7。
- 开发环境：PyCharm。
- 第三方模块：Click、Flask、Flask-Login、Flask-SQLAlchemy、Flask-WTF、itsdangerous、Jinja2、MarkupSafe、PyMySQL、SQLAlchemy、Werkzeug、WTForms。

13.3　业务流程

在进行开发员工信息审核系统前，需要先了解实现该业务的主要流程，根据该需求设计出如图 13.6 所示的业务流程图。

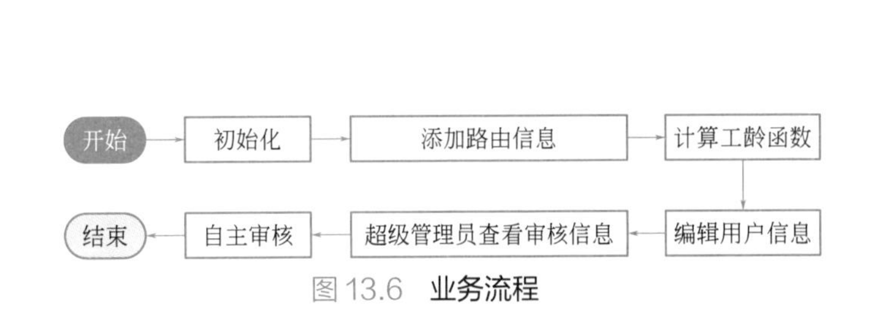

图 13.6　业务流程

图 13.7　目录结构

13.4　实现过程

本程序以包的形式组织代码，目录结构如图 13.7 所示。

实现本案例的步骤如下：

创建 manage.py 入口文件，代码如下：

```
01 from app import app
02 from app import routes
03
04 if __name__ == "__main__":
05     app.run(debug=True)
```

在 app/__init__.py 文件中设置初始化内容，代码如下：

```
01 from flask import Flask
02 from flask_sqlalchemy import SQLAlchemy
03 from flask_login import LoginManager
04
05 app = Flask(__name__)
06 # 基本配置
07 app.config["SECRET_KEY"] = "mrsoft"
08 app.config['SQLALCHEMY_TRACK_MODIFICATIONS'] = True
09 app.config['SQLALCHEMY_DATABASE_URI'] = (
10     'mysql+pymysql://root:root@localhost/online_check'
11 )
12 # 实例化 SQLAlchemy 类
13 db = SQLAlchemy(app)
14
15 # 实例化 LoginManager 类
16 login_manager = LoginManager(app)
17 # 跳转的页面
18 login_manager.login_view = 'login'
19 # 提示信息
20 login_manager.login_message = " 请先登录 "
21 # 提示样式
22 login_manager.login_message_category = 'danger'
```

在 route.py 文件中导入相关模块，代码如下：

```
01 from app import app, db
02 from app.models import User, Log
03 from flask import render_template, request, redirect, url_for, flash
04 from app.forms import LoginForm, SettingForm, InfoForm
05 from werkzeug.security import check_password_hash, generate_password_hash
06 from flask_login import login_user, logout_user, login_required, current_user
07 import json
08 from .utils import get_working_age, get_check_users, get_uncheck_users
09 from functools import wraps
```

在 route.py 文件中创建 index 路由。关键代码如下：

```
10 @app.route('/')
11 @app.route('/info')
12 @login_required
13 def index():
14     """
15     显示登录用户的信息
16     :return:
17     """
18     # 获取用户信息
19     user = User.query.filter_by(id=current_user.id).first()
20     working_age = get_working_age(user.hiredate)
21     # 渲染模板
22     return render_template('info.html', user=user, working_age=working_age)
```

上述代码中，从 utils 模块中引入了 get_working_age() 函数，所以需要创建 utils.py 文件，代码如下：

```
01 import datetime
02 import json
03
04
05 def get_working_age(hiredate):
06     """
07     计算工龄
08     :param hiredate: datetime 类型数据
09     :return:
10     """
11     # 计算时间间隔，结果为天数
12     days = (datetime.date.today() - hiredate).days
13     # 计算为工龄，结果为年数
14     working_age = days // 365
15     return working_age
16
17
18 def get_uncheck_users(users):
19     data = []
20     for user in users:
21         # 入职时间转化为字符串
22         user.hiredate_str = user.hiredate
23         # 计算工龄工资
24         user.working_age = get_working_age(user.hiredate)
25         # 判断用户是否修改
26         if user.log:
27             content_json = user.log[-1].update_content
28             content_dict = json.loads(content_json)
29             for key, value in content_dict.items():
30                 old, new = value.split(',')
31                 if old != new:
32                     # 入职时间需要单独处理
33                     if key == "hiredate":
34                         user.hiredate_str = f'{old}->{new}'
35                     else:
36                         exec(f'user.{key} = "{old}->{new}"')
37         # 追加到列表
38         data.append(user)
39     return data
40
41
42 def get_check_users(users):
43     data = []
44     for user in users:
45         # 入职时间转化为字符串
46         user.hiredate_str = user.hiredate
47         # 计算工龄工资
48         user.working_age = get_working_age(user.hiredate)
49         # 追加到列表
50         data.append(user)
51     return data
```

在 route.py 文件中创建编辑用户信息和修改用户信息的路由。关键代码如下：

```
01 @app.route('/edit')
02 @login_required
03 def edit():
04     """
05     编辑用户信息
06     :return:
07     """
08     # 获取用户信息
09     form = InfoForm()
10     user = User.query.filter_by(id=current_user.id).first()
```

```
11     return render_template('edit.html', user=user, form=form)
12
13
14 @app.route('/update', methods=['POST'])
15 @login_required
16 def update():
17     """
18     更改用户信息
19     :return:
20     """
21     # 获取用户信息
22     user = User.query.filter_by(id=current_user.id).first()
23     form = InfoForm()
24     if form.validate_on_submit():
25         content = {}
26         content['username'] = f'{user.username},{request.form["username"]}'
27         content['department'] = f'{user.department},{request.form["department"]}'
28         content['position'] = f'{user.position},{request.form["position"]}'
29         content['hiredate'] = f'{user.hiredate},{request.form["hiredate"]}'
30
31         user.username = request.form['username']
32         user.department = request.form['department']
33         user.position = request.form['position']
34         user.hiredate = request.form['hiredate']
35
36         log = Log()
37         log.user_id = current_user.id
38         log.update_content = json.dumps(content)
39         try:
40             db.session.add(log)
41             db.session.commit()
42             print("修改成功")
43         except:
44             db.session.rollback()  # 事务回滚
45             print("修改失败")
46         # 将成功消息存入闪存
47         flash('修改成功', 'success')
48         # 保存成功后，跳转到登录页面
49         return redirect(url_for('index'))
50     return render_template('edit.html', form=form, user=user)
```

在 route.py 文件中创建管理员查看未审核和已审核的用户信息的路由。关键代码如下：

```
01 @app.route('/list/type/<type>')
02 @login_required
03 @is_admin
04 def list(type):
05     """
06     审核和待审核列表
07     :param type:
08     :return:
09     """
10     data = []
11     if type == "uncheck":
12         users = User.query.filter_by(status=0).all()
13         data = get_uncheck_users(users)
14     else:
15         users = User.query.filter_by(status=1).all()
16         data = get_check_users(users)
17     return render_template('list.html', data=data)
```

在 route.py 文件中创建用户自主审核和管理员审核的路由。关键代码如下：

```
01 @app.route("/update_status/<int:id>/type/<type>")
02
03
04 @login_required
05 def update_status(id, type):
06     """
07     更改审核状态
```

```
08      :param id:   用户 id
09      :param type: 状态类型，uncked: 未审核，checked: 审核通过
10      :return:
11      """
12      # 员工只能更改自己的审核状态，管理员可以更改所有员工的审核状态
13      if current_user.id != id and current_user.is_admin != 1:
14          flash(' 没有修改权限 ', category='danger')
15          redirect(url_for('index'))
16
17      user = User.query.filter_by(id=id).first()
18      if type == 'uncheck':
19          user.status = 0
20          db.session.commit()
21          # 保存成功后，跳转到登录页面
22          return redirect(url_for('list', type='uncheck'))
23      elif type == 'checked':
24          user.status = 1
25          db.session.commit()
26          # 如果是管理员账号，跳转到审核通过页面
27          # 如果是员工账号，跳转到个人信息页面
28          if current_user.is_admin:
29              return redirect(url_for('list', type='checked'))
30          else:
31              return redirect(url_for('index'))
32      return render_template('404.html'), 404
```

13.5 关键技术

在本案例的程序中，使用了大量的第三方模块，如下所示：

```
Click==7.0
Flask==1.1.1
Flask-Login==0.4.1
Flask-SQLAlchemy==2.4.1
Flask-WTF==0.14.2
itsdangerous==1.1.0
Jinja2==2.10.3
MarkupSafe==1.1.1
PyMySQL==0.9.3
SQLAlchemy==1.3.11
Werkzeug==0.16.0
WTForms==2.2.1
```

如果使用 pip install 命令逐个导入会非常麻烦，那么，可以将以上内容存储到 requirements.txt 文本中，然后使用如下命令导入全部模块：

```
pip install -r requirements.txt
```

小结

通过本章案例的学习，读者能够了解 Click、Flask、Flask-Login、Flask-SQLAlchemy、Flask-WTF、itsdangerous、Jinja2、MarkupSafe、PyMySQL、SQLAlchemy、Werkzeug 和 WTForms 等模块的简单应用，以及 Flask 创建项目的流程。通过员工信息审核的功能，了解员工信息管理系统的流程，从而提高工作效率。

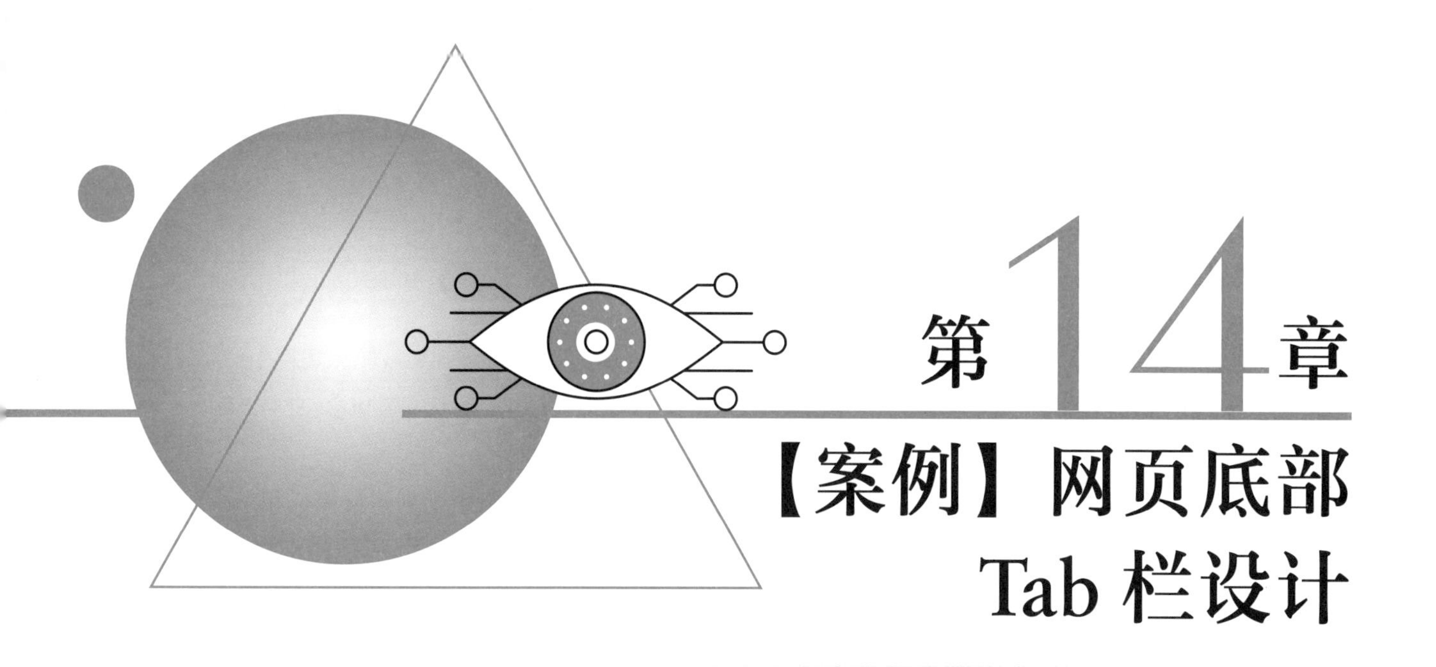

第14章 【案例】网页底部Tab栏设计

在网站开发过程中，网页底部通常都会有类似“关于我们”的页面，这几乎是所有大小网站必备的一个页面。在这个页面中，网站可以向用户图文并茂地介绍自己，并留下相关的联系方式。但介绍的内容如果过于“臃肿”，往往会让用户抓不到重点，此时可以将页面拆分为多个 Tab 栏，不同的 Tab 栏内显示不同的内容，用户可以根据需求在不同的 Tab 内进行切换即可。

14.1 案例效果预览

如图 14.1 所示为 Tab 栏显示页面。

图 14.1 Tab 栏显示页面

14.2 案例准备

- 操作系统：Windows 7 或 Windows 10。
- 语言：Python 3.7。
- 开发环境：PyCharm。

- 第三方模块：Flask。

14.3 业务流程

在设计网页底部 Tab 栏时，需要先了解实现该业务的主要流程，根据该需求设计出如图 14.2 所示的业务流程图。

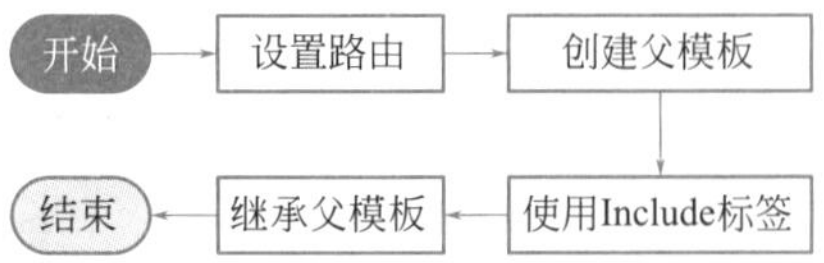

开始 → 设置路由 → 创建父模板 → 使用Include标签 → 继承父模板 → 结束

图 14.2 业务流程

14.4 实现过程

在 Flask 中设计网页底部的 Tab 栏，可以通过三个步骤来实现：设置路由、创建父模板和继承父模板，其中本案例主要演示的是如何提取父模板和子模板继承父模板的方法。

14.4.1 设置路由

导入程序中需要使用的模块，具体代码如下：

```
from flask import Flask,render_template
```

设置路由并渲染模板，具体代码如下：

```
01 app = Flask(__name__)
02
03 @app.route('/about/')
04 def about():
05     return render_template('about.html')
06
07 if __name__  == "__main__":
08     app.run(debug=True)
```

14.4.2 创建父模板

创建 base.html 模板文件。具体代码如下：

```
01 <!doctype html>
02 <html lang="en">
03 <head>
04     <!--  省略部分代码 -->
05 </head>
06 <body>
07 <!-- 导航栏开始  -->
08 <nav class="navbar navbar-expand-lg navbar-dark bg-dark">
09     <div class="container">
10         <!--  省略部分代码  -->
11     </div>
12 </nav>
13 <!-- 导航栏结束  -->
14 {% block content %}
15
16 {% endblock %}
17 <!-- 底部信息开始  -->
18 <div class="footer">
19     <!--  省略部分代码  -->
20 </div>
21 <!-- 底部信息结束  -->
22
23 </body>
24 </html>
```

14.4.3 继承父模板

创建 about.html“关于我们”模板。代码如下:

```
01 {% extends 'base.html' %}
02 {% block content %}
03 <div class="container">
04     <div class="row" style="padding:10px">
05         <div class="col-4">
06             <div class="list-group" id="list-tab" role="tablist">
07                 <a class="list-group-item list-group-item-action active" id="list-home-list" data-toggle="list"
08                   href="#list-home" role="tab" aria-controls="home">关于我们</a>
09                 <a class="list-group-item list-group-item-action" id="list-profile-list" data-toggle="list"
10                   href="#list-profile" role="tab" aria-controls="profile">联系我们</a>
11                 <a class="list-group-item list-group-item-action" id="list-messages-list" data-toggle="list"
12                   href="#list-messages" role="tab" aria-controls="messages">帮助中心</a>
13             </div>
14         </div>
15         <div class="col-8">
16             <div class="tab-content" id="nav-tabContent">
17                 <div class="tab-pane fade show active" id="list-home" role="tabpanel" aria- labelledby="list-home-list">
18                     {% include 'about_content.html' %}
19                 </div>
20                 <div class="tab-pane fade" id="list-profile" role="tabpanel" aria-labelledby= "list-profile-list">
21                     {% include 'contact_content.html' %}
22                 </div>
23                 <div class="tab-pane fade" id="list-messages" role="tabpanel" aria-labelledby= "list-messages-list">
24                     {% include 'help_content.html' %}
25                 </div>
26             </div>
27         </div>
28     </div>
29 </div>
30 {% endblock %}
```

使用 include 标签引入 about_content.html“关于我们”内容,代码如下:

```
01 <div id="about-box">
02     <h4 class="tabtit" id="">关于我们</h4>
03     明日学院,是吉林省明日科技有限公司倾力打造的在线实用技能学习平台,该平台于 2016 年正式上线,主要为学习者提供海量、
优质的课程,课程结构严谨,用户可以根据自身的学习程度,自主安排学习进度。我们的宗旨是,为编程学习者提供一站式服务,培养用户
的编程思维。
04 </div>
```

使用 include 标签引入 contact_content.html“联系我们”内容,代码如下:

```
01 <div class="about_con j-aboutCon f-bg f-pr f-cb" data-type="2">
02     <h4 class="tabtit">联系我们</h4>
03     <p>商务合作及对外项目合作(媒体公关合作、内容合作、品牌合作及课程团购业务):</p>
04     电子邮件:mingrisoft@mingrisoft.com<br>
05     联系电话:0431-84978981
06     <p><b>企业在线培训服务:</b></p>
07     电子邮件:mingrisoft@mingrisoft.com<br>
08     联系电话:0431-84978981
09
10     <p><b>客户服务:</b></p>
11     电子邮件:mingrisoft@mingrisoft.com<br>
12     联系电话:0431-84978981
13
14     <p><b>联系地址:</b></p>
15     公司地址:吉林省长春市二道区东方广场中意之尊<br>
16     邮政编码:130000
17 </div>
```

使用 include 标签引入 help_content.html（“帮助中心”）内容，代码如下：

```
01 <div class="con j-tabcon">
02     <h4> 讨论区使用规则 </h4>
03     <p><b> 操作方法 </b><br>1. 进入讨论区 <br>   (1) 在每个课程的课程详情页，点击“讨论区”，可以进入讨论区。
<br>   (2) 使用他人分享的课程讨论区的链接，可以进入讨论区。<br>
04     </p>
05 </div>
```

14.5 关键技术

为了实现较好的页面效果，可以使用 BootStarp 的 Tab 样式，将每个 Tab 要展示的内容单独设置为一个 HTML 页面，最后在模板中引入。常用操作如下：

① 在模板中引入 BootStrap 框架。代码如下：

```
01 <!-- Bootstrap CSS -->
02 <link rel="stylesheet"
03       href="{{ url_for('static', filename='css/bootstrap.min.css') }}">
04 <script src="{{ url_for('static', filename='js/bootstrap.min.js') }}"></script>
```

② 使用 Tab 样式。代码如下：

```
01 <div class="row" style="padding:10px">
02     <div class="col-4">
03         <div class="list-group" id="list-tab" role="tablist">
04             <a class="list-group-item list-group-item-action active" id="list-home-list" data-toggle="list"
05                href="#list-home" role="tab" aria-controls="home"> 关于我们 </a>
06             <a class="list-group-item list-group-item-action" id="list-profile-list" data-toggle="list"
07                href="#list-profile" role="tab" aria-controls="profile"> 联系我们 </a>
08             <a class="list-group-item list-group-item-action" id="list-messages-list" data-toggle="list"
09                href="#list-messages" role="tab" aria-controls="messages"> 帮助中心 </a>
10         </div>
11     </div>
12     <div class="col-8">
13         <div class="tab-content" id="nav-tabContent">
14             <div class="tab-pane fade show active" id="list-home" role="tabpanel" aria-labelledby="list-home-list">
15                 {% include 'about_content.html' %}
16             </div>
17             <div class="tab-pane fade" id="list-profile" role="tabpanel" aria-labelledby= "list-profile-list">
18                 {% include 'contact_content.html' %}
19             </div>
20             <div class="tab-pane fade" id="list-messages" role="tabpanel" aria-labelledby= "list-messages-list">
21                 {% include 'help_content.html' %}
22             </div>
23         </div>
24     </div>
25 </div>
```

小结

通过本章案例的学习，读者能够了解到使用 Flask 框架在网站开发过程中，前端页面提取父模板的方法和子模板如何继承父模板。同时也演示了网站底部“关于我们”模块的编写方法，该模块主要用于介绍公司信息以及联系方式等。如果信息内容较多，则使用左侧 Tab 栏的形式将内容拆分为几个 Tab 的形式。

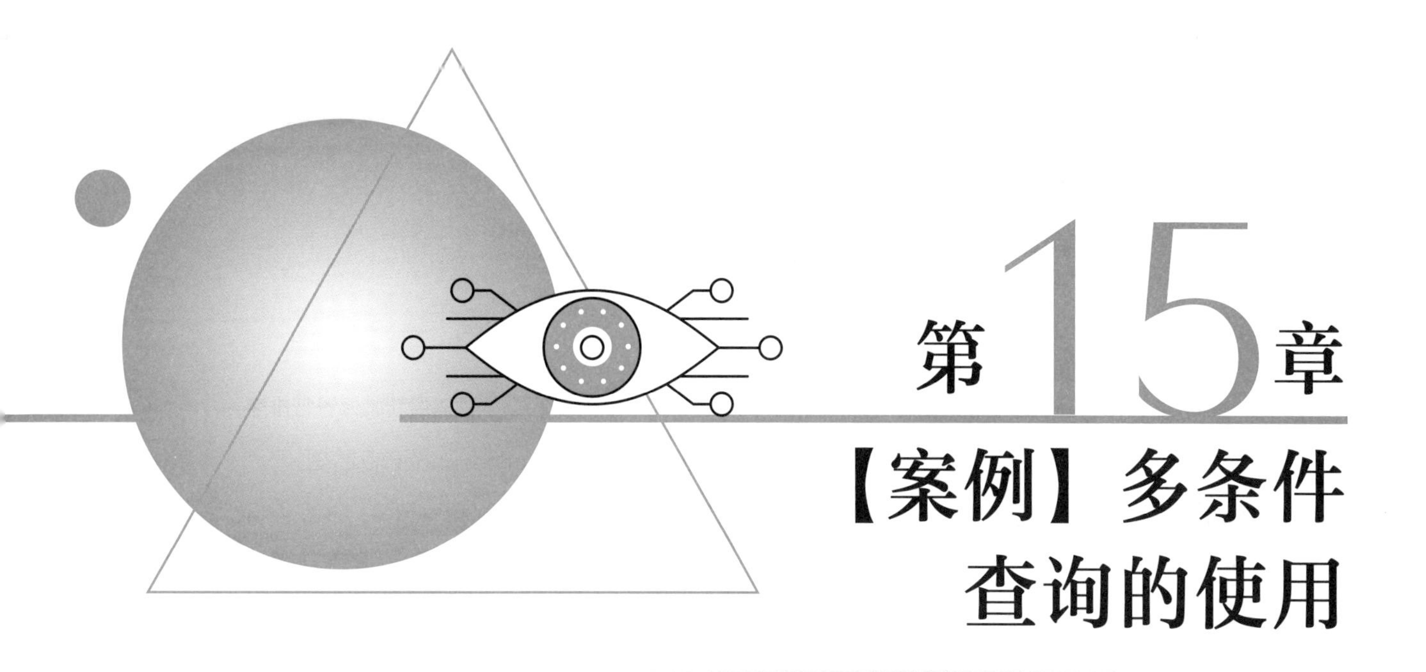

第15章 【案例】多条件查询的使用

在筛选数据时，如果事物存在多个属性，那么经常会使用多条件查询来筛选数据。例如在京东商城搜索图书时，可以根据品牌、图书分类和出版社等条件搜索图书，需要注意的是这些搜索条件需要同时满足。此外，还可以在此基础上根据销量、评论数和价格等信息进行排序。那么本章将以筛选酒店信息和学生选课为例，讲解如何使用 Flask-SQLAlchemy 实现多条件查询。

15.1 案例效果预览

如图 15.1 所示为全部酒店信息展示，图 15.2 为筛选五星级酒店后的页面，图 15.3 为根据最新装修进行排序的显示页面。

127.0.0.1:5000/hotel

档次:	三星级	四星级	五星级
品牌:	漫步时光	五环	和颐
特色:	舒适型	居家型	高档型

口碑↓ 价格↓ 最近装修↓ 重置

¥536.0元起

¥562.0元起

¥334.0元起

¥463.0元起

图 15.1 全部酒店信息

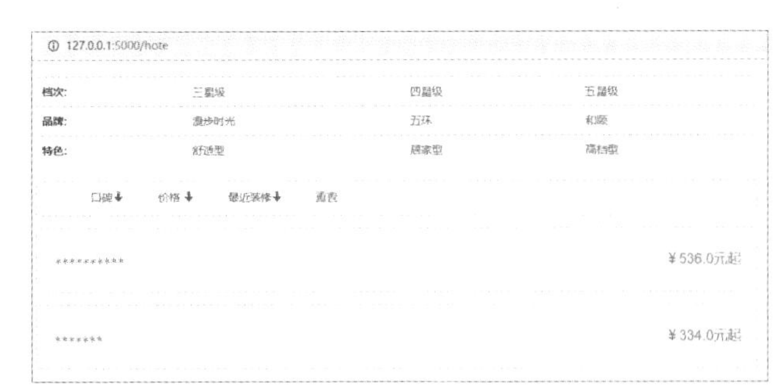

图 15.2 筛选五星级酒店

图 15.3 根据最新装修进行排序

图 15.4～图 15.6 分别为 students 表数据、classes 表数据、student_identifier 表数据。

id	name	email
1	Andy	694798056@qq.com
2	Jack	jack@qq.com
3	Kobe	kobe@qq.com

图 15.4 students 表数据

id	name
1	English
2	Chinese

图 15.5 classes 表数据

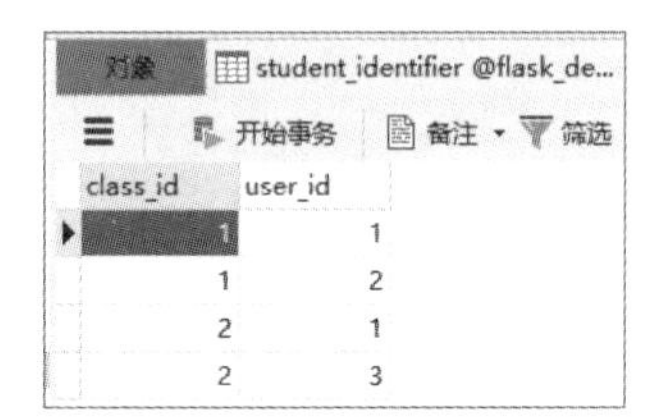

class_id	user_id
1	1
1	2
2	1
2	3

图 15.6 student_identifier 表数据

15.2 案例准备

- 操作系统：Windows 7 或 Windows 10。
- 语言：Python 3.7。
- 开发环境：PyCharm。
- 第三方模块：PyMySQL、Flask_SQLAlchemy、Flask。

15.3 业务流程

在使用 Flask_SQLAlchemy 进行多条件查询前，需要先了解实现该业务的主要流程，根据需求设计出如图 15.7 所示的业务流程图。

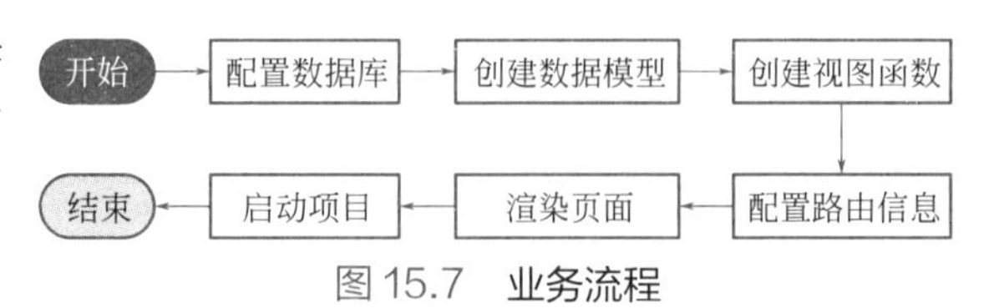

图 15.7 业务流程

15.4 实现过程

数据对象之间存在各种关系，包括一对一、一对多 / 多对一、多对多等。数据对象关系越复杂，实现查询功能的代码就越烦琐，可读性越差。

15.4.1 概述

本章将通过以下两个实例来演示 Flask-SQLAlchemy 多条件查询的用法：

① 旅游网站筛选酒店信息时，用户可以根据“档次”“品牌”和“特色”3 个条件同时筛选酒店，并且可以根据“品牌”或“价格”或“最近装修”3 个属性进行排序。

② 学生选课时，一个学生可以选择多门课程，如图 15.8 所示；一门课程同时可以被多个学生选择，

如图 15.9 所示。这是一种典型的多对多关系，为了实现多条件查询，就需要合理的设计表结构，才能轻松实现通过课程查询所有学生或通过学生查询他参与的课程。

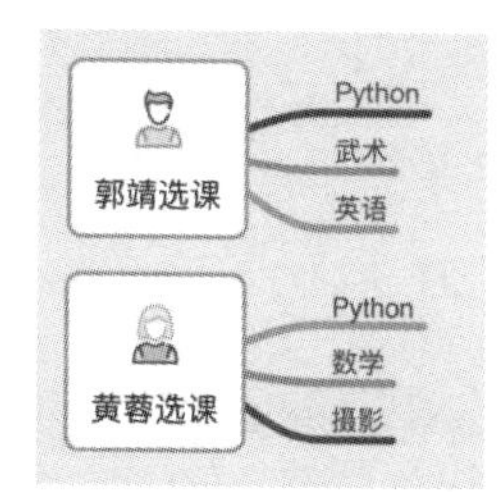

图 15.8　一名学生可以选择多门课程

图 15.9　多名学生可以选择同一门课程

15.4.2　筛选酒店信息

实现步骤如下：

① 创建 Hotel 数据模型。关键代码如下：

```
01 class Hotel(db.Model):
02     ''' Hotel 表模型 '''
03     __tablename__ = 'hotel'                                    # 表名
04     id = db.Column(db.Integer,primary_key=True)                # 主键 ID
05     name = db.Column(db.String(64))                            # 名称
06     level = db.Column(db.Integer)                              # 等级
07     brand = db.Column(db.String(64))                           # 品牌
08     features = db.Column(db.String(64))                        # 特色
09     score = db.Column(db.Float)                                # 评分
10     price = db.Column(db.Float)                                # 最低价
11     decorate_time = db.Column(db.Date)                         # 装修日期
```

② 创建 index() 视图函数。在该函数中，依次判断用户是否单击“档次”“品牌”和“特色”3 个筛选条件。如果已经单击，则将筛选条件加入 condition。接下来，使用 order_by() 函数判断用户根据什么条件进行排序。关键代码如下：

```
01 @app.route('/hotel')
02 def index():
03     # 获取所有品牌并去重
04     brand_list = db.session.query(Hotel.brand).distinct()
05     # 获取所有酒店特色并去重
06     features_list = db.session.query(Hotel.features).distinct()
07     condition = (Hotel.id > 0)
08     # 根据条件筛选酒店信息
09     if request.args.get('level'):  # 档次
10         level = request.args.get('level')
11         condition = and_(condition,Hotel.level==level)
12     if request.args.get("brand"): # 品牌
13         brand = request.args.get('brand')
14         condition = and_(condition, Hotel.brand==brand)
15     if request.args.get("features"): # 特色
16         features = request.args.get("features")
17         condition = and_(condition, Hotel.features==features)
18     # 排序方式
19     if request.args.get("tag"):
20         order_string = request.args.get("tag") + ' desc'
21     else :
22         order_string = 'id desc'
23     hotel = Hotel.query.filter(condition).order_by(order_string) # 执行查询
24     return render_template('hotel.html',hotel=hotel,brand_list=brand_list,
25                                         features_list=features_list)
```

③ 创建 hotel.html 模板文件。在该文件中引入自定义的 main.js 文件，主要实现 matchUrl() 函数。matchUrl() 函数会根据用户单击的筛选条件拼接 URL，然后根据 URL 展示不同的查询结果。关键代码如下：

```
01 <body class="container">
02     <table class="table" >
03       <tbody>
04         <tr>
05           <th scope="row">档次：</th>
06             <td><a href="javascript:;" onclick="matchUrl('level',3)">三星级</a></td>
07             <td><a href="javascript:;" onclick="matchUrl('level',4)">四星级</a></td>
08             <td><a href="javascript:;" onclick="matchUrl('level',5)">五星级</a></td>
09         </tr>
10         <tr>
11           <th scope="row">品牌：</th>
12             {% for item in brand_list %}
13             <td>
14                 <a href="javascript:;" onclick="matchUrl('brand','{{item.brand}}')">
15                 {{ item.brand }}
16                 </a>
17             </td>
18             {% endfor %}
19         </tr>
20         <tr>
21           <th scope="row">特色：</th>
22             {% for item in features_list %}
23             <td>
24                 <a href="javascript:;" onclick="matchUrl('features','{{item.features}}')">
25                 {{ item.features }}
26                 </a>
27             </td>
28             {% endfor %}
29         </tr>
30       </tbody>
31     </table>
32     <div class="rank-style">
33         <span class="rank">
34             <a href="javascript:;" onclick="matchUrl('tag','score')">
35             口碑<span class="glyphicon glyphicon-arrow-down"></span>
36             </a>
37         </span>
38         <span class="rank">
39             <a href="javascript:;" onclick="matchUrl('tag','price')">价格
40             <span class="glyphicon glyphicon-arrow-down"></span> </a>
41         </span>
42         <span class="rank">
43             <a href="javascript:;" onclick="matchUrl('tag','decorate_time')">
44             最近装修<span class="glyphicon glyphicon-arrow-down"></span>
45             </a>
46         </span>
47         <span class="rank"><a href="/hotel" class="reset">重置</a></span>
48     </div>
49     <div class="content">
50         {% for item in hotel %}
51         <div class="hotel">
52             <h4 class="hotel-name">{{item.name}} <span class="hotel-price">¥{{item.price}}元起</span></h4>
53         </div>
54         {% endfor %}
55     </div>
56 </body>
```

④ 启动虚拟环境，运行命令“python run.py”。运行成功后，在浏览器中输入“127.0.0.1:5000/hotel”，即可进入酒店筛选页面，显示酒店全部信息，页面运行效果如图 15.1 所示。单击“五星级”，显

示所有五星级酒店，运行效果如图 15.2 所示。单击“最近装修”按钮，根据装修时间进行排序，运行效果如图 15.3 所示。

15.4.3 学生选课系统

通常使用 ORM 技术来处理数据关系模型。ORM(object relational mapper) 对象关系映射，是指将面向对象的方法映射到数据库中的关系对象中。使用 ORM 操作数据库时不需要关心 SQL 的处理细节，一个基本关系对应一个类，而一个实体对应类的实例对象，通过调用方法来操作数据库。

Flask 提供了一个 ORM 扩展 Flask-SQLAlchemy，使用它可以轻松实现以上关系模型。下面，以关系模型中较为复杂的多对多关系为例，介绍如何使用 Flask-SQLAlchemy 实现多对多关系插入数据。

以多对多关系为例，需要定义 2 个对象模型 Student 和 Class 以及 1 个关联表 student_identifier。关联表不存储数据，只用来存储 2 个对象模型的外键对应关系。导入 Flask-Script 扩展，使用 Manager 对象添加命令，然后在设置的回调函数中添加对象。

创建一个 run.py 文件，代码如下：

```
01 from flask import Flask
02 from flask_sqlalchemy import SQLAlchemy
03 import pymysql
04 from flask_script import Manager,Shell
05
06 app = Flask(__name__) # 实例化 Flask 对象
07 # 基本配置
08 app.config['SQLALCHEMY_TRACK_MODIFICATIONS'] = True
09 app.config['SQLALCHEMY_DATABASE_URI'] = (
10         'mysql+pymysql://root:root@localhost/flask_demo'
11         )
12
13 db = SQLAlchemy(app)   # 实例化 SQLAlchemy
14 manager = Manager(app) # 实例化 Manager 类
15
16 def make_shell_context():
17     ''' 回调函数 '''
18     return dict(app=app,db=db,Student=Student,Class=Class)
19
20 manager.add_command("shell",Shell(make_context=make_shell_context)) # 添加 Shell 命令
21
22 # 学生和课程关系
23 student_identifier = db.Table('student_identifier',
24     db.Column('class_id', db.Integer, db.ForeignKey('classes.id')), # 关联外键
25     db.Column('user_id', db.Integer, db.ForeignKey('students.id'))   # 关联外键
26 )
27
28 # 学生数据模型
29 class Student(db.Model):
30     __tablename__ = 'students' # 表名
31     id = db.Column(db.Integer, primary_key=True) # 学生 ID
32     name = db.Column(db.String(64)) # 学生名称
33     email = db.Column(db.String(128), unique=True) # 学生邮箱
34
35
36 # 课程数据模型
37 class Class(db.Model):
38     __tablename__ = 'classes' # 表名
39     id = db.Column(db.Integer, primary_key=True) # 班级 ID
40     name = db.Column(db.String(128), unique=True) # 班级名称
41     students = db.relationship("Student",secondary=student_identifier) # 映射关系
42
43 if __name__ == "__main__":
44     manager.run() # 启动项目
```

在项目目录下，运行“python run.py shell”命令，然后在命令行下方输入如下命令：

```
>>> db                                                  # 查看 db 对象
<SQLAlchemy engine=mysql+pymysql://root:***@localhost/flask_demo?charset=utf8>
>>> db.create_all()                                     # 创建数据表
>>> s1 = Student(name="Andy",email="694798056@qq.com")  # 创建第一个 Student 对象
>>> s2 = Student(name="Jack",email="jack@qq.com")       # 创建第二个 Student 对象
>>> s3 = Student(name="Kobe",email="kobe@qq.com")       # 创建第三个 Student 对象
>>> c1 = Class(name='English')          # 创建第一个 Class 对象
>>> c2 = Class(name='Chinese')          # 创建第二个 Class 对象
>>> c1.students.append(s1)              # 将第一个 Student 对象加入到第一个 Class 对象中
>>> c1.students.append(s2)              # 将第二个 Student 对象加入到第一个 Class 对象中
>>> c2.students.append(s1)              # 将第一个 Student 对象加入到第二个 Class 对象中
>>> c2.students.append(s3)              # 将第三个 Student 对象加入到第二个 Class 对象中
>>> db.session.add(c1)                  # 添加到数据库
>>> db.session.add(c2)                  # 添加到数据库
>>> db.session.commit()                 # 提交数据库
>>> c1.students                         # 获取第一个 Class 对象的所有学生
[<Student 1>, <Student 2>]
>>> c2.students                         # 获取第二个 Class 对象的所有学生
[<Student 1>, <Student 3>]
```

运行完成后，使用 MySQL 可视化工具查看表结构，如图 15.4、图 15.5 和图 15.6 所示。

15.5 关键技术

本章“学生选课系统”案例关键技术是 PyMySQL 模块和 Flask_SQLAlchemy 模块。PyMySQL 模块是 Python 专门用于操作 MySQL 数据库的模块，主要包括连接数据库、创建游标、执行 SQL 语句等。同时还需使用 Flask_SQLAlchemy 模块创建合适的数据模型，关键部分代码如下：

```
01 app = Flask(__name__) # 实例化 Flask 对象
02 # 基本配置
03 app.config['SQLALCHEMY_TRACK_MODIFICATIONS'] = True
04 app.config['SQLALCHEMY_DATABASE_URI'] = (
05         'mysql+pymysql://root:root@localhost/flask_demo'
06         )
07
08 db = SQLAlchemy(app)   # 实例化 SQLAlchemy
09
10 # 学生和课程关系
11 student_identifier = db.Table('student_identifier',
12     db.Column('class_id', db.Integer, db.ForeignKey('classes.id')), # 关联外键
13     db.Column('user_id', db.Integer, db.ForeignKey('students.id'))   # 关联外键
14 )
```

小结

通过本章案例的学习，读者能够了解 PyMySQL 模块操作数据库和 Flask_SQLAlchemy 模块创建数据模型等技术。通过合理地使用该模块，可以大大缩减用户挑选商品所花费的时间，提高网站的知名度，更能捕捉用户的确切需求，进行精准营销。

第3篇 Django 框架实战篇

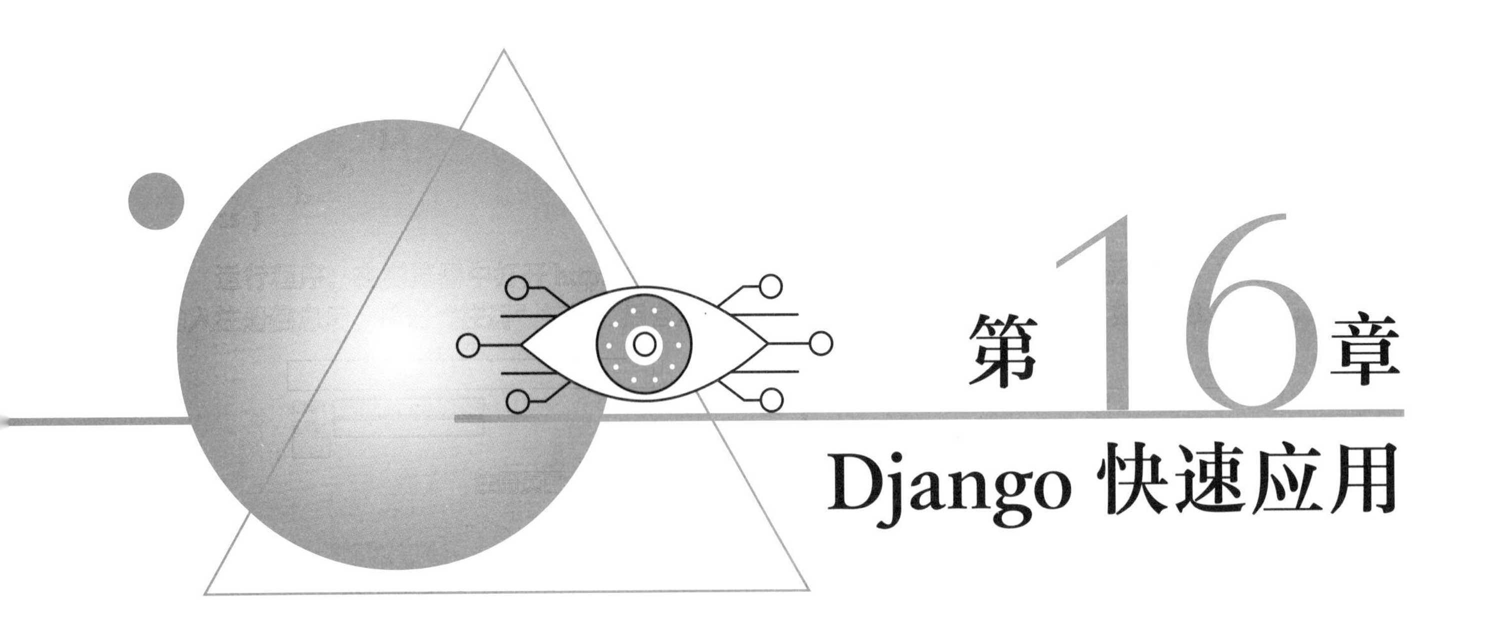

第16章 Django 快速应用

Django 是基于 Python 的重量级开源 web 框架。Django 拥有高度定制的 ORM 和大量的 API，简单灵活的视图编写和优雅的 URL 适于快速开发的模板，强大的管理后台使得它在 Python Web 开发领域占据不可动摇的地位。Instagram、FireFox、国家地理杂志等著名网站都在使用 Django 进行开发。本章就来学习 Django 框架的基础知识。

16.1 使用 Django 框架

学习 Python 需要了解 Python 的语法规则。例如，注释规则、代码缩进、编码规范等。下面将对学习 Python 时首先需要了解的语法规则进行详细介绍。

16.1.1 新版本特性

Django 对 Python 版本的支持一向是很积极的，Django 3.0 只支持 Python 3.6 以上的版本，即 Python 3.6、3.7 和 3.8 等，Django 2.2.X 系列成了最后一个支持 Python 3.5 的系列。

Django 3.0 在数据库支持方面的最大亮点是正式支持了 MariaDB 10.1 及更高版本。对于开发者来说，又多了一种数据库选择，并且 MariaDB 与 MySQL 类似，但是存储引擎类型更多，查询效率更快。

对 ASGI 模式支持可以说是开发者最期待的 Django 3.0 的新功能。ASGI 是异步网关协议接口，是介于网络协议服务和 Python 应用之间的标准接口，能够处理多种通用的协议类型，包括 HTTP、HTTP2 和 WebSocket。

Django 3.0 对 ASGI 模式的支持使得 Django 可以作为原生异步应用程序运维，原有的 WSGI 模式将围绕每个 Django 调用运行单个事件循环，以使异步处理层与同步服务器兼容。

在这个改造的过程中，每个特性都会经历以下三个实现阶段：

① Sync-only，只支持同步，也就是当前的情况。

② Sync-native，原生同步，同时带有异步封装器。

③ Async-native，原生异步，同时带同步封装器。

Django 3.0 可以自定义枚举类型 TextChoices、IntegerChoices 和 Choices 来定义 Field.choices。其中，TextChoices 和 IntegerChoices 类型用于文本和整数字段，Choices 类允许定义其他具体数据类型的兼容枚举。

16.1.2 安装 Django

在多个项目的复杂工作中，常常会碰到使用不同版本的 Python 包，而虚拟环境则会很好地帮助处理各个包之间的隔离问题。virtualenv 是一种虚拟环境，该环境中可以安装 Django。安装命令如下：

```
pip install Django==3.0.4
```

通过以上命令就可以安装 3.0.4 版本的 Django，如图 16.1 所示。

16.2 第一个 Django 项目

本节开始讲解如何使用 Django 3 通过命令的方式创建一个项目。

实例 16.1　使用命令行创建项目

实例位置：资源包 \Code\16\01

在开始之前，首先需要一个保存项目文件的目录，然后在该目录下，创建虚拟环境并安装 Django。接下来在虚拟环境中使用 django-admin 命令创建一个项目：

```
django-admin startproject blog
```

使用 PyCharm 打开 blog 项目，查看目录结构，如图 16.2 所示。

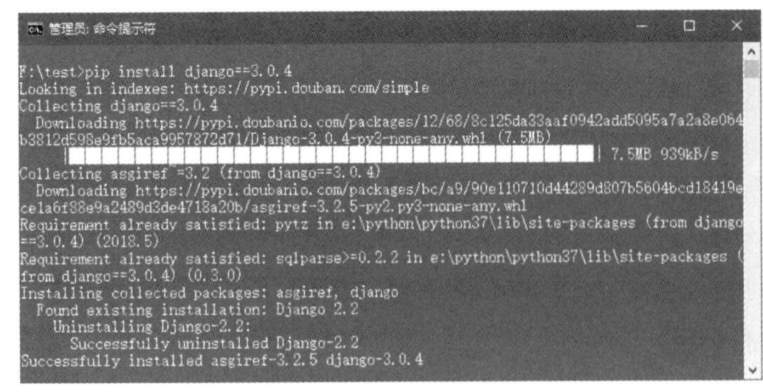

图 16.1 使用 virtualenv 安装 Django

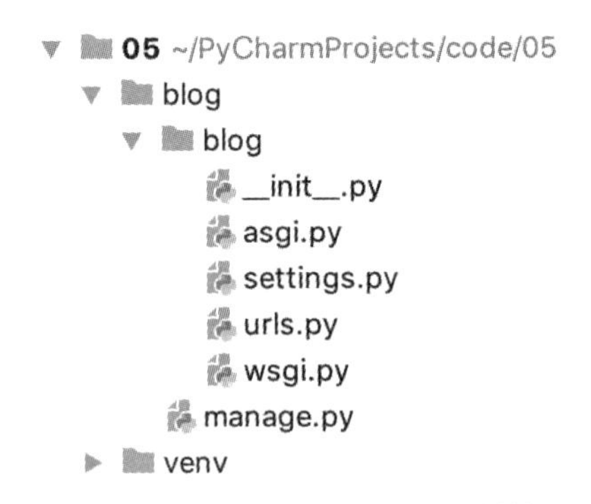

图 16.2 Django 项目目录结构

在生成的目录结构中，venv 目录是虚拟环境，blog 目录是项目名称。项目文件及说明如表 16.1 所示。

表 16.1 Django 项目中的文件及说明

文件	说明
manage.py	Django 程序执行的入口，一个可以用各种方式管理 Django 项目的命令行工具
__init__.py	一个空文件，告诉 Python 这个目录应该被认为是一个 Python 包
asgi.py	作为项目运行在 ASGI 兼容的 Web 服务器上的入口
settings.py	Django 总的配置文件，可以配置 APP、数据库、中间件、模板等诸多选项
urls.py	Django 默认的路由配置文件，可以在其中 include 其他路径下的 urls.py
wsgi.py	Django 实现的 WSGI 接口的文件，用来处理 web 请求

创建完项目以后，进入到 blog 目录，使用如下命令来运行项目：

```
python manage.py runserver
```

运行命令及运行结果如图 16.3 所示。

```
Terminal:  Local ×  +
(venv) (base) andy:05 andy$ cd blog
(venv) (base) andy:blog andy$ python manage.py runserver
Watching for file changes with StatReloader
Performing system checks...

System check identified no issues (0 silenced).

You have 17 unapplied migration(s). Your project may not work properly until you apply the migrations for app(s): admin, auth, contenttypes, sessions.
Run 'python manage.py migrate' to apply them.

March 13, 2020 - 01:43:33
Django version 3.0.4, using settings 'blog.settings'
Starting development server at http://127.0.0.1:8000/
Quit the server with CONTROL-C.
```

图 16.3 运行项目

从图 16.3 中可以看到开发服务器已经开始监听 8000 端口的请求了。此时，在浏览器中输入网址 http://127.0.0.1:8000 即可看到一个 Django 首页，如图 16.4 所示。

16.3 创建 Django 应用

在 Django 项目中，推荐使用应用来完成不同模块的任务。一个项目中可以包含多个应用，而一个应用也可以在多个项目中使用。在 Django 中，每一个应用都是一个 Python 包，并且遵循着相同的约定。

Django 自带一个工具，可以生成应用的基础目录结构。

Django 创建一个应用非常简单，如果服务已经启动，先按下 <control + c> 键关闭服务，然后执行如下命令创建一个 article 应用：

```
python manage.py startapp article
```

此时，blog 目录下又多了一个 article 目录，如图 16.5 所示。

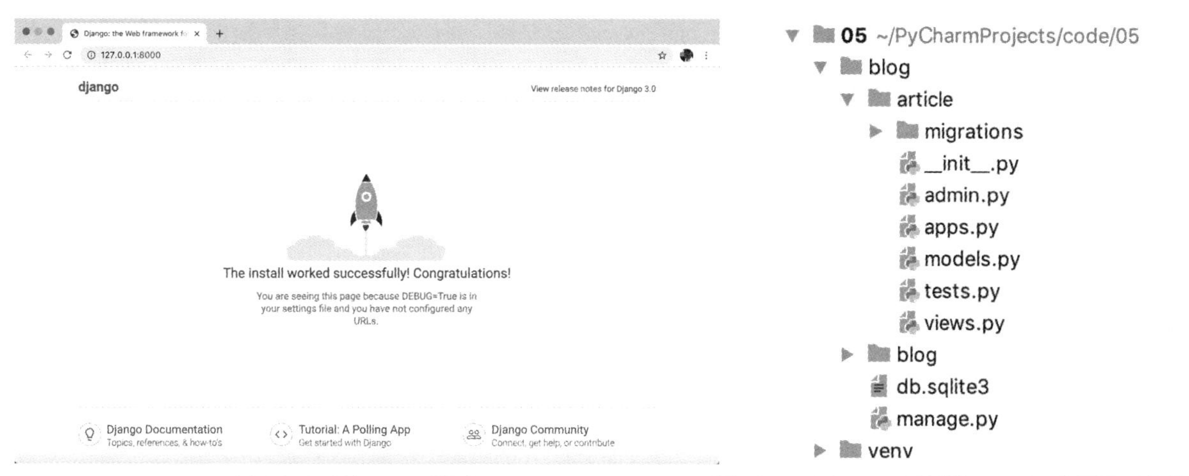

图 16.4　Django 首页　　　图 16.5　Django 项目的 article 应用目录结构

article 应用的文件及说明如表 16.2 所示。

表 16.2　article 应用目录下的文件及说明

文件	说明
__init__.py	一个空文件，告诉 Python 这个目录应该被认为是一个 python 包
migrations	执行数据库迁移生成的脚本
admin.py	配置 Django 管理后台的文件
apps.py	单独配置添加的每个 app 的文件
models.py	创建数据库数据模型对象的文件
tests.py	用来编写测试脚本的文件
views.py	用来编写视图控制器的文件

创建完 article 应用以后，它不会立即生效，需要在项目配置文件 blog/settings.py 中激活应用。代码如下：

```
01 INSTALLED_APPS = [
02     'django.contrib.admin',
03     'django.contrib.auth',
04     'django.contrib.contenttypes',
05     'django.contrib.sessions',
06     'django.contrib.messages',
07     'django.contrib.staticfiles',
08     'article.apps.ArticleConfig',  # 新增代码，激活 article 应用
09 ]
```

通常，INSTALLED_APPS 默认包括了以下 Django 的自带应用，自带应用说明如下：

- django.contrib.admin：管理员站点。

- django.contrib.auth： 认证授权系统。
- django.contrib.contenttypes： 内容类型框架。
- django.contrib.sessions： 会话框架。
- django.contrib.messages： 消息框架。
- django.contrib.staticfiles： 管理静态文件的框架。

这些应用被默认启用是为了给常规项目提供方便。

16.4 URL 组成部分

URL 是 uniform resource locator 的简写，译为统一资源定位符。

一个 URL 通常由以下几部分组成：

```
scheme://host:port/path/?query-string=xxx#anchor
```

- scheme： 代表的是访问的协议，一般为 http 或者 https 以及 ftp 等。
- host： 主机名 / 域名，比如 www.cocpy.com。
- port： 端口号。当你访问一个网站的时候，浏览器默认使用 80 端口。
- path： 查找路径。例：www.cocpy.com/article/9，后面的 article/9 就是 path。
- query-string： 查询字符串。例：www.baidu.com/s?wd=cocpy，后面的 wd=cocpy 就是查询字符串。
- anchor： 锚点。是前端用来做页面定位的。

URL 中的所有字符都是 ASCII 字符集，如果出现非 ASCII 字符，比如中文，浏览器会进行编码再进行传输。

16.5 路由

URL 是 Web 服务的入口，用户通过浏览器发送过来的任何请求，都要发送到一个指定的 URL 地址，然后服务器会将响应返回给浏览器。路由就是用来处理 URL 和函数之间关系的调度器。

Django 的路由流程如下：

① 查找全局 urlpatterns 变量，即 blog/urls.py 文件中定义的 urlpatterns 变量。

② 按照先后顺序，对 URL 逐一匹配 urlpatterns 列表中的每个元素。

③ 找到第一个匹配时停止查找，根据匹配结果执行对应的处理函数。

④ 如果没有找到匹配或出现异常，Django 进行错误处理。

16.5.1 路由形式

Django 可支持以下形式的路由。

① 精确字符串格式。一个精确 URL 匹配一个操作函数；是最简单的形式，适合对静态 URL 的响应；URL 字符串不以“/”开头，但要以“/”结尾，例如：

```
path('admin/', admin.site.urls),
path('articles/', views.article_list),
```

② 路径转换器格式。通常情况下，在匹配 URL 的同时，通过 URL 进行参数获取和传递。格式如下：

```
<类型：变量名>,articles/<int:year>/
```

例如：

```
path('articles/<int:year>/', views.year_archive),
path('articles/<int:year>/<int:month>/', views.month_archive),
path('articles/<int:year>/<int:month>/<slug:slug>/', views.article_detail)
```

表 16.3 提供了一些常用的格式转换类型说明。

表 16.3　格式转换类型说明

格式转换类型	说明
str	匹配除分隔符（/）外的非空字符，默认类型 <year> 等价于 <str:year>
int	匹配 0 和正整数
slug	匹配字母、数字、横杠、下划线组成的字符串，str 的子集
uuid	匹配格式化的 UUID，如 075194d3-6885-417e-a8a8-6c931e272f00
path	匹配任何非空字符串，包括路径分隔符，且是全集

实例 16.2　定义路由并创建路由函数

实例位置：资源包 \Code\16\02

在 blog/urls.py 文件中创建路由，代码如下：

```
01 from django.contrib import admin
02 from django.urls import path,re_path      # 导入 path 和 re_path
03 from . import views                       # 导入自定义的 views 模块
04
05 urlpatterns = [
06     path('admin/', admin.site.urls),
07     path('articles/', views.article_list),
08     path('articles/<int:year>/', views.year_archive),
09     path('articles/<int:year>/<int:month>/', views.month_archive),
10     path('articles/<int:year>/<int:month>/<slug:slug>/', views.article_detail)
11 ]
```

上述代码中从当前目录中导入了 views.py 文件，接下来在当前目录下创建 views.py 文件。在 views.py 文件中创建路由中的函数，代码如下：

```
01 from django.http import HttpResponse
02
03 def article_list(request):
04     return HttpResponse('article_list 函数 ')
05
06 def year_archive(request,year):
07     return HttpResponse(f'year_archive 函数接受参数 year:{year}')
08
09 def month_archive(request,year,month):
10     return HttpResponse(f'month_archive 函数接受参数 year:{year},month:{month}')
11
12 def article_detail(request,year,month,slug):
13     return HttpResponse(f'article_detail 函数接受参数
14                         year:{year},month:{month},slug:{slug}')
```

启动服务，在浏览器中输入网址 http://127.0.0.1:8000/articles/，结果如下：

```
article_list 函数
```

输入网址 http://127.0.0.1:8000/articles/2020/，结果如下：

```
year_archive 函数接受参数 year:2020
```

输入网址 http://127.0.0.1:8000/articles/2020/05，结果如下：

```
month_archive 函数接受参数 year:2020,month:5
```

输入网址 http://127.0.0.1:8000/articles/2020/05/python/，结果如下：

```
article_detail 函数接受参数 year:2020,month:5,slug:python
```

③正则表达式格式。如果路径和转化器语法不能很好地定义 URL 模式，也可以使用正则表达式。使用表达式定义路由时，需要使用 re_path() 而不是 path()。

在 Python 正则表达式中，命名正则表达式组的语法格式如下：

```
(?P<name>pattern)
```

其中 name 是组名，pattern 是要匹配的模式。

现在用正则表达式重写前面定义的路由，代码如下：

```
01 from django.urls import path, re_path
02
03 from . import views
04
05 urlpatterns = [
06     path('articles/list/', views.article_list),
07     re_path(r'^articles/(?P<year>[0-9]{4})/$', views.year_archive),
08     re_path(r'^articles/(?P<year>[0-9]{4})/(?P<month>[0-9]{2})/$',
09               views.month_archive),
10     re_path(r'^articles/(?P<year>[0-9]{4})/(?P<month>[0-9]{2})/(?P<slug>[\w-]+)/$',
11                 views.article_detail),
12 ]
```

16

注意

正则匹配使用的“?P”中字母 P 需要大写。

16.5.2 include 的使用

在开发过程中，随着项目复杂度增加，定义的路由也会越来越多，如果全部路由都定义在 blog/urls.py 文件的 urlpatterns 变量中，代码会特别凌乱。此时，可以将前缀内容相同的路由设置为一组，然后使用 include() 函数包含分组的路由。

例如，将 blog/urls.py 文件中包含“articles/”前缀的路由作为一组，修改 blog/urls.py 文件，代码如下：

```
01 from django.urls import path,include     # 导入 path 和 include
02
03 urlpatterns = [
04     path('admin/', admin.site.urls),
05     path('articles/', include('article.urls'))
06 ]
```

在上面的代码中，使用 include() 函数引入了 article.urls 模块，所以需要在 article 目录下创建一个 urls.py 文件，代码如下：

```
01 from django.urls import path      # 导入 path
02 from . import views               # 导入自定义的 views 模块
03
```

```
04 urlpatterns = [
05 path('', views.article_list),
06 path('<int:year>/', views.year_archive),
07 path('<int:year>/<int:month>/', views.month_archive),
08 path('<int:year>/<int:month>/<slug:slug>/', views.article_detail)]
```

接下来，需要在 article 目录下创建一个 views.py 文件，代码如下：

```
01 from django.http import HttpResponse
02
03 def article_list(request):
04     return HttpResponse('article_list 函数 ')
05
06 def year_archive(request,year):
07     return HttpResponse(f'year_archive 函数接受参数 year:{year}')
08
09 def month_archive(request,year,month):
10     return HttpResponse(f'month_archive 函数接受参数 year:{year},month:{month}')
11
12 def article_detail(request,year,month,slug):
13     return HttpResponse(f'article_detail 函数接受参数 year:{year},month:{month},slug:{slug}')
14
15 def article_re(request,year):
16     return HttpResponse(f" 正则表单式 year is{year}")
```

16.6 管理后台

Django 提供了一个非常强大的管理后台，只需要几行命令就可以生成一个后台管理系统。

在终端执行以下命令来创建一个管理员账号：

```
python manage.py createsuperuser  # 按照提示输入账户和密码，密码强度符合一定的规则要求
```

效果如图 16.6 所示。

```
(venv) (base) andy:blog andy$ python manage.py createsuperuser
Username (leave blank to use 'andy'): mrsoft
Email address: mr@mrsoft.com
Password:
Password (again):
The password is too similar to the username.
This password is too short. It must contain at least 8 characters.
Bypass password validation and create user anyway? [y/N]: y
Superuser created successfully.
```

图 16.6　为 Django 项目管理员创建账户和密码

说明

如果用户名和密码相同，Django 会提示相关信息。此外，Django 会提示密码至少需要 8 个字符，但是用户可以忽略这些提示。

创建完成后，重新启动服务器，在浏览器中访问网址 http://127.0.0.1:8000/admin, 即可访问 Django 提供的项目后台登录页，如图 16.7 所示。

使用刚刚创建的用户名和密码登录，即可看到后台的管理界面，如图 16.8 所示。

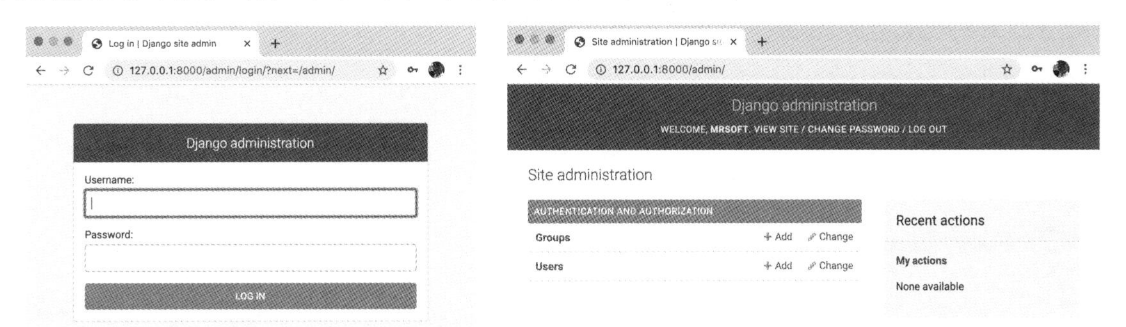

图 16.7　Django 项目后台登录界面

图 16.8　Django 项目后台管理界面

定义好数据模型，就可以配置管理后台了。修改 article/admin.py 配置文件，在 admin.py 文件中，创建 UserAdmin 和 ArticleAdmin 后台控制模型类，全部继承 admin.ModelAdmin 类，并设置属性。最后将数据模型绑定到管理后台，代码如下：

```
01 from django.contrib import admin
02 from article.models import User,Article
03
04 class UserAdmin(admin.ModelAdmin):
05     """
06     创建 UserAdmin 类，继承于 admin.ModelAdmin
07     """
08     #  配置展示列表，在 User 版块下的列表展示
09     list_display = ('username', 'email')
10     # 配置过滤查询字段，在 User 版块下的右侧过滤框
11     list_filter = ('username', 'email')
12     # 配置可以搜索的字段，在 User 版块下的右侧搜索框
13     search_fields = (['username','email'])
14
15 class ArticleAdmin(admin.ModelAdmin):
16     """
17     创建 UserAdmin 类，继承于 admin.ModelAdmin
18     """
19     #  配置展示列表，在 User 版块下的列表展示
20     list_display = ('title', 'content','publish_date')
21     # 配置过滤查询字段，在 User 版块下的右侧过滤框
22     list_filter = ('title',)  # list_filter 应该是列表或元组
23     # 配置可以搜索的字段，在 User 版块下的右侧搜索框
24     search_fields = ('title',) # search_fields 应该是列表或元组
25
26 # 绑定 User 模型到 UserAdmin 管理后台
27 admin.site.register(User, UserAdmin)
28 # 绑定 Article 模型到 ArticleAdmin 管理后台
29 admin.site.register(Article, ArticleAdmin)
```

配置完成后，启动开发服务器，在浏览器中再次输入网址 127.0.0.1:8000/admin/, 将会在后台面板中新增一个 ARTICLE 类管理，下面有 Articles 和 Users 2 个模型。运行结果如图 16.9 所示。

选中一个模型，可以实现对模型的增查改删等相应操作。例如，单击“Articles”模型右侧的“Add”按钮，即可执行新增文章信息的操作，如图 16.10 所示。

在新增文章页面，会显示 User 选项。因为一个用户可以发布多篇文章，而一篇文章只属于一个用户，所以 User 类和 Article 类是一对多的关系。在创建数据模型时，通过在 Article 类中设置 user = models.ForeignKey(User, on_delete=models.CASCADE)，即可实现模型的一对多关系。

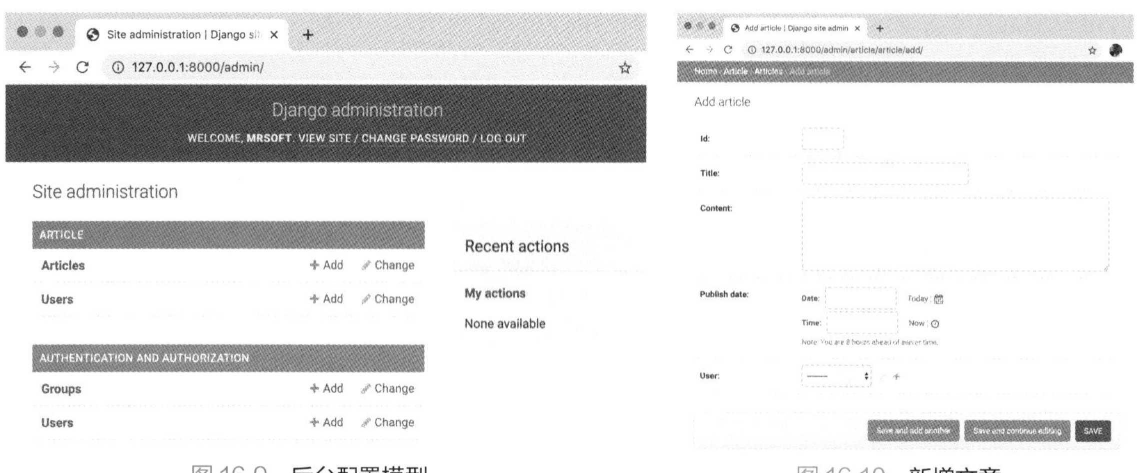

图 16.9　后台配置模型　　　　图 16.10　新增文章

16.7 综合案例——Hello Django

本章讲解了 Django 框架的基础知识，以及如何安装该框架。安装完 Django 之后，就可以使用 Django 自带的管理工具 django-admin 来创建一个项目：

```
django-admin startproject hellodjango
```

然后再使用 PyCharm 打开该项目，并为该项目设置 Python 解释器，然后再通过 PyCharm 自带的终端工具输入启动命令，如图 16.11 所示。

项目成功运行后，就可以在浏览器中输入网址 http://127.0.0.1:8000 看到 Django 首页，如图 16.4 所示。

在项目根目录下的 helloworld 文件夹（urls.py 文件的同级目录）内新建一个 views.py 视图文件用于处理业务逻辑，具体代码如下：

```
01 from django.http import HttpResponse
02
03
04 def get_hello(request):
05     return HttpResponse("Hello Django! ")
```

此时访问项目的主页，是不能看到显示的“Hello Django”信息的，还需要将 url 与刚刚新建的视图绑定起来。打开 urls.py 文件，注释掉原来的代码，将以下代码复制粘贴到 urls.py 文件中：

```
01 from django.contrib import admin
02 from django.urls import path
03 from django.conf.urls import url
04
05 from hellodjango import view  # 导入对应的视图函数
06
07 urlpatterns = [
08     path('admin/', admin.site.urls),
09     url(r'^$', view.get_hello)
10 ]
```

运行程序，结果如图 16.12 所示，首页显示了替换的文字。

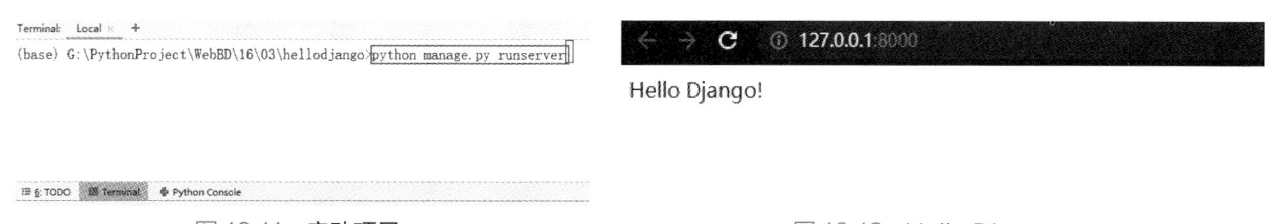

图 16.11 启动项目　　图 16.12 Hello Django

如果使用的 PyCharm 是付费的专业版，也可通过右上角“Add Configuration”按钮或“Edit Configurations”按钮来添加与修改配置。点击该按钮后，会弹出一个配置窗口，选择左上角的“+”来重新添加，并选择 Django server，该选项只有专业版的 PyCharm 才有，如图 16.13 所示。

在 Name 处，为该配置起个名称，勾选“Run browser”，如图 16.14 所示，该配置表明项目在启动后会使用默认浏览器打开首页。

此时，在窗口底部还提示有错误信息，点击右下角的“Fix”按钮来启用 Django 支持。在弹出的新窗口中勾选“Enable Django Support”，并在“Django project root”栏内选择该项目路径，“Settings”栏内选择该项目下的 settings.py 文件，“Manage script”栏内选择该项目下的 manage.py 文件，如图 16.15 所示，然后按顺序点击“Apply”和“OK”两个按钮。

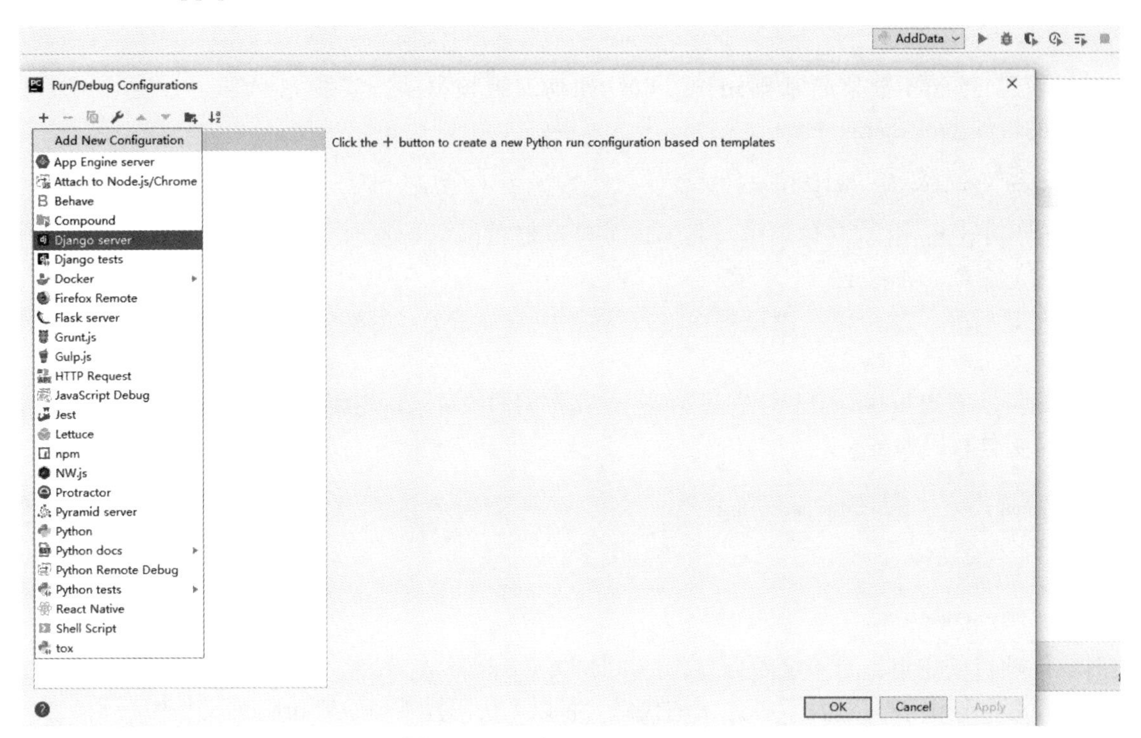

图 16.13　添加 Django server

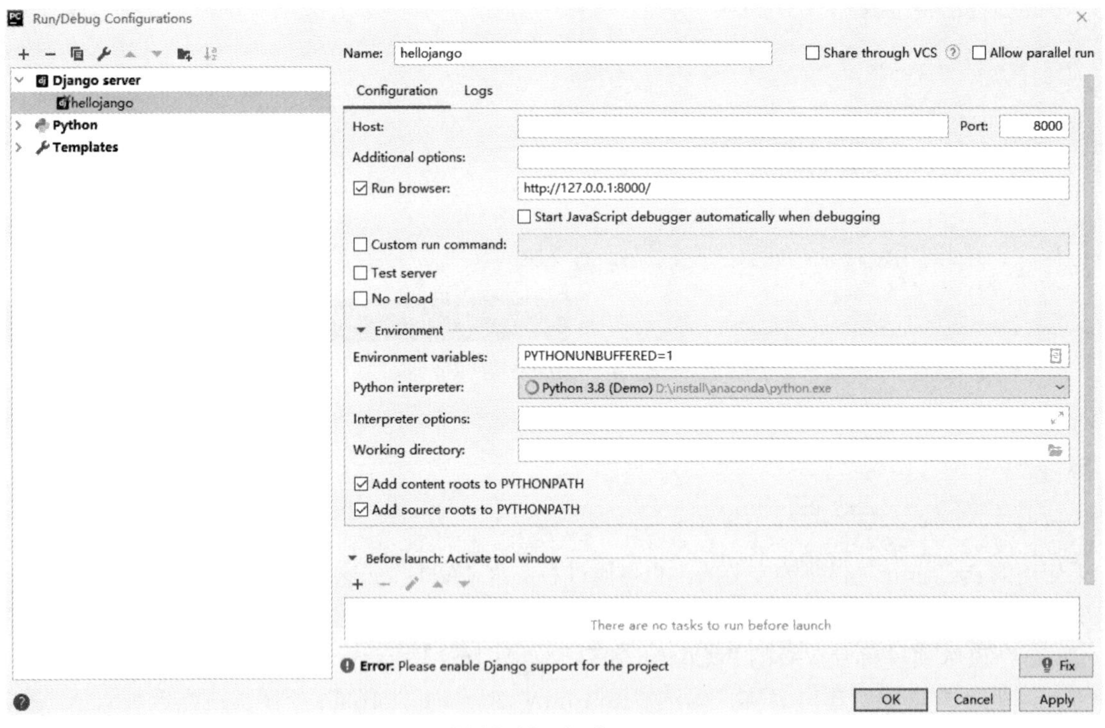

图 16.14　勾选配置

配置完成后，右上角的运行按钮已经不是灰色了，就可像直接运行 Python 文件一样使用 PyCharm 运行该 Django 项目，且项目启动后会使用默认浏览器打开首页。

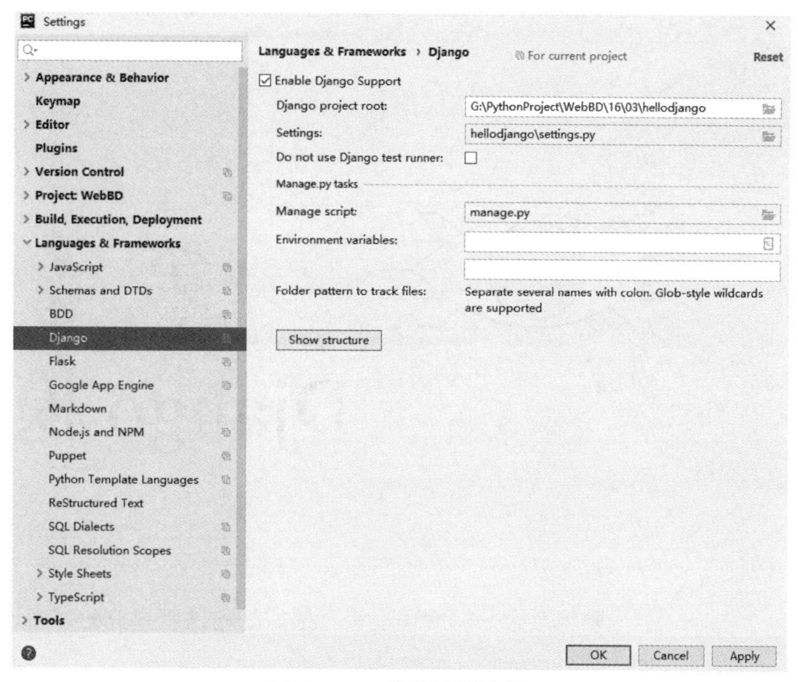

图 16.15　选择配置文件

16.8　实战练习

除了如何创建项目外，本章还讲解了路由相关的信息，通过修改路由规则，就可以在浏览器中输入不同的网址来访问不同的页面。例：通过修改路由规则，在浏览器中输入“http://127.0.0.1:8000/django”才可访问上节案例的页面。如图 16.16 所示。

图 16.16　更改路由规则

小结

本章主要介绍 Django 3.0 框架的基础知识，从实际应用出发，逐步完成一个简单的应用。首先介绍 Django 3.0 框架的新特性，然后安装 Django 3.0 框架，接下来创建项目、创建应用，然后介绍一个 URL 的组成部分，再引出对应的路由信息，最后介绍 Django 强大的后台管理功能。通过本章的学习，将会对 Django3.0 框架有基本的认识，并掌握 Django 框架基础知识，为后续 Django 框架的学习打下良好的基础。

扫码领取

- 教学视频
- 配套源码
- 实战练习答案
- ……

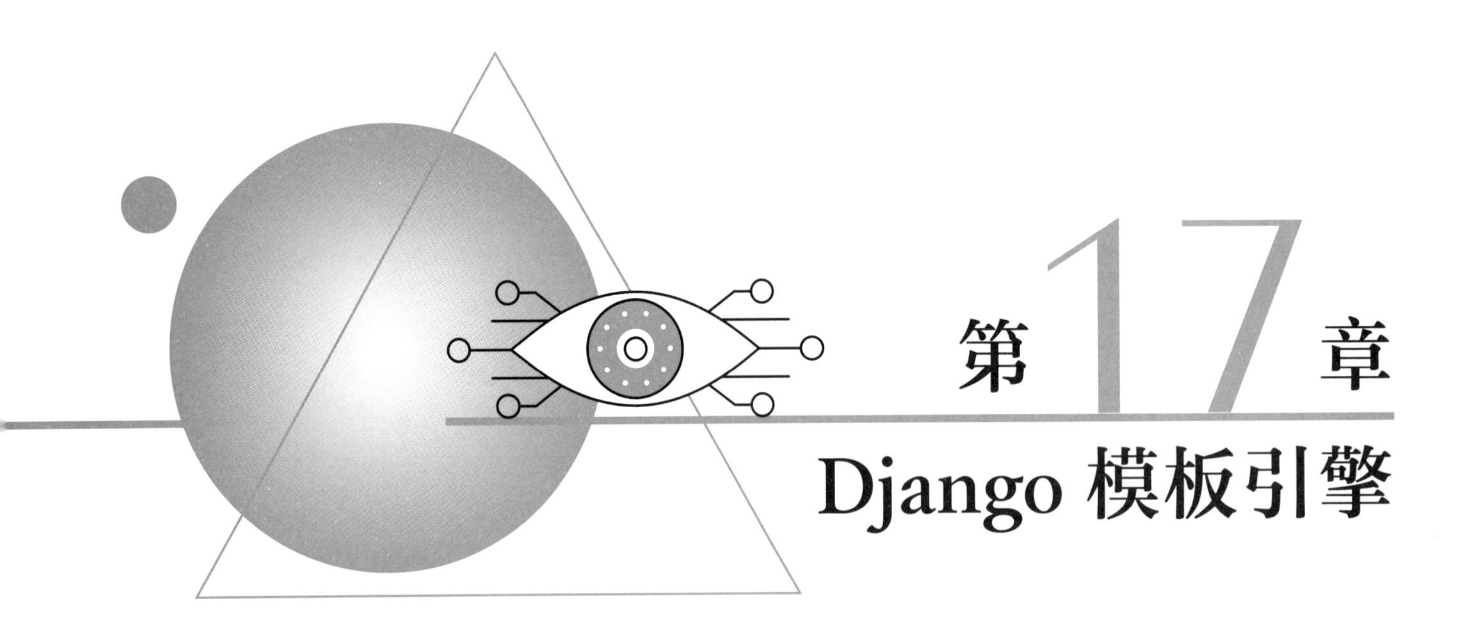

第17章 Django模板引擎

熟练掌握一门编程语言，最好的方法就是充分了解、掌握其基础知识，并亲自体验，多敲代码，熟能生巧。

本章将先对Python的语法特点进行详细介绍，然后再介绍Python中的保留字、标识符、变量、基本数据类型，以及数据类型间的转换，接下来再介绍如何通过输入和输出函数进行交互，最后介绍运算符与表达式。

17.1 DTL 介绍

在上一章的例子中，视图函数返回了一个 HttpResponse 对象，页面的设计都是写在视图函数的代码里的。而在实际生产环境中很少直接返回文本，因为页面大多是带有样式的 HTML 代码，这可以让浏览器渲染出非常漂亮的页面。目前市面上有非常多的模板系统，其中好用且知名的就是 DTL 和 Jinja2。

17.1.1 DTL 简介

DTL 是 Django template language 三个单词的缩写，也就是 Django 自带的模板语言。当然也可以为 Django 配置 Jinja2 等其他模板引擎，但是作为 Django 内置的模板语言，和 Django 可以达到无缝衔接而不会产生一些不兼容的情况。

DTL 模板是一种带有特殊语法的 HTML 文件，这个 HTML 文件可以被 Django 编译，可以传递参数进去，实现数据动态化。在编译完成后，生成一个普通的 HTML 文件，然后发送给客户端，最后再由客户端的浏览器进行渲染。

17.1.2 渲染模板

Django 渲染模板有多种方式，这里重点介绍最常用的两种方式：

① 使用 render_to_string 函数。该函数会首先找到模板，再将模板编译后渲染成 Python 的字符串格式。最后通过 HttpResponse 类包装成一个 HttpResponse 对象返回。示例代码如下：

```
01 from django.template.loader import render_to_string
02 from django.http import HttpResponse
03
04
05 def book_list(request):
06     html = render_to_string("list.html")
07     return HttpResponse(html)
```

② 使用 render 函数。将模板渲染成字符串并包装成 HttpResponse 对象的操作一步完成。示例代码如下：

```
01 from django.shortcuts import render
02
03
04 def book_list(request):
05     return render(request, 'list.html')
```

下面通过一个实例介绍如何使用模板。

实例 17.1 创建并渲染模板

实例位置：资源包 \Code\17\01

①使用 render() 函数渲染模板。代码如下：

```
01 from django.shortcuts import render
02 from article.models import Article,User
03
04 def article_list(request):
05     articles = Article.objects.all() # 从 Article 表中获取数据
06     return render(request,'article_list.html',{"articles": articles}) # 渲染模板
```

上述代码中，从 Article 表中获取全部数据，然后使用 render() 函数渲染模板，设置模板文件为 article_list.html，并传递 articles 变量到模板。

② 后台添加文章内容。由于 Article 表中还没有添加数据，所以需要管理员登录后台，添加 Article 模型数据，如图 17.1 所示。

③ 创建模板文件。Django 默认模板文件路径为“article/templates/”。所以，需要在 blog/article 目录下创建 templates 文件夹，作为模板文件路径。由于 render() 函数中设置模板路径为“article_list.html”。模板文件目录结构如图 17.2 所示。

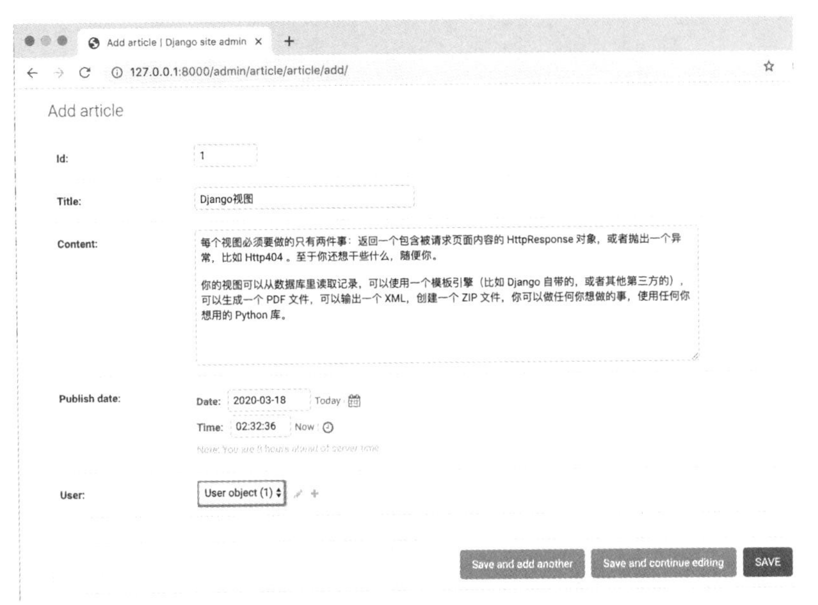

图 17.1　后台添加文章内容

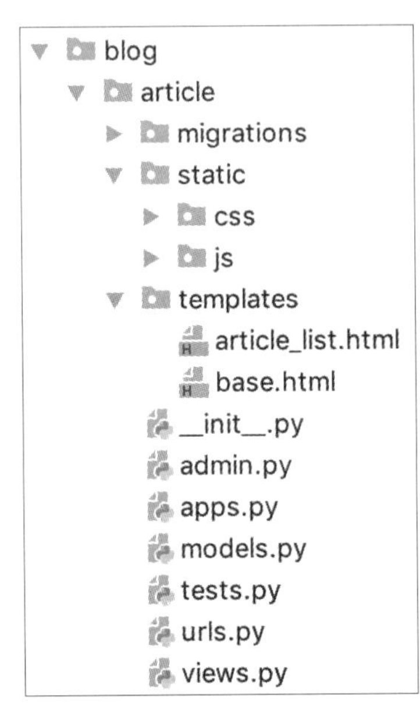

图 17.2　模板文件目录结构

在模板文件路径中，新增了一个 base.html 文件作为父模板，它包含了所有模板的通用信息。在这个文件中，可以引入相同的头部信息和导航栏信息等。base.html 代码如下所示：

```
01 <!DOCTYPE html>
02 <html lang="en">
03 <head>
04     <meta charset="UTF-8">
05     <title>{% block title %}{% endblock %}</title>
06     {% load static %}
07     <link rel="stylesheet" type="text/css" href="{% static 'css/bootstrap.css' %}">
08     <script src="{% static 'js/jquery.js' %}"></script>
09     <script src="{% static 'js/bootstrap.js' %}"></script>
10 </head>
11 <body class="container">
12 <nav class="navbar navbar-expand-sm bg-primary navbar-dark">
13  <!--  省略部分导航栏代码  -->
14 </nav>
15  {% block content %}{% endblock %}
16 </body>
17 </html>
```

接下来，创建“article_list.html”文件作为子模板，代码如下：

```
01 {% extends "base.html" %}
02 {% block title %} 文章列表 {% endblock %}
03 {% block content %}
04 <div style="margin-top:20px">
```

```
05     <h3> 文章列表 </h3>
06     <table class="table table-bordered ">
07       <thead>
08         <tr>
09           <th> 文章 ID</th>
10           <th> 作者 </th>
11           <th> 标题 </th>
12           <th> 发布时间 </th>
13         </tr>
14       </thead>
15       <tbody>
16           {% for article in articles %}
17             <tr>
18               <td>{{ article.id }}</td>
19               <td>{{ article.user.username }}</td>
20               <td>{{ article.title }}</td>
21               <td>{{ article.publish_date | date:'Y-m-d' }}</td>
22             </tr>
23           {% endfor %}
24       </tbody>
25     </table>
26 </div>
27 {% endblock %}
```

Django 模板引擎使用 {%%} 来描述 Python 语句区别于 html 标签，使用 {{}} 来描述 Python 变量。在浏览器中输入网址 http://127.0.0.1:8000/articles/，运行效果如图 17.3 所示。

图 17.3　文章列表页效果

17.1.3　模板路径

在项目的 settings.py 配置文件中，有一个 TEMPLATES 配置，这个配置包含了模板引擎的配置、模板查找路径的配置、模板上下文的配置等。其中模板路径可以在两个地方配置：

① DIRS。这是一个列表，在这个列表中可以存放所有的模板路径，在视图中使用 render 或者 render_to_string 渲染模板的时候，就会在这个列表的路径中查找模板。

② APP_DIRS。默认为 True，这个设置为 True 后，会在 INSTALLED_APP 已安装应用下的 templates 文件夹中查找模板。

在查找模板时，会在 DIRS 这个列表中依次查找路径下有没有这个模板，如果有就返回。如果 DIRS 列表中所有的路径都没有找到，那么就去应用下的 templates 文件夹中查找，但需要保证当前这个视图所处的 APP 已经安装。如果当前已安装 APP 下的 templates 文件中没有找到，那么会在其他已经安装了的 APP 中查找。如果所有路径下都没有找到，那么会抛出一个 TemplateDoesNotExist 的异常。

17.2　模板变量

Django 在渲染模板的时候，可以传递变量对应的值过去进行替换。变量的命名规范和 Python 非常类似，只能是阿拉伯数字、英文字符以及下划线的组合，不能出现标点符号或特殊字符。变量需要通过视图函数渲染，视图函数在使用 render 或者 render_to_string 的时候可以传递一个 context 的参数，这个参数是一个字典类型，后续在模板中的变量就是从这个字典中读取到的值。views.py 文件中 guanjian 代码如下：

```
01 def name(request):
02     return render(request, 'name.html', context={'username': 'cocpy'})
```

前端文件 name.html 中代码如下所示:

```
01 <!DOCTYPE html>
02 <html lang="en">
03 <head>
04     <meta charset="UTF-8">
05     <title>Register</title>
06 </head>
07 <body>
08     <h1> 注册页面 </h1>
09     <h2>{{ username }}</h2>
10 </body>
11 </html>
```

模板中的变量同样也支持点 (.) 的形式。在出现了点的情况，比如 person.username 时，模板是按照以下方式进行解析的:

① 如果 person 是一个字典，那么就会查找这个字典的 username 对应的值。

② 如果 person 是一个对象，那么就会查找这个对象的 username 属性，或者是 username 这个方法。

③ 如果出现的是 person.1，会判断 persons 是否是一个列表或者元组，又或者是任意的可以通过下标访问的对象，如果是的话就取这个列表的第 1 个值。如果不是就获取到的是一个空的字符串。

注意

不能通过中括号的形式访问字典和列表中的值，比如 dict['key'] 和 list[1] 是不支持的。

因为使用点 (.) 语法获取对象值的时候，可以获取这个对象的属性，如果这个对象是一个字典，也可以获取这个字典的值。所以在给这个字典添加 key 的时候，千万不能和字典中的一些属性重复。比如 items 方法，那么如果给这个字典添加一个 items 作为 key，以后就不能再通过 item 来访问这个字典的键值对。

17.3 常用标签

在实例 17.1 中，使用了 block 标签 {% block %}，它相当于一个占位符，所有的 {% block %} 标签告诉模板引擎，子模板可以重载这些部分。此外，使用 {% load static %} 引入静态文件路径，即“article/static/”路径。

除此之外，模板中还有一些常用的标签，本节将一一介绍。

（1）if 标签

if 标签相当于 Python 中的 if 语句，elif 和 else 相对应，但是所有的标签都需要用标签符号“{%%}”进行包裹。if 标签中可以使用 ==、!=、<、<=、>、>=、in、not in、is 和 is not 等判断运算符。示例代码如下:

```
{% if " 张三 " in persons %}
    <p> 张三 </p>
{% else %}
    <p> 李四 </p>
{% endif %}
```

（2）for...in... 标签

for...in... 类似于 Python 中的 for...in...。可以遍历列表、元组、字符串、字典等一切可以遍历的对象。

示例代码如下：

```
{% for i in persons %}
    <p>{{ i.name }}</p>
{% endfor %}
```

如果想要反向遍历，那么在遍历的时候就加上一个 reversed。示例代码如下：

```
{% for i in persons reversed %}
    <p>{{ i.name }}</p>
{% endfor %}
```

遍历字典的时候，需要使用 items、keys 和 values 等方法。在 Django 模板引擎中，执行一个方法不能使用圆括号的形式。遍历字典示例代码如下：

```
{% for key,value in person.items %}
    <p>key：{{ key }}</p>
    <p>value：{{ value }}</p>
{% endfor %}
```

在 for 循环中，Django 模板引擎提供了一些变量可供使用。这些变量如下：

- forloop.counter：当前循环的下标，以 1 作为起始值。
- forloop.counter0：当前循环的下标，以 0 作为起始值。
- forloop.revcounter：当前循环的反向下标值。比如列表有 5 个元素，那么第一次遍历这个属性时等于 5，第二次是 4，以此类推，并且是以 1 作为最后一个元素的下标。
- forloop.revcounter0：类似于 forloop.revcounter，不同的是最后一个元素的下标是从 0 开始。
- forloop.first：是否是第一次遍历。
- forloop.last：是否是最后一次遍历。
- forloop.parentloop：如果有多个循环嵌套，那么这个属性代表的是上一级的 for 循环。
- for...in...empty 标签：这个标签使用跟 for...in... 是一样的，只不过是在遍历的对象没有元素的情况下，会执行 empty 中的内容。示例代码如下：

```
{% for person in persons %}
    <li>{{ person }}</li>
{% empty %}
    没有人
{% endfor %}
```

（3）with 标签

在模板中定义变量。有时候一个变量访问的时候比较复杂，那么可以先把这个复杂的变量缓存到一个变量上，以后就可以直接使用这个变量。示例代码如下：

```
context = {
    "persons": ["张三","李四"]
}

{% with lisi=persons.1 %}
    <p>{{ lisi }}</p>
{% endwith %}
```

在 with 语句中定义的变量，只能在 {%with%}{%endwith%} 中使用，不能在这个标签外面使用。且定义变量的时候，不能在等号左右两边留有空格。比如 {% with lisi = persons.1%} 是错误的。

还有另外一种写法同样也是支持的：

```
{% with persons.1 as lisi %}
    <p>{{ lisi }}</p>
{% endwith %}
```

（4）url 标签

在模板中，经常要写一些 url，比如某个 a 标签中需要定义 href 属性。当然如果通过硬编码的方式直接将这个 url 写死在里面也是可以的。但是这样对于以后的项目维护可能不是一件好事。因此建议使用这种反转的方式来实现，类似于 Django 中的 reverse 一样。示例代码如下：

```
<a href="{% url 'book:list' %}">列表页面</a>
```

如果 url 反转的时候需要传递参数，那么可以在后面传递。但是参数分位置参数和关键字参数。位置参数和关键字参数不能同时使用。示例代码如下：

```
# path 部分
path('detail/<book_id>/',views.book_detail,name='detail')

# url 反转，使用位置参数
<a href="{% url 'book:detail' 1 %}">详情页面</a>

# url 反转，使用关键字参数
<a href="{% url 'book:detail' book_id=1 %}">详情页面</a>
```

如果想要在使用 url 标签反转的时候传递查询字符串的参数，那么必须要手动在后面添加。示例代码如下：

```
<a href="{% url 'book:detail' book_id=1 %}?page=1">详情页面</a>
```

如果需要传递多个参数，那么通过空格的方式进行分隔。示例代码如下：

```
<a href="{% url 'book:detail' book_id=1 page=2 %}">详情页面</a>
```

（5）spaceless 标签

移除 html 标签中的空白字符，包括空格、tab 键、换行等。示例代码如下：

```
{% spaceless %}
    <p>
        <a href="foo/">Foo</a>
    </p>
{% endspaceless %}
```

在渲染完成后，会变成以下的代码：

```
<p><a href="foo/">Foo</a></p>
```

spaceless 只会移除 html 标签之间的空白字符，而不会移除标签与文本之间的空白字符。看以下代码：

```
{% spaceless %}
    <strong>
        Hello
    </strong>
{% endspaceless %}
```

这个将不会移除 strong 中的空白字符。

（6）autoescape 标签

开启和关闭这个标签内元素的自动转义功能。自动转义可以将一些特殊的字符，比如“<”，转义成 html 语法能识别的字符“<”，“>”会被自动转义成“>”。模板中默认已经开启了自动转义。示例代码如下：

```
# 传递的上下文信息
context = {
    "info":"<a href='www.baidu.com'>百度</a>"
}
```

```
# 模板中关闭自动转义
{% autoescape on %}
    {{ info }}
{% endautoescape %}
```

从而显示百度的一个超链接。如果把 on 换成 off，就会显示成一个普通的字符串。

17.4 过滤器

在模板中，有时候需要对一些数据进行处理以后才能使用。在 Python 中一般是通过函数的形式来完成的。而在模板中，则是通过过滤器来实现的，过滤器是通过“|”进行使用的。

17.4.1 常用过滤器

Django 模板的过滤器非常实用，用来把返回的变量值做一些特殊处理，本小节将介绍一些常用的过滤器。

① add。将传进来的参数添加到原来的值上面。这个过滤器会尝试将值和参数转换成整型，然后进行相加。如果转换成整型过程中失败，那么会将值和参数进行拼接。如果是字符串，会拼接成字符串；如果是列表，则会拼接成一个列表。示例代码如下：

```
{{ value|add:"5" }}
```

如果 value 等于 4，则结果将是 9。如果 value 等于一个普通的字符串，比如 abc，那么结果将是 abc5。

② cut。移除值中所有指定的字符串。类似于 python 中的 replace(args,"") 函数。示例代码如下：

```
{{ value|cut:" " }}
```

上述代码将会移除 value 中所有的空格字符。

③ date。将一个日期按照指定的格式，格式化成字符串。示例代码如下：

```
# 数据
context = {
    "birthday": datetime.now()
}


# 模板
{{ birthday|date:"Y/m/d" }}
```

那么将会输出 2021/02/01。其中 Y 代表的是四位数字的年份，m 代表的是两位数字的月份，d 代表的是两位数字的日。

除此之外，还有更多时间格式化的方式，如表 17.1 所示。

表 17.1　格式转换类型说明

格式字符	描述	示例
Y	四位数字的年份	2020
m	两位数字的月份	01 ～ 12
n	月份，1 ～ 9 前面没有 0 前缀	1 ～ 12
d	两位数字的日	01 ～ 31
j	天，但是 1 ～ 9 前面没有 0 前缀	1 ～ 31
g	小时，12 小时格式的，1 ～ 9 前面没有 0 前缀	1 ～ 12
h	小时，12 小时格式的，1 ～ 9 前面有 0 前缀	01 ～ 12

续表

格式字符	描述	示例
G	小时，24 小时格式的，1 ～ 9 前面没有 0 前缀	1 ～ 23
H	小时，24 小时格式的，1 ～ 9 前面有 0 前缀	01 ～ 23
i	分钟，1 ～ 9 前面有 0 前缀	00 ～ 59
s	秒，1 ～ 9 前面有 0 前缀	00 ～ 59

④ default。如果值为 False、[]、""、None 或 {} 等这些在 if 判断中为 False 的值，都会使用 default 过滤器提供的默认值。示例代码如下：

```
{{ value|default:"nothing" }}
```

如果 value 等于一个空的字符串，比如 ""，那么以上代码将会输出 nothing。

⑤ default_if_none。如果值是 none，那么将会使用 default_if_none 提供的默认值。这个和 default 有区别，default 是所有被评估为 False 的都会使用默认值，而 default_if_none 则只有这个值等于 none 的时候才会使用默认值。示例代码如下：

```
{{ value|default_if_none:"nothing" }}
```

如果 value 等于 ""，即空字符串，那么会输出空字符串。如果 value 是一个 None 值，以上代码才会输出 nothing。

⑥ first。返回列表 / 元组 / 字符串中的第一个元素。示例代码如下：

```
{{ value|first }}
```

如果 value 等于 ['a','b','c']，那么将会输出 a。

⑦ last。返回列表 / 元组 / 字符串中的最后一个元素。示例代码如下：

```
{{ value|last }}
```

如果 value 等于 ['a','b','c']，那么将会输出 c。

⑧ floatformat。使用四舍五入的方式格式化一个浮点类型。如果这个过滤器没有传递任何参数，那么只会在小数点后保留一位小数，如果小数后面全是 0，那么只会保留整数。当然也可以传递一个参数，标识具体要保留几位小数。

在没有传递参数时，模板的示例代码如下：

```
{{ value\|floatformat }}
```

如果 value 的值为 34.23234，则会输出 34.2；如果 value 的值为 34.000，则会输出 34；如果 value 的值为 34.260，则会输出 34.3。

在传递参数 3 时，模板的示例代码如下：

```
{{value\|floatformat:3}}
```

如果 value 的值为 34.23234，则会输出 34.232；如果 value 的值为 34.000，则会输出 34.000；如果 value 的值为 34.26000，则会输出 34.260。

⑨ join。类似于 Python 中的 join，将列表 / 元组 / 字符串用指定的字符进行拼接。示例代码如下：

```
{{ value|join:"/" }}
```

如果 value 等于 ['a','b','c']，那么以上代码将输出 a/b/c。

⑩ length。获取一个列表 / 元组 / 字符串 / 字典的长度。示例代码如下：

```
{{ value|length }}
```

如果 value 等于 ['a','b','c']，那么以上代码将输出 3；如果 value 为 None，那么以上代码将返回 0。

⑪ lower。将值中所有的字符全部转换成小写。示例代码如下：

```
{{ value|lower }}
```

如果 value 是 Hello World，那么以上代码将输出 hello world。

⑫ upper。与 lower 恰恰相反，将指定的字符串全部转换成大写。示例代码如下：

```
{{ value|upper }}
```

如果 value 是 hello world，那么以上代码将输出 HELLO WORLD。

⑬ random。在被给的列表 / 字符串 / 元组中随机的选择一个值。示例代码如下：

```
{{ value|random }}
```

如果 value 等于 ['a','b','c']，那么以上代码会在列表中随机选择一个。

⑭ safe。标记一个字符串是安全的，即关掉这个字符串的自动转义。示例代码如下：

```
{{value|safe}}
```

如果 value 是一个不包含任何特殊字符的字符串，比如 <a> 这种，那么以上代码就会把字符串正常地输入。如果 value 是一串 html 代码，那么以上代码将会把这个 html 代码渲染到浏览器中。

⑮ slice。类似于 Python 中的切片操作。示例代码如下：

```
{{ some_list|slice:"2:" }}
```

以上代码将会将 some_list 从 2 开始做切片操作。

⑯ stringtags。删除字符串中所有的 html 标签。示例代码如下：

```
{{ value|striptags }}
```

如果 value 是 <strong>hello world</strong>，那么以上代码将会输出 hello world。

⑰ truncatechars。如果给定的字符串长度超过了过滤器指定的长度，那么就会进行切割，并且会以省略号进行替代。示例代码如下：

```
{{ value|truncatechars:5 }}
```

如果 value 是明日科技，那么输出的结果是明日 ...。

⑱ truncatechars_html。类似于 truncatechars，只不过是不会切割 html 标签。示例代码如下：

```
{{ value|truncatechars:5 }}
```

如果 value 是等于 <p> 明日科技 </p>，那么输出将是 <p> 明日 ...</p>。

17.4.2 自定义过滤器

尽管 Django 模板引擎内置了许多好用的过滤器，但是有些时候还是不能满足需求。因此 Django 提供了一个接口，可以自定义过滤器，实现需求。

模板过滤器必须要放在 APP 中，并且这个 APP 必须要在 INSTALLED_APPS 中进行安装。然后再在这个 APP 下面创建一个 Python 包叫做 templatetags，再在这个包下面创建一个 Python 文件。比如 APP 的名字叫做 book，那么项目结构如下：

```
book
   views.py
   urls.py
   models.py
   templatetags
      my_filter.py
```

在创建了存储过滤器的文件后，接下来就是在这个文件中写过滤器了。过滤器实际上就是 Python 中的一个函数，只不过是把这个函数注册到模板库中，以后在模板中就可以使用这个函数。但是这个函数的参数有限制，第一个参数必须是这个过滤器需要处理的值，第二个参数可有可无，如果有，那么就意味着在模板中可以传递参数。并且过滤器的函数最多只能有两个参数。在写完过滤器后，再使用 django.template.Library 对象注册。示例代码如下：

```
01 from django import template
02
03 # 创建模板库对象
04 register = template.Library()
05
06
07 # 过滤器函数
08 def mycut(value, mystr):
09     return value.replace(mystr)
10
11
12 # 将函数注册到模板库中
13 register.filter("mycut", mycut)
```

如果想要在模板中使用这个过滤器，就要在模板中加载这个过滤器所在的模块的名字（即这个 Python 文件的名字）。示例代码如下：

```
{% load my_filter %}
```

17.5 简化模板

在项目开发的过程中，有大量的前端代码会在许多模板中用到，如果每次都重复地去拷贝代码，那肯定不符合项目的规范。实际上，在实例 17.1 中就已经介绍了相关的方法来复用代码，那就是引入和继承，本节将详细地介绍这两种方法。

17.5.1 引入模板

一般可以把这些重复性的代码抽取出来，就类似于 Python 中的函数一样，以后想要使用这些代码的时候，就通过 include 包含进来，示例代码如下：

```
01 # header.html
02 <p> 我是 header</p>
03
04 # footer.html
05 <p> 我是 footer</p>
06
07 # main.html
08 {% include 'header.html' %}
09 <p> 我是 main 内容 </p>
10 {% include 'footer.html' %}
```

include 标签寻找路径的方式跟 render 渲染模板的函数一样。默认 include 标签包含模板，会自动地使用主模板中的上下文，也即可以自动地使用主模板中的变量。如果想传入一些其他的参数，则可以使用 with 语句。示例代码如下：

```
01 # header.html
02 <p>用户名：{{ username }}</p>
03
04 # main.html
05 {% include "header.html" with username='huangyong' %}
```

17.5.2 继承模板

除了 include 标签可以复用代码，也可使用另外一个比较强大的方式来实现，那就是模板继承。模板继承类似于 Python 中的类，在父类中可以先定义好一些变量和方法，然后在子类中实现。模板继承也可以在父模板中先定义好一些子模板需要用到的代码，然后子模板直接继承就可以了。并且因为子模板肯定有自己不同的代码，因此可以在父模板中定义一个 block 接口，然后子模板再去实现。比如可参考以下方式添加父模板的代码：

```
01 {% load static %}
02 <!DOCTYPE html>
03 <html lang="en">
04 <head>
05     <link rel="stylesheet" href="{% static 'style.css' %}" />
06     <title>{% block title %}我的站点{% endblock %}</title>
07 </head>
08
09 <body>
10     <div id="sidebar">
11         {% block sidebar %}
12         <ul>
13             <li><a href="/">首页</a></li>
14             <li><a href="/blog/">博客</a></li>
15         </ul>
16         {% endblock %}
17     </div>
18     <div id="content">
19         {% block content %}{% endblock %}
20     </div>
21 </body>
22 </html>
```

父模板通常取名叫作 base.html，定义好一个简单的 html 骨架，然后定义好两个 block 接口，让子模板根据具体需求来实现。示例代码如下：

```
01 {% extends "base.html" %}
02
03 {% block title %}博客列表{% endblock %}
04
05 {% block content %}
06     {% for entry in blog_entries %}
07         <h2>{{ entry.title }}</h2>
08         <p>{{ entry.body }}</p>
09     {% endfor %}
10 {% endblock %}
```

注意

> extends 标签必须放在模板的第一行。

17

子模板中的代码必须放在block中，否则将不会被渲染。如果在某个block中需要使用父模板的内容，那么可以使用{{block.super}}来继承。比如上述，{%block title%}，如果想要使用父模板的title，就可以在子模板的title block中使用{{ block.super }}来实现。

在定义block的时候，除了在block开始的地方定义这个block的名字，还可以在block结束的时候定义名字。比如{% block title %}{% endblock title %}，可以快速地看到block包含在哪里。

17.6 加载静态文件

在一个网页中，不仅仅只有一个html骨架，还需要css样式文件、js执行文件以及一些图片等。因此在Django模板引擎中加载静态文件是一个必须要解决的问题。该模板引擎使用static标签来加载静态文件，要使用static标签，首先需要{% load static %}。

加载静态文件的步骤如下：

① 首先确保django.contrib.staticfiles已经添加到settings.INSTALLED_APPS中。

② 确保在settings.py中设置了STATIC_URL。

③ 在已经安装了的APP下创建一个文件夹叫做static，然后再在这个static文件夹下创建一个当前APP的名字的文件夹，再把静态文件放到这个文件夹下。例：APP叫做book，有一个静态文件叫做book.jpg，那么路径为book/static/book/book.jpg。

④ 如果有一些静态文件是不和任何APP挂钩的。那么可以在settings.py中添加STATICFILES_DIRS，以后DTL就会在这个列表的路径中查找静态文件。比如可以设置为：

```
STATICFILES_DIRS = [
    os.path.join(BASE_DIR,"static")
]
```

⑤ 在模板中使用load标签加载static标签。比如要加载在项目static文件夹下style.css的文件，那么示例代码如下：

```
{% load static %}
<link rel="stylesheet" href="{% static 'style.css' %}">
```

⑥ 如果不想每次在模板中加载静态文件时都使用load加载static标签，那么可以在settings.py中的TEMPLATES/OPTIONS添加'builtins':['django.templatetags.static']，这样以后在模板中就可以直接使用static标签，而不用手动加载了。

⑦ 如果没有在settings.INSTALLED_APPS中添加django.contrib.staticfiles。那么就需要手动地将请求静态文件的url与静态文件的路径进行映射了。示例代码如下：

```
01 from django.conf import settings
02 from django.conf.urls.static import static
03
04 urlpatterns = [
05             # 其他的 url 映射
06         ] + static(settings.STATIC_URL, document_root=settings.STATIC_ROOT)
```

17.7 综合案例——时间过滤器

有时候经常会在朋友圈中看到一条信息发表的时间，它并不是具体的时间，而是距离现在多久。比如刚刚、1分钟前等。模板引擎中没有内置这样的过滤器，因此可以自定义一个这样的过滤器。

首先需要使用一下 Django 命令创建一个 APP，也可使用已有的 APP：

```
python3 manage.py startapp timeapp
```

创建 APP 后还需在 settings.py 文件内完成注册，这样 APP 才可以正常使用，关键代码如下：

```
01 # Application definition
02
03 INSTALLED_APPS = [
04     'django.contrib.admin',
05     'django.contrib.auth',
06     'django.contrib.contenttypes',
07     'django.contrib.sessions',
08     'django.contrib.messages',
09     'django.contrib.staticfiles',
10
11     'timeapp',
12 ]
```

接下来在该 APP 内创建一个名为 templatetags 的 Python 文件夹，该文件夹下需要有 _init_.py 文件，在该文件夹下新建一个 time_filter.py 文件，通过该文件来自定义过滤器，具体代码如下：

```
01 from datetime import datetime
02 from django import template
03
04 register = template.Library()
05
06
07 def time_since(value):
08     """
09     time 距离现在的时间间隔
10     1. 如果时间间隔小于 1 分钟以内，那么就显示 " 刚刚 "
11     2. 如果时间大于 1 分钟小于 1 小时，那么就显示 "xx 分钟前 "
12     3. 如果时间大于 1 小时小于 24 小时，那么就显示 "xx 小时前 "
13     4. 如果时间大于 24 小时小于 30 天以内，那么就显示 "xx 天前 "
14     5. 否则就是显示具体的时间 2017/10/20 16:15
15     """
16     if isinstance(value, datetime):
17         now = datetime.now()
18         timestamp = (now - value).total_seconds()
19         if timestamp < 60:
20             return " 刚刚 "
21         elif 60 <= timestamp < 60 * 60:
22             minutes = int(timestamp / 60)
23             return "%s 分钟前 " % minutes
24         elif 60 * 60 <= timestamp < 60 * 60 * 24:
25             hours = int(timestamp / (60 * 60))
26             return "%s 小时前 " % hours
27         elif 60 * 60 * 24 <= timestamp < 60 * 60 * 24 * 30:
28             days = int(timestamp / (60 * 60 * 24))
29             return "%s 天前 " % days
30         else:
31             return value.strftime("%Y/%m/%d %H:%M")
32     else:
33         return value
34
35
36 register.filter("time_since", time_since)
```

然后在该 APP 下的 views.py 文件内设置业务逻辑，添加一个 datetime 类型的时间用于测试，代码如下：

```
01 from datetime import datetime
02 from django.shortcuts import render
03
04
```

```
05 def cal_time(request):
06
07     # 手动设置一个时间用于测试
08     ddt = datetime(2021, 7, 4, 10, 5, 20, 353324)
09     return render(request, 'index.html', {"ddt": ddt})
```

由于在该方法中渲染的是 index.html 页面，所以还需新建 templates/index.html 文件夹与 HTML 文件，在 index.html 文件中，首先需要引入该过滤器，然后根据后台传递过来的参数直接引用即可，代码如下所示：

```
01 <!DOCTYPE html>
02 {% load time_filter %}
03 <html lang="en">
04 <head>
05     <meta charset="UTF-8">
06     <title> 时间过滤器 </title>
07 </head>
08
09 <body>
10     {{ ddt|time_since }}
11 </body>
12 </html>
```

最后，为了使页面可以正常访问，还需在 urls.py 文件中设置路由信息，关键代码如下：

```
01 from django.urls import path
02 from django.conf.urls import url
03
04 from hellodjango import view  # 导入对应的视图函数
05 from timeapp import views
06
07
08 urlpatterns = [
09     path('time/', views.cal_time),
10     url(r'^$', view.get_hello)
11
12 ]
```

运行程序，访问 http://127.0.0.1:8000/time/ 页面，结果如图 17.4 所示。

1天前

图 17.4 时间过滤器

17.8 实战练习

在本章案例中使用的是 register.filter() 方法注册的过滤器，还介绍了使用装饰器的方法注册过滤器，如果装饰器没有声明 name 参数，Django 将使用函数名作为过滤器的名字。程序的运行结果与图 17.4 一致。

小结

本章主要介绍 Django 框架自带的模板基础知识，该模板包含了输出 HTML 页面所需的部分静态内容，以及一些特殊语法。Django 框架定义了一个标准的 API 方法，用于加载和渲染模板，从而不需要考虑后端代码。本章首先介绍了模板变量、常用标签和过滤器等内容，通过这些语法，可以在前端更加便捷地渲染出数据。然后介绍了如何将常用的内容提取到一个父模板中，再使子页面继承该模板，就可以重用这些内容。由于每个页面都包含静态文件，所以也可将常用的一些静态文件在父模板中进行加载。通过本章的学习，将会掌握 Django 模板一些常见的便捷方法与基本使用操作方法，极大地简化了前端文件的代码量，对于一些前端基础不好的人群，也可以快速上手。

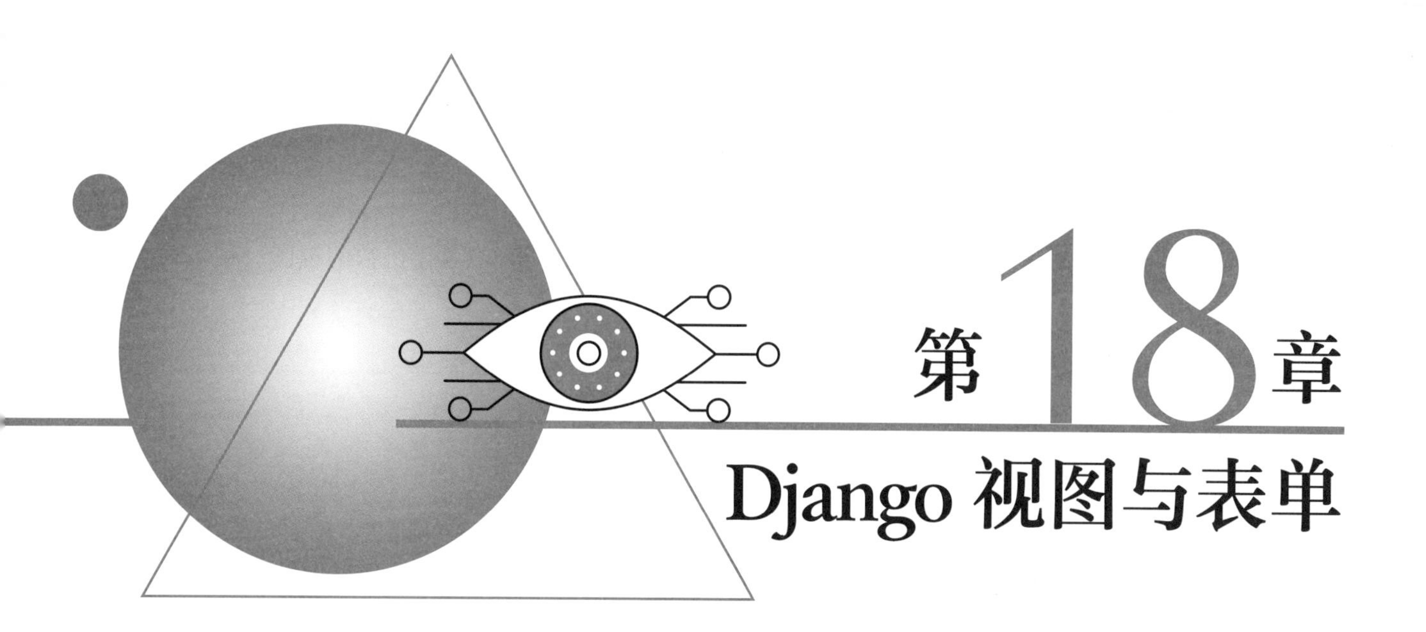

第18章 Django 视图与表单

本章将先对视图函数和视图类进行详细介绍，然后再介绍 Django 中的请求对象、响应对象，以及请求装饰器。接下来再介绍重定向的方法与如何自定义错误页面。最后介绍表单的基本使用、验证数据、Model Form 和文件上传。

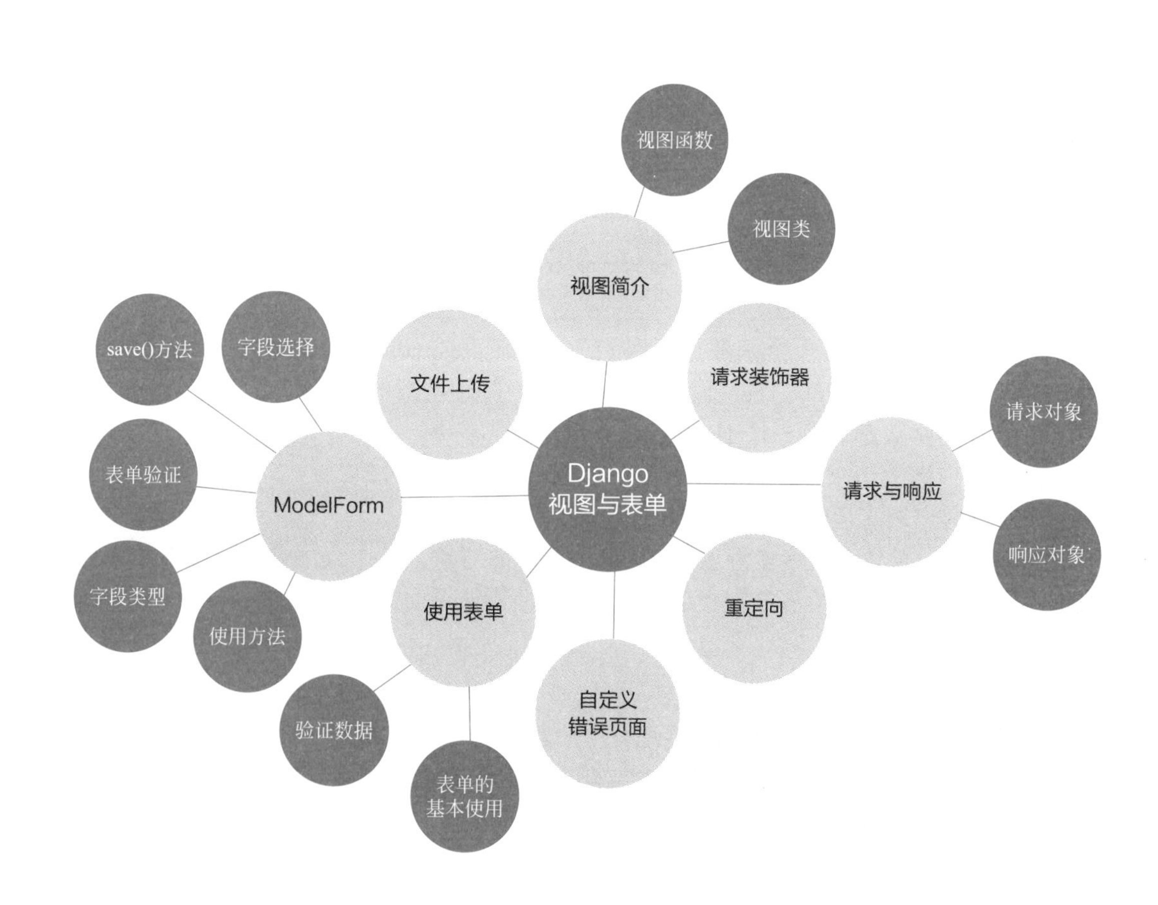

18.1 视图简介

一个视图函数（类），简称视图，它是一个简单的Python函数（类），它接受request并且返回HttpResponse对象。根据视图函数的类型，Django视图又可以分为FBV（基于函数的视图）和CBV（基于类的视图）。

18.1.1 视图函数

下面通过一个实例来介绍FBV。

创建获取当前日期的视图函数

实例位置：资源包 \Code\18\01

在article/urls.py文件中定义路由，代码如下：

```
01 from django.urls import path        # 导入path
02 from . import views                 # 导入自定义的views模块
03
04 urlpatterns = [
05     path('', views.article_list),
06     path('<int:year>/', views.year_archive),
07     path('<int:year>/<int:month>/', views.month_archive),
08     path('<int:year>/<int:month>/<slug:slug>/', views.article_detail),
09     path('current',views.get_current_datetime)
10 ]
```

在article/views.py文件中，创建一个名为get_current_datetime()的视图函数，代码如下：

```
01 from django.http import HttpResponse
02 from datetime import datetime
03
04 def get_current_datetime(request):  # 定义一个视图方法，必须带有请求对象作为参数
05     today = datetime.today()      # 请求的时间
06     formatted_today = today.strftime('%Y-%m-%d')
07     html = f"<html><body>今天是 {formatted_today}</body></html>" # 生成html代码
08     return HttpResponse(html)    # 将响应对象返回，数据为生成的html代码
```

上面的代码定义了一个函数，返回了一个HttpResponse对象，这就是Django的FBV（Function-Based View）基于函数的视图。每个视图函数都要有一个HttpRequest对象作为参数，用来接收来自客户端的请求，并且必须返回一个HttpResponse对象，作为响应给客户端。运行结果如图18.1所示。

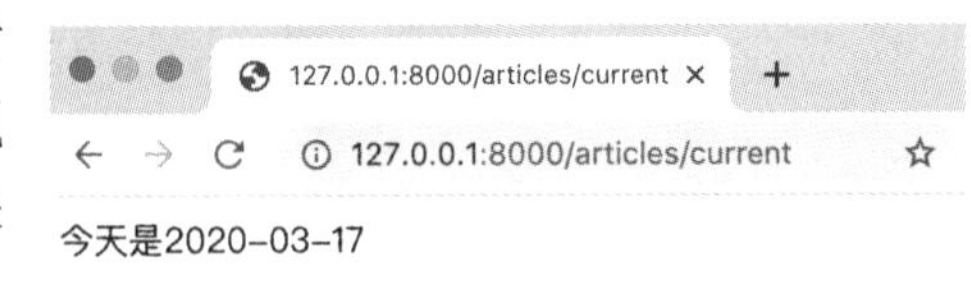

图 18.1　视图函数运行结果

django.http模块下有诸多继承于HttpReponse的对象，其中大部分在开发中都会经常用到。例如，在查询不到数据时，返回给客户端一个HTTP 404的错误页面，提示“Page not found”错误信息。

18.1.2 视图类

除基于函数的视图外，Django中还有一个基于类的视图实例（CBV）。基于类的视图非常简单，和基于函数的视图大同小异，首先定义一个类视图，这个类视图需要继承一个基础的类视图，所有的类视图都继承自django.views.generic.base.View类。

如果我们写自己的类视图，也可以继承自它，然后再根据当前请求的 method，来实现不同的方法。比如这个视图只能使用 get 的方式来请求，那么就可以在这个类中定义 get(self,request,*args,**kwargs) 方法。以此类推，如果只需要实现 post 方法，那么就只需要在类中实现 post(self,request,*args,**kwargs)。代码如下：

```
01 from django.views import View
02
03
04 class MyView(View):
05     def get(self, request, *args, **kwargs):
06         return render(request, 'my.html')
```

类视图写完后，还应该在 urls.py 中进行映射，映射的时候就需要调用 View 的类方法 as_view() 来进行转换。代码如下：

```
01 urlpatterns = [
02     path("my/<id>/",views.MyView.as_view(),name='my')
03 ]
```

除了 get 方法，View 还支持以下方法 ['get','post','put','patch','delete','head','options','trace']。如果用户访问了 View 中没有定义的方法，比如一个类视图只支持 post 方法，而当出现 get 方法，就会把这个请求转发给 http_method_not_allowed(request,*args,**kwargs)。代码如下：

```
01 class PostView(View):
02     def post(self, request, *args, **kwargs):
03         return HttpResponse("Post is runniong")
04
05     def http_method_not_allowed(self, request, *args, **kwargs):
06         return HttpResponse("本视图只支持 post 请求，当前方法是：%s，" % request.method)
```

urls.py 中的映射如下：

```
path("mypost/",views.PostView.as_view(),name='mypost')
```

此时如果在浏览器中访问 mypost 页面，因为浏览器访问采用的是 get 方法，而 mypost 只支持 post 方法，因此以上视图会返回“本视图只支持 post 请求，当前方法是：GET”信息。

其实不管是 get 请求还是 post 请求，都会用 dispatch(request,*args,**kwargs) 方法，所以如果实现这个方法，将能够对所有请求都处理到。

除上述介绍的 django.views.generic.base.View 类外，Django 还有一些常用的类，下面将一一介绍。

1. TemplateView 类

django.views.generic.base.TemplateView 这个类视图是专门用来返回模板的。在这个类中，有两个属性是经常需要用到的。一个是 template_name，这个属性用来存储模板的路径，TemplateView 会自动渲染这个变量指向的模板；另外一个是 get_context_data，这个属性是用来返回上下文数据的，也就是给模板传递参数。代码如下：

```
01 from django.views.generic.base import TemplateView
02
03
04 class HomeView(TemplateView):
05     template_name = "home.html"
06
07     def get_context_data(self, **kwargs):
08         context = super().get_context_data(**kwargs)
09         context['username'] = "C0C"
10         return context
```

在 urls.py 中的映射代码如下：

```
01 from django.urls import path
02
03 from myapp.views import HomeView
04
05 urlpatterns = [
06     path('', HomeView.as_view(), name='home'),
07 ]
```

如果在模板中不需要传递任何参数，那么可以直接在 urls.py 中使用 TemplateView 来渲染模板。代码如下：

```
01 from django.urls import path
02 from django.views.generic import TemplateView
03
04 urlpatterns = [
05     path('home/', TemplateView.as_view(template_name="home.html")),
06 ]
```

2. ListView 类

在网站开发中，经常会出现需要列出某个表中的一些数据作为列表展示出来，如新闻列表等。在 Django 中可以使用 ListView 快速实现这种需求。示例代码如下：

```
01 class NewListView(ListView):
02     model = New
03     template_name = 'new_list.html'
04     paginate_by = 10
05     context_object_name = 'news'
06     ordering = 'create_time'
07     page_kwarg = 'page'
08
09     def get_context_data(self, **kwargs):
10         context = super(NewListView, self).get_context_data(**kwargs)
11         print(context)
12         return context
13
14     def get_queryset(self):
15         return New.objects.filter(id__lte=13)
```

首先 NewListView 继承自 ListView；model 是重写 model 类属性，指定这个列表是给 New 模型的；template_name 是指定这个列表的模板；paginate_by 是指定这个列表一页中展示多少条数据；context_object_name 是指定这个列表模型在模板中的参数名称；ordering 是指定这个列表的排序方式；page_kwarg 是获取第几页的数据的参数名称，默认是 page；get_context_data 是获取上下文的数据；get_queryset 是如果提取数据的时候，并不是要把所有数据都返回，那么可以重写这个方法，将一些不需要展示的数据给过滤掉。

3. Paginator 和 Page 类

Paginator 和 Page 类都是用来做分页的。它们在 Django 中的路径为 django.core.paginator.Paginator 和 django.core.paginator.Page。

其中，Paginator 常用属性和方法：

- count：总共有多少条数据。
- num_pages：总共有多少页。
- page_range：页面的区间。比如有三页，那么就 range(1,4)。

Page 常用属性和方法：

- has_next： 是否还有下一页。
- has_previous： 是否还有上一页。
- next_page_number： 下一页的页码。
- previous_page_number： 上一页的页码。
- number： 当前页。
- start_index： 当前这一页的第一条数据的索引值。
- end_index： 当前这一页的最后一条数据的索引值。

4. 类视图添加装饰器

在开发中，有时候需要给一些视图添加装饰器，如果用函数视图，则非常简单，只要在函数的上面写上装饰器就可以了。但是如果想要给类添加装饰器，那么可以通过以下两种方式来实现：

① 装饰 dispatch 方法。

```
01 from django.utils.decorators import method_decorator
02
03
04 def login_required(func):
05     def wrapper(request, *args, **kwargs):
06         if request.GET.get("username"):
07             return func(request, *args, **kwargs)
08         else:
09             return redirect(reverse('index'))
10
11     return wrapper
12
13
14 class IndexView(View):
15     def get(self, request, *args, **kwargs):
16         return HttpResponse("index")
17
18     @method_decorator(login_required)
19     def dispatch(self, request, *args, **kwargs):
20         super(IndexView, self).dispatch(request, *args, **kwargs)
```

② 直接装饰在整个类上。

```
01 from django.utils.decorators import method_decorator
02
03
04 def login_required(func):
05     def wrapper(request, *args, **kwargs):
06         if request.GET.get("username"):
07             return func(request, *args, **kwargs)
08         else:
09             return redirect(reverse('login'))
10
11     return wrapper
12
13
14 @method_decorator(login_required, name='dispatch')
15 class IndexView(View):
16     def get(self, request, *args, **kwargs):
17         return HttpResponse("index")
18
19     def dispatch(self, request, *args, **kwargs):
20         super(IndexView, self).dispatch(request, *args, **kwargs)
```

18.2 请求装饰器

在 Web 开发中，经常需要发出请求，其中最常用的就是 GET 请求和 POST 请求：

① GET 请求：GET 请求一般用来向服务器索取数据，但不会向服务器提交数据，不会对服务器的状态进行更改。例：向服务器获取用户的详细信息。

② POST 请求：POST 请求一般用来向服务器提交数据，会对服务器的状态进行更改。例：注册时提交的用户名和密码给服务器。

但常常需要对某些请求进行限制，Django 内置的视图装饰器就可以给视图提供一些限制。以下将介绍一些常用的内置视图装饰器：

- require_http_methods：这个装饰器需要传递一个允许访问的方法的列表，比如只能通过 GET 方法访问，代码如下：

```
01 from django.views.decorators.http import require_http_methods
02
03  @require_http_methods(["GET"])
04  def my_view(request):
05      pass
```

- require_GET：这个装饰器相当于是 require_http_methods(['GET']) 的简写形式，只允许使用 GET 方法来访问视图，代码如下：

```
01 from django.views.decorators.http import require_GET
02
03  @require_GET
04  def my_view(request):
05      pass
```

- require_POST：这个装饰器相当于是 require_http_methods(['POST']) 的简写形式，只允许使用 POST 方法来访问视图，代码如下：

```
01 from django.views.decorators.http import require_POST
02
03 @require_POST
04 def my_view(request):
05     pass
```

- require_safe：这个装饰器相当于是 require_http_methods(['GET','HEAD']) 的简写形式，只允许使用相对安全的方式来访问视图。因为 GET 和 HEAD 不会对服务器产生增改删的行为，所以是一种相对比较安全的请求方式，代码如下：

```
01 from django.views.decorators.http import require_safe
02
03  @require_safe
04  def my_view(request):
05      pass
```

18.3 请求与响应

当一个页面被请求时，Django 会创建一个 HttpRequest 请求对象，这个对象包含了请求的元数据。然后 Django 会加载相应的视图，将 HttpRequest 作为视图函数的第一个参数，每个视图负责返回一个 HttpResponse 对象。本节将详细地介绍这里涉及的 HttpRequest 请求对象和 HttpResponse 响应对象。

18.3.1 请求对象

Django 在接收到 Http 请求之后，会根据 Http 请求携带的参数以及报文信息创建一个 WSGIRequest 对象，并且作为视图函数第一个参数传给视图函数，也就是经常看到的 request 参数。在这个 WSGIRequest 对象上可以找到客户端上传来的所有信息，通过调用 WSGIRequest 的属性查看这些信息。

WSGIRequest 对象常用属性如下。

- path：请求服务器的完整“路径”，但不包含域名和参数。比如 http://www.baidu.com/abc/xyz/，那么 path 就是 /abc/xyz/。
- method：代表当前请求的 http 方法。例：可以是 GET 或 POST。
- GET：一个 django.http.request.QueryDict 对象。操作起来类似于字典，这个属性中包含了所有以 ?xxx=xxx 的方式上传的参数。
- POST：一个 django.http.request.QueryDict 对象，这个属性中包含了所有以 POST 方式上传的参数。
- FILES：一个 django.http.request.QueryDict 对象，这个属性中包含了所有上传的文件。
- COOKIES：一个标准的 Python 字典，包含所有的 cookie、键值对，且都是字符串类型。
- session：一个类似于字典的对象，用来操作服务器的 session。
- META：存储客户端发送的所有 header 信息。
- CONTENT_LENGTH：请求的正文的长度，是一个字符串。
- CONTENT_TYPE：请求的正文的 MIME 类型。
- HTTP_ACCEPT：响应可接收的 Content-Type。
- HTTP_ACCEPT_ENCODING：响应可接收的编码。
- HTTP_ACCEPT_LANGUAGE：响应可接收的语言。
- HTTP_HOST：客户端发送的 HOST 值。
- HTTP_REFERER：在访问本页面的上一个页面 url。
- QUERY_STRING：单个字符串形式的查询字符串。
- REMOTE_ADDR：客户端的 IP 地址。如果服务器使用了 nginx 做反向代理或者负载均衡，那么这个值返回的是 127.0.0.1，这时候可以使用 HTTP_X_FORWARDED_FOR 来获取。
- REMOTE_HOST：客户端的主机名。
- REQUEST_METHOD：请求方法，一个字符串类似于 GET 或者 POST。
- SERVER_NAME：服务器域名。
- SERVER_PORT：服务器端口号，是一个字符串类型。

WSGIRequest 对象还有一些常用的方法。

- is_secure()：是否采用 https 协议。
- is_ajax()：是否采用 ajax 发送的请求，原理就是判断请求中是否存在 X-Requested-With:XMLHttpRequest。
- get_host()：服务器的域名。如果在访问的时候还有端口号，那么会加上端口号。比如 www.baidu.com:8000。
- get_full_path()：返回完整的 path。如果有查询字符串，还会加上查询字符串。比如 /music/bands/?print=True。
- get_raw_uri()：获取请求的完整 url。

18.3.2 响应对象

Django 服务器接收到客户端发送过来的请求后，会将提交上来的这些数据封装成一个 HttpRequest 对象传给视图函数。那么视图函数在处理完相关的逻辑后，也需要返回一个响应给浏览器。而这个响应，必须返回 HttpResponseBase 或者它的子类对象，HttpResponse 则是 HttpResponseBase 用得最多的子类。

那么接下来介绍一下 HttpResponse 及其子类的属性。

- content：返回的内容。
- status_code：返回的 HTTP 响应状态码。
- content_type：返回的数据的 MIME 类型，默认为 text/html。浏览器会根据这个属性，来显示数据。如果是 text/html，那么就会解析这个字符串，如果 text/plain，那么就会显示一个纯文本。
- 设置请求头：response['X-Access-Token'] = 'xxxx'。

HttpResponse 及其子类的属性还有一些常用的方法。

- set_cookie：用来设置 cookie 信息。
- delete_cookie：用来删除 cookie 信息。
- write：HttpResponse 是一个类似于文件的对象，可以用来写入数据到数据体（content）中。

18.4 重定向

重定向分为永久性重定向和暂时性重定向，在页面上体现的操作就是浏览器会从一个页面自动跳转到另外一个页面。比如用户访问了一个需要权限的页面，但是该用户当前并没有登录，因此应该给用户重定向到登录页面。

永久性重定向：Http 的状态码是 301，多用于旧网址被废弃了要转到一个新的网址以确保用户的访问。例：在浏览器中输入 baidu.cn 会被重定向到 baidu.com。

暂时性重定向：Http 的状态码是 302，表示页面的暂时性跳转。比如需要将一篇文章收藏，但当前用户没有登录，就应该重定向到登录页面，这种情况下，使用暂时性重定向。

在 Django 中，重定向一般使用 redirect(url, *args, permanent=False, **kwargs) 方法实现，关于 redirect 的使用可参考下面的示例：

```
01 from django.shortcuts import redirect
02 from django.urls import reverse
03
04
05 # 示例 1
06 def my_view(request):
07     ...
08     return redirect('/index/')
09
10
11 # 示例 2
12 def my_view(request):
13     ...
14     return redirect('https://www.baidu.com/')
15
16
17 # 示例 3
18 def my_view(request):
19     ...
20     return redirect(reverse('blog:article_list'))
```

redirect 方法不仅能根据 URL 重定向，还可以根据对象重定向。根据对象重定向的前提是模型里已经定义了 get_asbolute_url 方法，使用 redirect 会自动调用 get_absolute_url 方法，可参考如下代码：

```
01 from django.shortcuts import redirect
02
```

```
03 def my_view(request):
04     # do something
05     obj = MyModel.objects.get()
06     return redirect(obj)
```

除此之外，redirect方法还可根据视图重定向，根据视图重定向的时候可以传递额外的参数。使用该方法的前提是已对URL进行了命名，且对应了相应的视图。redirect会先根据视图函数的名字查找对应url，再传递额外参数，其后台工作还是由reverse方法来完成。

reverse方法的作用是对已命名的URL进行反向解析，还传递相应的参数，该方法位于django.urls模块。reverse方法一般有2种应用场景：

① 模型中自定义get_absolute_url，并传递参数args：

```
01 def get_absolute_url(self):
02     return reverse('blog:article_detail', args=[str(self.pk), self.slug])
```

② 在视图中配合URL重定向使用，并传递kargs：

```
01 from django.shortcuts import reverse, redirect
02
03
04 def profile(request):
05     if request.GET.get("username"):
06         return HttpResponse("%s，收藏成功！")
07     else:
08         return redirect(reverse("user:login"))
```

18.5 自定义错误页面

在Web开发中，经常会需要捕获一些错误，然后将这些错误返回为比较优美的界面，或者是将这个错误的请求做一些日志保存。

其中最常见的错误码如下：

① 404：服务器没有指定的url。

② 403：没有权限访问相关的数据。

③ 405：请求的method错误。

④ 400：bad request，请求的参数错误。

⑤ 500：服务器内部错误，一般是代码出bug了。

⑥ 502：一般部署的时候见得比较多，一般是nginx启动了，但uwsgi有问题。

在碰到400、403、404、500错误的时候，想要返回自己定义的模板，可以在项目的templates目录下，创建errors目录，然后在此目录下分别创建page_400.html、page_403.html、page_404.html、page_500.html等文件。

接下来需要修改项目目录下的settings.py，设置DEBUG=False以及ALLOWED_HOST=["*"]，因为自定义的错误页面只会在非调试模式下生效。

在项目的views.py中，创建如下的错误页面处理方法：

```
01 from django.shortcuts import render
02
03
04 def bad_request(request):
05     return render(request, 'errors/page_400.html')
06
```

```
07
08 def permission_denied(request):
09     return render(request, 'errors/page_403.html')
10
11
12 def page_not_found(request):
13     return render(request, 'errors/page_404.html')
14
15
16 def server_error(request):
17     return render(request, 'errors/page_500.html')
```

在项目的 urls.py 文件中，导入 handler400、handler403、handler404、handler500，重新设置错误页面为上面 views.py 里创建的：

```
01 from . import views
02 from django.conf.urls import handler400, handler403, handler404, handler500
03
04 urlpatterns = [
05     url(r'^admin/', admin.site.urls),
06     url(r'^myapp/', include('myapp.urls', namespace='myapp')),
07 ]
08
09 handler400 = views.bad_request
10 handler403 = views.permission_denied
11 handler404 = views.page_not_found
12 handler500 = views.server_error
```

至此，重新运行，输入错误的网址就可以看到显示的是自定义错误页面。

18.6 使用表单

单纯从前端的 html 来说，表单是用来提交数据给服务器的，不管后台的服务器用的是 Django、PHP 语言还是其他语言。只要把 input 标签放在 form 标签中，再添加一个提交按钮，之后点击提交按钮，就可以将 input 标签中对应的值提交给服务器。

但 Django 中的表单丰富了传统的 HTML 语言中的表单。在 Django 中的表单，主要做以下两件事：

- 渲染表单模板。
- 表单验证数据是否合法。

18.6.1 表单的基本使用

首先定义一个表单类，继承自 django.forms.Form，代码如下：

```
01 # forms.py
02 class MessageBoardForm(forms.Form):
03     title = forms.CharField(max_length=3, label='标题', min_length=2, error_messages= {"min_length": '错误信息！'})
04     content = forms.CharField(widget=forms.Textarea, label='内容')
05     email = forms.EmailField(label='邮箱')
06     reply = forms.BooleanField(required=False, label='回复')
```

然后在视图中根据是 GET 还是 POST 请求来做相应的操作。如果是 GET 请求，则返回一个空的表单；如果是 POST 请求，则将提交上来的数据进行校验，代码如下：

```
01 class IndexView(View):
02     def get(self, request):
```

```
03        form = MessageBoardForm()
04        return render(request, 'index.html', {'form': form})
05
06    def post(self, request):
07        form = MessageBoardForm(request.POST)
08        if form.is_valid():
09            title = form.cleaned_data.get('title')
10            content = form.cleaned_data.get('content')
11            email = form.cleaned_data.get('email')
12            reply = form.cleaned_data.get('reply')
13            return HttpResponse('success')
14        else:
15            print(form.errors)
16            return HttpResponse('fail')
```

在使用GET请求的时候，传了一个form给模板，那么以后模板就可以使用form来生成一个表单的html代码。在使用POST请求的时候，根据前端上传的数据，构建一个新的表单，这个表单是用来验证数据是否合法的，如果数据都验证通过了，那么可以通过cleaned_data来获取相应的数据。在模板中渲染表单的HTML代码如下:

```
01 <form action="" method="post">
02     <table>
03         <tr>
04             <td></td>
05             <td><input type="submit" value="提交"></td>
06         </tr>
07     </table>
08 </form>
```

在最外面添加了一个form标签，然后在里面使用了table标签进行美化，在使用form对象渲染的时候，使用的是table的方式，当然还可以使用ul的方式（as_ul），也可以使用p标签的方式（as_p），并且在后面还加上了一个提交按钮，这样就可以生成一个表单了。

18.6.2 验证数据

在Django中还可使用表单验证数据是否合法，其中合理的Field可以是对数据验证的第一步，期望这个提交上来的数据是什么类型，那么就使用什么类型的Field。

其中最常用的几种类型的Field如下所示。

① CharField。用来接收文本，主要有以下几个参数:

- max_length：这个字段值的最大长度。
- min_length：这个字段值的最小长度。
- required：这个字段是否是必需的，默认是必需的。
- error_messages：在某个条件验证失败的时候，给出错误信息。

② EmailField。用来接收邮件，会自动验证邮件是否合法。

③ FloatField。用来接收浮点类型，并且如果验证通过，会将这个字段的值转换为浮点类型。主要有以下几个参数:

- max_value：最大的值。
- min_value：最小的值。

④ IntegerField。用来接收整形，并且验证通过后，会将这个字段的值转换为整形。主要有以下几个参数:

- max_value：最大的值。
- min_value：最小的值。

⑤ URLField。用来接收 url 格式的字符串。

在验证某个字段的时候，可以传递一个 validators 参数用来指定验证器，进一步对数据进行过滤。验证器有很多，但是很多验证器其实已经通过这个 Field 或者一些参数就可以指定。例：EmailValidator 可以通过 EmailField 来指定。

以下是一些常用的验证器：

- MaxValueValidator：验证最大值。
- MinValueValidator：验证最小值。
- MinLengthValidator：验证最小长度。
- MaxLengthValidator：验证最大长度。
- EmailValidator：验证是否是邮箱格式。
- URLValidator：验证是否是 URL 格式。
- RegexValidator：如果还需要更加复杂的验证，那么可以通过正则表达式的验证器。

有时候对一个字段验证，不是一个长度或一个正则表达式能够写清楚的，还需要一些其他复杂的逻辑，那么可以对某个字段，进行自定义的验证。比如在注册的表单验证中，想要验证手机号码是否已经被注册过，就需要在数据库中进行判断才知道。

对某个字段进行自定义的验证方式是，定义一个方法，这个方法的名字定义规则是：clean_fieldname。如果验证失败，就抛出一个验证错误。代码如下：

```
01 class MyForm(forms.Form):
02     telephone = forms.CharField(validators=[validators.RegexValidator("1[345678]\d{9}", message='格式错误！')])
03
04     def clean_telephone(self):
05         telephone = self.cleaned_data.get('telephone')
06         exists = User.objects.filter(telephone=telephone).exists()
07         if exists:
08             raise forms.ValidationError("手机号码已经存在！")
09         return telephone
```

如果验证数据的时候，需要针对多个字段进行验证，那么可以重写 clean 方法。比如在注册的时候，判断提交的两个密码是否相等。那么可以使用以下代码来完成：

```
01 class MyForm(forms.Form):
02     telephone = forms.CharField(validators=[validators.RegexValidator("1[345678]\d{9}", message='格式错误！')])
03     pwd1 = forms.CharField(max_length=12)
04     pwd2 = forms.CharField(max_length=12)
05
06     def clean(self):
07         cleaned_data = super().clean()
08         pwd1 = cleaned_data.get('pwd1')
09         pwd2 = cleaned_data.get('pwd2')
10         if pwd1 != pwd2:
11             raise forms.ValidationError('两个密码不一致！')
```

如果验证失败了，那么有一些错误信息是需要传给前端的。这时候可以通过以下属性来获取。

- form.errors。这个属性获取的错误信息是一个包含了 html 标签的错误信息。
- form.errors.get_json_data()。这个方法获取到的是一个字典类型的错误信息，将某个字段的名字作为 key，错误信息作为值的一个字典。
- form.as_json()。这个方法是 form.get_json_data() 返回的字典 dump 成 json 格式的字符串，方便进行传输。

- 上述方法获取的字段的错误值，都是一个比较复杂的数据。比如以下：

```
{'username': [{'message': 'Enter a valid URL.', 'code': 'invalid'}, {'message': 'Ensure this value has at most
4 characters (it has 22).', 'code': 'max_length'}]}
```

那么如果只想把错误信息放在一个列表中，而不再放在一个字典中，这时候可以定义一个方法，把这个数据重新整理一份，代码如下：

```
01 class MyForm(forms.Form):
02     username = forms.URLField(max_length=4)
03 
04     def get_errors(self):
05         errors = self.errors.get_json_data()
06         new_errors = {}
07         for key, message_dicts in errors.items():
08             messages = []
09             for message in message_dicts:
10                 messages.append(message['message'])
11             new_errors[key] = messages
12         return new_errors
```

这样就可以把某个字段所有的错误信息直接放在这个列表中。

18.7 ModelForm

Django 的模型与表单紧密相连。例如，在 models.py 文件中，创建了一个 User 模型，它包括用户名和密码字段。在 forms.py 文件中，创建了一个 LoginForm 类，它对用户名和密码进行验证。显然，这种做法十分冗余。基于这个原因，Django 提供一个辅助类帮助利用 Django 的 ORM 模型创建 Form，即 ModelForm。

ModelForm 是 Django 中编写基于 Model 定制表单的方法，可以提高 Model 复用性。使用时 Django 会根据 django.db.models.Field 自动转化为 django.forms.Field（用于表单前端展示和后端验证）。

18.7.1 使用方法

ModelForm 通过 Meta 把 db.Field 自动转化为 forms.Field，其中涉及以下几步转化：

- validators 不变。
- 添加 widget 属性，即前端的渲染方式。
- 修改 Model 包含的字段，通过 fields 抓取指定字段或者通过 exclude 排除指定字段。
- 修改错误信息。

接下来，使用 ModelForm 类替换 Form 表单类。修改如下：

```
01 from django.forms import ModelForm,TextInput,DateInput,Textarea
02 
03 class User(models.Model):
04     """
05     User 模型类，数据模型应该继承于 models.Model 或其子类
06     """
07     id = models.IntegerField(primary_key=True)  # 主键
08     username = models.CharField(max_length=30)  # 用户名，字符串类型
09     email = models.CharField(max_length=30)     # 邮箱，字符串类型
10 
11     def __repr__(self):
12         return User.username
13 
```

```
14
15 class Article(models.Model):
16     """
17     Article 模型类，数据模型应该继承于 models.Model 或其子类
18     """
19     id = models.IntegerField(primary_key=True)  # 主键
20     title = models.CharField(max_length=20,verbose_name='标题')     # 标题，字符串类型
21     content = models.TextField(verbose_name='内容')                 # 内容，文本类型
22     publish_date = models.DateTimeField(verbose_name='发布日期') # 出版时间，日期时间类型
23     user = models.ForeignKey(User, on_delete=models.CASCADE) # 设置外键
24
25     def __repr__(self):
26         return Article.title
27
28 class UserModelForm(ModelForm):
29     class Meta:
30         model = User
31         fields = "__all__"
32
33 class ArticleModelForm(ModelForm):
34     content = forms.CharField(
35         label='内容',
36         widget=forms.Textarea(attrs={'class': "form-control"}),
37         min_length=10,
38         error_messages={
39             'required': '内容不能为空',
40             'min_length': '长度不能少于 10 个字符',
41         }
42     )
43     class Meta:
44         model = Article
45         fields = ['title', 'content','publish_date']
46         widgets = {
47             'title': TextInput(attrs={'class': "form-control"}),
48             'publish_date': DateInput(attrs={'class': "form-control",
49                                       'placeholder': "YYYY-MM-DD"}),
50         }
51         error_messages = {
52             'title': {
53                 'required': '标题不能为空',
54                 'max_length': '长度不能超过 20 个字符',
55             },
56             'publish_date': {
57                 'required': '日期时间不能为空',
58                 'invalid': '请输入正确的日期格式'
59             }
60         }
```

在 models.py 文件中，新增 UserModelForm() 和 ArticleModelForm()，这两个类都继承 ModleForm。Meta 类属性说明如下：

- model：关联的 ORM 模型。
- fileds：表单中使用的字段列表。
- widgets：同 Form 类的 widgets。
- error_messages：验证错误的信息。

说明

当某些字段属性在 Meta 类中无法定义时，就需要在 Form 中另外定义字段。例如，在 ArticleForm 中，重新定义 Article 表的 Content 字段。

18.7.2 字段类型

生成的 Form 类中将具有与指定的模型字段对应的表单字段，顺序为 fields 属性列表中指定的顺序。每个模型字段有一个对应的默认表单字段，比如，模型中的 CharField 表现成表单中的 CharField。模型中的 ManyToManyField 字段会表现成 ModelMultipleChoiceField 字段。完整的映射关系如表 18.1 所示。

表 18.1 模型字段和表单字段的映射关系

模型字段	表单字段
AutoField	在 Form 类中无法使用
BigAutoField	在 Form 类中无法使用
BigIntegerField	IntegerField，最小为 -9223372036854775808，最大为 9223372036854775807
BooleanField	BooleanField
CharField	CharField，同样是最大长度限制。如果 model 设置了 null=True，Form 将使用 empty_value
CommaSeparatedIntegerField	CharField
DateField	DateField
DateTimeField	DateTimeField
DecimalField	DecimalField
EmailField	EmailField
FileField	FileField
FilePathField	FilePathField
FloatField	FloatField
ForeignKey	ModelChoiceField
ImageField	ImageField
IntegerField	IntegerField
IPAddressField	IPAddressField
GenericIPAddressField	GenericIPAddressField
ManyToManyField	ModelMultipleChoiceField
NullBooleanField	NullBooleanField
PositiveIntegerField	IntegerField
PositiveSmallIntegerField	IntegerField
SlugField	SlugField
SmallIntegerField	IntegerField
TextField	CharField，并带有 widget=forms.Textarea 参数
TimeField	TimeField
URLField	URLField

可以看出，Django 在设计 model 字段和表单字段时存在大量的相似和重复之处。ManyToManyField 和 ForeignKey 字段类型属于特殊情况：

- ForeignKey 被映射成为表单类的 django.forms.ModelChoiceField，它的选项是一个模型的 QuerySet，也就是可以选择的对象的列表，但是只能选择一个。
- ManyToManyField 被映射成为表单类的 django.forms.ModelMultipleChoiceField，它的选项也是一个模型的 QuerySet，也就是可以选择的对象的列表，但是可以同时选择多个。

同时，在表单属性设置上，还有下面的映射关系：

- 如果模型字段设置 blank=True，那么表单字段的 required 设置为 False。否则，required=True。
- 表单字段的 label 属性根据模型字段的 verbose_name 属性设置，并将第一个字母大写。
- 如果模型的某个字段设置了 editable=False 属性，那么表单类中将不会出现该字段。表单字段的 help_text 设置为模型字段的 help_text。
- 如果模型字段设置了 choices 参数，那么表单字段的 widget 属性将设置成 Select 框，其选项来自模型字段的 choices。选单中通常会包含一个空选项，并且作为默认选择。如果该字段是必选的，它会强制用户选择一个选项。如果模型字段具有 default 参数，则不会添加空选项到选单中。

18.7.3 表单验证

验证 ModelForm 主要分两步：

- 验证表单。
- 验证模型实例。

与普通的表单验证类似，模型表单的验证也是调用 is_valid() 方法或访问 errors 属性。模型的验证（Model.full_clean()）紧跟在表单的 clean() 方法调用之后。通常情况下，使用 Django 内置的验证器。如果需要，可以重写模型表单的 clean() 来提供额外的验证，方法和普通的表单一样。

下面创建一个视图函数，然后验证 ModelForm 类。创建视图函数。代码如下：

```
01 @login_required
02 def add_article(request):
03     if request.method == 'GET':
04         form = ArticleModelForm()  # 实例化表单类
05     else:
06         form = ArticleModelForm(request.POST)
07         if form.is_valid():
08             return HttpResponse(f'验证成功')
09     return render(request, 'add_article.html', {'form': form})  # 渲染模板
```

创建 add_article.html 模板页面。代码如下：

```
01 {% extends "base.html" %}
02 {% block title %}添加文章{% endblock %}
03 {% block content %}
04 <style>
05     .errorlist {float: right;}
06     .errorlist li {color: red;}
07 </style>
08 <div style="margin-top:20px">
09     <h3>添加文章</h3>
10     <form class="mt-4" action="" method="post">
11         {% csrf_token %}
12         {{ form }}
13         <div style="padding-top:20px">
14             <button type="submit" class="btn btn-primary">登录</button>
15         </div>
16     </form>
17 </div>
18 {% endblock %}
```

在浏览器中访问网址：127.0.0.1:8000/articles/add，当填写的内容不满足设置规则时，运行结果如图 18.2 所示。当填写的内容满足验证条件时，将输出“验证成功”。

图 18.2 **验证错误**

18.7.4 save() 方法

每个 ModelForm 都有一个 save() 方法，此方法从绑定到表单的数据创建并保存数据库对象。ModelForm 的子类可以接受现有的模型实例作为关键字参数实例。如果提供了此参数，则 save() 将更新该实例。如果未提供，则 save() 将创建指定模型的新实例。在 shell 中示例代码如下：

```
>>> from myapp.models import Article
>>> from myapp.forms import ArticleForm
# Create a form instance from POST data.
>>> f = ArticleForm(request.POST)
# Save a new Article object from the form's data.
>>> new_article = f.save()
# Create a form to edit an existing Article, but use
# POST data to populate the form.
>>> a = Article.objects.get(pk=1)
>>> f = ArticleForm(request.POST, instance=a)
>>> f.save()
```

调用 save() 的时候可以添加 commit=False 来避免立即储存，从而通过后续的修改或补充来得到完整的 Model 实例后再储存到数据库。

如果初始化的时候传入了 instance，那么调用 save() 的时候会用 ModelForm 中定义过的字段值覆盖传入实例的相应字段，并写入数据库。save() 同样会储存 ManyToManyField，如果调用 save() 时使用了 commit=False，那么 ManyToManyField 的储存需要等该条目存入数据库之后手动调用 ModelForm 的 save_m2m() 方法。示例代码如下：

```
# 创建一个表单实例，传递 POST 数据
>>> f = AuthorForm(request.POST)
# 创建一个新的实例，但是不保存
>>> new_author = f.save(commit=False)
# 修改实例属性
>>> new_author.some_field = 'some_value'
# 保存实例
>>> new_author.save()
# 保存多对多类型数据
>>> f.save_m2m()
```

仅当使用 save（commit = False）时才需要调用 save_m2m()。当在表单上使用 save() 时，所有数据（包括多对多数据）都将被保存，而无需任何其他方法调用。例如：

```
# 创建一个表单实例，传递 POST 数据
>>> a = Author()
>>> f = AuthorForm(request.POST, instance=a)
# 创建并保存一个新的实例
>>> new_author = f.save()
```

除了 save() 和 save_m2m() 方法之外，ModelForm 的工作方式与任何其他表单形式完全相同。例如，is_valid() 方法用于检查有效性，is_multipart() 方法用于确定表单是否需要分段文件上传，以及是否必须将 request.FILES 传递给表单等。

18.7.5 字段选择

强烈建议使用 ModelForm 的 fields 属性，在赋值的列表内，一个一个将要使用的字段添加进去。这样做的好处是，安全可靠。然而，有时候字段太多或者想偷懒，不愿意一个一个输入，也有简单的方法：_all_ 和 exclude。

将 fields 属性的值设为 _all_，表示将映射的模型中的全部字段都添加到表单类中。示例代码如下：

```
01 from django.forms import ModelForm
02
03 class AuthorForm(ModelForm):
04     class Meta:
05         model = Author
06         fields = '__all__'
```

exclude 属性表示将 model 中除了 exclude 属性中列出的字段之外的所有字段，添加到表单类中作为表单字段。示例代码如下：

```
01 class PartialAuthorForm(ModelForm):
02     class Meta:
03         model = Author
04         exclude = ['title']
```

因为 Author 模型有 3 个字段 name、birth_date 和 title，上面的例子会让 birth_date 和 name 出现在表单中。

18.8 文件上传

文件上传是网站开发中非常常见的功能。在前端中，需要填入一个 form 标签，然后在这个 form 标签中指定 enctype="multipart/form-data"，不然就不能上传文件。

在 form 标签中添加一个 input 标签，然后指定 input 标签的 name，以及 type="file"。代码如下：

```
01 <form action="" method="post" enctype="multipart/form-data">
02     <input type="file" name="myfile">
03 </form>
```

后端的主要工作是接收文件，然后存储文件。接收文件的方式跟接收 POST 的方式是一样的，只不过是通过 FILES 来实现。代码如下：

```
01 def save_file(file):
02     with open('somefile.txt', 'wb') as fp:
03         for chunk in file.chunks():
04             fp.write(chunk)
```

```
05
06
07 def index(request):
08     if request.method == 'GET':
09         form = MyForm()
10         return render(request, 'index.html', {'form': form})
11     else:
12         myfile = request.FILES.get('myfile')
13         save_file(myfile)
14         return HttpResponse('success')
```

以上代码通过 request.FILES 接收到文件后，再写入到指定的地方，这样就可以完成一个文件的上传功能了。

除此之外，还可以使用模型来处理上传的文件。在定义模型的时候，可以给存储文件的字段指定为 FileField，这个 Field 可以传递一个 upload_to 参数，用来指定上传的文件保存到哪里。比如保存到项目的 files 文件夹下，那么模型内的代码如下：

```
01 class Article(models.Model):
02     title = models.CharField(max_length=100)
03     content = models.TextField()
04     thumbnail = models.FileField(upload_to="files")
```

视图内代码如下：

```
01 def index(request):
02     if request.method == 'GET':
03         return render(request, 'index.html')
04     else:
05         title = request.POST.get('title')
06         content = request.POST.get('content')
07         thumbnail = request.FILES.get('thumbnail')
08         article = Article(title=title, content=content, thumbnail=thumbnail)
09         article.save()
10         return HttpResponse('success')
```

调用完 article.save() 方法，就会把文件保存到 files 下面，并且会将这个文件的路径存储到数据库中。

以上是使用了 upload_to 来指定上传的文件的目录，也可以指定 MEDIA_ROOT，就不需要在 FielField 中指定 upload_to，它会自动地将文件上传到 MEDIA_ROOT 的目录下。

```
MEDIA_ROOT = os.path.join(BASE_DIR,'media')
MEDIA_URL = '/media/'
```

然后可以在 urls.py 中添加 MEDIA_ROOT 目录下的访问路径。代码如下：

```
01 from django.urls import path
02 from front import views
03 from django.conf.urls.static import static
04 from django.conf import settings
05
06 urlpatterns = [
07                 path('', views.index),
08             ] + static(settings.MEDIA_URL, document_root=settings.MEDIA_ROOT)
```

如果同时指定 MEDIA_ROOT 和 upload_to，那么会将文件上传到 MEDIA_ROOT 下的 upload_to 文件夹中。代码如下：

```
01 class Article(models.Model):
02     title = models.CharField(max_length=100)
03     content = models.TextField()
04     thumbnail = models.FileField(upload_to="%Y/%m/%d/")
```

如果想要限制上传的文件的拓展名，那么就需要用到表单来进行限制。可以使用普通的 Form 表单，也可以使用 ModelForm，直接从模型中读取字段。代码如下：

```
01 # models.py
02 class Article(models.Model):
03     title = models.CharField(max_length=100)
04     content = models.TextField()
05     thumbnial = models.FileField(upload_to='%Y/%m/%d/', validators=[validators.FileExtensionValidator(['txt', 'pdf'])])
06
07
08 # forms.py
09 class ArticleForm(forms.ModelForm):
10     class Meta:
11         model = Article
12         fields = "__all__"
```

上传图片跟上传普通文件是一样的，只不过上传图片的时候 Django 会判断上传的文件是否是图片格式（除了判断后缀名，还会判断是否是可用的图片）。如果不是，就会验证失败。首先先来定义一个包含 ImageField 的模型。代码如下：

```
01 class Article(models.Model):
02     title = models.CharField(max_length=100)
03     content = models.TextField()
04     thumbnail = models.ImageField(upload_to="%Y/%m/%d/")
```

因为要验证是否是合格的图片，因此还需要用一个表单来进行验证。表单直接使用 ModelForm 就可以。代码如下：

```
01 class MyForm(forms.ModelForm):
02     class Meta:
03         model = Article
04         fields = "__all__"
```

注意

使用 ImageField，必须要先安装 Pillow 库：pip install pillow。

18.9 综合案例——用户注册

本章学习了请求、视图和表单等相关的功能，下面就通过本章所学的知识来实现 Web 开发中用户注册的功能。

首先需要在 view.py 文件中定义相关的 GET 和 POST 方法，其中 GET 方法确保用户可以访问到注册页面，而 POST 方法则是接收用户的注册信息。接收到用户信息后，可以进行一些业务逻辑校验，例如：确认该用户是否已经注册，信息是否符合规范等。具体代码如下：

```
01 from django.http import HttpResponse
02 from django.shortcuts import render, redirect
03 from django.views.generic import View
04
05
06 def get_hello(request):
07     return HttpResponse("Hello Django! ")
08
09
10 class Register(View):
11
```

```
12      def get(self, request):
13          # 渲染页面
14          return render(request, 'register.html')
15
16      def post(self, request):
17          # 获取前端传递过来的数据
18          username = request.POST['username']
19          password = request.POST['password']
20          return HttpResponse('注册成功!!!')
```

为了可以正常访问页面，还需在 urls.py 文件中设置路由信息，其中一个是首页信息，另一个为注册的 GET 和 POST 方法，在使用 as_view() 方法时会根据请求自动匹配 Register 类中的 GET 和 POST 方法，代码如下：

```
01 from django.contrib import admin
02 from django.urls import path
03 from django.conf.urls import url
04
05 from hellodjango import view  # 导入对应的视图函数
06
07 urlpatterns = [
08     path('admin/', admin.site.urls),
09     url(r'^$', view.get_hello),
10     # 自动匹配 Register 类中的 get 或 post 方法
11     url(r'register/$', view.Register.as_view())
12 ]
```

随后再新建一个 register.html 前端文件。由于通过 form 表单来提交用户的账号和密码等信息，所以需要使用 POST 请求，Django 为了防止 CSRF 攻击，还需在前端页面中添加“{% csrf_token %}”用于通过 CSRF 验证，具体代码如下：

```
01 <!DOCTYPE html>
02 <html lang="en" xmlns="http://www.w3.org/1999/html">
03 <head>
04     <meta charset="UTF-8">
05     <title>用户注册</title>
06 </head>
07 <body>
08
09 <form method="post" action="/register/">
10     {% csrf_token %}
11     账号:<input type="text" name="username"></br>
12     密码:<input type="password" name="password"></br>
13     <input type="submit" value="注册">
14
15 </form>
16
17 </body>
18 </html>
```

如果没能成功访问到 register.html 页面，可检查 settings.py 文件中是否配置了 DIRS 目录，关键代码如下：

```
01 TEMPLATES = [
02     {
03         'BACKEND': 'django.template.backends.django.DjangoTemplates',
04         'DIRS': [os.path.join(BASE_DIR, 'templates')],
05         'APP_DIRS': True,
06         'OPTIONS': {
07             'context_processors': [
08                 'django.template.context_processors.debug',
09                 'django.template.context_processors.request',
10                 'django.contrib.auth.context_processors.auth',
```

```
11                  'django.contrib.messages.context_processors.messages',
12              ],
13          },
14      },
15 ]
```

运行程序，在浏览器中打开 http://127.0.0.1:8000/register/ 会首先跳转到注册页面，如图 18.3 所示，输入注册信息后，单击“注册”按钮，后台就会接收到数据，并返回响应信息，如图 18.4 所示。

图 18.3　注册页面

图 18.4　注册响应

18.10　实战练习

在本章案例中，实现了注册的功能。其实只要将代码简单的修改就可以实现登录的功能，因为二者的原理基本类似，都是使用 form 表单提交数据，且都需要添加 CSRF 验证，结果如图 18.5 所示。

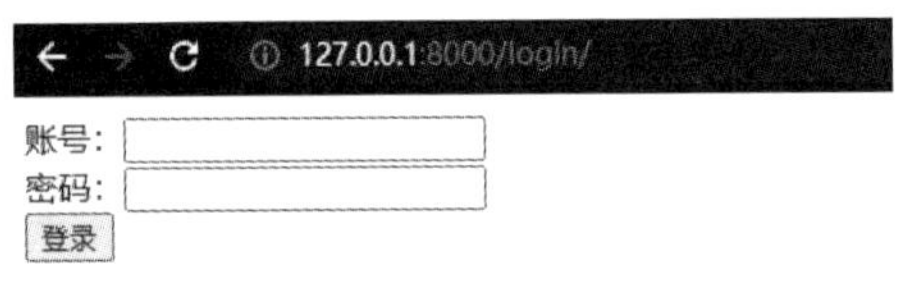

图 18.5　登录页面

小结

本章主要介绍 Django 视图与表单的基础知识，首先分别介绍了基于函数的视图和基于类的视图，通过视图可以匹配不同的 URL 请求，以此来使用不用的逻辑处理对应的业务，但有时候只需要一个视图匹配一个请求即可，此时可以使用请求装饰器来对视图进行限制。然后为了便于理解视图与请求的对应关系，本章又详细介绍了请求对象与响应对象，在处理请求的过程中，为应对某些恶意请求，可以将其重定向到一个自定义的错误页面。最后介绍了表单的使用和一些常见的方法，以及如何验证表单或通过表单上传文件。

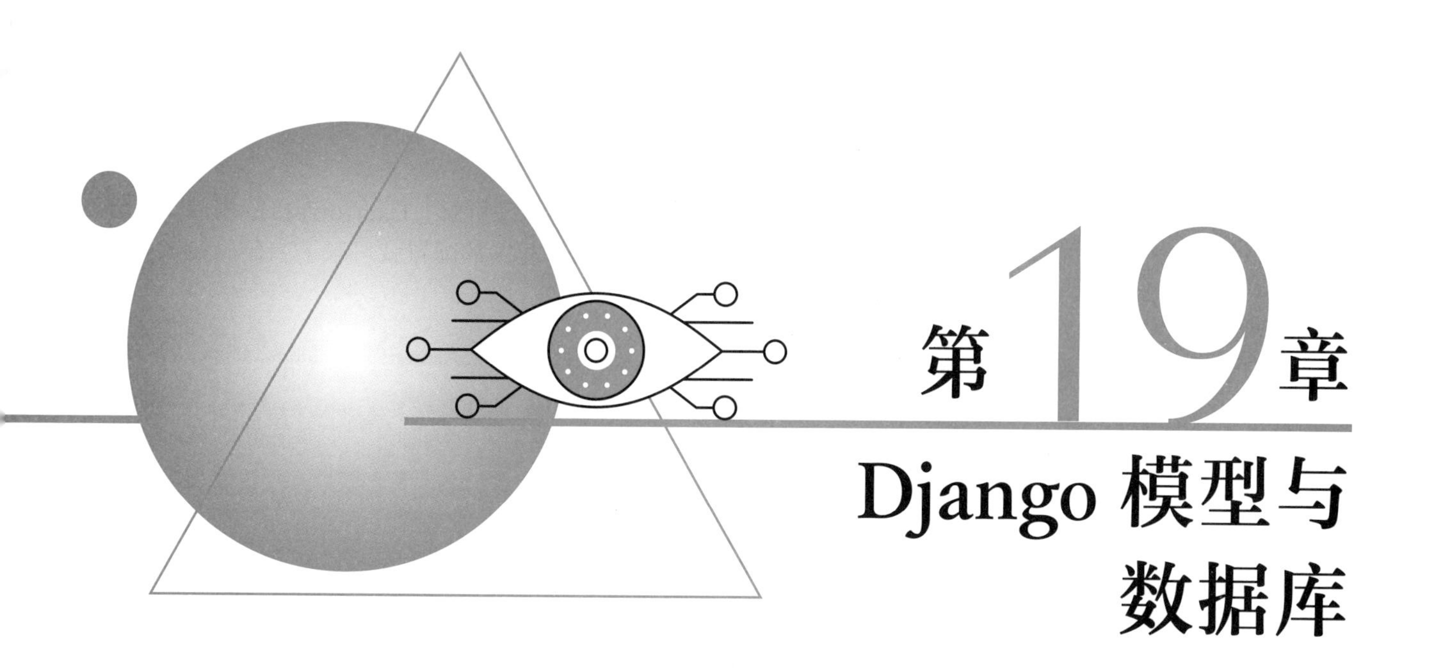

第19章 Django模型与数据库

Django 模型准确且唯一地描述了数据，它包含储存的数据的重要字段和行为。一般来说，每个模型都映射一张数据库表，每个模型都是一个Python 的类，这些类继承 django.db.models.Model，模型类的每个属性都相当于一个数据库的字段。利用这些，Django 就提供了一个自动生成访问数据库的 API。

本章将对数据库操作进行详细介绍，然后再介绍 ORM 模型中的添加数据模型、数据迁移和数据 API。接下来再介绍多关联模型，最后介绍定制管理后台。

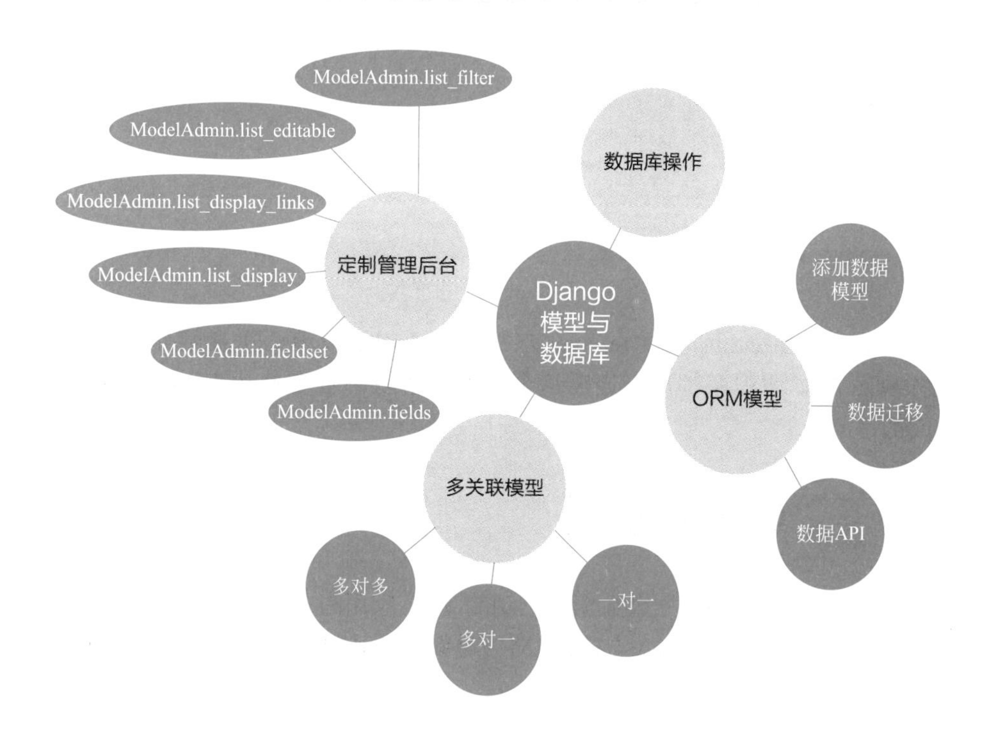

19.1 数据库操作

在操作数据库之前，首先要连接数据库，本节以配置 MySQL 为例来讲解。Django 连接数据库，不需要单独的创建一个连接对象。只需要在 settings.py 文件中做好数据库相关的配置就可以了。代码如下：

```
01 DATABASES = {
02     'default': {
03         # 数据库引擎（是 mysql 还是 oracle 等）
04         'ENGINE': 'django.db.backends.mysql',
05         # 数据库的名字
06         'NAME': 'test001',
07         # 连接 mysql 数据库的用户名
08         'USER': 'root',
09         # 连接 mysql 数据库的密码
10         'PASSWORD': 'root',
11         # mysql 数据库的主机地址
12         'HOST': '127.0.0.1',
13         # mysql 数据库的端口号
14         'PORT': '3306',
15     }
16 }
```

Django 中操作数据库有两种方式。第一种方式是使用原生 SQL 语句操作，第二种是使用 ORM 模型来操作，本节先来了解下第一种操作数据库的方式。

在 Django 中使用原生 SQL 语句操作其实就是使用 Python 数据库的 API 接口来操作。如果 MySQL 驱动使用的是 PyMySQL，那么就是使用 PyMySQL 来操作的，只不过 Django 将数据库连接的这一部分封装好了，只要在 settings.py 中配置好数据库连接信息后直接使用 Django 封装好的接口就可以操作。代码如下：

```
01 # 使用 django 封装好的 connection 对象，会自动读取 settings.py 中数据库的配置信息
02 from django.db import connection
03
04 # 获取游标对象
05 cursor = connection.cursor()
06
07 # 拿到游标对象后执行 sql 语句
08 cursor.execute("select * from user")
09
10 # 获取所有的数据
11 rows = cursor.fetchall()
12
13 # 遍历查询到的数据
14 for row in rows:
15     print(row)
```

以上的 execute 以及 fetchall 方法都是 Python DB API 规范中定义好的。任何使用 Python 来操作 MySQL 的驱动程序都应该遵循这个规范。所以不管是使用 PyMySQL、MySQLclient 还是 MySQLDB，接口都是一样的。

19.2 ORM 模型

使用 Django 编写一个数据库驱动的 Web 应用时，第一步就是定义模型，也就是数据库结构设计和附加的其他元数据。Django 支持 ORM（对象关系映射）模型，所以可以使用模型类来操作关系型数据库。

19.2.1 添加数据模型

在 article/models.py 文件中，创建 User 模型类和 Article 模型类。关键代码如下：

```
01 from django.db import models  # 引入 django.db.models 模块
02
03
04 class User(models.Model):
05     """
06     User 模型类，数据模型应该继承于 models.Model 或其子类
07     """
08     id = models.IntegerField(primary_key=True)  # 主键
09     username = models.CharField(max_length=30)  # 用户名，字符串类型
10     email = models.CharField(max_length=30)     # 邮箱，字符串类型
11
12 class Article(models.Model):
13     """
14     Article 模型类，数据模型应该继承于 models.Model 或其子类
15     """
16     id = models.IntegerField(primary_key=True)  # 主键
17     title = models.CharField(max_length=120)    # 标题，字符串类型
18     content = models.TextField()                # 内容，文本类型
19     publish_date = models.DateTimeField()       # 出版时间，日期时间类型
20     user = models.ForeignKey(User, on_delete=models.CASCADE) # 设置外键
```

上述代码中，每个模型中的每一个属性都指明了 models 下面的一个数据类型，代表了数据库中的一个字段。django.db.models 提供的常见的字段类型，如表 19.1 所示。

表 19.1　Django 数据模型中常见的字段类型

字段类型	说明
AutoField	一个 id 自增的字段，但创建表过程 Django 会自动添加一个自增的主键字段
BinaryField	一个保存二进制源数据的字段
BooleanField	一个布尔值的字段，应该指明默认值，管理后台中默认呈现为 CheckBox 形式
NullBooleanField	可以是 None 值的布尔值字段
CharField	字符串值字段，必须指明参数 max_length 值，管理后台中默认呈现为 TextInput 形式
TextField	文本域字段，对于大量文本应该使用 TextField。管理后台中默认呈现为 Textarea 形式
DateField	日期字段，代表 Python 中 datetime.date 的实例。管理后台默认呈现为 TextInput 形式
DateTimeField	时间字段，代表 Python 中 datetime.datetime 的实例。管理后台默认呈现为 TextInput
EmailField	邮件字段，是 CharField 的实现，用于检查该字段值是否符合邮件地址格式
FileField	上传文件字段，管理后台默认呈现为 ClearableFileInput 形式
ImageField	图片上传字段，是 FileField 的实现。管理后台默认呈现为 ClearableFileInput 形式
IntegerField	整数值字段，在管理后台默认呈现为 NumberInput 或者 TextInput 形式
FloatField	浮点数值字段，在管理后台默认呈现为 NumberInput 或者 TextInput 形式
SlugField	只保存字母、数字、下划线和连接符，用于生成 URL 的短标签
UUIDField	保存一般统一标识符的字段，代表 Python 中 UUID 的实例，建议提供默认值 default
ForeignKey	外键关系字段，需提供外检的模型参数和 on_delete 参数（指定当该模型实例删除的时候，是否删除关联模型），如果想要外键的模型出现在当前模型的后面，需要在第一个参数中使用单引号 'Manufacture'
ManyToManyField	多对多关系字段，与 ForeignKey 类似
OneToOneField	一对一关系字段，常用于扩展其他模型

19.2.2 数据迁移

创建完数据模型后，接下来就要执行数据库迁移。Django 支持多种数据库，例如 SQLite、MySQL、MariaDB 等等，默认情况下使用的是 SQLite 数据库，可以在项目的配置文件 blog/settings.py 中查看，内容如下：

```
01 DATABASES = {
02     'default': {
03         'ENGINE': 'django.db.backends.sqlite3',
04         'NAME': os.path.join(BASE_DIR, 'db.sqlite3'),
05     }
06 }
```

如果想使用更为流行的 MySQL 数据库，则需要按如下方式修改 settings.py 项目配置文件，修改后的代码如下：

```
01 DATABASES = {
02     'default': {
03         'ENGINE': 'django.db.backends.mysql',
04         'NAME': 'mrsoft',            # 修改为你的数据库名称
05         'USER': 'root',              # 修改为你的数据库用户名
06         'PASSWORD': 'root'           # 修改为你的数据库密码
07     }
08 }
```

上述代码中，设置了连接数据库的用户名和密码，并且设置数据库名称为 mrsoft。接下来就要创建一个名为 mrsoft 的数据库，在终端连接数据库，执行以下命令：

```
mysql -u root -p
```

按照提示输入数据库密码，连接成功后执行如下语句创建数据库：

```
create database mrsoft default character set utf8;
```

接下来，安装 MySQL 数据库的驱动 PyMySQL，命令如下：

```
pip install pymysql
```

然后在 blog\blog__init__.py 文件的行首添加如下代码：

```
01 import pymysql
02 # 为实现版本兼容，此处设置 mysqlclient 的版本
03 pymysql.version_info = (1, 3, 13, "final", 0)
04 pymysql.install_as_MySQLdb()
```

然后再执行以下命令创建数据表：

```
python manage.py makemigrations    # 生成迁移文件
```

运行结果如图 19.1 所示。

最后，执行如下命令实现数据库迁移：

```
python manage.py migrate    # 迁移数据库，创建新表
```

```
(venv) (base) andy:blog andy$ python manage.py makemigrations
Migrations for 'article':
  article/migrations/0001_initial.py
    - Create model User
    - Create model Article
```

图 19.1 生成迁移文件

创建数据表的效果如图 19.2 所示。

创建完成后，即可在数据库中查看这两张数据表，Django 会默认按照 app 名称 + 下划线 + 模型类名称小写的形式创建数据表，对于上面这两个模型，Django 创建了如下表：

- User 类对应 article_user 表。

- Article 类对应 article_article 表。

在数据库管理软件中查看创建的数据表，效果如图 19.3 所示。

```
(venv) (base) andy:blog andy$ python manage.py migrate
Operations to perform:
  Apply all migrations: admin, article, auth, contenttypes, sessions
Running migrations:
  Applying contenttypes.0001_initial... OK
  Applying auth.0001_initial... OK
  Applying admin.0001_initial... OK
  Applying admin.0002_logentry_remove_auto_add... OK
  Applying admin.0003_logentry_add_action_flag_choices... OK
  Applying article.0001_initial... OK
  Applying contenttypes.0002_remove_content_type_name... OK
  Applying auth.0002_alter_permission_name_max_length... OK
  Applying auth.0003_alter_user_email_max_length... OK
  Applying auth.0004_alter_user_username_opts... OK
  Applying auth.0005_alter_user_last_login_null... OK
  Applying auth.0006_require_contenttypes_0002... OK
  Applying auth.0007_alter_validators_add_error_messages... OK
  Applying auth.0008_alter_user_username_max_length... OK
  Applying auth.0009_alter_user_last_name_max_length... OK
  Applying auth.0010_alter_group_name_max_length... OK
  Applying auth.0011_update_proxy_permissions... OK
  Applying sessions.0001_initial... OK
```

图 19.2　迁移数据库，创建数据表

Objects

Name	Rows	Data Length	Engine
article_article	0	16.00 KB	InnoDB
article_user	0	16.00 KB	InnoDB
auth_group	0	16.00 KB	InnoDB
auth_group_permissions	0	16.00 KB	InnoDB
auth_permission	32	16.00 KB	InnoDB
auth_user	0	16.00 KB	InnoDB
auth_user_groups	0	16.00 KB	InnoDB
auth_user_user_permissions	0	16.00 KB	InnoDB
django_admin_log	0	16.00 KB	InnoDB
django_content_type	8	16.00 KB	InnoDB
django_migrations	18	16.00 KB	InnoDB
django_session	0	16.00 KB	InnoDB

图 19.3　在数据库管理软件中查看创建的数据表

说明

其他数据表是 Django 内置的模块创建生成。

迁移是非常强大的功能，能在开发过程中持续地改变数据库结构而不需要重新删除和创建表，它专注于使数据库平滑升级而不会丢失数据。实现数据迁移改变模型通常需要这三步：

- 编辑 models.py 文件，改变模型。
- 运行 python manage.py makemigrations 命令为模型的改变生成迁移文件。
- 运行 python manage.py migrate 命令来应用数据库迁移。

数据库迁移被分解成生成和应用两个命令是为了能够在代码控制系统上提交迁移数据，并使其能在多个应用里使用。这不仅仅会让开发更加简单，也给别的开发者和生产环境中的使用带来方便。

19.2.3　数据 API

进入交互式 Python 命令行，尝试 Django 创建的各种 API。通过以下命令打开 Python 命令行：

```
python manage.py shell
```

运行效果如图 19.4 所示。

```
(venv) (base) andy:blog andy$ python manage.py shell
Python 3.8.0 (v3.8.0:fa919fdf25, Oct 14 2019, 10:23:27)
[Clang 6.0 (clang-600.0.57)] on darwin
Type "help", "copyright", "credits" or "license" for more information.
(InteractiveConsole)
>>>
```

图 19.4　进入交互模式

说明

以下所有命令均是在 shell 交互模式下执行。

导入数据模型命令如下：

```
from article.models import User, Article  # 导入 User 和 Article 两个类
```

（1）添加数据

添加数据有两种方法，分别如下：

方法 1:

```
user1 = User.objects.create(id=1,username="andy",email="mr@mrsoft.com")
```

方法 2:

```
user2=User(id=2,username="zhangsan",email="zhansan@mrsoft.com")
user2.save()  # 必须调用 save() 才能写入数据库
```

输入命令后如图 19.5 所示。

运行完成后，user 表会新增 2 条记录，运行结果如图 19.6 所示。

```
(venv) (base) andy:blog andy$ python manage.py shell
Python 3.8.0 (v3.8.0:fa919fdf25, Oct 14 2019, 10:23:27)
[Clang 6.0 (clang-600.0.57)] on darwin
Type "help", "copyright", "credits" or "license" for more information.
(InteractiveConsole)
>>> from article.models import User, Article
>>> user1 = User.objects.create(id=1,username="andy",email="mr@mrsoft.com")
>>> user2=User(id=2,username="zhangsan",email="zhansan@mrsoft.com")
>>> user2.save()
```

图 19.5　新增数据命令

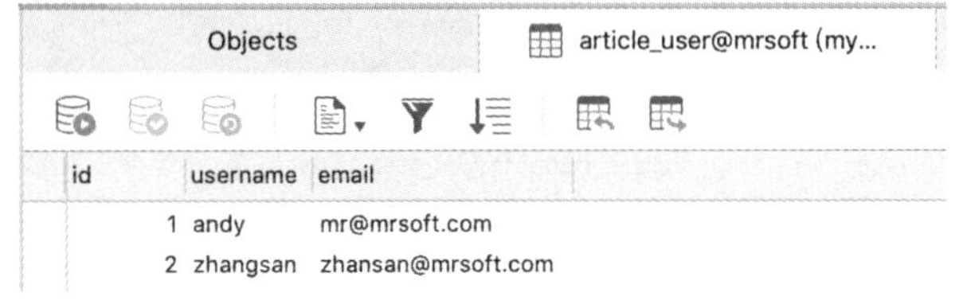

图 19.6　新增数据效果

（2）查询数据

查询 User 表所有数据，命令如下：

```
User.objects.all()
```

返回的结果是 QuerySet 对象，运行结果如下：

```
<QuerySet [<User: User object (1)>, <User: User object (2)>]>
```

遍历 User 表中所有记录，如图 19.7 所示。

查询 User 表单个数据，可以使用如下命令：

```
User.objects.first()  # 获取第一个记录
Person.objects.get(id=1)  # 括号内需要加入确定的条件，因为 get 方法只返回一个确定值
```

此外，还可以根据指定条件查询数据，例如：

```
User.objects.filter(username__exact='andy')   # 指定 username 字段值必须为 andy
User.objects.filter(username__iexact='andy')  # 不区分大小写查找值必须为 andy，如 Andy,anDy
User.objects.filter(id__gt=1)      # 查找所有 id 值大于 1 的
User.objects.filter(id__lt=100)    # 查找所有 id 值小于 100 的
# 过滤出所有 username 字段值包含 'n' 的记录，然后按照 id 进行升序排序
User.objects.filter(username__contains='n').order_by('id')
# 过滤出所有 username 字段值包含 'n' 的记录，不区分大小写
User.objects.filter(username__icontains='n')
```

（3）修改查询到的数据

修改之前需要查询到的数据或者数据集，然后再对响应的字段进行赋值。代码如下：

```
user = User.objects.get(id=1)
user.username = '安迪'
user.save()
```

注意

> 必须调用 save 方法才能保存到数据库。

运行完成以后，user 表中 id 为 1 的记录 username 字段值将会被修改，运行结果如图 19.8 所示。

```
>>> User.objects.all()
<QuerySet [<User: User object (1)>, <User: User object (2)>]>
>>> users = User.objects.all()
>>> for user in users:
...     print(f'{user.id},{user.username}')
...
1,andy
2,zhangsan
```

图 19.7　遍历 User 表中所有记录

图 19.8　修改 user 表记录

（4）删除数据

与修改数据类似，删除数据同样需要先查找到对应的数据，然后进行删除，代码如下：

```
User.objects.get(id=1).delete()
```

由于数据删除后，将无法恢复。大多数情况下我们不会直接删除数据库中的数据，而是在定义数据模型的时候，添加一个 status 字段，并设置为 Bool 类型（值为 True 和 False），用来标记该数据是否是可用状态。在删除该数据的时候，将其值置为 False 即可。

19.3　多关联模型

多表关联是模型层的重要功能之一，最常见的关联关系包括：一对一、多对一、多对多。Django 提供了一套基于关联字段独特的解决方案，分别设置关联属性 OneToOneField、ForeignKey 和 ManyToManyField。

19.3.1　一对一

一对一关系类型的定义如下：

```
class OneToOneField(to, on_delete, parent_link=False, **options)[source]
```

从概念上讲，一对一关系非常类似于具有 unique=True 属性的外键关系，但是其反向关联对象只有一个，这种关系类型多数用于当一个模型需要从别的模型扩展而来的情况。比如，Django 自带 auth 模块的 User 用户表，如果想在自己的项目里创建用户模型，又想方便地使用 Django 的认证功能，那么一个比较好的方案就是在用户模型里，使用一对一关系，添加一个与 auth 模块 User 模型的关联字段。

下面通过餐厅和地址的例子来介绍一对一模型。餐厅在某个具体的位置，而某个具体的位置，只能有一个餐厅。所以，它们之间是一对一模型。定义模型的代码如下：

```
01 from django.db import models
02
03 class Place(models.Model):
04     name = models.CharField(max_length=50)
05     address = models.CharField(max_length=80)
06
07     def __str__(self):
08         return "%s the place" % self.name
09
10 class Restaurant(models.Model):
11     place = models.OneToOneField(
12         Place,
13         on_delete=models.CASCADE,
14         primary_key=True,
15     )
16     serves_hot_dogs = models.BooleanField(default=False)
17     serves_pizza = models.BooleanField(default=False)
18
19     def __str__(self):
20         return "%s the restaurant" % self.place.name
```

19

上述代码中，在餐厅模型“Restaurant”中定义了 models.OneToOneField() 方法，第 1 个参数表示关联的模型；第 2 个参数 on_delete 表示删除时关系，models.CASCADE 表示级联删除，即删除 Place 的同时会删除 Restaurant；第 3 个参数 primary_key 表示设置主键。

下面使用 Shell 命令执行一对一操作。

创建一组 Place 模型数据，示例如下:

```
>>> p1 = Place(name='肯德基', address='人民广场 88 号')
>>> p1.save()
>>> p2 = Place(name='麦当劳', address='人民广场 99 号')
>>> p2.save()
```

创建一组 Restaurant 模型数据，传递“place”对象作为这个模型的主键。示例如下:

```
>>> r = Restaurant(place=p1, serves_hot_dogs=True, serves_pizza=False)
>>> r.save()
```

一个 Restaurant 对象可以获取它的地点，示例如下:

```
>>> r.place
<Place: 肯德基 the place>
```

一个 Place 对象也可以获取它的餐厅，示例如下:

```
>>> p1.restaurant
<Restaurant: 肯德基 the restaurant>
```

现在 p2 还没有和 Restaurant 关联，所以使用 try…except 语句检测异常，示例如下:

```
>>> from django.core.exceptions import ObjectDoesNotExist
>>> try:
>>>     p2.restaurant
>>> except ObjectDoesNotExist:
>>>     print("There is no restaurant here.")
There is no restaurant here.
```

也可以使用 hasattr 属性来避免捕获异常，示例如下:

```
>>> hasattr(p2, 'restaurant')
False
```

使用分配符号设置地点。由于地点是餐厅的主键，因此保存将创建一个新餐厅，示例如下:

```
>>> r.place = p2
>>> r.save()
>>> p2.restaurant
<Restaurant: 麦当劳 the restaurant>
>>> r.place
<Place: 麦当劳 the place>
```

反向设置 Place，示例如下:

```
>>> p1.restaurant = r
>>> p1.restaurant
<Restaurant: 肯德基 the restaurant>
```

请注意，必须先保存一个对象，然后才能将其分配给一对一关系。例如，创建一个未保存位置的餐厅会引发 ValueError，示例如下:

```
>>> p3 = Place(name='Demon Dogs', address='944 W. Fullerton')
>>> Restaurant.objects.create(place=p3, serves_hot_dogs=True, serves_pizza=False)
Traceback (most recent call last):
...
ValueError: save() prohibited to prevent data loss due to unsaved related object 'place'.
```

Restaurant.objects.all() 返回餐厅，而不是地点。示例如下：

```
>>> p1.name='Demon Dogs'
>>> p1.save()
>>> Restaurant.objects.all()
<QuerySet [<Restaurant: 肯德基 the restaurant>, <Restaurant: 麦当劳 the restaurant>]>
```

Place.objects.all() 返回所有 Places，无论它们是否有 Restaurants。示例如下：

```
>>> Place.objects.all ('name')
<QuerySet [<Place: 肯德基 the place>, <Place: 麦当劳 the place>]>
```

也可以使用跨关系的查询来查询模型，示例如下：

```
>>> Restaurant.objects.get(place=p1)
<Restaurant: Demon Dogs the restaurant>
>>> Restaurant.objects.get(place__pk=1)
<Restaurant: Demon Dogs the restaurant>
>>> Restaurant.objects.filter(place__name__startswith="Demon")
<QuerySet [<Restaurant: Demon Dogs the restaurant>]>
>>> Restaurant.objects.exclude(place__address__contains="Ashland")
<QuerySet [<Restaurant: Demon Dogs the restaurant>]>
```

反向也同样适用，示例如下：

```
>>> Place.objects.get(pk=1)
<Place: Demon Dogs the place>
>>> Place.objects.get(restaurant__place=p1)
<Place: Demon Dogs the place>
>>> Place.objects.get(restaurant=r)
<Place: Demon Dogs the place>
>>> Place.objects.get(restaurant__place__name__startswith="Demon")
<Place: Demon Dogs the place>
```

19.3.2 多对一

多对一和一对多是相同的模型，只是表述不同。以班主任和学生为例，班主任和学生的关系是一对多的关系，而学生和班主任的关系就是多对一的关系。

多对一的关系，通常被称为外键。外键字段类的定义如下：

```
class ForeignKey(to, on_delete, **options)[source]
```

外键需要两个位置参数，一个是关联的模型，另一个是 on_delete 选项。外键要定义在“多”的一方。

下面以新闻报道的文章和记者为例，一篇文章（Article）有一个记者（Reporte），而一个记者可以发布多篇文章，所以文章和作者之间的关系就是多对一的关系。模型的定义如下：

```
01 from django.db import models
02
03 class Reporter(models.Model):
04     first_name = models.CharField(max_length=30)
05     last_name = models.CharField(max_length=30)
06     email = models.EmailField()
07
08     def __str__(self):
09         return "%s %s" % (self.first_name, self.last_name)
10
11 class Article(models.Model):
12     headline = models.CharField(max_length=100)
13     pub_date = models.DateField()
14     reporter = models.ForeignKey(Reporter, on_delete=models.CASCADE)
15
16     def __str__(self):
```

```
17          return self.headline
18
19      class Meta:
20          ordering = ['headline']
```

上述代码中，在“多”的一侧（Article）定义 ForeignKey()，关联 Reporter。

下面使用 Shell 命令执行多对一操作。创建一组 Reporter 对象，示例如下：

```
>>> r = Reporter(first_name='John', last_name='Smith', email='john@example.com')
>>> r.save()
>>> r2 = Reporter(first_name='Paul', last_name='Jones', email='paul@example.com')
>>> r2.save()
```

创建一组文章对象，示例如下：

```
>>> from datetime import date
>>> a = Article(id=None, headline="This is a test", pub_date=date(2005, 7, 27), reporter=r)
>>> a.save()
>>> a.reporter.id
1
>>> a.reporter
<Reporter: John Smith>
```

请注意，必须先保存一个对象，然后才能将它分配给外键关系。例如，使用未保存的 Reporter 创建文章会引发 ValueError，示例如下：

```
>>> r3 = Reporter(first_name='John', last_name='Smith', email='john@example.com')
>>> Article.objects.create(headline="This is a test", pub_date=date(2005, 7, 27), reporter=r3)
Traceback (most recent call last):
...
ValueError: save() prohibited to prevent data loss due to unsaved related object 'reporter'.
```

文章对象可以访问其相关的 Reporter 对象，示例如下：

```
>>> r = a.reporter
```

通过 Reporter 对象创建文章，示例如下：

```
>>> new_article = r.article_set.create(headline="John's second story", pub_date=date(2005, 7, 29))
>>> new_article
<Article: John's second story>
>>> new_article.reporter
<Reporter: John Smith>
>>> new_article.reporter.id
1
```

创建新文章，示例如下：

```
>>> new_article2 = Article.objects.create(headline="Paul's story",
                                          pub_date=date(2006, 1, 17), reporter=r)
>>> new_article2.reporter
<Reporter: John Smith>
>>> new_article2.reporter.id
1
>>> r.article_set.all()
<QuerySet [<Article: John's second story>, <Article: Paul's story>, <Article: This is a test>]>
```

将同一篇文章添加到其他文章集中并检查它是否移动：

```
>>> r2.article_set.add(new_article2)
>>> new_article2.reporter.id
2
>>> new_article2.reporter
<Reporter: Paul Jones>
```

添加错误类型的对象会引发 TypeError：

```
>>> r.article_set.add(r2)
Traceback (most recent call last):
...
TypeError: 'Article' instance expected, got <Reporter: Paul Jones>
>>> r.article_set.all()
<QuerySet [<Article: John's second story>, <Article: This is a test>]>
>>> r2.article_set.all()
<QuerySet [<Article: Paul's story>]>
>>> r.article_set.count()
2
>>> r2.article_set.count()
1
```

请注意，在最后一个示例中，文章已从 John 转到 Paul。相关管理人员也支持字段查找。API 会根据需要自动遵循关系。通常使用双下划线分隔关系，例如，要查找 headline 字段，可以使用 “headline__” 作为过滤条件，示例如下：

```
>>> r.article_set.filter(headline__startswith='This')
<QuerySet [<Article: This is a test>]>
# Find all Articles for any Reporter whose first name is "John".
>>> Article.objects.filter(reporter__first_name='John')
<QuerySet [<Article: John's second story>, <Article: This is a test>]>
```

也可以使用完全匹配，示例如下：

```
>>> Article.objects.filter(reporter__first_name='John')
<QuerySet [<Article: John's second story>, <Article: This is a test>]>
```

也可以查询多个条件，这将转换为 WHERE 子句中的 AND 条件，示例代码如下：

```
>>> Article.objects.filter(reporter__first_name='John', reporter__last_name='Smith')
<QuerySet [<Article: John's second story>, <Article: This is a test>]>
```

对于相关查找，可以提供主键值或显式传递相关对象，示例如下：

```
>>> Article.objects.filter(reporter__pk=1)
<QuerySet [<Article: John's second story>, <Article: This is a test>]>
>>> Article.objects.filter(reporter=1)
<QuerySet [<Article: John's second story>, <Article: This is a test>]>
>>> Article.objects.filter(reporter=r)
<QuerySet [<Article: John's second story>, <Article: This is a test>]>
>>> Article.objects.filter(reporter__in=[1,2]).distinct()
<QuerySet [<Article: John's second story>, <Article: Paul's story>, <Article: This is a test>]>
>>> Article.objects.filter(reporter__in=[r,r2]).distinct()
<QuerySet [<Article: John's second story>, <Article: Paul's story>, <Article: This is a test>]>
```

还可以使用查询集代替实例的列表，示例如下：

```
>>> Article.objects.filter(reporter__in=Reporter.objects.filter(
                    first_name='John')).distinct()
<QuerySet [<Article: John's second story>, <Article: This is a test>]>
```

也支持反向查询，示例如下：

```
>>> Reporter.objects.filter(article__pk=1)
<QuerySet [<Reporter: John Smith>]>
>>> Reporter.objects.filter(article=1)
<QuerySet [<Reporter: John Smith>]>
>>> Reporter.objects.filter(article=a)
<QuerySet [<Reporter: John Smith>]>
>>> Reporter.objects.filter(article__headline__startswith='This')
```

```
<QuerySet [<Reporter: John Smith>, <Reporter: John Smith>, <Reporter: John Smith>]>
>>> Reporter.objects.filter(article__headline__startswith='This').distinct()
<QuerySet [<Reporter: John Smith>]>
```

反向计数可以与 distinct() 结合使用，示例如下：

```
>>> Reporter.objects.filter(article__headline__startswith='This').count()
3
>>> Reporter.objects.filter(article__headline__startswith='This').distinct().count()
1
```

查询可以转向自身，示例如下：

```
>>> Reporter.objects.filter(article__reporter__first_name__startswith='John')
<QuerySet [<Reporter: John Smith>, <Reporter: John Smith>, <Reporter: John Smith>, <Reporter: John Smith>]>
>>> Reporter.objects.filter(article__reporter__first_name__startswith='John').distinct()
<QuerySet [<Reporter: John Smith>]>
>>> Reporter.objects.filter(article__reporter=r).distinct()
<QuerySet [<Reporter: John Smith>]>
```

如果删除记者，则他的文章将被删除（假设 ForeignKey 是在 django.db.models.ForeignKey.on_delete 设置为 CASCADE 的情况下定义的，这是默认设置），示例如下：

```
>>> Article.objects.all()
<QuerySet [<Article: John's second story>, <Article: Paul's story>, <Article: This is a test>]>
>>> Reporter.objects.order_by('first_name')
<QuerySet [<Reporter: John Smith>, <Reporter: Paul Jones>]>
>>> r2.delete()
>>> Article.objects.all()
<QuerySet [<Article: John's second story>, <Article: This is a test>]>
>>> Reporter.objects.order_by('first_name')
<QuerySet [<Reporter: John Smith>]>
```

也可以在查询中使用 JOIN 删除，示例如下：

```
>>> Reporter.objects.filter(article__headline__startswith='This').delete()
>>> Reporter.objects.all()
<QuerySet []>
>>> Article.objects.all()
<QuerySet []>
```

19.3.3 多对多

多对多关系在数据库中也是非常常见的关系类型。比如一本书可以有好几个作者，一个作者也可以写好几本书。多对多的字段可以定义在任何一方，一般尽量定义在符合人们思维习惯的一方，但不要同时都定义。

要定义多对多关系，需要使用 ManyToManyField，语法结构如下：

```
class ManyToManyField(to, **options)[source]
```

多对多关系需要一个位置参数：关联的对象模型。它的用法和外键多对一基本类似。

下面通过文章和出版模型为例，说明如何使用多对多模型。

一篇文章（Article）可以在多个出版对象（Publication）中发布，并且一个发布对象具有多个文章对象。它们之间是多对多的关系，模型的定义如下：

```
01 from django.db import models
02
03 class Publication(models.Model):
```

```
04     title = models.CharField(max_length=30)
05
06     class Meta:
07         ordering = ['title']
08
09     def __str__(self):
10         return self.title
11
12 class Article(models.Model):
13     headline = models.CharField(max_length=100)
14     publications = models.ManyToManyField(Publication)
15
16     class Meta:
17         ordering = ['headline']
18
19     def __str__(self):
20         return self.headline
```

上述代码中，在 Article 模型中使用了 ManyToManyField() 定义多对多关系。下面使用 Shell 命令执行多对多操作。创建一组 Publication 对象，示例如下：

```
>>> p1 = Publication(title='The Python Journal')
>>> p1.save()
>>> p2 = Publication(title='Science News')
>>> p2.save()
>>> p3 = Publication(title='Science Weekly')
>>> p3.save()
```

创建 Article 对象，示例如下：

```
>>> a1 = Article(headline='Django lets you build Web apps easily')
```

在将它保存之前，无法将它与 Publication 对象相关联，示例如下：

```
>>> a1.publications.add(p1)
Traceback (most recent call last):
...
ValueError: "<Article: Django lets you build Web apps easily>" needs to have a value for field "id" before this many-to-many relationship can be used.
```

保存对象，示例如下：

```
>>> a1.save()
```

管理 Areticle 对象和 Publication 对象，示例如下：

```
>>> a1.publications.add(p1)
```

创建另一个 Article 对象，并将其设置为出现在 publications 中，示例如下：

```
>>> a2 = Article(headline='NASA uses Python')
>>> a2.save()
>>> a2.publications.add(p1, p2)
>>> a2.publications.add(p3)
```

再次添加是可以的，它不会重复该关系，示例如下：

```
>>> a2.publications.add(p3)
```

添加错误类型的对象会引发 TypeError，示例如下：

```
>>> a2.publications.add(a1)
Traceback (most recent call last):
...
TypeError: 'Publication' instance expected
```

使用 create() 创建出版物并将它添加到文章，示例如下：

```
>>> new_publication = a2.publications.create(title='Highlights for Children')
```

Article 对象可以访问其相关的 Publication 对象：

```
>>> a1.publications.all()
<QuerySet [<Publication: The Python Journal>]>
>>> a2.publications.all()
<QuerySet [<Publication: Highlights for Children>, <Publication: Science News>, <Publication: Science Weekly>,
<Publication: The Python Journal>]>
```

Publication 对象可以访问其相关的 Article 对象：

```
>>> p2.article_set.all()
<QuerySet [<Article: NASA uses Python>]>
>>> p1.article_set.all()
<QuerySet [<Article: Django lets you build Web apps easily>, <Article: NASA uses Python>]>
>>> Publication.objects.get(id=4).article_set.all()
<QuerySet [<Article: NASA uses Python>]>
```

可以使用跨关系的查询来查询多对多关系：

```
>>> Article.objects.filter(publications__id=1)
<QuerySet [<Article: Django lets you build Web apps easily>, <Article: NASA uses Python>]>
>>> Article.objects.filter(publications__pk=1)
<QuerySet [<Article: Django lets you build Web apps easily>, <Article: NASA uses Python>]>
>>> Article.objects.filter(publications=1)
<QuerySet [<Article: Django lets you build Web apps easily>, <Article: NASA uses Python>]>
>>> Article.objects.filter(publications=p1)
<QuerySet [<Article: Django lets you build Web apps easily>, <Article: NASA uses Python>]>
>>> Article.objects.filter(publications__title__startswith="Science")
<QuerySet [<Article: NASA uses Python>, <Article: NASA uses Python>]>
>>> Article.objects.filter(publications__title__startswith="Science").distinct()
<QuerySet [<Article: NASA uses Python>]>
```

count() 函数也支持 distinct() 函数，示例如下：

```
>>> Article.objects.filter(publications__title__startswith="Science").count()
2
>>> Article.objects.filter(publications__title__startswith="Science").distinct().count()
1
>>> Article.objects.filter(publications__in=[1,2]).distinct()
<QuerySet [<Article: Django lets you build Web apps easily>, <Article: NASA uses Python>]>
>>> Article.objects.filter(publications__in=[p1,p2]).distinct()
<QuerySet [<Article: Django lets you build Web apps easily>, <Article: NASA uses Python>]>
```

如果删除 Publication 对象，则其 Article 将无法访问它，示例如下：

```
>>> p1.delete()
>>> Publication.objects.all()
<QuerySet [<Publication: Highlights for Children>, <Publication: Science News>, <Publication: Science Weekly>]>
>>> a1 = Article.objects.get(pk=1)
>>> a1.publications.all()
<QuerySet []>
```

如果删除 Article，则其 Publication 也将无法访问，示例如下：

```
>>> a2.delete()
>>> Article.objects.all()
<QuerySet [<Article: Django lets you build Web apps easily>]>
>>> p2.article_set.all()
<QuerySet []>
```

19.4 定制管理后台

如果只是在 admin 中简单的展示及管理模型，那么在 admin.py 模块中使用 admin.site.register 注册模型即可，示例如下：

```
01 from django.contrib import admin
02 from myproject.myapp.models import Author
03
04 admin.site.register(Author)
```

但是，很多时候为满足业务需求，需要对 admin 进行各种深度定制。这时，就需要使用 Django 提供的 ModelAdmin 类。ModelAdmin 类是一个模型在 admin 页面里的展示方法。通过设置 ModelAdmin 内置的属性，就可以满足大多数需求。

真正用来定制 admin 的手段，大部分都集中在这些 ModelAdmin 内置的属性上。

ModelAdmin 非常灵活，它有许多内置属性，帮助自定义 admin 的界面和功能。所有的属性都定义在 ModelAdmin 的子类中，示例如下：

```
01 from django.contrib import admin
02
03 class AuthorAdmin(admin.ModelAdmin):
04     date_hierarchy = 'pub_date'
```

19.4.1 ModelAdmin.fields

fields 属性定义添加数据时要显示的字段。如果没有对 field 选项进行定义，那么 Django 将按照模型定义中的顺序，每一行显示一个字段的方式，逐个显示所有的非 AutoField 和 editable=True 的字段。

例如，在 blog/article/admin.py 文件中，为 ArticleAdmin 模型类定义 fields 属性，代码如下：

```
01 class ArticleAdmin(admin.ModelAdmin):
02     # 显示字段
03     fields = ('id','title','content','publish_date')
```

新增数据的页面中，会按照 fields 中指定顺序显示。运行效果如图 19.9 所示。

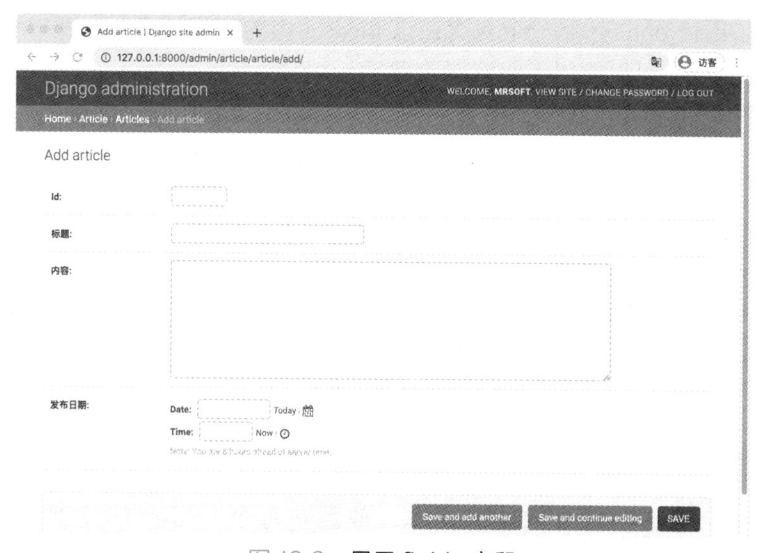

图 19.9 显示 fields 字段

此外，可以通过组合元组的方式，让某些字段在同一行内显示。例如，将“id”和“title”在同一行内，而“content”则在下一行。示例代码如下：

```
01 class ArticleAdmin(admin.ModelAdmin):
02     """
03     创建 ArticleAdmin 类，继承于 admin.ModelAdmin
04     """
05     # 显示字段
06     fields = (('id','title'),'content','publish_date')
```

运行效果如图 19.10 所示。

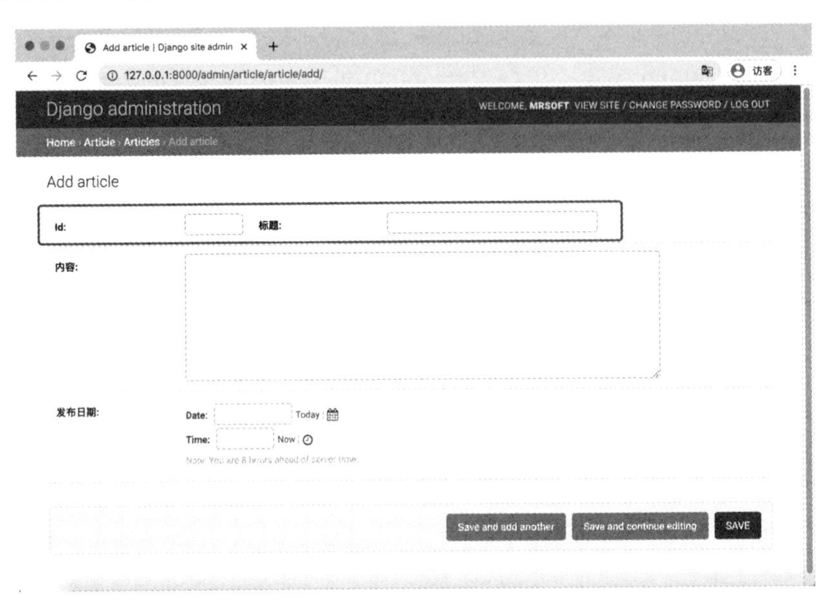

图 19.10　字段显示在一行

19.4.2　ModelAdmin.fieldset

fieldset 就是根据字段对页面进行分组显示或布局。fieldset 是一个二元元组的列表。每个二元元组代表一个 <fieldset>，是整个 form 的一部分。二元元组的格式为 (name,field_options)，name 是一个表示该 filedset 标题的字符串，field_options 是一个包含在该 filedset 内的字段列表。

在 filed_options 字典内，可以使用下面这些关键字：

- fields：一个必填的元组，包含要在 fieldset 中显示的字段。fileds 可以包含 readonly_fields 的值，作为只读字段。同样，它也可以像前面那样通过组合元组，实现多个字段在一行内的效果，例如：

```
{
'fields': (('id', 'title'), 'content'),
}
```

- classes：一个包含额外的 CSS 类的元组。两个比较有用的样式是 collaspe 和 wide，前者将 fieldsets 折叠起来，后者让它具备更宽的水平空间。例如：

```
{
'classes': ('wide', 'extrapretty'),
}
```

- description：一个可选的额外的说明文本，放置在每个 fieldset 的顶部。但是，这里并没有对 description 的 HTML 语法进行转义，因此有时候会造成一些莫名其妙的显示，要忽略 HTML 的影响，请使用 django.utils.html.escape() 手动转义。

示例代码如下：

```
01 class ArticleAdmin(admin.ModelAdmin):
02     """
03     创建 ArticleAdmin 类，继承于 admin.ModelAdmin
04     """
05 
06     fieldsets = (
07         ('Main', {
08             'fields': ('id', 'title', 'publish_date')
09         }),
10         ('Advance', {
11             'classes': ('collapse',),
12             'fields': ('content',),
13         })
14     )
```

fieldset 字段将页面分为 2 个布局：Main 和 Advance。在 Advance 内部，设置 classes 样式为 collaps，则会折叠 Advance 内部的字段。运行效果如图 19.11 所示。

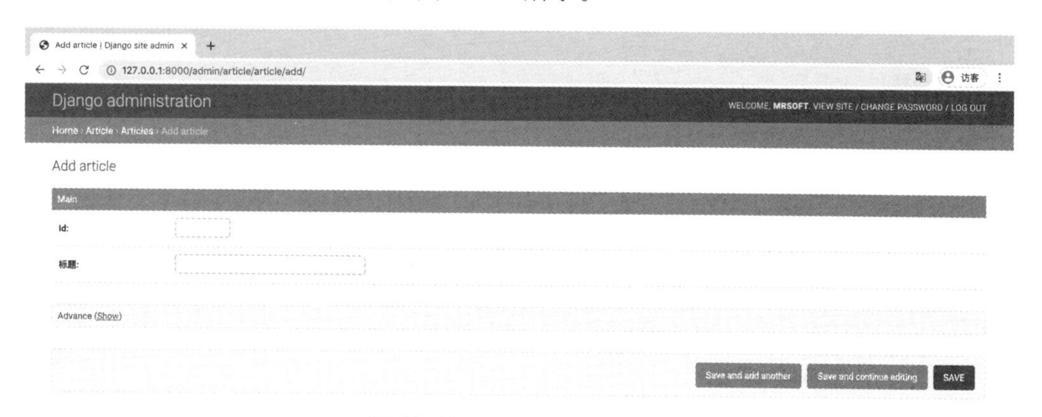

图 19.11　使用 fieldset 布局

单击“show”，将展开显示 Advance 部分的字段内容，运行效果如图 19.12 所示。

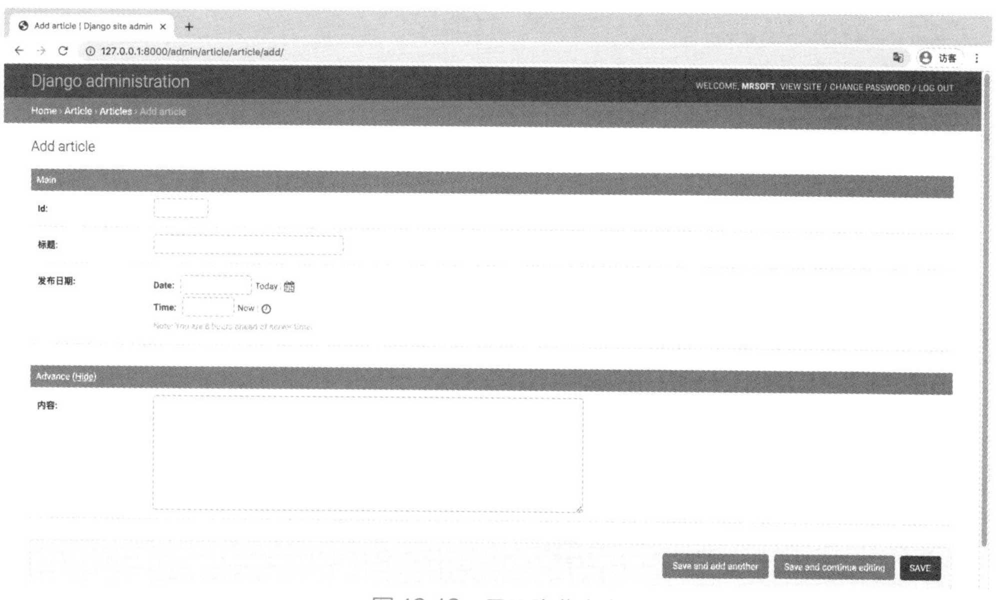

图 19.12　显示隐藏内容

19.4.3 ModelAdmin.list_display

list_display 指定显示在列表页面上的字段。这是一个很常用也是最重要的技巧之一。例如:

```
list_display = ('first_name', 'last_name')
```

如果不设置这个属性，admin 站点将只显示一列，内容是每个对象的 __str__() 方法返回的内容。

在 list_display 中，可以设置四种值:

- 模型字段。
- 函数。
- ModelAdmin 的属性。
- 模型的属性。

示例代码如下:

```
01
02 class ArticleAdmin(admin.ModelAdmin):
03     """
04     创建 ArticleAdmin 类，继承于 admin.ModelAdmin
05     """
06     #  配置展示列表，在 User 版块下的列表展示
07     list_display = ('title', 'content','publish_date')
```

运行结果如图 19.13 所示。

图 19.13 list_display 设置为模型字段名

设置一个函数，它接收一个模型实例作为参数，示例代码如下:

```
01 def upper_case_name(obj):
02     return ("%s %s" % (obj.id, obj.title)).upper()
03
04 class ArticleAdmin(admin.ModelAdmin):
05     """
06     创建 ArticleAdmin 类，继承于 admin.ModelAdmin
07     """
08     list_display = (upper_case_name,)
09
10 upper_case_name.short_description = 'Name'
```

运行效果如图 19.14 所示。

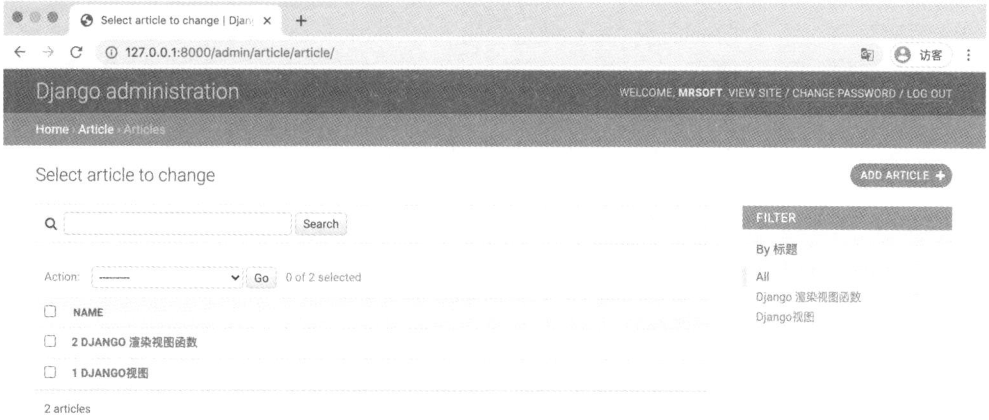

图 19.14　list_display 设置为函数

类似于函数调用，通过反射获取函数名，换种写法的示例代码如下：

```
01 class ArticleAdmin(admin.ModelAdmin):
02     """
03     创建 ArticleAdmin 类，继承于 admin.ModelAdmin
04     """
05     list_display = ('upper_case_name',)
06 
07     def upper_case_name(self, obj):
08         return ("%s %s" % (obj.id, obj.title)).upper()
09 
10     upper_case_name.short_description = 'Name'
```

此处的 self 是模型实例，引用的是模型的属性。在 blog/article/models.py 文件的 Article 类中，新增模型属性，示例代码如下：

```
01 class Article(models.Model):
02     """
03     Article 模型类，数据模型应该继承于 models.Model 或其子类
04     """
05     id = models.IntegerField(primary_key=True)  # 主键
06     title = models.CharField(max_length=20,verbose_name=' 标题 ')        # 标题，字符串类型
07     content = models.TextField(verbose_name=' 内容 ')                    # 内容，文本类型
08     publish_date = models.DateTimeField(verbose_name=' 发布日期 ')       # 出版时间，日期时间类型
09     user = models.ForeignKey(User, on_delete=models.CASCADE)            # 设置外键
10 
11     def __repr__(self):
12         return Article.title
13 
14     def short_content(self):
15         return self.content[:50]
16     short_content.short_description = 'content'
```

在 blog/article/admin.py 文件的 ArticleAdmin 类的 list_display 属性中设置 short_content，示例代码如下：

```
01 class ArticleAdmin(admin.ModelAdmin):
02     """
03     创建 ArticleAdmin 类，继承于 admin.ModelAdmin
04     """
05     list_display = ('id','title','short_content')
```

运行效果如图 19.15 所示。

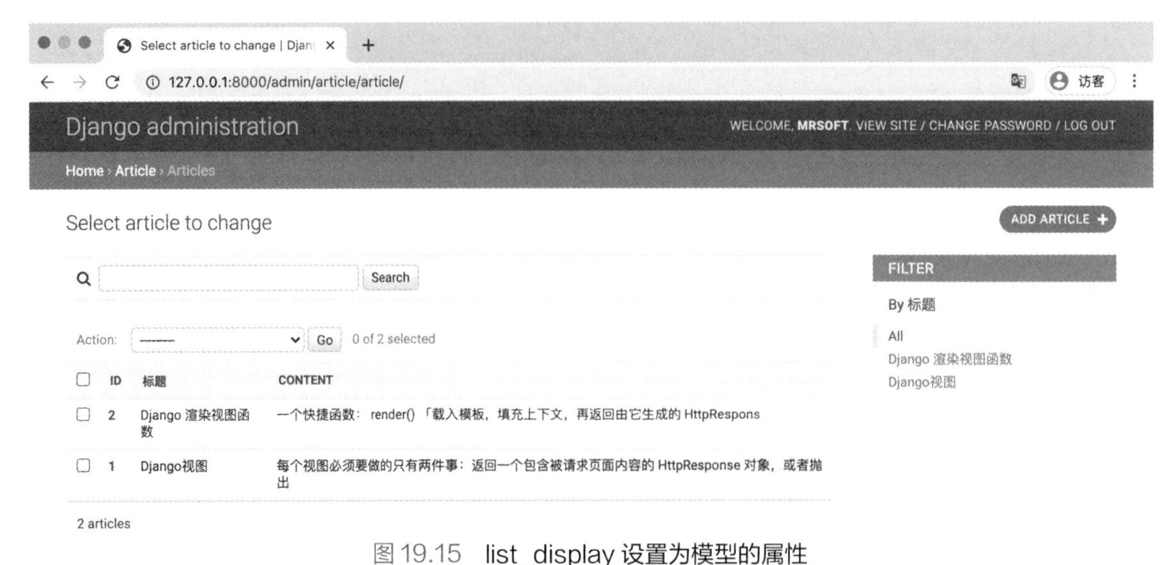

图 19.15　list_display 设置为模型的属性

下面是对 list_display 属性的一些特别提醒：

- 对于 Foreignkey 字段，显示的将是其 __str__() 方法的值。
- 不支持 ManyToMany 字段。如果想要显示它，需自定义方法。
- 对于 BooleanField 或 NullBooleanField 字段，会用 on/off 图标代替 True/False。
- 如果给 list_display 提供的值是一个模型的、ModelAdmin 的或者可调用的方法，默认情况下会自动对返回结果进行 HTML 转义。

19.4.4　ModelAdmin.list_display_links

指定用于链接修改页面的字段。通常情况，list_display 列表中的第一个元素被作为指向目标修改页面的超级链接点。但是，使用 list_display_links 可以修改这一默认配置。

- 如果设置为 None，则取消链接，无法跳到目标的修改页面。
- 设置为一个字段的元组或列表（和 list_display 的格式一样），这里面的每一个元素都是一个指向修改页面的链接。可以指定和 list_display 一样多的元素个数，Django 不关心它的多少。唯一需要注意的是，如果要使用 list_display_links，必须先设置 list_display。

下面这个例子中通过点击 id 和 title 都可以跳转到修改页面。代码如下：

```
01 class ArticleAdmin(admin.ModelAdmin):
02     """
03     创建 ArticleAdmin 类，继承于 admin.ModelAdmin
04     """
05     #  配置展示列表，在 User 版块下的列表展示
06     list_display = ('id','title', 'content','publish_date')
07     list_display_links = ('id','title')
```

运行效果如图 19.16 所示。

19.4.5　ModelAdmin.list_editable

list_editable 指定在修改列表页面中哪些字段可以被编辑。指定的字段将显示为编辑框，可修改后直接批量保存。

图 19.16　设置跳转链接

需要注意的是：

- 不能将 list_display 中没有的元素设置为 list_editable。
- 不能将 list_display_links 中的元素设置为 list_editable。因为不能编辑没显示的字段或者作为超级链接的字段。

示例代码如下：

```
01 class ArticleAdmin(admin.ModelAdmin):
02     """
03     创建 ArticleAdmin 类，继承于 admin.ModelAdmin
04     """
05     #  配置展示列表，在 User 版块下的列表展示
06     list_display = ('id','title','publish_date')
07     list_display_links = ('id',)
08     list_editable = ('title', 'publish_date')
```

上述代码中，将“id”和“title”字段作为可编辑字段，运行结果如图 19.17 所示。

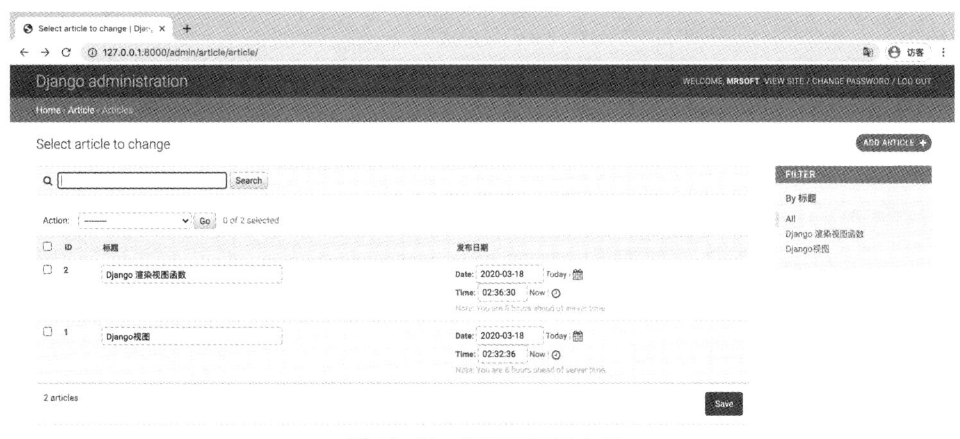

图 19.17　设置可编辑字段

19.4.6　ModelAdmin.list_filter

list_filter 属性用于激活修改列表页面的右侧边栏，用于对列表元素进行过滤。list_filter 必须是一个元组或列表，其元素是如下类型之一：

- 字段名
- django.contrib.admin.SimpleListFilter

该字段必须是 BooleanField、CharField、DateField、DateTimeField、IntegerField、ForeignKey 或者 ManyToManyField 中的一种。例如：

```
01 class ArticleAdmin(admin.ModelAdmin):
02     """
03     创建 ArticleAdmin 类，继承于 admin.ModelAdmin
04     """
05     # 配置过滤查询字段，在 User 版块下右侧过滤框
06     list_filter = ('title',)  # list_filter 应该是列表或元组
```

运行结果如图 19.18 所示。

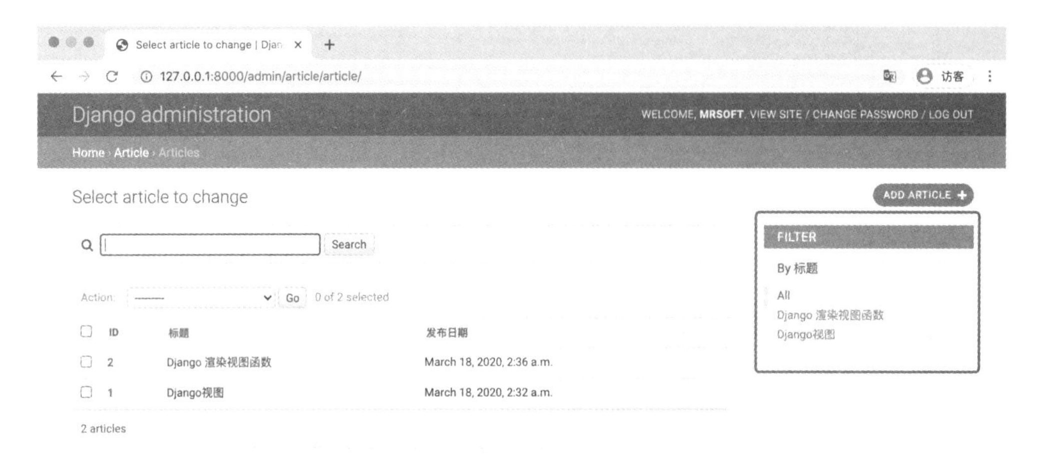

图 19.18　设置 title 过滤条件

也可以利用双下划线进行跨表关联，例如，根据 User 模型的 username 过滤条件，示例代码如下：

```
01 class ArticleAdmin(admin.ModelAdmin):
02     """
03     创建 ArticleAdmin 类，继承于 admin.ModelAdmin
04     """
05     list_filter = ('title','user__username')  # list_filter 应该是列表或元组
```

运行结果如图 19.19 所示。

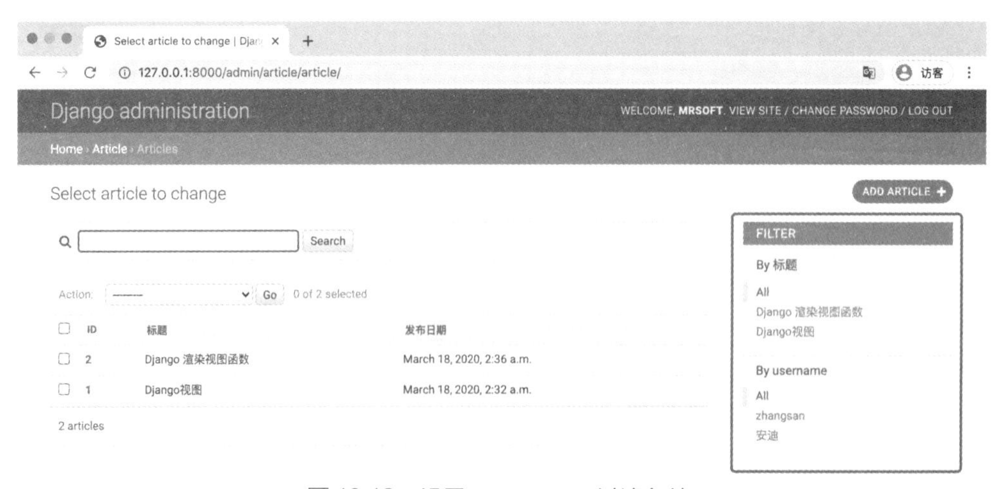

图 19.19　设置 username 过滤条件

继承 django.contrib.admin.SimpleListFilter 的类时，需要给这个类提供 title 和 parameter_name 的值，并重写 lookups 和 queryset 方法。代码如下：

```
01 class PublishYearFilter(admin.SimpleListFilter):
02     # 提供一个可读的标题
03     title = _('发布年份')
04 
05     # 用于 URL 查询的参数
06     parameter_name = 'year'
07 
08     def lookups(self, request, model_admin):
09         """
10         重写 lookups 方法，返回一个二维元组。每个元组的第一个元素是用于 URL 查询的真实值，
11         这个值会被 self.value() 方法获取，并作为 queryset 方法的选择条件。
12         第二个元素则是可读的显示在 admin 页面右边侧栏的过滤选项。
13         """
14         return (
15             ('2020', _('2020 年')),
16             ('2019', _('2019 年')),
17         )
18 
19     def queryset(self, request, queryset):
20         """
21         重写 queryset 方法，根据 self.value() 方法获取的条件值的不同执行具体的查询操作。
22         并返回相应的结果。
23         """
24         if self.value() == '2019':
25             return queryset.filter(publish_date__gte=date(2019, 1, 1),
26                                    publish_date__lte=date(2019, 12, 31))
27         if self.value() == '2020':
28             return queryset.filter(publish_date__gte=date(2020, 1, 1),
29                                    publish_date__lte=date(2020, 12, 31))
30 
31 class ArticleAdmin(admin.ModelAdmin):
32     """
33     创建 ArticleAdmin 类，继承于 admin.ModelAdmin
34     """
35     # 配置过滤查询字段，在 User 版块下右侧过滤框
36     list_filter = ('title','user__username',PublishYearFilter)
```

运行结果如图 19.20 所示。

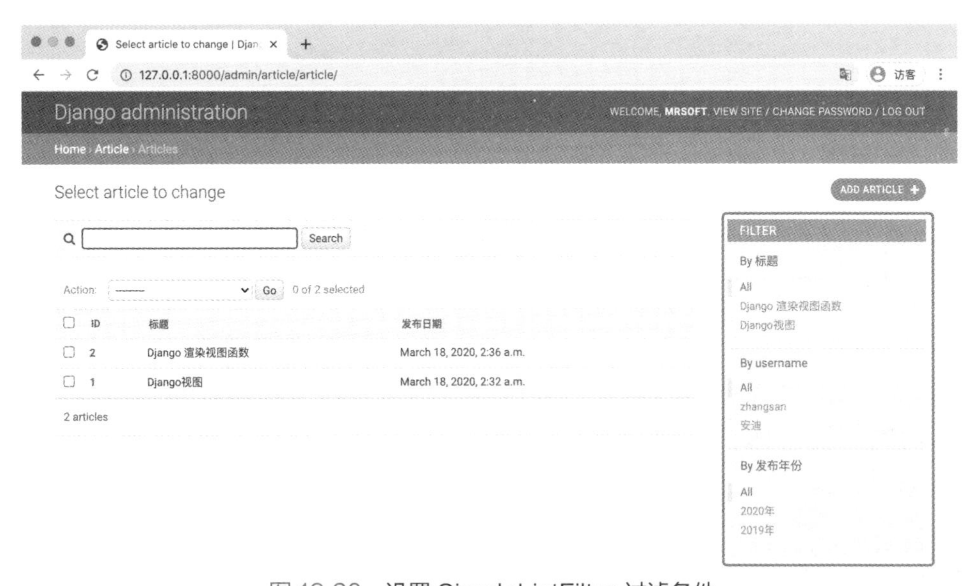

图 19.20　设置 SimpleListFilter 过滤条件

19.5 综合案例——使用模型操作数据库

本章主要介绍了在 Django 中如何使用模型与数据库，下面就通过本章所学的知识来完成通过模型操作数据库的需求。

首先需要使用“django-admin startproject name”命令自主完成项目的创建，然后进入到该项目中，使用下面命令新建 APP：

```
python3 manage.py startapp appname
```

结果如图 19.21 所示。

```
(base) G:\PythonProject\WebBD\19\01>django-admin startproject ModelDemo

(base) G:\PythonProject\WebBD\19\01>cd ModelDemo

(base) G:\PythonProject\WebBD\19\01\ModelDemo>django-admin startapp modeltest

(base) G:\PythonProject\WebBD\19\01\ModelDemo
```

图 19.21　创建项目与 APP

APP 创建完成后还需要修改 settings.py 文件的配置，完成 APP 的注册，修改部分的代码如下：

```
01 INSTALLED_APPS = [
02     'django.contrib.admin',
03     'django.contrib.auth',
04     'django.contrib.contenttypes',
05     'django.contrib.sessions',
06     'django.contrib.messages',
07     'django.contrib.staticfiles',
08
09     'modeltest',
10 ]
```

由于 Django 规定，如果要使用模型，必须先创建 APP，所以创建 APP 这一步必不可省，APP 创建完成后，就会在该 APP 内看到一个 models.py 文件，在该文件内添加如下简单的代码用于测试流程：

```
01 from django.db import models
02
03
04 # Create your models here.
05 class People(models.Model):
06     name = models.CharField(max_length=20)
```

Django 默认使用的数据库是 SQLite3，在 settings.py 配置文件中也可更改为 MySQL 等数据库，关键代码如下所示：

```
01 DATABASES = {
02     'default':
03         {
04             'ENGINE': 'django.db.backends.mysql',          # 数据库引擎
05             'NAME': 'djangomodel',                          # 数据库名称
06             'HOST': '127.0.0.1',                            # 数据库地址
07             'PORT': 3306,                                   # 端口
08             'USER': 'root',                                 # 数据库用户名
09             'PASSWORD': 'root',                             # 数据库密码
10         }
11 }
```

由于 Django 无法操作到数据库级别，只能操作到数据表，因此还需根据配置文件手动创建一个名为“djangomodel”的数据库。创建完成后，在命令行中执行以下命令再来创建表结构：

```
pip install mysqlclient
python3 manage.py migrate
python3 manage.py makemigrations modeltest
python3 manage.py migrate
```

创建完成后结果如图 19.22 所示。

接下来就可以在 views.py 文件内添加业务代码，来向数据表内增加数据。首先需要创建一个对象，然后再执行 save() 方法，代码如下：

```
01 from django.shortcuts import render
02 from django.http import HttpResponse
03
04 from modeltest.models import People
05
06
07 # 添加数据
08 def adddb(request):
09     test1 = People(name='张三')
10     test1.save()
11     return HttpResponse("<h1>数据添加!</h1>")
```

接下来配置路由信息，再访问对应的页面就可以向表内添加数据了。在 urls.py 文件中添加如下代码：

```
01 from django.contrib import admin
02 from django.urls import path
03 from . import views
04
05 urlpatterns = [
06     path('admin/', admin.site.urls),
07     path('add/', views.adddb),
08 ]
```

运行程序，通过浏览器访问“http://127.0.0.1:8000/add/”，结果如图 19.23 所示，再查询数据库，成功地添加了对应的数据。

```
(base) G:\PythonProject\WebBD\19\01\ModelDemo>python manage.py makemigrations modeltest
Migrations for 'modeltest':
  modeltest\migrations\0001_initial.py
    - Create model People

(base) G:\PythonProject\WebBD\19\01\ModelDemo>python manage.py migrate
Operations to perform:
  Apply all migrations: admin, auth, contenttypes, modeltest, sessions
Running migrations:
  Applying modeltest.0001_initial... OK
```

图 19.22　创建数据表

127.0.0.1:8000/add/

数据添加!

图 19.23　添加数据成功

Django 提供了多种方式来查询数据，views.py 文件内代码如下：

```
01 from django.shortcuts import render
02 from django.http import HttpResponse
03
04 from modeltest.models import People
05
06
07 # 添加数据
08 def adddb(request):
09     test1 = People(name='明日')
10     test1.save()
11     return HttpResponse("<h1>数据添加!</h1>")
12
13
14 # 查询数据
15 def seldb(request):
16     response = ""
17     response1 = ""
18
```

```
19      # 通过 objects 这个模型管理器的 all() 获得所有数据行，相当于 SQL 中的 SELECT * FROM
20      list = People.objects.all()
21
22      # filter 相当于 SQL 中的 WHERE，可设置条件过滤结果
23      response2 = People.objects.filter(id=2)
24
25      # 获取单个对象
26      response3 = People.objects.get(id=3)
27
28      # 数据排序
29      People.objects.order_by("id")
30
31      # 输出所有数据
32      for var in list:
33          response1 += var.name + " "
34      response = response1
35      return HttpResponse("<h1>" + response + "</h1>")
```

urls.py 文件内也需要添加对应的路由信息，代码如下所示：

```
01 from django.contrib import admin
02 from django.urls import path
03 from modeltest import views
04
05 urlpatterns = [
06     path('admin/', admin.site.urls),
07     path('add/', views.adddb),
08     path('sel/', views.seldb),
09 ]
```

运行程序，通过浏览器访问“http://127.0.0.1:8000/sel/”，结果如图 19.24 所示，页面显示了数据库内的信息。

19.6 实战练习

在本案例中，由于添加了多条名叫“张三”的数据，因此需要将重复的数据删除，结果如图 19.25 所示。

图 19.24 查询数据　　图 19.25 删除数据

小结

本章主要介绍 Django 框架模型与数据库相关的基础知识。首先介绍了如何使用 Python 连接并操作数据库，然后介绍了在框架中如何通过 ORM 关系模型来操作数据库。接下来介绍 Django 中模型的进阶知识，主要包括一对一、多对一和多对多这三种模型关系。最后介绍了 Django 自带后台的 ModelAdmin 属性配置。通过本章学习，将会了解 Djang 中关于模型的基础知识，并根据具体的业务需求设计出合理的数据库结构。

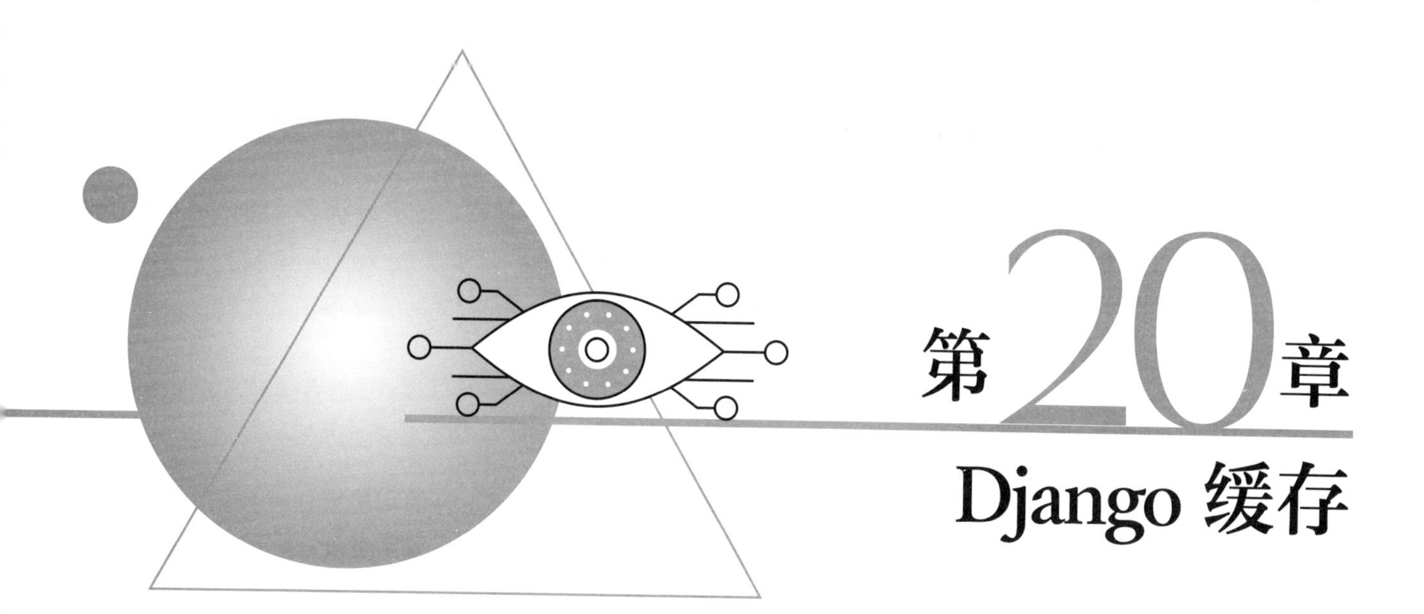

第20章 Django缓存

每当用户请求一个页面时，网络服务器都会进行各种计算，例：从数据库查询到数据后，还需要进行业务逻辑的处理，再传递给模板渲染，最后用户才会看到页面。从服务器资源花费的角度来看，这比单纯地从文件系统中读取文件要耗费更多的资源。

对于大多数网站来说，这种资源开销并不是什么大问题，但通常这类网站都是一些流量低的中小型网站。如果是一个高流量的大型网站，必须尽可能地减少开销，这里就需要使用到缓存系统。

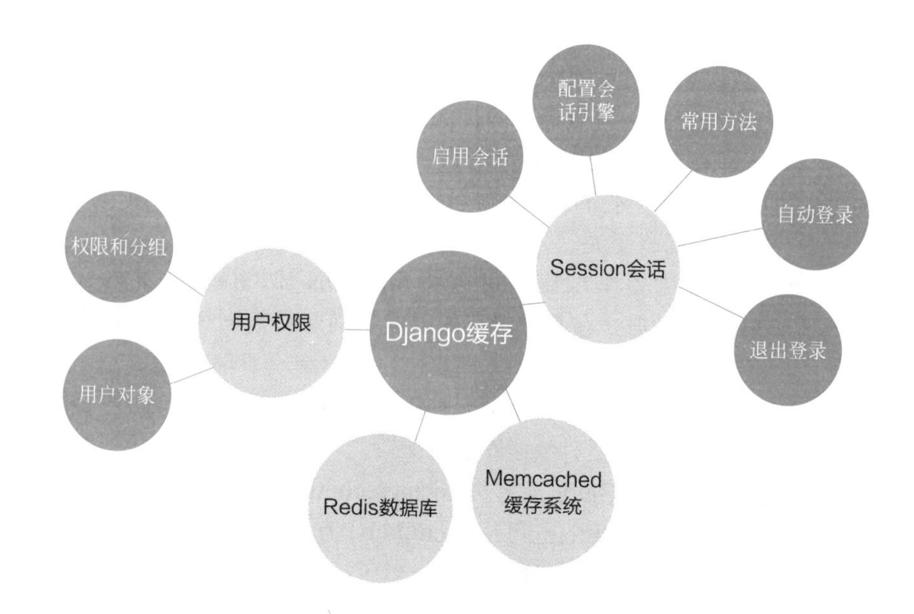

20.1 Session 会话

由于 HTTP 是无状态的，所以大多数网站都需要使用 Session 来存储用户的登录状态。Django 提供了一个通用的 Session 框架，并且可以使用多种 Session 数据的保存方式：

- 保存在数据库。
- 保存到缓存。
- 保存到文件。
- 保存到 Cookie。

通常情况，使用保存在数据库的方式。

Django 完全支持匿名会话。会话框架允许在每个站点访问者的基础上存储和检索任意数据。它将数据存储在服务器端，并抽象发送和接收 Cookie。Cookie 包含会话 ID，而不是数据本身。

20.1.1 启用会话

Django 通过一个内置中间件来实现会话功能。要启用会话就要先启用该中间件。编辑 settings.py 中的 MIDDLEWARE 设置，设置方式如下：

```
01 MIDDLEWARE = [
02     'django.contrib.sessions.middleware.SessionMiddleware',
03 ]
```

默认情况下，使用 django-admin startproject 命令创建的项目，则默认创建了 Session。

如果不想使用会话功能，那么在 settings 文件中，将 SessionMiddleware 从 MIDDLEWARE 中删除，将 django.contrib.sessions 从 INSTALLED_APPS 中删除即可。

20.1.2 配置会话引擎

默认情况下，Django 将会话数据保存在数据库内。当然，也可以将数据保存在文件系统或缓存内。

确保在 INSTALLED_APPS 设置中 django.contrib.sessions 的存在，然后运行 manage.py migrate 命令，在数据库内创建 sessions 表。

为了提高性能，通常会将 Session 存在缓存中。但是首先，需要先配置好缓存。

如果定义有多个缓存，Django 将使用默认的那个。如果用其他的缓存，需要将 SESSION_CACHE_ALIAS 参数设置为对应的缓存的名字。

配置好缓存后，可以选择两种保存数据的方法：

- 一是将 SESSION_ENGINE 设置为 "django.contrib.sessions.backends.cache"，简单的对会话进行保存。但是这种方法不是很可靠，因为当缓存数据存满时将清除部分数据，或者遇到缓存服务器重启时数据将丢失。
- 为了数据安全保障，可以将 SESSION_ENGINE 设置为 "django.contrib.sessions.backends.cached_db"。这种方式在每次缓存的时候会同时将数据在数据库内写一份。当缓存不可用时，会话会从数据库内读取数据。

两种方法都很迅速，但是第一种简单的缓存更快一些，因为它忽略了数据的持久性。如果使用缓存 + 数据库的方式，还需要对数据库进行配置。

将 SESSION_ENGINE 设置为 "django.contrib.sessions.backends.file"。同时，必须正确配置 SESSION_FILE_PATH［默认使用 tempfile.gettempdir() 方法的返回值，就像 /tmp 目录］，确保文件存储目录及 Web 服务器对该目录具有读写权限。

将 SESSION_ENGINE 设置为 "django.contrib.sessions.backends.signed_cookies"。Django 将使用加密签名工具和安全密钥设置保存会话的 cookie。

注意

建议将 SESSION_COOKIE_HTTPONLY 设置为 True，阻止 JavaScript 对会话数据的访问，提高安全性。

20.1.3 常用方法

当会话中间件启用后，传递给视图 request 参数的 HttpRequest 对象将包含一个 session 属性，这个属性的值是一个类似字典的对象。request.session 对象的常用方法如下：

设置或者更新 key 的值：

```
request.session['key'] = 123
```

设置 key 的值，存在则不设置，相当于设置默认值：

```
request.session.setdefault('key',123)
```

获取 Session 中指定 key 的值：

```
request.session['key']
```

获取 Session 中指定 key 的值，如果不存在，赋值默认值：

```
request.session.get('key',None)
```

删除 Session 中弹出的指定 key：

```
request.session.pop('key')
```

删除 Session 中指定 key 的值：

```
del request.session['key']
```

删除当前用户的所有 Session 数据：

```
request.session.delete("session_key")
```

清除用户的 Session 数据：

```
request.session.clear()
```

删除当前 Session 数据并删除会话 Cookie：

```
request.session.flush()
```

获取用户 Session 的随机字符串：

```
request.session.session_key
```

将所有 Session 失效日期小于当前日期的数据删除：

```
request.session.clear_expired()
```

检查用户 Session 的随机字符串在数据库中是否存在：

```
request.session.exists("session_key")
```

获取 Session 所有的键:

```
request.session.keys()
```

获取 Session 所有的值:

```
request.session.values()
```

获取 Session 所有的键值对:

```
request.session.items()
```

获取 Session 所有的键的可迭代对象:

```
request.session.iterkeys()
```

获取 Session 所有的值的可迭代对象:

```
request.session.itervalues()
```

获取 Session 所有的键值对的可迭代对象:

```
request.session.iteritems()
```

设置 Session 的过期时间:

```
request.session.set_expiry(value)
```

value 参数说明如下:

- value 是整数，Session 会在些秒数后失效。
- value 是 datatime 或 timedelta，Session 就会在这个时间后失效。
- value 是 0，用户关闭浏览器 Session 就会失效。
- value 是 None,session 会依赖全局 Session 失效策略。

20.1.4 自动登录

Session 可以记录用户的登录与行为数据，所以在用户登录页面，当用户填写正确的用户名和密码后，需要将用户登录成功的信息写入 Session。当用户访问其他页面时，例如，访问购物车页面，如果该 Session 信息存在，则表示用户已经登录，可以执行加入购物车操作，否则页面跳转至登录页。

使用会话实现登录功能

实例位置：资源包 \Code\20\01

首先使用 shell 命令创建一个用户，然后在登录页面中，使用该用户登录，登录成功后，将登录成功信息写入到 Session。步骤如下:

① 执行下面的命令进入 shell 模式:

```
python manage.py shell
```

在 shell 模式中，使用 create_user() 方法创建一个新用户，命令如下:

```
>>> from django.contrib.auth.models import User
>>> User.objects.create_user(username='andy', password='mrsoft')
<User: andy>
```

上述命令中，创建了一个用户名为“andy”，密码为“mrsoft”的用户。接下来，使用 Django 框架提供的 authenticate() 方法验证用户名和密码是否正确。命令如下：

```
>>> from django.contrib.auth import authenticate
>>> user = authenticate(username='andy',password='123456')
>>> user
>>> user = authenticate(username='andy',password='mrsoft')
>>> user
<User: andy>
```

上述代码中，当传递错误的用户名和密码时，authenticate() 函数返回 None。当传递正确的用户名和密码时，返回 user 对象。

② 修改用户登录表单。打开 blog/article/forms.py 文件，在表单中添加对密码的验证，关键代码如下：

```
01 class LoginForm(forms.Form):
02     username = forms.CharField(
03         label='姓名',
04         required=True,
05         min_length=3,
06         max_length=10,
07         widget=forms.TextInput(attrs={
08             'class': 'form-control',
09             'placeholder':"请输入用户名"
10         }),
11         error_messages={
12             'required': '用户名不能为空',
13             'min_length': '长度不能小于 3 个字符',
14             'max_length': '长度不能超过 10 个字符',
15         }
16     )
17
18     password = forms.CharField(
19         label='密码',
20         required=True,
21         min_length = 6,
22         max_length = 50,
23         widget=forms.PasswordInput(attrs={
24             'class': 'form-control mb-0',
25             'placeholder':"请输入密码"
26         }),
27         error_messages={
28             'required': '用户名不能为空',
29             'min_length': '长度不能少于 6 个字符',
30             'max_length': '长度不能超过 50 个字符',
31         }
32     )
```

③ 修改登录的路由函数。打开 blog/article/views.py 文件，修改 LoginFormView 类文件，关键代码如下：

```
01 from django.contrib.auth import authenticate, login
02 from django.contrib import messages
03
04 class LoginFormView(View):
05
06     def post(self,request,*args,**kwargs):
07         """
08         定义 POST 请求的方法 GET 请求
09         """
10         # 将请求数据填充到 LoginForm 实例中
11         form = LoginForm(request.POST)
12         # 判断是否为有效表单
13         if form.is_valid():
14             # 使用 form.cleaned_data 获取请求的数据
15             username = form.cleaned_data['username']
```

```
16              password = form.cleaned_data['password']
17              user = authenticate(request, username=username, password=password)# 授权校验
18              if user is not None:  # 校验成功，获得返回用户信息
19                  login(request, user)  # 登录用户，设置登录 Session
20                  return HttpResponseRedirect('/articles/')
21              else:
22                  # 提示错误信息
23                  messages.add_message(request, messages.WARNING, '用户名和密码不匹配')
24
25          return render(request, 'login.html', {'form': form})  # 渲染模板
```

上述代码中，当用户提交表单时，会执行 post() 方法。首先实例化 LoginForm 类，如果 form.is_valid() 函数返回 True，则表示用户填写的用户名和密码符合验证规则，否则，提示相应的错误信息。接下来，获取用户提交的用户名和密码，然后使用 authenticate() 函数判断用户名和密码与数据库中的用户名和密码是否一致。如果一致表示登录成功，调用 login() 函数将登录用户信息写入到 Session。

④ 修改模板文件。打开 blog/article/templates/login.html 文件，修改关键代码如下：

```
01 <div class="container" style="margin-top:50px">
02     {% if messages %}
03       {% for message in messages %}
04         <div class="alert alert-{{ message.tags }} alert-dismissible fade show"
05              role="alert">
06           <strong>{{ message }}</strong>
07           <button type="button" class="close" data-dismiss="alert" aria-label="Close">
08             <span aria-hidden="true">&times;</span>
09           </button>
10         </div>
11       {% endfor %}
12     {% endif %}
13     <form action="" method="post">
14         {% csrf_token %}
15         <div class="form-group">
16           <label>{{ form.username.label }}:</label>
17           {{ form.username }}
18           {{ form.username.errors }}
19         </div>
20         <div class="form-group">
21           <label>{{ form.password.label }}:</label>
22           {{ form.password }}
23           {{ form.password.errors }}
24         </div>
25         <button type="submit" class="btn btn-primary"> 提交 </button>
26     </form>
27 </div>
```

在浏览器中输入网址：127.0.0.1:8000/articles/login，当输入错误的用户名或密码时，运行效果如图 20.1 所示。当输入正确的用户名和密码时，页面将跳转至文章列表页，运行效果如图 20.2 所示。

图 20.1　用户名或密码错误效果　　图 20.2　文章列表页效果

20.1.5 退出登录

用户登录成功后，会将用户信息写入 Session。那么，当用户退出时，只需要清除 Session 信息即可。Django 框架自带的权限管理模块提供了一个 logout 方法，调用该方法即可实现退出功能。步骤如下：

① 创建路由。在 blog/article/urls.py 文件中，添加如下代码：

```
01 urlpatterns = [
02     path('logout',views.logout),
03 ]
```

② 在 blog/article/views.py 文件中，创建 logout() 函数，关键代码如下：

```
01 from django.contrib.auth import authenticate, login , logout as django_logout
02
03 def logout(request):
04     """
05     退出登录
06     """
07     django_logout(request) # 清除 response 的 cookie 和 django_session 中记录
08     return HttpResponseRedirect('/login')
```

上述代码中，由于创建的函数名是 logout(), 为避免与 Django 模块自带的 logout() 函数冲突，所以在导入 django.contrib.auth 中的 logout() 函数时，使用 as 语句设置一个别名 django_logout。

在浏览器中输入网址：127.0.0.1:8000/articles/logout，用户退出登录，页面跳转至登录页。

20.2 Memcached 缓存系统

Memcached 是一个完全基于内存的缓存服务器，是 Django 原生支持的最快、最高效的缓存类型，最初被开发出来用于处理 LiveJournal.com 网站的高负载，随后由 Danga Interactive 开源。Facebook 和 Wikipedia 等网站使用它来减少数据库访问并显著提高网站性能。

Memcached 以一个守护进程的形式运行，并且被分配了指定数量的 RAM 内存。它所做的就是提供一个快速接口用于在缓存中添加、检索和删除数据。Memcached 在内存里维护一个统一的巨大的 hash 表，并能存储各种各样的数据，包括图像、视频、文件，以及数据库检索的结果等。简单地说就是将数据调用到内存中，然后从内存中读取，从而大大提高读取速度。至于一些存储验证码或登录 Session 等不是至关重要的数据则没有必要存储在内存中。

在 Windows 平台，可通过以下命令来安装和启动 Memcached：

```
memcached.exe -d install              # 安装
memcached.exe -d start                # 启动
```

在 Linux 平台（以 Ubuntu 为例），可通过以下命令来安装和启动 Memcached：

```
sudo apt install Memcached            # 安装

# 启动
cd /usr/local/memcached/bin
./memcached -d start
```

在启动 Memcached 还可以配置一些参数，如下所示：

- -d：让 Memcached 在后台运行。
- -m：指定占用多少内存。以 MB 为单位，默认为 64MB。
- -p：指定占用的端口，默认是 11211。
- -l：指定可连接到本服务器的 ip 地址。

如果想要使用以上参数来指定一些配置信息，则不能使用“service memcached start”方式来启动，而应该使用 /usr/bin/memcached 的方式来运行，例：“/usr/bin/memcached –u memcache –m 1024 –p 11222 start”。

如果想要通过 Python 操作 Memcached，那么需要先安装 python-memcached 模块：

```
pip install python-memcached
```

示例代码如下：

```
01 import memcache
02
03 # 建立连接
04 mc = memcache.Client(['127.0.0.1:11211', '192.168.174.130:11211'], debug=True)
05
06 # 设置数据
07 mc.set('username', 'hello world', time=60 * 5)
08 mc.set_multi({'email': 'xxx@qq.com', 'telphone': '111111'}, time=60 * 5)
09
10 # 获取数据:
11 mc.get('telphone')
12
13 # 删除数据:
14 mc.delete('email')
15
16 # 自增长:
17 mc.incr('read_count')
18
19 # 自减少:
20 mc.decr('read_count')
```

由于 Memcached 的操作不需要任何用户名和密码，只需要知道 Memcached 服务器的 IP 地址和端口号即可。因此使用 Memcached 的时候尤其要注意它的安全性。这里提供两种安全性的解决方案：

① 使用 -l，参数设置为只有本地可以连接。这种方式，就只能通过本机才能连接，别的机器都不能访问，可以达到最好的安全性。

② 使用防火墙。关闭 11211 端口，外面不能访问。

```
ufw enable                    # 开启防火墙
ufw disable                   # 关闭防火墙
ufw default deny              # 防火墙以禁止的方式打开，默认是关闭那些没有开启的端口
ufw deny 端口号               # 关闭某个端口
ufw allow 端口号              # 开启某个端口
```

如果要在 Django 中使用 Memcached，首先需要在 settings.py 中配置好缓存：

```
CACHES = {
    'default': {
        'BACKEND': 'django.core.cache.backends.memcached.MemcachedCache',
        'LOCATION': '127.0.0.1:11211',
    }
}
```

如果想要使用多台机器，那么可以在 LOCATION 指定多个连接，代码如下：

```
CACHES = {
    'default': {
        'BACKEND': 'django.core.cache.backends.memcached.MemcachedCache',
        'LOCATION': [
'172.20.26.240:11211',
'172.20.26.242:11211',
        ]
    }
}
```

配置好 Memcached 的缓存后，就可以使用以下代码来操作 Memcached：

```
01 rom django.core.cache import cache
02
03 def index(request):
04     cache.set('abc','zhiliao',60)
05     print(cache.get('abc'))
06     response = HttpResponse('index')
07     return response
```

Django 在存储数据到 Memcached 时，不会将指定的 key 存储进去，而是会对 key 进行一些处理。比如会加一个前缀，加一个版本号。如果想要自己加前缀，那么可以在 settings.CACHES 中添加 KEY_FUNCTION 参数：

```
CACHES = {
    'default': {
        'BACKEND': 'django.core.cache.backends.memcached.MemcachedCache',
        'LOCATION': '127.0.0.1:11211',
'KEY_FUNCTION': lambda key,prefix_key,version:"django:%s"%key
    }
}
```

20.3 Redis 数据库

Redis 和 Memcached 一样是一个高性能的 key-value 数据库，它的数据也是保存在内存中，同时 Redis 可以定时把内存数据同步到磁盘，即可以将数据持久化，并且它比 Memcached 支持更多的数据结构，例：string 字符串、list 列表、set 集合、sorted set 有序集合和 hash 哈希表等。

Redis 一般用在以下场景中：

① 登录会话存储。与 Memcached 相比，存储在 Redis 中数据不容易丢失。

② 排行榜 / 计数器。例如一些文章阅读量技术。

③ 作为消息队列。例如 celery 就是使用 Redis 作为中间人。

④ 当前在线人数。显示当前系统有多少在线人数。

⑤ 一些常用的数据缓存。例如 BBS 论坛，板块不会经常变化，但每次访问首页都要从 MySQL 中获取。而在 Redis 中缓存起来，就不用每次请求数据库。

⑥ 把前 n 篇文章缓存或者评论缓存。例如一般用户浏览网站，只会浏览前面一部分文章或者评论，那么可以把前 n 篇文章和对应的评论缓存起来。用户访问超过 n 篇时，就访问数据库，并且以后文章若超过 n 篇，则把之前的文章删除。

⑦ 好友关系。例如微博的好友关系使用 Redis 实现。

⑧ 发布和订阅功能。可以用来做聊天软件。

虽然 Redis 和 Memcached 都可用于缓存服务器，但两者也有较大的区别，如表 20.1 所示。

表 20.1　Redis 和 Memcached 的区别

	Memcached	Redis
类型	纯内存数据库	内存磁盘同步数据库
数据类型	在定义 value 时就要固定数据类型	不需要
虚拟内存	不支持	支持
过期策略	支持	支持
存储数据安全	不支持	可以将数据同步到 dump.db 中
灾难恢复	不支持	可以将磁盘中的数据恢复到内存中
分布式	支持	主从同步

由于 Redis 官方不建议在 Windows 系统下使用，所以官网上并未提供 Windows 版本。在 Ubuntu 系统中可使用以下命令安装与卸载：

```
安装：
sudo apt-get install redis-server
卸载：
sudo apt-get purge --auto-remove redis-server
```

Redis 安装后，会默认自动启动，可以通过以下命令查看：

```
ps aux|grep redis
```

如果想手动启动，可以通过以下命令进行启动：

```
sudo service redis-server start
```

同理，停止命令如下：

```
sudo service redis-server stop
```

对 Redis 的操作可以用两种方式，第一种方式采用 Redis-cli，第二种方式采用编程语言，比如 Python、PHP 和 Java 等。本节主要介绍如何使用 Python 操作 Redis。

首先需要使用以下命令安装 Python-Redis 模块：

```
pip install redis
```

在使用 Redis 前需要确保 Redis 已经开启，并记下 IP 地址，例如“192.168.1.13”，然后在代码中导入刚刚安装的模块，再初始化一个 Redis 实例变量，具体操作可参考如下代码：

```
01 # 从 Redis 包中导入 Redis 类
02 from redis import Redis
03
04 # 初始化 Redis 实例变量
05 xtredis = Redis(host='192.168.1.13', port=6379)
06
07 # 对字符串的操作
08 # 添加一个值进去，并且设置过期时间为 60 秒，如果不设置，则永远不会过期
09 xtredis.set('username', 'xiaotuo', ex=60)
10
11 # 获取一个值
12 xtredis.get('username')
13
14 # 删除一个值
15 xtredis.delete('username')
16
17 # 给某个值自增 1
18 xtredis.set('read_count', 1)
19 xtredis.incr('read_count')  # 这时候 read_count 变为 2
20
21 # 给某个值减少 1
22 xtredis.decr('read_count')  # 这时候 read_count 变为 1
23
24
25 # 对列表的操作
26 # 给 languages 这个列表往左边添加一个 python
27 xtredis.lpush('languages', 'python')
28
29 # 给 languages 这个列表往左边添加一个 php
30 xtredis.lpush('languages', 'php')
31
32 # 给 languages 这个列表往左边添加一个 javascript
33 xtredis.lpush('languages', 'javascript')
```

```
34
35 # 获取 languages 这个列表中的所有值
36 print(xtredis.lrange('languages', 0, -1))
37
38
39 # 对集合的操作
40 # 给集合 team 添加一个元素 xiaotuo
41 xtredis.sadd('team', 'xiaotuo')
42
43 # 给集合 team 添加一个元素 datuo
44 xtredis.sadd('team', 'datuo')
45
46 # 给集合 team 添加一个元素 slice
47 xtredis.sadd('team', 'slice')
48
49 # 获取集合中的所有元素
50 xtredis.smembers('team')
51
52
53 # 对哈希 (hash) 的操作
54 # 给 website 这个哈希中添加 baidu
55 xtredis.hset('website', 'baidu', 'baidu.com')
56
57 # 给 website 这个哈希中添加 google
58 xtredis.hset('website', 'google', 'google.com')
59
60 # 获取 website 这个哈希中的所有值
61 print(xtredis.hgetall('website'))
62
63
64 # 事务 ( 管道 ) 操作
65 # 定义一个管道实例
66 pip = xtredis.pipeline()
67
68 # 做第一步操作，给 BankA 自增长 1
69 pip.incr('BankA')
70
71 # 做第二步操作，给 BankB 自减少 1
72 pip.desc('BankB')
73
74 # 执行事务
75 pip.execute()
```

以上是 Python-Redis 的一些常用方法，如果想深入了解其他的方法，可以参考 python-redis 的源代码。

20.4 用户权限

Django 有一个内置的授权系统，常用于处理用户、分组、权限以及基于 Cookie 的会话。Django 的授权系统包括验证和授权两个部分。验证是验证这个用户是否与其信息匹配，授权则是给这个用户相应的权限。

在创建完一个 Django 项目后，其实就已经集成了授权系统，可在配置文件中找到如下配置信息：

```
INSTALLED_APPS :
django.contrib.auth  包含了一个核心授权框架，以及大部分的模型定义
django.contrib.contenttypes  Content Type 系统，可以用来关联模型和权限
```

也可以借助一些中间件来管理授权系统：

```
SessionMiddleware  用来管理 Session
AuthenticationMiddleware  用来处理和当前 Session 相关联的用户
```

20.4.1 用户对象

User 模型是这个框架的核心部分，它的完整的路径是在 django.contrib.auth.models.User。

内置的 User 模型拥有以下的字段：

- username：用户名，150 个字符以内，可以包含数字和英文字符，以及 _、@、+、. 和 - 字符。不能为空，且必须唯一。
- first_name：在 30 个字符以内，可以为空。
- last_name：在 150 个字符以内，可以为空。
- email：邮箱，可以为空。
- password：密码，经过哈希后的密码。
- groups：分组，一个用户可以属于多个分组，一个分组可以拥有多个用户。
- user_permissions：权限，一个用户可以拥有多个权限，一个权限可以被多个用户所用。
- is_staff：是否可以进入到 admin 的站点，代表是否为内部员工。
- is_active：是否是可用的，对于一些想要删除账号的数据，设置这个值为 False 就可以，而不是真正的从数据库中删除，即逻辑删除。
- is_superuser：是否是超级管理员，如果是超级管理员，那么拥有整个网站的所有权限。
- last_login：上次登录的时间。
- date_joined：账号创建的时间。

通过 create_user 方法可以快速地创建用户，但必须要传递 username、email、password。代码如下：

```
01 from django.contrib.auth.models import User
02 user = User.objects.create_user('zhiliao','coc@cocpy.com','123456')
03
04 # 此时 user 对象已经存储到数据库中。当然，还可以继续使用 user 对象进行一些修改
05 user.last_name = 'abc'
06 user.save()
```

创建超级用户有两种方式。第一种是使用代码的方式，用代码创建超级用户跟创建普通用户非常类似，只不过是使用 create_superuser 方法。代码如下：

```
01 from django.contrib.auth.models import User
02 User.objects.create_superuser('admin','admin@cocpy.com','12345678')
```

也可以通过命令行的方式。命令如下：

```
python manage.py createsuperuser
```

后面就会提示输入用户名、邮箱以及密码。

因为密码是需要经过加密后才能存储进去的，所以如果想要修改密码，不能直接修改 password 字段，而需要通过调用 set_password 来达到修改密码的目的。代码如下：

```
01 from django.contrib.auth.models import User
02
03 user = User.objects.get(pk=1)
04 user.set_password('新的密码')
05 user.save()
```

Django 的验证系统已经实现了登录验证的功能，通过 django.contrib.auth.authenticate 即可实现。这个方法只能通过 username 和 password 来进行验证。代码如下：

```
01 from django.contrib.auth import authenticate
02
```

```
03 user = authenticate(username='coc', password='123456')
04 # 如果验证通过了，那么就会返回一个 user 对象
05 if user is not None:
06     # 执行验证通过后的代码
07     pass
08 else:
09     # 执行没有通过验证的代码
10     pass
```

Django 内置的 User 模型虽然已经足够强大，但是有时候还是不能满足需求。比如在验证用户登录的时候，它用的是用户名作为验证，而有时候需要通过手机号码或者邮箱来进行验证。还有比如想要增加一些新的字段，那么这时候就需要扩展用户模型了。

扩展用户模型有以下常见的几种方式。

① 设置 Proxy 模型。如果对 Django 提供的字段以及验证的方法都比较满意，没有什么需要改的，但是需要在原有的基础之上增加一些操作，那么建议使用这种方式，代码如下：

```
01 class Person(User):
02     class Meta:
03         proxy = True
04
05     def get_blacklist(self):
06         return self.objects.filter(is_active=False)
```

上述代码中，定义了一个 Person 类，继承自 User，并且在 Meta 中设置 proxy=True，说明这个只是 User 的一个代理模型。它并不会影响原来 User 模型在数据库中表的结构，以后如果想方便地获取所有黑名单的人，那么就可以通过 Person.get_blacklist() 获取到。并且 User.objects.all() 和 Person.objects.all() 其实是等价的，因为它们都是从 User 这个模型中获取所有的数据。

② 一对一外键。如果对用户验证方法 authenticate 没有其他要求，则使用 username 和 password 即可完成。但是想要在原来模型的基础之上添加新的字段，可以使用一对一外键的方式，代码如下：

```
01 from django.contrib.auth.models import User
02 from django.db import models
03 from django.dispatch import receiver
04 from django.db.models.signals import post_save
05
06 class UserExtension(models.Model):
07     user = models.OneToOneField(User,on_delete=models.CASCADE,related_name='extension')
08     birthday = models.DateField(null=True,blank=True)
09     school = models.CharField(max_length=100)
10
11
12 @receiver(post_save,sender=User)
13 def create_user_extension(sender,instance,created,**kwargs):
14     if created:
15         UserExtension.objects.create(user=instance)
16     else:
17         instance.extension.save()
```

在上述代码中定义了一个 UserExtension 模型，并且让它和 User 模型进行一对一的绑定，以后新增的字段，就添加到 UserExtension 上。并且还写了一个接受保存模型的信号处理方法，只要是 User 调用了 save 方法，那么就会创建一个 UserExtension 和 User 进行绑定。

③ 继承自 AbstractUser。对 authenticate 不满意，并且不想要修改原来 User 对象上的一些字段，但是想要增加一些字段，那么可以直接继承自 django.contrib.auth.models.AbstractUser，其实这个类也是 django.contrib.auth.models.User 的父类。比如想要在原来 User 模型的基础之上添加一个 telephone 和 school 字段，代码如下：

```
01 from django.contrib.auth.models import AbstractUser
02 class User(AbstractUser):
03     telephone = models.CharField(max_length=11,unique=True)
04     school = models.CharField(max_length=100)
05
06     # 指定 telephone 作为 USERNAME_FIELD，以后使用 authenticate
07     # 函数验证的时候，就可以根据 telephone 来验证
08     # 而不是原来的 username
09     USERNAME_FIELD = 'telephone'
10     REQUIRED_FIELDS = []
11
12     # 重新定义 Manager 对象，在创建 user 的时候使用 telephone 和 password，而不是使用 username
13       和 password
14     objects = UserManager()
15
16
17 class UserManager(BaseUserManager):
18     use_in_migrations = True
19
20     def _create_user(self,telephone,password,**extra_fields):
21         if not telephone:
22             raise ValueError("请填入手机号码！")
23         user = self.model(telephone=telephone,*extra_fields)
24         user.set_password(password)
25         user.save()
26         return user
27
28     def create_user(self,telephone,password,**extra_fields):
29         extra_fields.setdefault('is_superuser',False)
30         return self._create_user(telephone,password)
31
32     def create_superuser(self,telephone,password,**extra_fields):
33         extra_fields['is_superuser'] = True
34         return self._create_user(telephone,password)
```

然后再在 settings 中配置好 AUTH_USER_MODEL=youapp.User，这种方式因为破坏了原来 User 模型的表结构，所以必须要在第一次 migrate 前就先定义好。

④ 继承自 AbstractBaseUser 模型。如果想修改默认的验证方式，并且对于原来 User 模型上的一些字段不想要，那么可以自定义一个模型，然后继承自 AbstractBaseUser，再添加想要的字段。这种方式会比较麻烦，最好是确定自己对 Django 比较了解才推荐使用。

20.4.2 权限和分组

在使用 authenticate 进行验证后，如果验证通过，会返回一个 User 对象，拿到 User 对象后，可以使用 django.contrib.auth.login 进行登录，代码如下：

```
01 user = authenticate(username=username, password=password)
02 if user is not None:
03     if user.is_active:
04         login(request, user)
```

如果想要注销，或者说退出登录，可以通过 django.contrib.auth.logout 来实现，它会清理掉这个用户的 Session 数据。有时候，某个视图函数是需要经过登录后才能访问的，那么可以通过 django.contrib.auth.decorators.login_required 装饰器来实现。代码如下：

```
01 from django.contrib.auth.decorators import login_required
02
03 # 在验证失败后，会跳转到 /accounts/login/ 这个 url 页面
04 @login_required(login_url='/accounts/login/')
05 def my_view(request):
06     pass
```

Django 中内置了权限的功能，它的权限都是针对表或者模型级别的，例如对某个模型上的数据是否可以进行增查改删操作。而不是针对数据级别的，例如对某个表中的某条数据能否进行增查改删操作（如果要实现数据级别的，考虑使用 django-guardian）。

创建完一个模型后，针对这个模型默认有三种权限，分别是增、删和改。可以在执行完 migrate 命令后，查看数据库中 auth_permission 表中的所有权限，其中的 codename 表示的是权限的名字，name 表示的是这个权限的作用。

如果想要增加新的权限，比如查看某个模型的权限，可以在定义模型的时候在 Meta 中定义好，代码如下：

```
01 class Article(models.Model):
02     title = models.CharField(max_length=100)
03     content = models.TextField()
04     author = models.ForeignKey(get_user_model(),on_delete=models.CASCADE)
05
06     class Meta:
07         permissions = (
08             ('view_article','can view article'),
09         )
```

django.contrib.auth.Permission 包含三个字段，分别是 name、codename 以及 content_type，其中的 content_type 表示这个 Permission 是属于哪个 APP 下的哪个 model。用 Permission 模型创建权限的代码如下：

```
01 from django.contrib.auth.models import Permission,ContentType
02 from .models import Article
03 content_type = ContentType.objects.get_for_model(Article)
04 permission = Permission.objects.create(name=' 可以编辑的权限 ',codename='edit_article',content_type=content_
type)
```

权限本身只是一个数据，必须和用户进行绑定，才能起到作用。User 模型和权限之间的管理，可以通过以下几种方式：

- myuser.user_permissions.set(permission_list)：直接给定一个权限的列表。
- myuser.user_permissions.add(permission,permission,...)：一个个添加权限。
- myuser.user_permissions.remove(permission,permission,...)：一个个删除权限。
- myuser.user_permissions.clear()：清除权限。
- myuser.has_perm('<app_name>.<codename>')：判断是否拥有某个权限。权限参数是一个字符串，格式是 app_name.codename。
- myuser.get_all_permissons()：获取所有的权限。

使用 django.contrib.auth.decorators.permission_required 可以非常方便地检查用户是否拥有这个权限，如果拥有，就可以进入到指定的视图函数中，如果不拥有，就会报一个 400 错误，代码如下：

```
01 from django.contrib.auth.decorators import permission_required
02
03 @permission_required('front.view_article')
04 def my_view(request):
05     pass
```

权限有很多，一个模型最少有三个权限，如果一些用户拥有相同的权限，那么每次都要添加，这时候分组就可以解决这种问题，可以把一些权限归类，然后添加到某个分组中，之后再把需要赋予这些权限的用户添加到这个分组中，就比较好管理。

分组使用的是 django.contrib.auth.models.Group 模型，每个用户组拥有 id 和 name 两个字段，该模型在数据库被映射为 auth_group 数据表。可以通过以下几种方式来设置分组：

- Group.object.create(group_name)：创建分组。

- group.permissions： 某个分组上的权限，多对多的关系。
- group.permissions.add： 添加权限。
- group.permissions.remove： 移除权限。
- group.permissions.clear： 清除所有权限。
- user.get_group_permissions()： 获取用户所属组的权限。
- user.groups： 某个用户上的所有分组，多对多的关系。

20.5 综合案例——登录验证

在 Web 开发过程中，不希望匿名用户能够访问某些页面，例如购物车页面、个人中心页面等，这种页面只允许已经登录的用户去访问。Django 框架提供了一个非常简单的实现方式——login_required 装饰器。

以文章列表页为例，当用户在未登录状态下访问网址 127.0.0.1:8000/articles，会显示文章列表内容。现在需要用户登录后才能访问该页面，否则页面跳转至登录页。实现方法如下：

修改视图函数，添加验证用户是否登录功能。在 blog/article/views.py 文件中，添加如下代码：

```
01 from django.contrib.auth.decorators import login_required
02
03 @login_required
04 def article_list(request):
05     articles = Article.objects.all() # 从 Article 表中获取数据
06     return render(request,'article_list.html',{"articles": articles}) # 渲染模板
```

上述代码中，从 Django 框架的权限模块中引入 login_required 装饰器，然后对需要用户登录验证的视图函数使用该装饰器。

接下来，退出当前用户。再次访问网址 127.0.0.1:8000/articles，页面运行效果如图 20.3 所示。

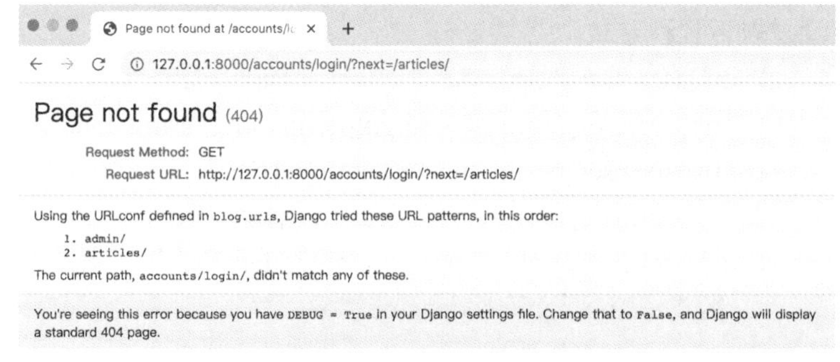

图 20.3　未登录时访问文章列表页效果

20.6 实战练习

从图 20.3 中可以发现，页面已经发生跳转，但是默认情况下页面跳“/accounts/login”路径，所以还需要在 blog/blog/settings.py 文件中设置页面跳转的路径。再次访问网址 127.0.0.1:8000/articles，页面将跳转至登录页。

小结

本章主要介绍了 Django 框架的缓存内容。首先介绍 Session 会话，并使用 Session 会话完成用户登录、退出和登录验证的功能。接下来介绍了两种常用的内存数据库 Memcached 和 Redis，且在 Django 中完成配置。最后介绍了 Django 内置的授权系统，常用于处理用户、分组、权限以及基于 Cookie 的会话系统。

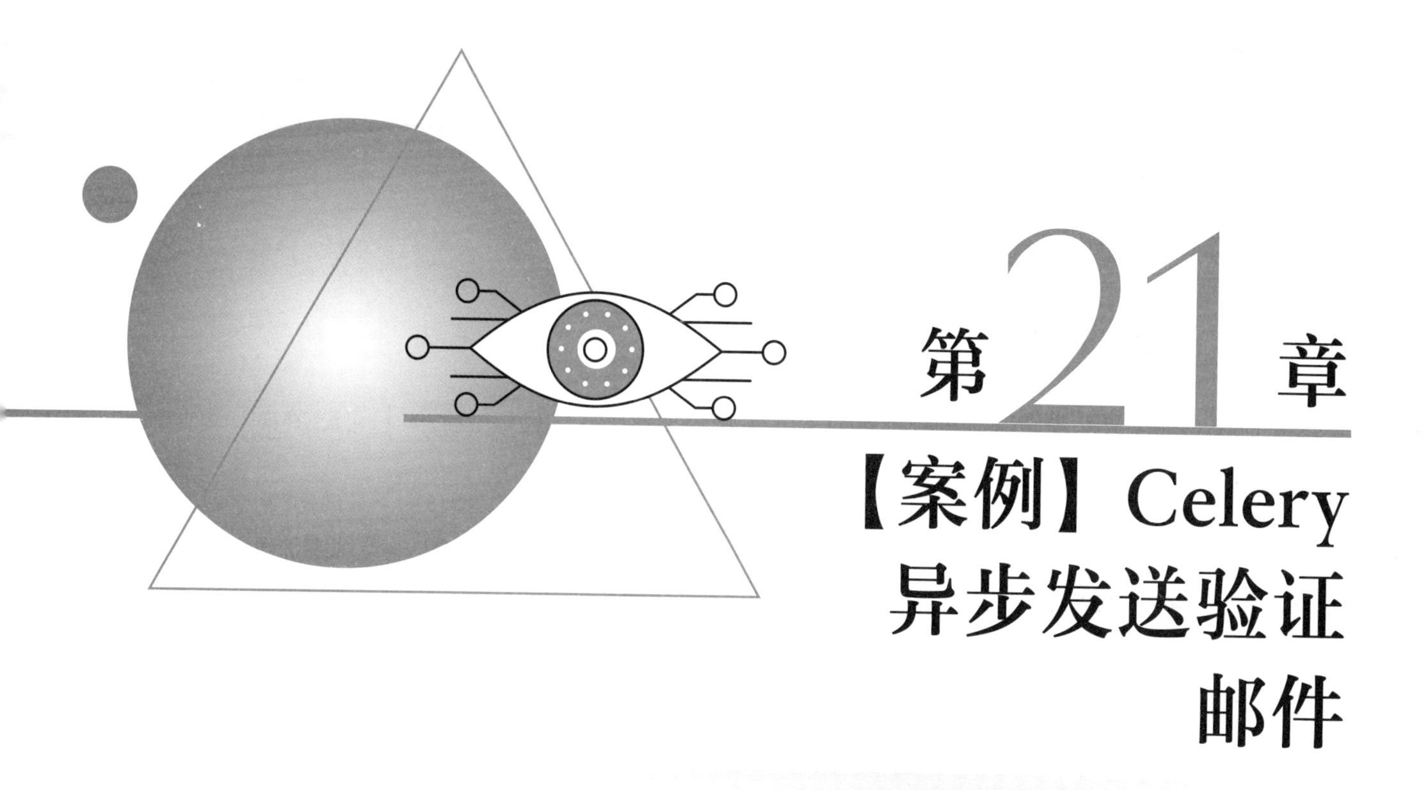

第21章 【案例】Celery异步发送验证邮件

在用户注册的过程中，大部分网站除了要求输入手机号码外，还要求用户绑定常用的邮箱，以此来提高账户的安全性，或者通过邮件推送最新的产品信息，毕竟发送邮件比使用短信通知的成本要低。

但如果用户在绑定邮箱的过程中输入了错误的邮箱地址，就需要验证用户输入的邮箱地址是否正确，因为验证的过程比较漫长，程序不可能中断而去等待用户验证成功，因此就需要使用异步的方式来发送验证邮件。

21.1 案例效果预览

如图 21.1 所示为邮件验证的效果图。

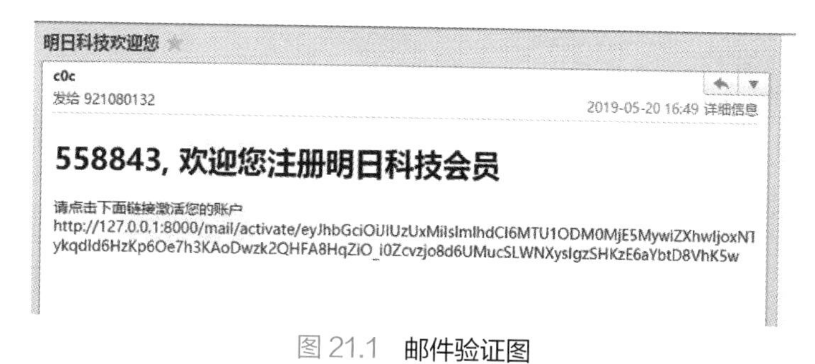

图 21.1　邮件验证图

21.2 案例准备

本系统的软件开发及运行环境具体如下：

- 操作系统：Windows 7 或 Windows 10。
- 语言：Python 3.7。
- 开发环境：PyCharm。
- 第三方模块：PyMySQL、Django、Celery、Redis。

21.3 业务流程

在使用 Celery 异步发送验证邮件前，需要先了解实现该业务的主要流程，根据该需求设计出如图 21.2 所示的业务流程图。

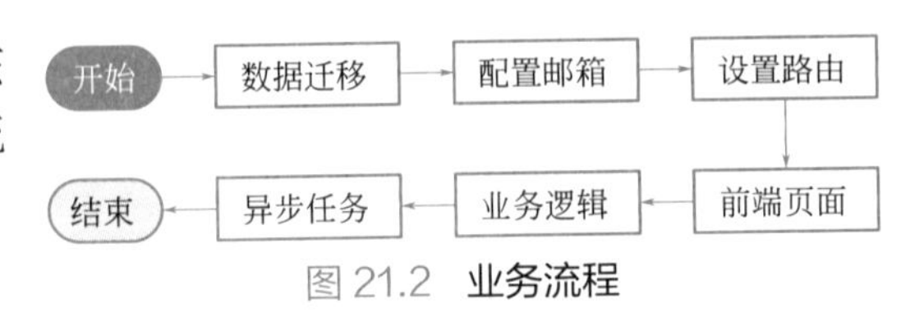

图 21.2 业务流程

21.4 实现过程

在进行本案例前，首先需要提前安装好 Redis 和 MySQL，并完成项目的创建。

21.4.1 数据迁移

项目结构如图 21.3 所示。

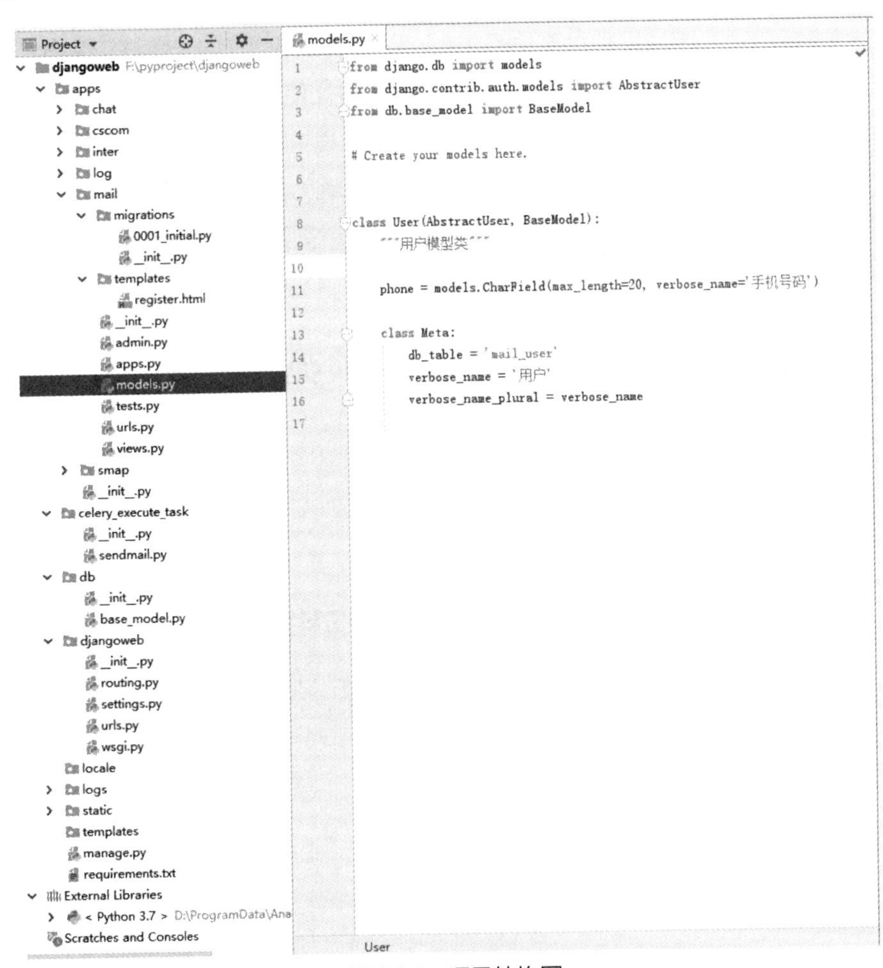

图 21.3 项目结构图

在 mail 模块下的 models.py 中新建一张 User 用户模型类，用来验证保存用户数据，其中 BaseModel 为自定义模型的抽象基类，主要定义了创建时间、更新时间、删除标记，如无此需要，可不添加，直接继承 Django 的扩展 AbstractUser 类就好，具体代码如下：

```
01 from django.db import models
02 from django.contrib.auth.models import AbstractUser
03 from db.base_model import BaseModel
04
05 # Create your models here.
06
07
08 class User(AbstractUser, BaseModel):
09     """ 用户模型类 """
10
11     phone = models.CharField(max_length=20, verbose_name=' 手机号码 ')
12
13     class Meta:
14         db_table = 'mail_user'
15         verbose_name = ' 用户 '
16         verbose_name_plural = verbose_name
```

然后进入项目环境，执行以下命令，进行数据迁移：

```
python manage.py makemigrations
python manage.py migrate
```

21.4.2 邮箱配置

为了能够正常发送邮件，还需准备一个邮箱，本案例以 163 邮箱为例，获取授权码的步骤如图 21.4 所示。

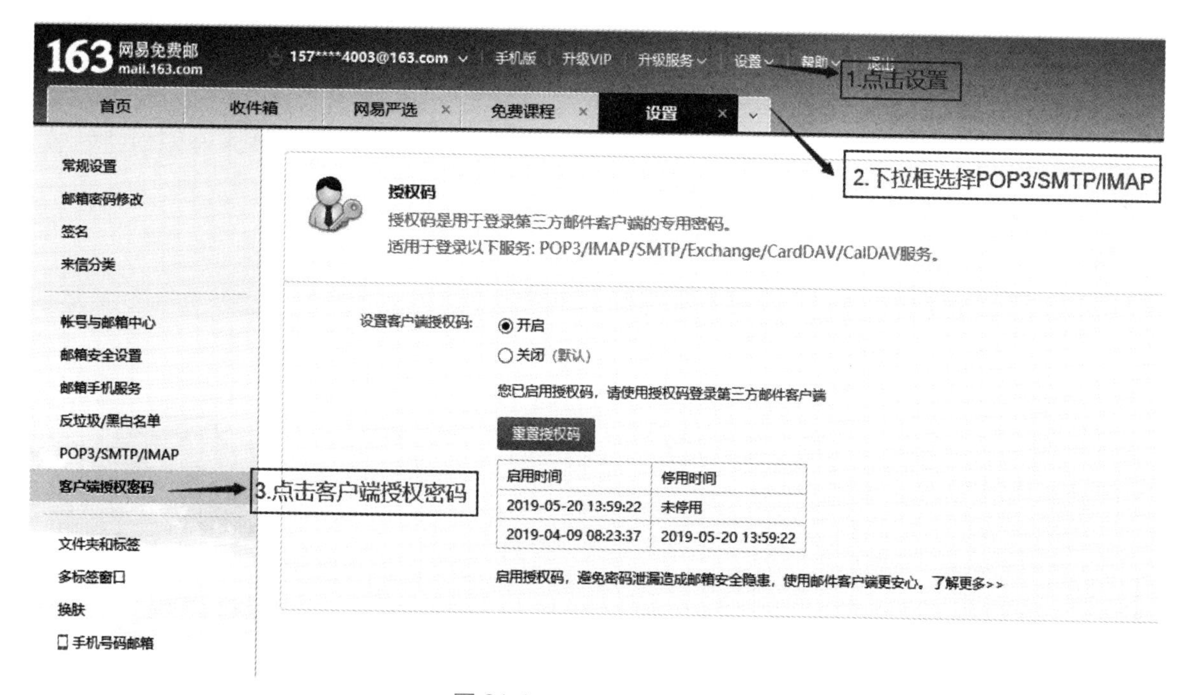

图 21.4 获取邮箱授权密码

在 djangoweb 下的 settings.py 中修改 Django 认证系统使用的模型类、邮件配置，修改后的代码如下：

```
01 # Django 认证系统使用的模型类
02 AUTH_USER_MODEL = 'user.User'
03 # 发送邮件配置
04 EMAIL_BACKEND = 'django.core.mail.backends.smtp.EmailBackend'
05 # SMTP 服务地址，使用其他服务器需更换
06 EMAIL_HOST = 'smtp.163.com'
07 EMAIL_PORT = 25
08 # 发送邮件的邮箱，换成自己的
09 EMAIL_HOST_USER = '17777788444@163.com'
10 # 在邮箱中设置的客户端授权密码，换成自己的
11 EMAIL_HOST_PASSWORD = 'mingrikeji'
12 # 收件人看到的发件人，<> 中地址必须与上方保持一致
13 EMAIL_FROM = 'c0c<17777788444@163.com>'
```

21.4.3 设置路由

接下来在 djangoweb 下的 urls.py 中配置路由，主要代码如下：

```
01 from django.contrib import admin
02 from django.urls import path, include
03 urlpatterns = [
04     path('admin/', admin.site.urls),
05     path('mail/', include(('apps.mail.urls', 'apps.mail'), namespace='mail')),  # 邮件验证模块
06 ]
```

配置 mail 模块下的路由，即 mail 下的 urls.py，具体代码如下：

```
01 from django.urls import path, re_path
02 from apps.mail.views import VerifyMail, UserActivate
03 urlpatterns = [
04     path('verify/', VerifyMail.as_view(), name='verify'),  # 邮件验证
05     re_path(r'^activate/(?P<token>.*)$', UserActivate.as_view(), name='activate'),  # 用户激活
06 ]
```

21.4.4 前端页面

在 mail 模块下的 templates 编写 HTML 页面，即 register.html，发送 POST 请求至刚创建好的 URL，具体代码如下：

```
01 <!doctype html>
02 <html>
03 {% load staticfiles %}
04 <head>
05     <meta charset="utf-8">
06     <title>celery 异步发送验证邮件 </title>
07     <link href="{% static 'css/inc.css' %}" rel="stylesheet" type="text/css">
08     <link href="{% static 'css/main.css' %}" rel="stylesheet" type="text/css">
09     <script src="{% static 'js/jquery.min.js' %}"></script>
10 </head>
11 <body>
12 
13 <div id="register_main">
14     <form method="post" action="/mail/verify/" id="register" name="register">
15         {% csrf_token %}
16         <ul>
17             <li><span> 账号 </span><input type="text" name="user_name" id="user_name"></li>
18             <li><span> 创建密码 </span><input type="password" name="pwd" id="pwd"></li>
19             <li><span> 联系电话 </span><input type="text" name="phone" id="phone"></li>
20             <li><span> 邮箱 </span><input type="text" name="email" id="email"></li>
21         </ul>
22     </form>
23     <button class="agree_btn"> 同意以下协议并注册 </button>
```

```
24      <script language="javascript" type="text/javascript">
25          $(".agree_btn").click(function () {
26              $("#register").submit();
27          });
28      </script>
29  </div>
30
31  <footer>
32      <div class="foot_nav">
33      </div>
34      <div class="copy_ri">
35          <p>吉林省明日科技有限公司 Copyright ©2007-2018, All Rights Reserved 吉 ICP 备 10002740 号 -2 </p>
36          <img src=""></div>
37      </div>
38  </footer>
39  </body>
40  </html>
```

21.4.5 业务逻辑

在 mail 模块下的 views.py 处理接收到的请求，即发送邮件，出于安全原因，不能将激活链接直接在邮件中写出，所以还需借助 itsdangerous 模块进行加密，可通过以下命令直接安装该模块：

```
pip install itsdangerous
```

views.py 具体代码逻辑如下：

```
01 from itsdangerous import TimedJSONWebSignatureSerializer as TJSS
02 from itsdangerous import SignatureExpired
03 from django.shortcuts import render, HttpResponse, redirect, reverse
04 from django.views.generic import View
05 from django.conf import settings
06 from apps.mail.models import User
07 from celery_execute_task.sendmail import send_activate_email
08 # Create your views here.
09
10 class VerifyMail(View):
11     """ 邮件验证功能 """
12     def get(self, request):
13         """ 页面显示 """
14         return render(request, 'register.html')
15     def post(self, request):
16         """ 业务处理 """
17         # 接收数据
18         username = request.POST.get('user_name')
19         password = request.POST.get('pwd')
20         phone = request.POST.get('phone')
21         email = request.POST.get('email')
22         # 校验数据
23         if not all([username, password, phone, email]):
24             # 缺少相关数据
25             return HttpResponse(' 校验数据失败 ')
26         user = User.objects.create_user(username, email, password, phone=phone)
27         # 正式处理发送邮件
28         # 加密用户的身份信息，生成激活 token
29         serializer = TJSS(settings.SECRET_KEY, 900)
30         info = {'confirm': user.id}
31         token = serializer.dumps(info)
32         # 默认解码为 utf8
33         token = token.decode()
34         # 使用 celery 发邮件
35         send_activate_email.delay(email, username, token)
36         return HttpResponse(' 注册成功，请注意查收激活账户邮件 ')
37 class UserActivate(View):
38     """ 用户通过邮件激活功能 """
```

```
39      def get(self, request, token):
40          """ 点击邮件链接激活业务处理 """
41          serializer = TJSS(settings.SECRET_KEY, 900)
42          try:
43              info = serializer.loads(token)
44              # 获取要激活用户的 id
45              user_id = info['confirm']
46              # 根据 id 获取用户信息
47              user = User.objects.get(id=user_id)
48              user.is_active = 1
49              user.save()
50              # 跳转到登录页面
51              return HttpResponse(' 用户已成功激活！')
52          except SignatureExpired as se:
53              # 激活链接已过期，应重发激活邮件
54              return HttpResponse(' 激活链接已过期！')
```

21.4.6 异步任务

由于需要异步执行耗时任务，所以要安装 celery，可通过以下命令安装：

```
pip install celery
```

注意

由于 celery 从 4.0 正式版本后不再支持 Windows 操作系统，如果是 Windows 操作系统，还需安装 eventlet，即执行“pip install enentlet”命令，并通过 eventlet 启动 celery。

在项目根目录下新建一个 Python package，即结构图 21.3 中的 celery_execute_task，并在该包下新建 sendmail.py 文件用来执行异步任务，具体代码如下：

```
01 import time
02 from django.core.mail import send_mail
03 from django.conf import settings
04 from celery import Celery
05
06 # 初始化 django 环境
07 import django
08 import os
09 os.environ.setdefault('DJANGO_SETTINGS_MODULE', 'djangoweb.settings')
10 django.setup()
11
12 # 创建实例对象
13 # 第一个 parameter：可随意命名，但一般为本文件所在路径
14 # broker：指定中间人，斜杠后为指定第几个数据库
15 app = Celery('celery_execute_task.sendmail', broker='redis://localhost:6379/3')
16
17 # 定义任务函数
18 @app.task
19 def send_activate_email(to_email, username, token):
20     """ 发送激活邮件 """
21
22     # 组织邮件信息
23     subject = ' 明日科技欢迎您 '
24     message = ''
25     sender = settings.EMAIL_FROM
26     receiver = [to_email]
27     html_message = '<h1>%s, 欢迎您注册明日科技会员 </h1> 请点击下面链接激活您的账户 <br/><a href="http://127.0.0.1:8000/
mail/activate/%s">http://127.0.0.1:8000/mail/activate/%s</a>' % (username, token, token)
28
29     send_mail(subject, message, sender, receiver, html_message=html_message)
30     time.sleep(5)
```

21.4.7 启动项目

在 MySQL 和 Redis 启动的前提下，启动项目，通过以下命令启动 Celery：

```
celery -A celery_execute_task.sendmail worker --loglevel=info -P
eventlet
```

出现如图 21.5 所示的内容即为 Celery 启动成功。

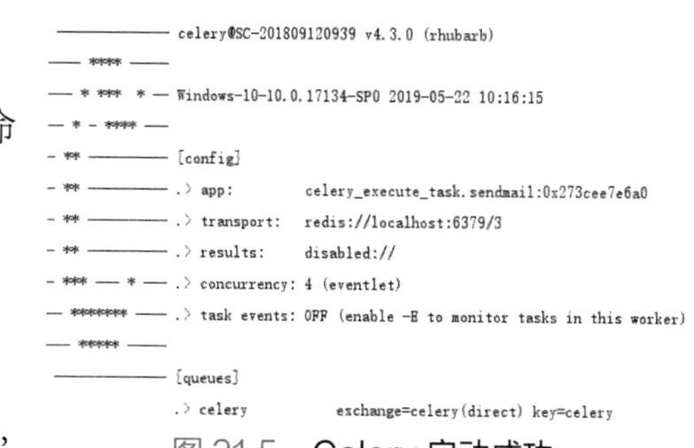

图 21.5 Celery 启动成功

在浏览器的地址栏中输入 http://127.0.0.1:8000/mail/verify/，访问前端页面，填写数据，提交表单。即可看到，邮箱中出现的验证邮件，如图 21.6 所示。点击链接即可验证通过，激活账号。

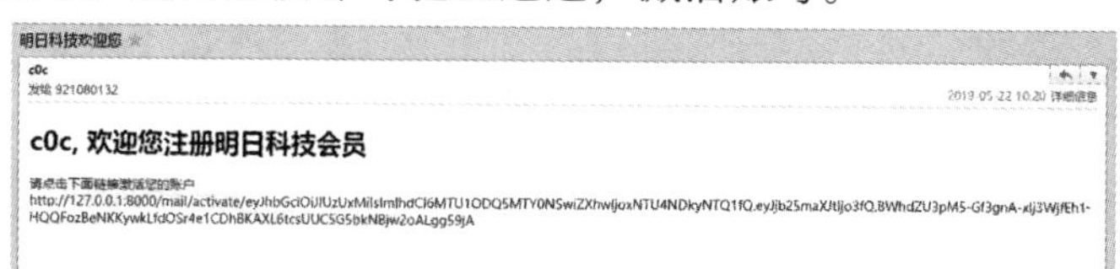

图 21.6 异步发送的验证邮件

21.5 关键技术

本案例的关键技术就是通过 Celery 发送邮件，使用方法如下：

```
01 os.environ.setdefault('DJANGO_SETTINGS_MODULE', 'djangoweb.settings')
02 django.setup()
03
04 # 创建实例对象
05 # 第一个 parameter： 可随意命名，但一般为本文件所在路径
06 # broker： 指定中间人，斜杠后为指定第几个数据库
07 app = Celery('celery_execute_task.sendmail', broker='redis://localhost:6379/3')
08
09 # 定义任务函数
10 @app.task
11 def send_activate_email(to_email, username, token):
12     """ 发送激活邮件 """
13
14     # 组织邮件信息
15     subject = ' 明日科技欢迎您 '
16     message = ''
17     sender = settings.EMAIL_FROM
18     receiver = [to_email]
19     html_message = '<h1>%s, 欢迎您注册明日科技会员 </h1> 请点击下面链接激活您的账户 <br/><a href="http://127.0.0.1:8000/mail/activate/%s">http://127.0.0.1:8000/mail/activate/%s</a>' % (username, token, token)
20
21     send_mail(subject, message, sender, receiver, html_message=html_message)
```

小结

通过本案例的学习，能够使读者了解使用 Python 发送邮件、使用 Celery 执行异步任务、使用 Redis 和 MySQL 等相关技术。几乎所有的大中小网站对新注册的用户都会要求绑定邮箱，一方面可以大大提高账户的安全性，另一方面也可以给用户推送相关的订阅信息，因此通过程序发送验证邮件就显得尤为重要，而通过执行异步任务可以大大减少占用服务器的资源。

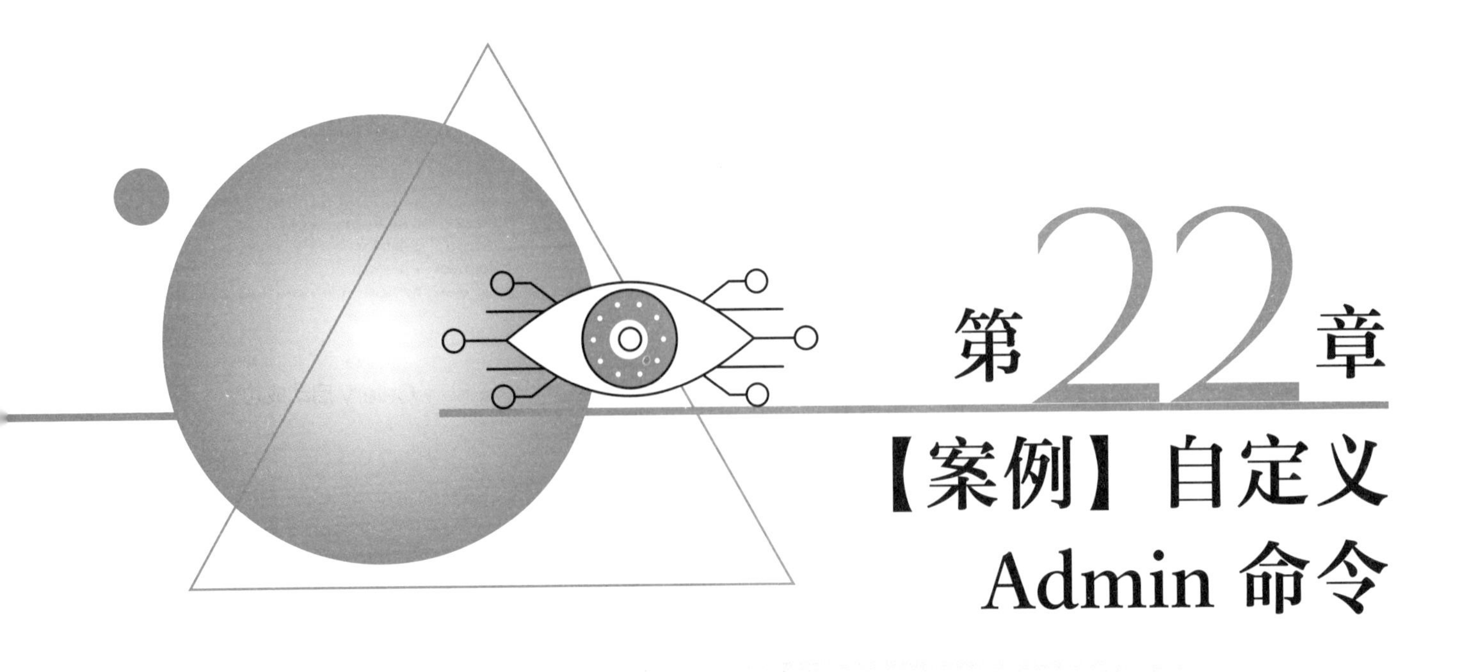

第22章 【案例】自定义 Admin 命令

尽管 Django 框架提供了大量的管理命令和接口，但这些命令与接口都是通用的，很难实现某一特定的业务需求，此时就可以自定义 Django 的 Admin 命令。

自定义的管理命令对于独立脚本非常有用，特别是那些使用 Linux 的 crontab 服务，或者 Windows 的调度任务执行的脚本。例如：有个需求，需要定时清空某篇文章下面的评论，其中一种解决方案就是写一个 django-admin 命令，再写一个运行该命令的独立脚本，最后通过 crontab 服务，定时执行该脚本。并且还可以在项目中配置项目日志，以便于快速排查出错误所在。

22.1 案例效果预览

如图 22.1 所示为自定义命令成功效果，图 22.2 为项目日志。

```
2019-05-24 12:54:24,706 [MainThread:16156 prototype] [django.db.backends:110 prototype] [utils:execute] [DEBUG]- (0.014) U
PDATE `mail_user` SET `password` = 'pbkdf2_sha256$150000$sKMRDZgilHRd$w91t71r9oDypjzizs6kNgnb+BaRBcXIai/mT1T5vMnM=', `last
_login` = NULL, `is_superuser` = 0, `username` = '5588', `first_name` = '', `last_name` = '', `email` = '45621@4156.com',
`is_staff` = 0, `is_active` = 0, `date_joined` = '2019-05-20 07:16:41.244235', `create_time` = '2019-05-20 07:16:41.357171
', `update_time` = '2019-05-20 07:16:41.357171', `is_delete` = '2019-05-20 07:16:41.358169', `phone` = '15988587756' WHERE
 `mail_user`.`id` = 1; args=('pbkdf2_sha256$150000$sKMRDZgilHRd$w91t71r9oDypjzizs6kNgnb+BaRBcXIai/mT1T5vMnM=', False, '558
8', '', '', '45621@4156.com', False, False, '2019-05-20 07:16:41.244235', '2019-05-20 07:16:41.357171', '2019-05-20 07:16:
41.357171', '2019-05-20 07:16:41.358169', '15988587756', 1)
Successfully change user activation status to false "1"
```

图 22.1　自定义命令成功

22.2 案例准备

本系统的软件开发及运行环境具体如下：

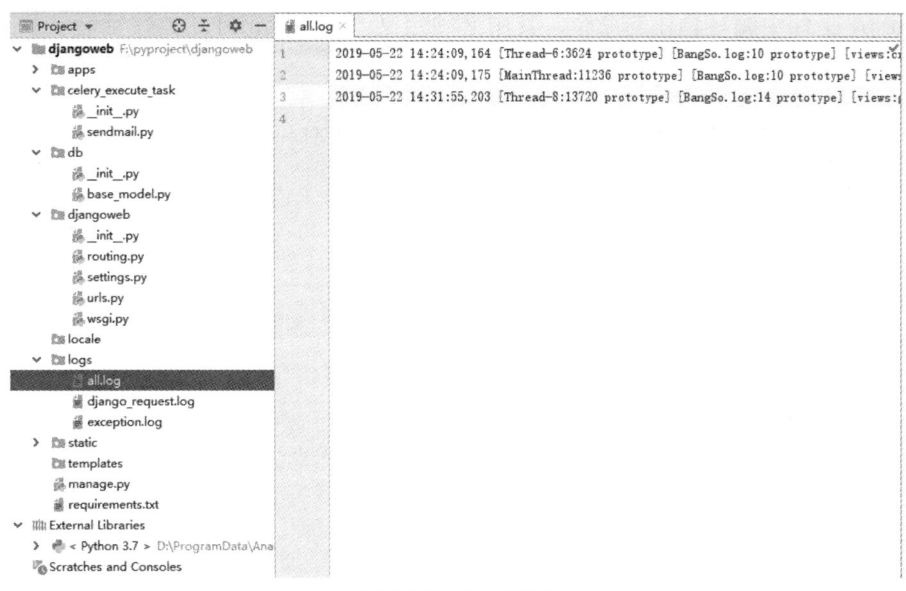

图 22.2　项目日志

- 操作系统：Windows 7 或 Windows 10。
- 语言：Python 3.7。
- 开发环境：PyCharm。
- 第三方模块：Django。

22.3　业务流程

在使用 Django 框架自定义 Admin 命令前，需要先了解实现该业务的主要流程，根据该需求设计出如图 22.3 所示的业务流程图。

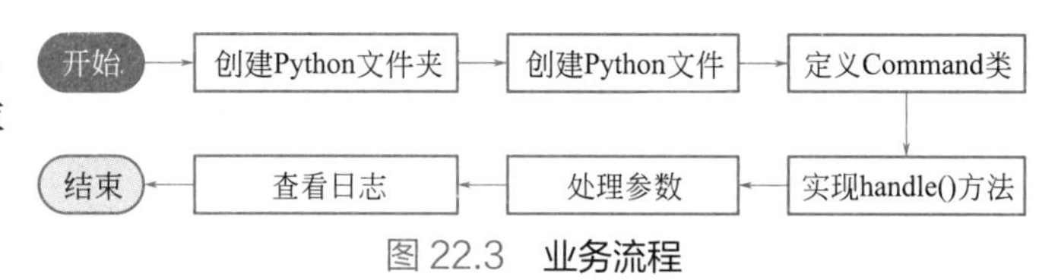

图 22.3　业务流程

22.4　实现过程

在需要自定义命令的应用下面创建一个名为“management”的 Python 文件夹，在刚创建的文件夹 management 下再次创建一个名为 commands 的 Python 文件夹，目录应如下所示：

```
apps/cscom(应用名称)/management/commands
```

在 commands 下创建两个 Python 文件，分别是 _private.py 和 deactivate.py，这里要注意，由于 _private.py 以下划线开头，将不能用作管理命令去使用，并且要保证 management 和 commands 两个文件夹都有 __init__.py 文件（该文件内没有任何代码，创建 Python 文件夹时使用“Python Package”自动生成），否则将不能检测到自定义的命令。

22.4.1　定义命令

本案例结构如图 22.4 所示。

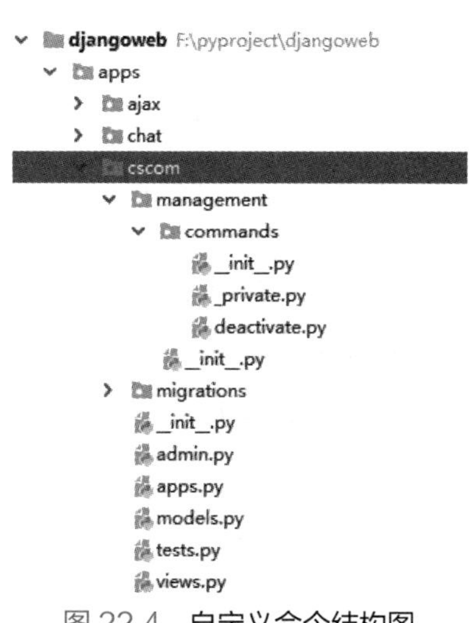

图 22.4　自定义命令结构图

在 deactivate.py 文件中编写具体的命令，其中必须定义一个 Command 类并且继承 BaseCommand 类或其子类。详细代码如下：

```
01 from django.core.management.base import BaseCommand, CommandError
02 from apps.mail.models import User
03 class Command(BaseCommand):
04     help = '更改用户激活状态为 False'
05     def add_arguments(self, parser):
06         parser.add_argument('user_id', nargs='+', type=int)
07 
08     def handle(self, *args, **options):
09         for user_id in options['user_id']:
10             try:
11                 user = User.objects.get(id=user_id)
12             except User.DoesNotExist:
13                 raise CommandError('User "%s" does not exist' % user_id)
14             # 更改用户的激活状态
15             user.is_active = False
16             user.save()
17             self.stdout.write(self.style.SUCCESS('Successfully change user activation status to false "%s"' % user_id))
```

每一个自定义的命令，都要自己实现 handle() 方法，这个方法是命令的核心业务处理代码，命令功能要通过它来实现。而 add_arguments() 则用于帮助处理命令行的参数，如果没有参数，可以不写这个方法。

在使用管理命令并希望提供控制台输出时，应该写到 self.stdout 和 self.stderr 中，而不能直接打印到 stdout 和 stderr 中。另外，不需要在消息的末尾加上换行符，它会被自动添加，除非指定 ending 参数：self.stdout.write("Unterminated line", ending='')

接下来就可以在控制台通过 python manage.py 自定义命令使需要传入的参数来执行命令（如 python manage.py deactivate 1 命令就可将用户置为未激活状态）。运行成功后如图 22.5 所示。

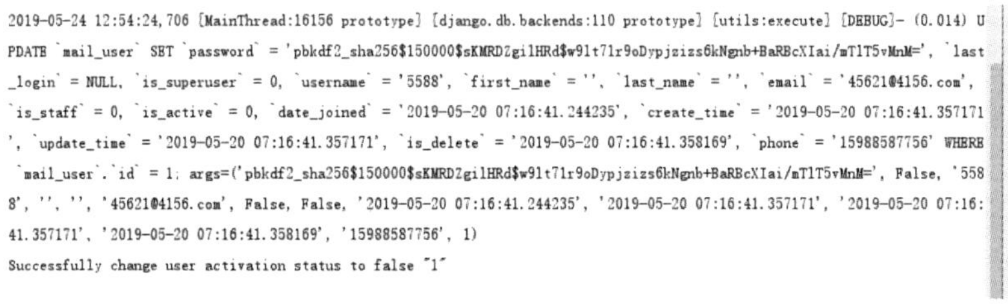

```
2019-05-24 12:54:24,706 [MainThread:16156 prototype] [django.db.backends:110 prototype] [utils:execute] [DEBUG]- (0.014) UPDATE `mail_user` SET `password` = 'pbkdf2_sha256$150000$sKMRDZgilHRd$w91t71r9oDypjzizs6kNgnb+BaRBcXIai/mT1T5vMnM=', `last_login` = NULL, `is_superuser` = 0, `username` = '5588', `first_name` = '', `last_name` = '', `email` = '45621@4156.com', `is_staff` = 0, `is_active` = 0, `date_joined` = '2019-05-20 07:16:41.244235', `create_time` = '2019-05-20 07:16:41.357171', `update_time` = '2019-05-20 07:16:41.357171', `is_delete` = '2019-05-20 07:16:41.358169', `phone` = '15988587756' WHERE `mail_user`.`id` = 1; args=('pbkdf2_sha256$150000$sKMRDZgilHRd$w91t71r9oDypjzizs6kNgnb+BaRBcXIai/mT1T5vMnM=', False, '5588', '', '', '45621@4156.com', False, False, '2019-05-20 07:16:41.244235', '2019-05-20 07:16:41.357171', '2019-05-20 07:16:41.357171', '2019-05-20 07:16:41.358169', '15988587756', 1)
Successfully change user activation status to false "1"
```

图 22.5　自定义命令成功

22.4.2　项目日志

一般 Python logging 配置由下面四个部分组成：logger、Handler、Filter、Formatter：

- logger 是日志系统的入口，每个 logger 都是命名了的容器，消息写入容器以便进一步处理。
- Handler 是决定如何处理 logger 中每一条消息的引擎。
- Filter 是执行日志，记录从 logger 传到处理程序的过程中额外的控制。
- Formatter 描述了文本的格式，以便最终呈现。

在项目的 settings.py 中，进行主要的配置，具体代码如下：

```
01 if os.path.exists(os.path.join(BASE_DIR, 'logs')) is False:
02     os.mkdir(os.path.join(BASE_DIR, 'logs'))
03 # logs 目录绝对路径
04 LOGS_ROOT = os.path.join(BASE_DIR, 'logs')
05 # 默认情况下，LOGGING 设置与 Django 的默认 logging 配置进行合并
06 LOGGING = {
07     'version': 1,  # 唯一的 dictConfig 格式版本。
08     'disable_existing_loggers': False,  # 重新定义部分或所有的默认 loggers
09     # 定义两个格式化程序
10     # asctime 时间、threadName 线程名称、thread 线程号、name 记录器 (loggers) 的名称、lineno 异常行号
11     # module 执行日志记录调用的模块名称、funcName 执行日志记录调用的函数名称、levelname 日志记录级别的文本名称、message 日志消息
```

```
12      'formatters': {
13          'standard': {
14              'format': '%(asctime)s [%(threadName)s:%(thread)s prototype] [%(name)s:%(lineno)s prototype]
[%(module)s:%(funcName)s] [%(levelname)s]- %(message)s'
15          },
16          'simple': {
17              'format': '%(asctime)s [%(threadName)s:%(thread)s prototype] [%(name)s:%(lineno)s prototype]
[%(levelname)s]- %(message)s'
18          }
19      },
20      # 定义过滤器
21      'filters': {
22          'require_debug_false': {
23              '()': 'django.utils.log.RequireDebugFalse'   # 其传递记录时 DEBUG 是 False
24          }
25      },
26      # 定义处理程序
27      'handlers': {
28          'mail_admins': {
29              'level': 'ERROR',
30              'filters': ['require_debug_false'],
31              'class': 'django.utils.log.AdminEmailHandler'
32          },
33          'default': {
34              'level': 'DEBUG',  # 日志级别
35              'class': 'logging.handlers.RotatingFileHandler',  # 输出到文件
36              'filename': os.path.join(LOGS_ROOT, 'all.log'),  # 日志文件，请确保修改 'filename' 路径为运行 Django
应用的用户有权限写入的一个位置
37              'maxBytes': 1024 * 1024 * 5,  # 5 MB 文件大小
38              'backupCount': 60,  # 备份份数
39              'formatter': 'standard',  # 使用哪种日志格式
40          },
41          'console': {
42              'level': 'DEBUG',  # 日志级别
43              'class': 'logging.StreamHandler',  # 输出到控制台
44              'formatter': 'standard',  # 使用哪种日志格式
45          },
46          'request_handler': {
47              'level': 'DEBUG',  # 日志级别
48              'class': 'logging.handlers.RotatingFileHandler',  # 输出到文件
49              'filename': os.path.join(LOGS_ROOT, 'django_request.log'),  # 日志文件
50              'maxBytes': 1024 * 1024 * 5,  # 5MB 文件大小
51              'backupCount': 60,  # 备份份数
52              'formatter': 'standard',  # 使用哪种日志格式
53          },
54          'exception_handler': {
55              'level': 'DEBUG',  # 日志级别
56              'class': 'logging.handlers.RotatingFileHandler',  # 输出到文件
57              'filename': os.path.join(LOGS_ROOT, 'exception.log'),  # 日志文件
58              'maxBytes': 1024 * 1024 * 5,  # 5MB 文件大小
59              'backupCount': 60,  # 备份份数
60              'formatter': 'standard',  # 使用哪种日志格式
61          },
62      },
63      # 配置记录器
64      # Logger 为日志系统的入口。每个 logger 是一个容器，可以向它写入需要处理的消息，可以配置用哪种 handlers 来处理日志
65      'loggers': {
66          'django': {
67              'handlers': ['console'],  # 日志处理器，将所有消息传递给 console 处理程序
68              'level': 'DEBUG',  # 记录器级别
69              'propagate': False  # 是否向上传播，写入的日志消息将不会被 django 记录器处理
70          },
71          # log app 专用
72          'log.log': {
```

```
73              'handlers': ['default', 'console'],
74              'level': 'DEBUG',
75              'propagate': True
76          },
77          'django.request': {
78              'handlers': ['request_handler'],
79              'level': 'INFO',
80              'propagate': False
81          },
82          'exception': {
83              'handlers': ['exception_handler'],
84              'level': 'ERROR',
85              'propagate': False
86          },
87      }
88  }
```

配置完成之后，如果可以成功启动项目，则可以马上发起调用。logger 实例包含了每种默认日志级别的入口方法，例如：logger.debug()、logger.info()、logger.warning()、logger.error()、logger.critical()、logger.log()、logger.exception()。

接下来在 views.py 中就可以发起调用，具体代码如下：

```
01 import logging
02 from django.shortcuts import render, HttpResponse
03 from django.views.generic import View
04 # Create your views here.
05 # 为 logger 命名
06 logger = logging.getLogger('log.log')
07 class CreateLog(View):
08     """ 日志配置 Demo"""
09     def get(self, request):
10         # 发起调用
11         logger.error('Something went wrong!')
12         return HttpResponse('c0c')
```

运行程序，访问 http://127.0.0.1:8000/log/create/ 即可看到控制台输出日志信息，并且项目目录下的 log 文件夹生成了日志信息，如图 22.6 所示。

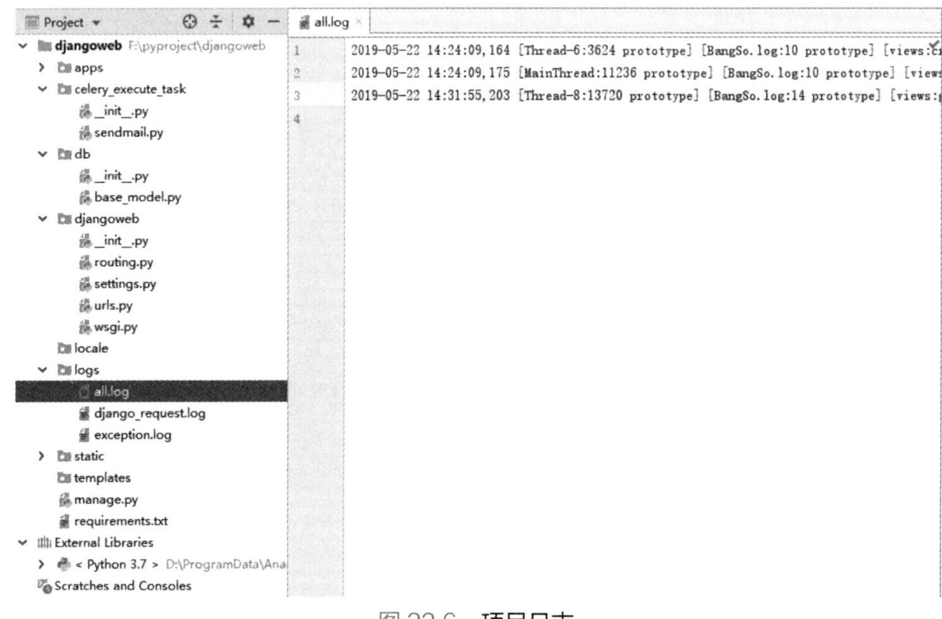

图 22.6 项目日志

22.5 关键技术

在自定义 Admin 命令时，必须定义一个 Command 类并且继承 BaseCommand 类或其子类。且每一个自定义的命令，都要实现 handle() 方法，这个方法是命令的核心业务处理代码，如果需要在命令中传递参数，可以借助 add_arguments() 方法来实现。关键代码如下：

```
01 from django.core.management.base import BaseCommand, CommandError
02 from apps.mail.models import User
03 class Command(BaseCommand):
04
05     def add_arguments(self, parser):
06         parser.add_argument('user_id', nargs='+', type=int)
07
08     def handle(self, *args, **options):
09         pass
10             self.stdout.write(self.style.SUCCESS('Successfully))
```

小结

通过本案例的学习，能够使读者了解到在项目开发完成后，如何自定义 Admin 管理命令以及项目日志的配置。通过自定义管理命令，可以更加便捷地管理 Linux 的 crontab 服务或 Windows 的调度任务。基本所有项目都会进行日志的配置，在项目上线后，如果生产环境报错，开发人员可通过日志快速定位错误所在，并及时修改该漏洞与恢复数据，将损失降到最低。

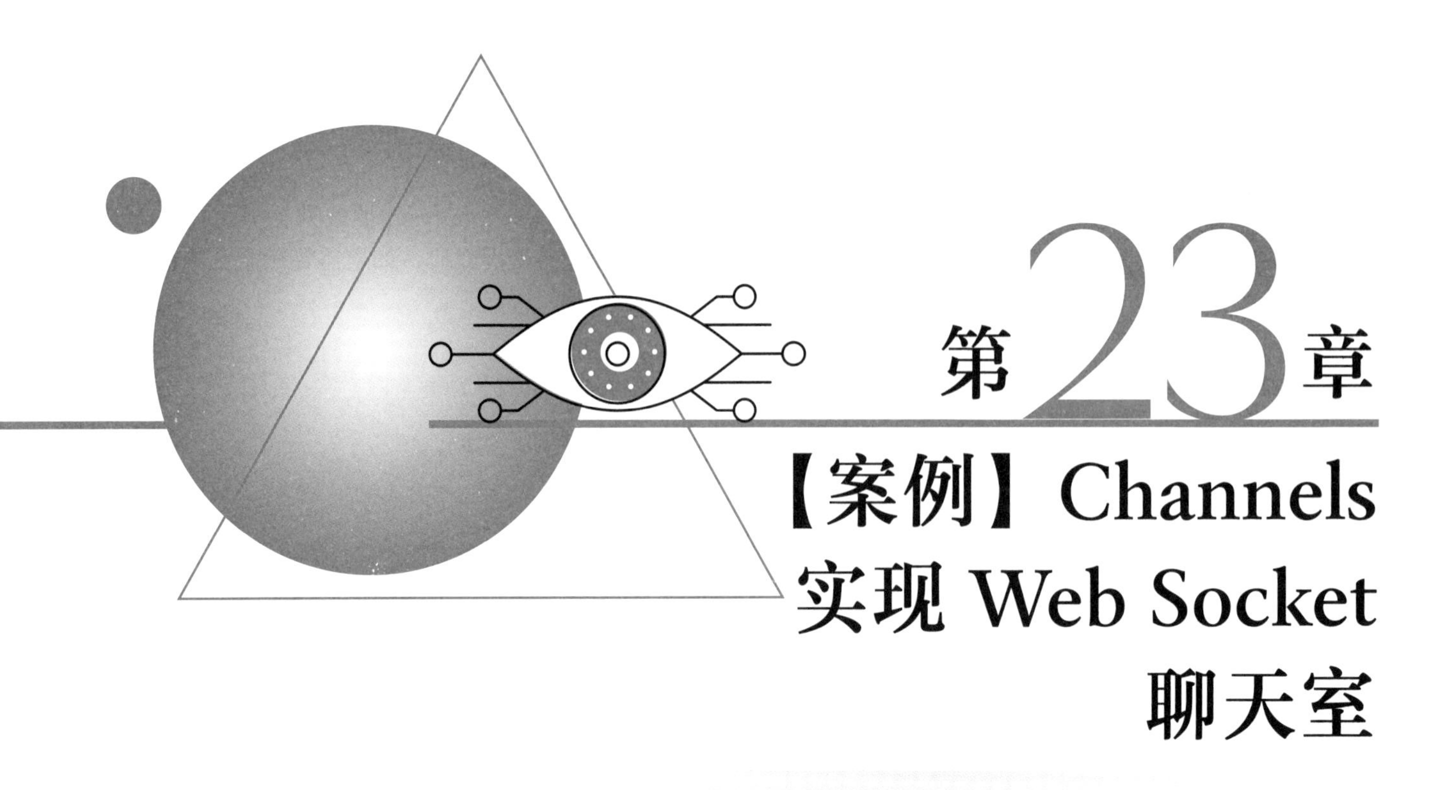

第23章 【案例】Channels 实现 Web Socket 聊天室

传统的 HTTP 协议已经很难满足 Web 应用日益复杂的需求。随着 HTML5 的诞生，Socket 协议被提出，它实现了浏览器与服务器的全双工通信，即通信的双方可以同时发送和接收信息的信息交互方式。

那么在 Django 中该如何实现服务端主动向客户端发送数据呢？或许你会想到 WebSocket，但在 Django 中不支持 WebSocket 的方式，只有 dwebsocket，但是它已经不再维护了。如果服务器足够优秀的话，可以选择通过 Ajax 不断地发送请求。如果这些都没有，则可以试试 Channels。

23.1 案例效果预览

如图 23.1 所示为 Channels 聊天室。

人生苦短
我用Python
明日科技

Send

图 23.1 Channels 聊天室

23.2 案例准备

本系统的软件开发及运行环境具体如下：

- 操作系统：Windows 7 或 Windows 10。
- 语言：Python 3.7。
- 开发环境：PyCharm。
- 第三方模块：Django、Channels_redis 、Channels。

23.3 业务流程

在使用 Channels 实现 Web Socket 聊天室前，需要先了解实现该业务的主要流程，根据该需求设计出如图 23.2 所示的业务流程图。

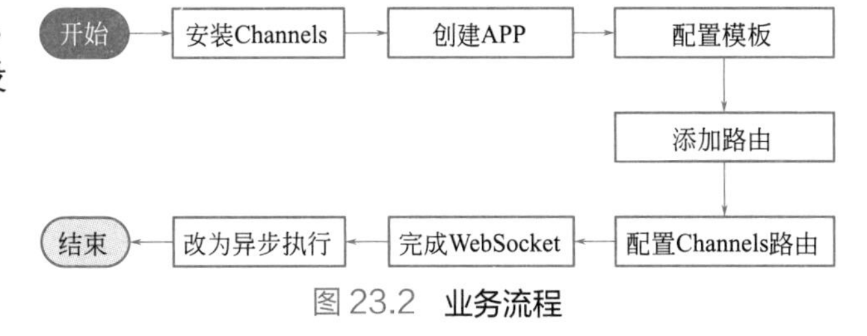

图 23.2 业务流程

23.4 实现过程

23.4.1 安装 Channels

由于本案例需要修改和生成的文件较多，先给出项目结构图和 settings.py 的配置，如图 23.3 所示。

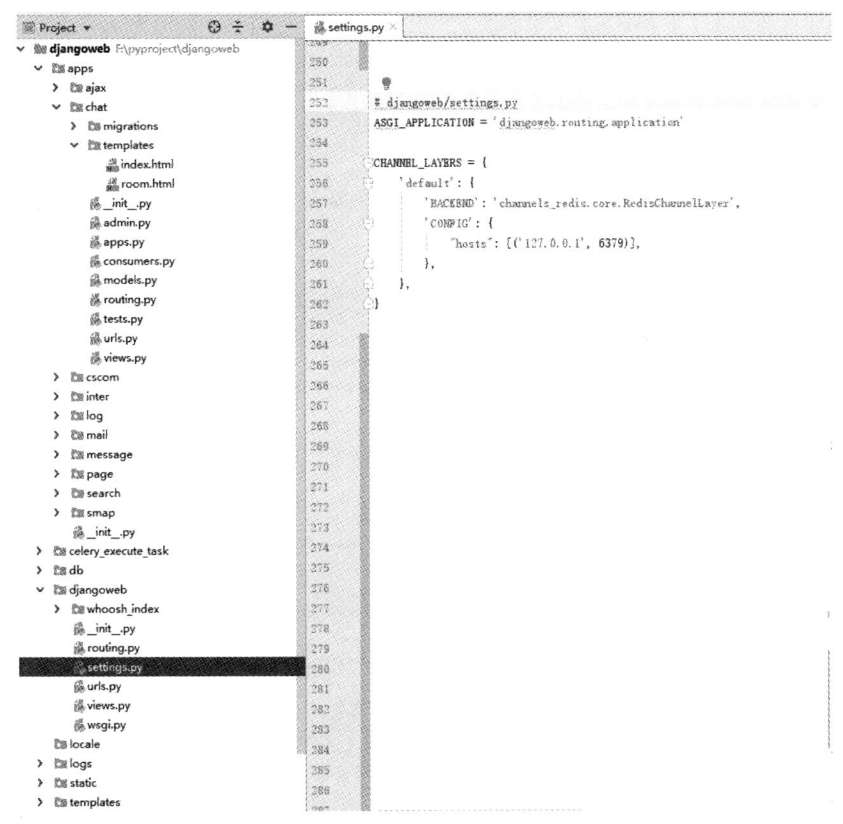

图 23.3 Channels 结构图

通过以下命令来安装最新版的 Channels：

```
pip install -U channels
```

这里要注意 Channels2.0 仅支持 Python3.5+ 和 Django1.11+，接下来通过以下命令安装 Channels_redis：

```
pip install channels_redis
```

23.4.2 创建 APP

随后在 apps 文件夹下下创建 chat 模块，在 settings.py 文件中注册 chat 模块，具体代码如下。


```
01 INSTALLED_APPS = [
02     'django.contrib.admin',
03     'django.contrib.auth',
04     'django.contrib.contenttypes',
05     'django.contrib.sessions',
06     'django.contrib.messages',
07     'django.contrib.staticfiles',
08     'apps.mail',          # 邮件验证模块
09     'apps.log',           # 日志配置模块
10     'apps.chat',          # 实时聊天模块
11 ]
```

23.4.3 配置模板

在 chat 模块下新建一个名为 templates 的目录，用来存放 HTML 文件，在刚建好的 templates 文件夹中新建一个 index.html 的索引视图模板文件。具体代码如下：

```
01 <!DOCTYPE html>
02 <html>
03 <head>
04     <meta charset="utf-8"/>
05     <title>Chat Rooms</title>
06 </head>
07 <body>
08     What chat room would you like to enter?<br/>
09     <input id="room-name-input" type="text" size="100"/><br/>
10     <input id="room-name-submit" type="button" value="Enter"/>
11 
12     <script>
13         document.querySelector('#room-name-input').focus();
14         document.querySelector('#room-name-input').onkeyup = function(e) {
15             if (e.keyCode === 13) {  // enter, return
16                 document.querySelector('#room-name-submit').click();
17             }
18         };
19 
20         document.querySelector('#room-name-submit').onclick = function(e) {
21             var roomName = document.querySelector('#room-name-input').value;
22             window.location.pathname = '/chat/' + roomName + '/';
23         };
24     </script>
25 </body>
26 </html>
```

为显示 index.html，还需在 chat/views.py 中添加如下代码：

```
01 from django.shortcuts import render
02 def index(request):
03     return render(request, 'index.html', {})
```

23.4.4 添加路由

为调用上面的视图函数，还需为它配置路由信息。在 chat 下创建 urls.py 文件，具体代码如下：

```
01 from django.urls import re_path
02 from . import views
03 urlpatterns = [
04     re_path(r'^$', views.index, name='index'),
05 ]
```

接下来将 URLconf 指向 chat.urls 模块。在 djangoweb 下的 urls.py 文件中添加一个导入，具体代码如下：

```
01 from django.contrib import admin
02 from django.urls import path, include
03 urlpatterns = [
04     path('admin/', admin.site.urls),
05     path('chat/', include(('apps.chat.urls', 'apps.chat'), namespace='chat')),  # 实时聊天模块
06 ]
```

配置完成后，可以启动项目，查看索引视图是否有效。在浏览器中输入 http://127.0.0.1:8000/chat/，会看到一个“What chat room would you like to enter?” Input 输入框，接下来输入房间名称，按 Enter 键即可进入对应的聊天室。

23.4.5 配置 Channels 路由

配置 Channels 的空路由，在 djangoweb 下创建一个 routing.py 文件，具体代码如下：

```
01 # djangoweb/routing.py
02 from channels.auth import AuthMiddlewareStack
03 from channels.routing import ProtocolTypeRouter, URLRouter
04 import apps.chat.routing
05
06 application = ProtocolTypeRouter({
07     # (http->django views is added by default)
08 })
```

在 settings.py 中注册 channels，并且将根路由配置指向 channels，具体代码如下：

```
01 INSTALLED_APPS = [
02     'django.contrib.admin',
03     'django.contrib.auth',
04     'django.contrib.contenttypes',
05     'django.contrib.sessions',
06     'django.contrib.messages',
07     'django.contrib.staticfiles',
08     'apps.mail',            # 邮件验证模块
09     'apps.log',   # 日志配置模块
10     'apps.chat',            # 实时聊天模块
11     'channels',
12 ]
13 # 注意替换自己项目的名称
14 WSGI_APPLICATION = 'djangoweb.wsgi.application'
```

在 chat 模块下的 templates 文件夹中创建 room.html 房间视图模板文件，具体代码如下所示：

```
01 <!DOCTYPE html>
02 <html>
03 <head>
04 <meta charset="utf-8"/>
05     <title>Chat Room</title>
```

```
06 </head>
07 <body>
08     <textarea id="chat-log" cols="100" rows="20"></textarea><br/>
09     <input id="chat-message-input" type="text" size="100"/><br/>
10     <input id="chat-message-submit" type="button" value="Send"/>
11 </body>
12 <script>
13     var roomName = {{ room_name_json }};
14
15     var chatSocket = new WebSocket(
16         'ws://' + window.location.host +
17         '/ws/chat/' + roomName + '/');
18
19     chatSocket.onmessage = function(e) {
20         var data = JSON.parse(e.data);
21         var message = data['message'];
22         document.querySelector('#chat-log').value += (message + '\n');
23     };
24
25     chatSocket.onclose = function(e) {
26         console.error('Chat socket closed unexpectedly');
27     };
28
29     document.querySelector('#chat-message-input').focus();
30     document.querySelector('#chat-message-input').onkeyup = function(e) {
31         if (e.keyCode === 13) {  // enter, return
32             document.querySelector('#chat-message-submit').click();
33         }
34     };
35
36     document.querySelector('#chat-message-submit').onclick = function(e) {
37         var messageInputDom = document.querySelector('#chat-message-input');
38         var message = messageInputDom.value;
39         chatSocket.send(JSON.stringify({
40             'message': message
41         }));
42
43         messageInputDom.value = '';
44     };
45 </script>
46 </html>
```

在 chat/views.py 中添加一个处理视图的功能，具体代码如下所示：

```
01 from django.shortcuts import render
02 # mark_safe 标记后 django 将不再对该函数的内容进行转义
03 from django.utils.safestring import mark_safe
04 import json
05 def index(request):
06     return render(request, 'index.html', {})
07 def room(request, room_name):
08     return render(request, 'room.html', {
09         'room_name_json': mark_safe(json.dumps(room_name))
10     })
```

在 chat/urls.py 中添加一个视图路径，具体代码如下：

```
01 from django.urls import re_path
02 from . import views
03 urlpatterns = [
04     re_path(r'^$', views.index, name='index'),
05     re_path(r'^(?P<room_name>[^/]+)/$', views.room, name='room'),
06 ]
```

23.4.6 完成 WebSocket

接下来还需配置接收路径上的 WebSocket 连接的消费者。在 chat 模块下创建一个新文件 consumers.py，具体代码如下：

```
01 # chat/consumers.py
02 from channels.generic.websocket import AsyncWebsocketConsumer
03 import json
04
05 class ChatConsumer(AsyncWebsocketConsumer):
06     def connect(self):
07         self.accept()
08
09     def disconnect(self, close_code):
10         Pass
11
12     def receive(self, text_data):
13         text_data_json = json.loads(text_data)
14         message = text_data_json['message']
15         # 发送信息到 WebSocket
16         await self.send(text_data=json.dumps({
17             'message': message
18         }))
```

此时，这是一个同步的 WebSocket，它并不会向进入同一个房间内的其他客户端传递你发送在房间内的消息，只能显示自己发出的信息。

23.4.7 升级为异步执行

在 chat 模块下创建 routing.py 文件，具体代码如下：

```
01 # chat/routing.py
02 from django.urls import re_path
03 from . import consumers
04 websocket_urlpatterns = [
05     re_path(r'^ws/chat/(?P<room_name>[^/]+)/$', consumers.ChatConsumer),
06 ]
```

在 djangoweb 下 routing.py 中 ProtocolTypeRouter 列表中插入一个键，将根路由配置指向 chat.routing 模块，具体代码如下：

```
01 # djangoweb/routing.py
02 from channels.auth import AuthMiddlewareStack
03 from channels.routing import ProtocolTypeRouter, URLRouter
04 import apps.chat.routing
05
06 application = ProtocolTypeRouter({
07     # (http->django views is added by default)
08     'websocket': AuthMiddlewareStack(
09         URLRouter(
10             apps.chat.routing.websocket_urlpatterns
11         )
12     ),
13 })
```

接下来需要让多个相同的 ChatConsumer 能够相互通信，请确保已安装好 Redis 并启动，编辑 settings.py 文件，具体代码如下：

```
01 # djangoweb/settings.py
02 ASGI_APPLICATION = 'djangoweb.routing.application'
```

```
03
04 CHANNEL_LAYERS = {
05     'default': {
06         'BACKEND': 'channels_redis.core.RedisChannelLayer',
07         'CONFIG': {
08             "hosts": [('127.0.0.1', 6379)],
09         },
10     },
11 }
```

配置完成后，在 chat/consumers.py 中替换成如下代码：

```
01 # chat/consumers.py
02
03 from channels.generic.websocket import WebsocketConsumer
04 from asgiref.sync import async_to_sync
05 import json
06
07 class ChatConsumer(AsyncWebsocketConsumer):
08     def connect(self):
09         # 'room_name'从url路由中获取参数chat/routing.py，打开与消费者的WebSocket连接
10         # 每个使用者都有一个范围，其中包含有关其连接的信息
11         # 特别是包括url路由中的任何位置或关键字参数以及当前经过身份验证的用户
12         self.room_name = self.scope['url_route']['kwargs']['room_name']
13         # 直接从用户指定的房间名称构造Channels组名称，不进行任何引用或转义
14         # 组名只能包含字母，数字，连字符和句点
15         # 因此，此示例代码将在具有其他字符的房间名称上失败
16         self.room_group_name = 'chat_%s' % self.room_name
17
18         # 进入房间
19         async_to_sync (self.channel_layer.group_add) (
20             self.room_group_name,
21             self.channel_name
22         )
23         # 接受WebSocket连接
24         # 如果不在connect（）方法中调用accept（），则拒绝并关闭连接
25         # 如果您选择接受连接，建议将accept（）作为connect（）中的最后一个操作调用
26         self.accept()
27
28     def disconnect(self, close_code):
29         # 离开房间
30         async_to_sync (self.channel_layer.group_discard)(
31             self.room_group_name,
32             self.channel_name
33         )
34
35     # 从WebSocket接收信息
36     def receive(self, text_data):
37         text_data_json = json.loads(text_data)
38         message = text_data_json['message']
39
40         # 发送信息到房间
41         async_to_sync (self.channel_layer.group_send)(
42             self.room_group_name,
43             {
44                 'type': 'chat_message',
45                 'message': message
46             }
47         )
48
49     # 从房间接收信息
50     def chat_message(self, event):
51         message = event['message']
52
```

```
53          # 发送信息到 WebSocket
54          self.send(text_data=json.dumps({
55              'message': message
56          }))
```

当用户发布消息时，JavaScript 函数将通过 WebSocket 将消息传输到 ChatConsumer。ChatConsumer 将接收该消息并将它转发到与房间名称对应的组。然后，同一组中的每个 ChatConsumer（因为在同一个房间中）将接收来自该组的消息，并通过 WebSocket 将它转发回 JavaScript，并将它附加到聊天日志中。

到目前为止，ChatConsumer 为同步消费者，为了提供更高级别的性能，需要将它重写为异步，将下列代码替换到 chat/consumers.py 中：

```
01 # chat/consumers.py
02 from channels.generic.websocket import AsyncWebsocketConsumer
03 import json
04
05 class ChatConsumer(AsyncWebsocketConsumer):
06
07     async def connect(self):
08         # 'room_name' 从 url 路由中获取参数 chat/routing.py ，打开与消费者的 WebSocket 连接
09         # 每个使用者都有一个范围，其中包含有关其连接的信息
10         # 特别是包括 url 路由中的任何位置或关键字参数以及当前经过身份验证的用户
11         self.room_name = self.scope['url_route']['kwargs']['room_name']
12         # 直接从用户指定的房间名称构造 Channels 组名称，不进行任何引用或转义
13         # 组名只能包含字母，数字，连字符和句点
14         # 因此，此示例代码将在具有其他字符的房间名称上失败
15         self.room_group_name = 'chat_%s' % self.room_name
16
17         # 进入房间
18         await self.channel_layer.group_add(
19             self.room_group_name,
20             self.channel_name
21         )
22         # 接受 WebSocket 连接。
23         # 如果不在 connect () 方法中调用 accept ()，则拒绝并关闭连接
24         # 如果您选择接受连接，建议将 accept () 作为 connect () 中的最后一个操作调用
25         await self.accept()
26
27     async def disconnect(self, close_code):
28         # 离开房间
29         await self.channel_layer.group_discard(
30             self.room_group_name,
31             self.channel_name
32         )
33     # 从 WebSocket 接收信息
34     async def receive(self, text_data):
35         text_data_json = json.loads(text_data)
36         message = text_data_json['message']
37         # 发送信息到房间
38         await self.channel_layer.group_send(
39             self.room_group_name,
40             {
41                 'type': 'chat_message',
42                 'message': message
43             }
44         )
45     # 从房间接收信息
46     async def chat_message(self, event):
47         message = event['message']
48
49         # 发送信息到 WebSocket
50         await self.send(text_data=json.dumps({
51             'message': message
52         }))
```

至此，聊天服务器完全异步，开始启动项目，用浏览器打开 http://127.0.0.1:8000/chat/c0c/，出现如图 23.1 所示页面，邀请小伙伴加入实时聊天吧。

23.5 关键技术

本案例的主要技术为配置接收路径上 WebSocket 连接的消费者，关键代码如下：

```
01 # chat/consumers.py
02 from channels.generic.websocket import AsyncWebsocketConsumer
03 import json
04
05 class ChatConsumer(AsyncWebsocketConsumer):
06     def connect(self):
07         self.accept()
08
09     def disconnect(self, close_code):
10         Pass
11
12     def receive(self, text_data):
13         text_data_json = json.loads(text_data)
14         message = text_data_json['message']
15         # 发送信息到 WebSocket
16         await self.send(text_data=json.dumps({
17             'message': message
18         }))
```

完成此步后，就得到了一个同步的 WebSocket，它并不会向进入同一个房间内的其他客户端传递你发送在房间内的消息，只能显示自己发出的信息，所以后面只需编写异步的使用者来提高性能即可。

小结

通过本章案例的学习，能够使读者了解在不依赖 WebSocket 的情况下，使用 Channels 完成客户端与服务端的双向通信的技术。该功能非常实用，可以开发成一个匿名聊天类的网站或为点进网站的用户提供咨询与推销服务。

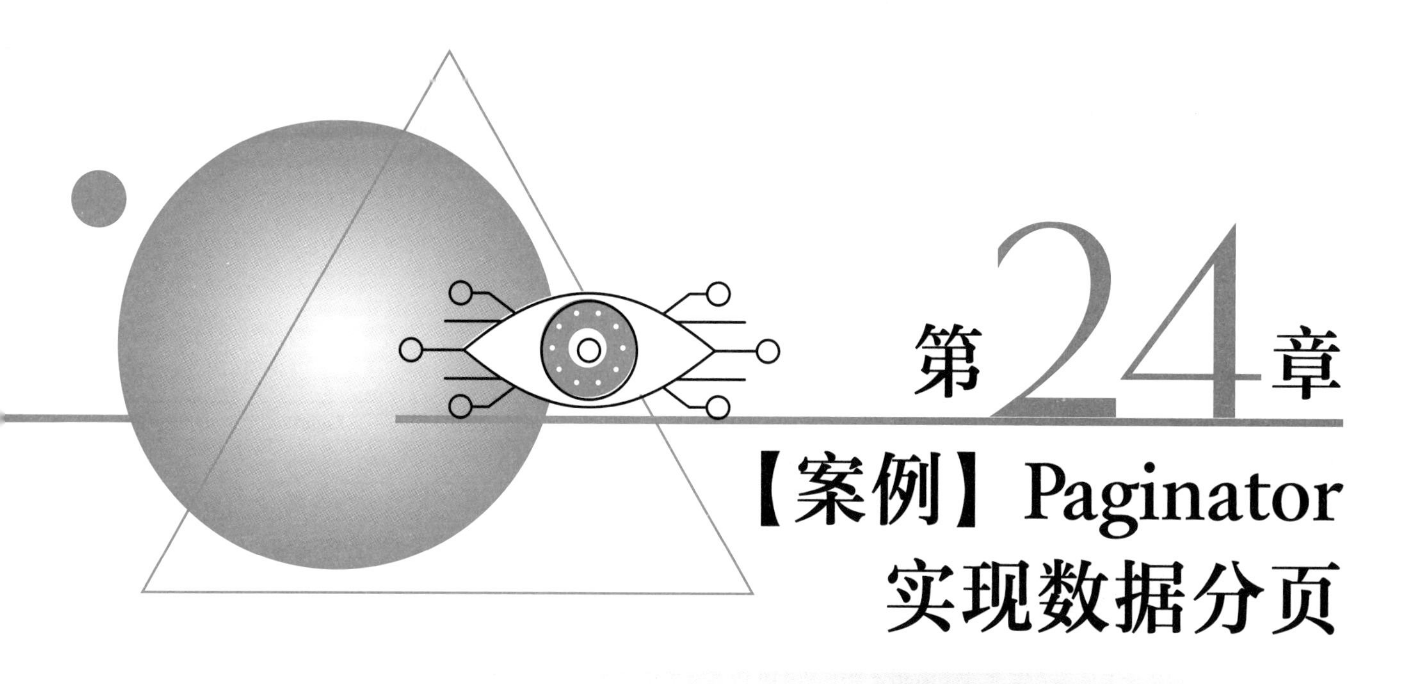

第24章 【案例】Paginator 实现数据分页

在浏览网站时，有些页面中的数据量非常大，如果在一个页面中显示所有的数据，浏览时是十分不方便的。为了避免这个问题，可以对这些数据进行分页显示，从而限制在一个页面中显示数据的条数。

24.1 案例效果预览

如图 24.1 ～图 24.3 所示分别为分页导航栏默认效果，第 4 页分页导航栏显示效果和最后一页分页导航栏显示效果。

图 24.1 分页导航栏默认效果（即第 1 页显示效果）

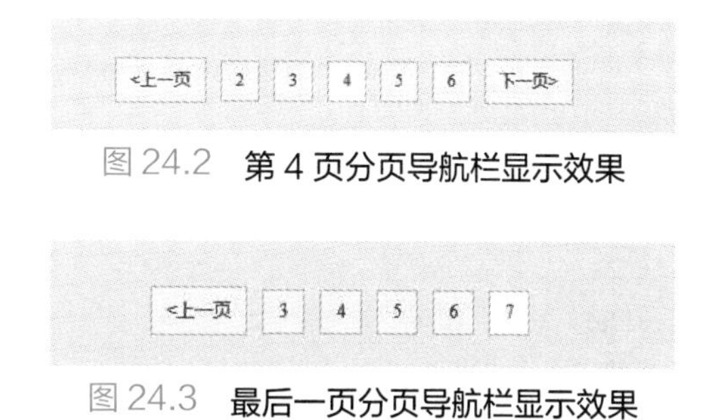

图 24.2 第 4 页分页导航栏显示效果

图 24.3 最后一页分页导航栏显示效果

24.2 案例准备

本系统的软件开发及运行环境具体如下:

- 操作系统：Windows 7 或 Windows 10。
- 语言：Python 3.7。
- 开发环境：PyCharm。
- 第三方模块：Django。

24.3 业务流程

在使用 Pagnitor 实现数据结果分页前，需要先了解实现该业务的主要流程，根据该需求设计出如图 24.4 所示的业务流程图。

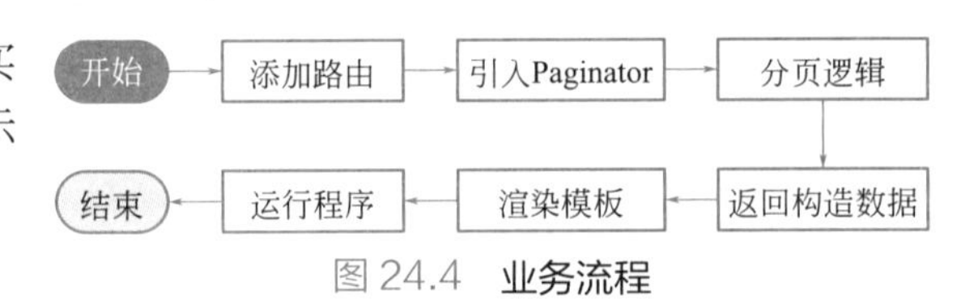

图 24.4 业务流程

24.4 实现过程

在 Django 框架中，提供了 Paginator 类，它可以管理分页数据，另外，前端框架 Bootstrap 还提供了一些通用的分页导航栏样式，所以结合这两项技术可以很好地实现分页展示数据的功能。

24.4.1 添加路由

urls.py 中匹配前端请求的地址与参数，如果请求地址中含有参数，推荐使用 re_path() 函数通过正则表达式来匹配，反之则用 path() 函数，其中关键代码如下：

```
01 # 传入当前页参数 page，参数名称要与 views.py 中的调用方法的参数名称保持一致
02 from django.urls import re_path
03
04 from apps.page.views import IndexView
05
06 urlpatterns = [
07     re_path(r'^index(?P<page>\d+)$', IndexView.as_view(), name='index'),  # 数据分页
08 ]
```

24.4.2 分页逻辑

views.py 中引入 Paginator 来实现对数据的分页，并处理分页具体的业务逻辑，关键代码如下：

```
01 # 调用方法 def get(self, request, page) 的参数 page 对应 urls.py 中的 page
02 from django.shortcuts import render
03 from django.views.generic import View
04 # 引入 Paginator
05 from django.core.paginator import Paginator
06
07 # 引入的模型，需根据需求变换
08 from apps.mail.models import User
09
10
11 class IndexView(View):
12     """ 数据分页显示 """
13
14     def get(self, request, page):
15         """ 分页显示 """
16
17         # 根据业务需求从数据库里查询出数据
18
```

```
19          shop_info = User.objects.all()
20          # 对数据进行分页
21          paginator = Paginator(shop_info, 1)  # 10 表示每页显示 10 条
22          # 获取第 page 页的内容，默认为第一页
23          try:
24              page = int(page)
25          except Exception as e:
26              page = 1
27
28          if page > paginator.num_pages:
29              page = 1
30          # 获取第 page 页的 Page 实例对象
31          shop_page = paginator.page(page)
32          # 进行页码的控制，页面上最多显示 5 个页码
33          # 1. 总页数小于 5 页，页面上显示所有页码
34          # 2. 如果当前页是前 3 页，显示 1~5 页
35          # 3. 如果当前页是后 3 页，显示后 5 页
36          # 4. 其他情况，显示顺序为当前页的前 2 页，当前页，当前页的后 2 页
37          num_pages = paginator.num_pages
38          if num_pages < 5:
39              pages = range(1, num_pages + 1)
40          elif page <= 3:
41              pages = range(1, 6)
42          elif num_pages - page <= 2:
43              pages = range(num_pages - 4, num_pages + 1)
44          else:
45              pages = range(page - 2, page + 3)
46
47          # 构造数据并返回
48          context = {'shop_page': shop_page, 'pages': pages}
49          return render(request, 'page.html', context)
```

24.4.3 渲染模板

HTML 模板中，通过 Bootstrap 渲染后端传递过来的数据，关键代码如下：

```
01 <!DOCTYPE html>
02 {% load staticfiles %}
03 <html lang="en">
04 <head>
05     <meta charset="UTF-8">
06     <title> 数据分页 </title>
07     {# 引入 Bootstrap 框架 #}
08 {#    <link rel="stylesheet" href="https://maxcdn.bootstrapcdn.com/bootstrap/4.0.0-beta/css/
bootstrap.min.css" integrity="sha384-/Y6pD6FV/Vv2HJnA6t+vslU6fwYXjCFtcEpHbNJ0lyAFsXTsjBbfaDjzALeQsN6M"
crossorigin="anonymous">#}
09 {#    <script src="https://maxcdn.bootstrapcdn.com/bootstrap/3.3.2/js/bootstrap.min.js"></script>#}
10     <link href="{% static 'css/inc.css' %}" rel="stylesheet" type="text/css">
11     {# 也可在自己项目的 main.css 中添加如下代码 #}
12 {#    #main .pagination{height:32px;text-align:center;font-size:0;margin:30px auto;}#}
13 {#    #main .pagination a{display:inline-block;border:1px solid #d2d2d2;background-color:#f8f6f7;font-
size:12px;padding:7px 10px;color:#666;margin:5px;}#}
14 {#    #main .pagination .active{background-color:#fff;color:#43a200;}#}
15 </head>
16 <body class="container">
17
18
19 {# 页码部分 #}
20 {#page 对象的属性和方法 #}
21 {#Page.object_list  包含当前页的所有对象列表 #}
22 {#Page.number       当前页的页码，从 1 开始 #}
23 {#Page.has_next()   是否有下一页，若有则返回 True#}
24 {#Page.has_previous()  是否有上一页，若有则返回 True#}
```

```
25 {#Page.has_other_pages()  是否有下一页或上一页，若有则返回 True#}
26 {#Page.next_page_number() 返回下一页的页码 #}
27 {#Page.previous_page_number() 返回上一页的页码 #}
28 {#Page.start_index()  返回当前页的第一个对象在所有对象列表中的序号 #}
29 {#Page.end_index()  返回当前页的最后一个对象在所有对象列表中的序号 #}
30
31 {# 在 ul 中遍历对象的时候记得要用已分页的数据即 shop_page#}
32 <ul>
33     {% for item in shop_page %}
34     <li>{{ item.id }}</li>
35     {% endfor shop_page %}
36 </ul>
37
38 <div class="pagenation">{# 该 div 写在刚刚遍历后的 ul 标签下方 #}
39    {%if shop_page.has_previous %}
40    {#page 代表的是项目 urls.py 中注册的模块名称，适当调整为自己的 #}
41    <a href="{% url 'page:index' shop_page.previous_page_number %}"> < 上一页 </a>
42    {% endif %}
43
44    {% for pindex in pages %}
45       {% if pindex == shop_page.number %}
46    <a href="{% url 'page:index' pindex %}" class="active">{{ pindex }}</a>
47       {% else %}
48    <a href="{% url 'page:index' pindex %}">{{ pindex }}</a>
49       {% endif %}
50    {% endfor %}
51
52    {% if shop_page.has_next %}
53    <a href="{% url 'page:index' shop_page.next_page_number %}"> 下一页 > </a>
54    {% endif %}
55 </div>
56 </body>
57 </html>
```

24.4.4 运行程序

运行程序，将显示如图 24.1 所示的分页导航栏；单击“4”按钮可以切换到第 4 页，分页导航栏显示效果如图 24.2 所示；切换到最后一页的分页导航栏显示效果如图 24.3 所示。

24.5 关键技术

本案例关键技术包括以下两点：

① 在 view.py 文件中获取分页内容，关键代码如下：

```
01 # 调用方法 def get(self, request, page) 的参数 page 对应 urls.py 中的 page
02 from django.shortcuts import render
03 from django.views.generic import View
04 # 引入 Paginator
05 from django.core.paginator import Paginator
06
07 # 引入的模型，需根据需求变换
08 from apps.mail.models import User
09
10
11 class IndexView(View):
12     """ 数据分页显示 """
13
14     def get(self, request, page):
15         """ 分页显示 """
```

```
16
17          # 根据业务需求从数据库里查询出数据
18
19          shop_info = User.objects.all()
20          # 对数据进行分页
21          paginator = Paginator(shop_info, 1)  # 10 表示每页显示 10 条
22          # 获取第 page 页的内容，默认为第一页
23          try:
24              page = int(page)
25          except Exception as e:
26              page = 1
27
28          if page > paginator.num_pages:
29              page = 1
30          # 获取第 page 页的 Page 实例对象
31          shop_page = paginator.page(page)
32          # 进行页码的控制，页面上最多显示 5 个页码
33          # 1. 总页数小于 5 页，页面上显示所有页码
34          # 2. 如果当前页是前 3 页，显示 1~5 页
35          # 3. 如果当前页是后 3 页，显示后 5 页
36          # 4. 其他情况，显示顺序为当前页的前 2 页，当前页，当前页的后 2 页
37          num_pages = paginator.num_pages
38          if num_pages < 5:
39              pages = range(1, num_pages + 1)
40          elif page <= 3:
41              pages = range(1, 6)
42          elif num_pages - page <= 2:
43              pages = range(num_pages - 4, num_pages + 1)
44          else:
45              pages = range(page - 2, page + 3)
46
47          # 构造数据并返回
48          context = {'shop_page': shop_page, 'pages': pages}
49          return render(request, 'page.html', context)
```

② 在前端将数据渲染出来，可使用 page 对象常用的一些属性和方法：

- Page.object_list：包含当前页的所有对象列表。
- Page.number：当前页的页码，从 1 开始。
- Page.has_next()：是否有下一页，若有则返回 True。
- Page.has_previous()：是否有上一页，若有则返回 True。
- Page.has_other_pages()：是否有下一页或上一页，若有则返回 True。
- Page.next_page_number()：返回下一页的页码。
- Page.previous_page_number()：返回上一页的页码。
- Page.start_index()：返回当前页的第一个对象在所有对象列表中的序号。
- Page.end_index()：返回当前页的最后一个对象在所有对象列表中的序号。

小结

通过本章案例的学习，能够使用 Paginator 类轻易地实现数据分页的需求。同时该类还提供了大量的 API 方法以便于自定义每页多少条内容，并且还有上 / 下一页等功能，但是该类默认的样式可能有些不太理想，因此可以借助 Bootstrap 前端框架来优化样式。

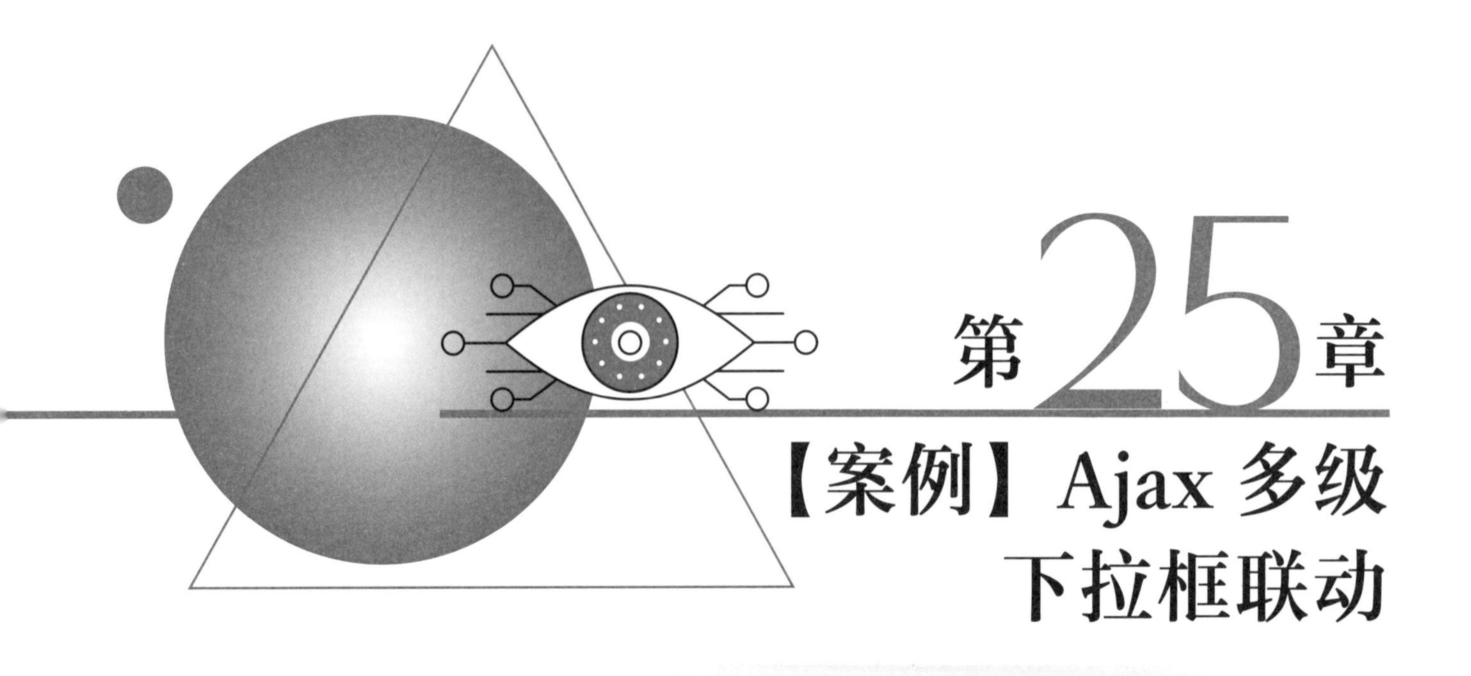

第25章 【案例】Ajax 多级下拉框联动

在 Web 开发中，通常会遇到在无须重新加载整个网页的情况下，能够更新部分网页的数据的需求，例如：实现省市二级下拉框的联动。

25.1 案例效果预览

如图 25.1 所示为下拉框联动效果图。

- 省份 吉林省
- 市 长春市

长春市
吉林市

图 25.1 下拉框联动

25.2 案例准备

本系统的软件开发及运行环境具体如下：

- 操作系统：Windows 7 或 Windows 10。
- 语言：Python 3.7。
- 开发环境：PyCharm。
- 第三方模块：Django。

25.3 业务流程

在使用 Ajax 实现多级下拉框联动前，需要先了解实现该业务的主要流程，根据该需求设计出如图 25.2 所示的业务流程图。

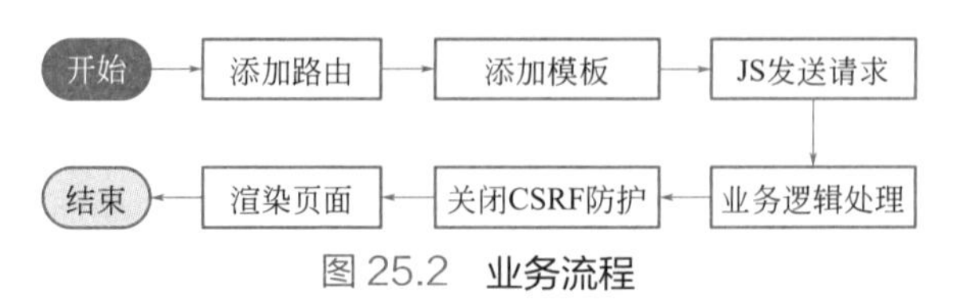

图 25.2 业务流程

25.4 实现过程

在实现下拉框多级联动时，基本思路如下：

① 初始化的时候加载一级菜单，绑定 select 的 change 事件，获取当前选中的选项 value。

② 触发 Ajax 去获取二级数据。

③ 将获取到的二级数据填充到二级 select 的 option 中，多级联动亦同理。

25.4.1 匹配路由

urls.py 文件中匹配请求地址，主要代码如下：

```
01 from django.urls import path
02 from . import views
03 urlpatterns = [
04     path('init/', views.init, name='init'),  # 初始加载一级菜单
05     path('type_detail', views.find_type, name='type_detail'),  # 具体类型
06 ]
```

25.4.2 添加模板

HTML 文件中通过发送请求，并处理传递回来的 json 数据，主要代码如下：

```
01 <!DOCTYPE html>
02 {% load staticfiles %}
03 <html lang="en">
04 <head>
05     <meta charset="UTF-8">
06     <title>Ajax</title>
07     <script src={% static 'js/jquery.min.js' %}></script>
08 </head>
09 <body>
10
11 {# 遍历一级菜单 #}
12 <li>
13    <span> 省份 </span>
14    <select name="bus_style" id="bus_style">
15         <option></option>
16         {% for item in type %}
17       <option value="{{item.id}}">{{item.name}}</option>
18         {% endfor %}
19    </select>
20 </li>
21
22 <li>
23    <span> 市 </span>
24     <select name="det_style" id="det_style"></select>
25 </li>
26 <script>
27 $("#bus_style").change(function(){
28    var type_id = $('#bus_style').val()
29    $.ajax({
30       url: '/ajax/type_detail',
31       data:{'type_id':type_id},
32       type: 'GET',
33       dataType: 'json',
34       success: function (data){
35          var content='';
36          $.each(data, function(i, item){
```

```
37              content+='<option value='+item.fields.id+'>'+item.fields.name+'</option>'
38          });
39          $('#det_style').html(content)
40      },
41    });
42 });
43 </script>
44
45 </body>
46 </html>
```

25.4.3 业务逻辑

在 views.py 中查询数据，并返回给前端页面，代码如下：

```
01 from django.shortcuts import HttpResponse, render
02 from django.core import serializers
03 from django.views.decorators.csrf import csrf_exempt
04 from apps.ajax.models import Type, TypeDetail
05 def init(request):
06     type = Type.objects.all()
07     return render(request, 'ajax.html', {'type': type})
08 def find_type(request):
09     """ 获取具体类型 """
10     # 获取传回来的数据
11     type_id = request.GET.get('type_id')
12     # 从数据库筛选出符合条件的数据，根据自己的需求更换
13     type_detail = TypeDetail.objects.filter(type_id=type_id)
14     # 将 queryset 转换成 json
15     shop_type_detail = serializers.serialize("json", type_detail)
16     return HttpResponse(shop_type_detail)
```

25.4.4 关闭 CSRF 防护

当 Ajax 为 POST 请求时，需要取消表单的 CSRF 防护功能（CSRF 防护在创建项目时默认开启）。

通常情况下，不建议直接删除 settings.py 中的 CsrfViewMiddleWare 来关闭整个网站的 CSRF 防护功能，而是通过在相应视图函数添加装饰器来实现，即 @csrf_exempt，代码如下：

```
01 from django.views.decorators.csrf import csrf_exempt
02 @csrf_exempt
03 def find_type(request):
04     type_id = request.GET.get('type_id')
05     shop_type_detail=serializers.serialize("json", TypeDetail.objects.filter(type_id=type_id))
06     return HttpResponse(shop_type_detail)
```

或者在请求参数时添加 csrftoken 信息，代码如下：

```
01 <script>
02 $("#bus_style").change(function(){
03
04     var csrf = $('input[name="csrfmiddlewaretoken"]').val();
05
06     var type_id = $('#bus_style').val()
07     $.ajax({
08         url: '/type_detail',
09         data:{'type_id':type_id,
10             'csrfmiddlewaretoken':csrf
11         },
```

```
12        type: 'GET',
13        dataType: 'json',
14        success: function (data){
15           var content='';
16           $.each(data, function(i, item){
17              content+='<option value='+item.fields.type_code+'>'+item.fields.type_name+'</option>'
18           });
19           $('#det_style').html(content)
20        },
21     });
22 });
23 </script>
```

添加完成后，启动项目，浏览器访问 http://127.0.0.1:8000/ajax/init/ 即可查看到如图 25.1 所示信息。

25.5 关键技术

本案例主要技术为通过 Ajax 发送请求，并在后台处理请求，关键代码如下：

```
01 <!DOCTYPE html>
02 {% load staticfiles %}
03 <html lang="en">
04 <head>
05     <meta charset="UTF-8">
06     <title>Ajax</title>
07     <script src={% static 'js/jquery.min.js' %}></script>
08 </head>
09 <body>
10
11 {# 遍历一级菜单 #}
12 <li>
13    <span> 省份 </span>
14    <select name="bus_style" id="bus_style">
15         <option></option>
16         {% for item in type %}
17       <option value="{{item.id}}">{{item.name}}</option>
18         {% endfor %}
19    </select>
20 </li>
21
22 <li>
23    <span> 市 </span>
24     <select name="det_style" id="det_style"></select>
25 </li>
26 <script>
27 $("#bus_style").change(function(){
28    var type_id = $('#bus_style').val()
29    $.ajax({
30       url: '/ajax/type_detail',
31       data:{'type_id':type_id},
32       type: 'GET',
33       dataType: 'json',
34       success: function (data){
35          var content='';
```

```
36          $.each(data, function(i, item){
37             content+='<option value='+item.fields.id+'>'+item.fields.name+'</option>'
38          });
39          $('#det_style').html(content)
40       },
41    });
42 });
43 </script>
44
45 </body>
46 </html>
```

小结

通过本章案例的学习，可以在不更新当前页面的情况下，通过 Ajax 发出新的 HTTP 请求，接收到数据后，再用 JavaScript 更新页面，这样一来，用户就感觉自己仍然停留在当前页面，但是数据却可以不断地更新。但在使用 Django 框架时，如果使用 Ajax 发出 POST 请求，就需要关闭框架默认的 CSRF 防护功能。

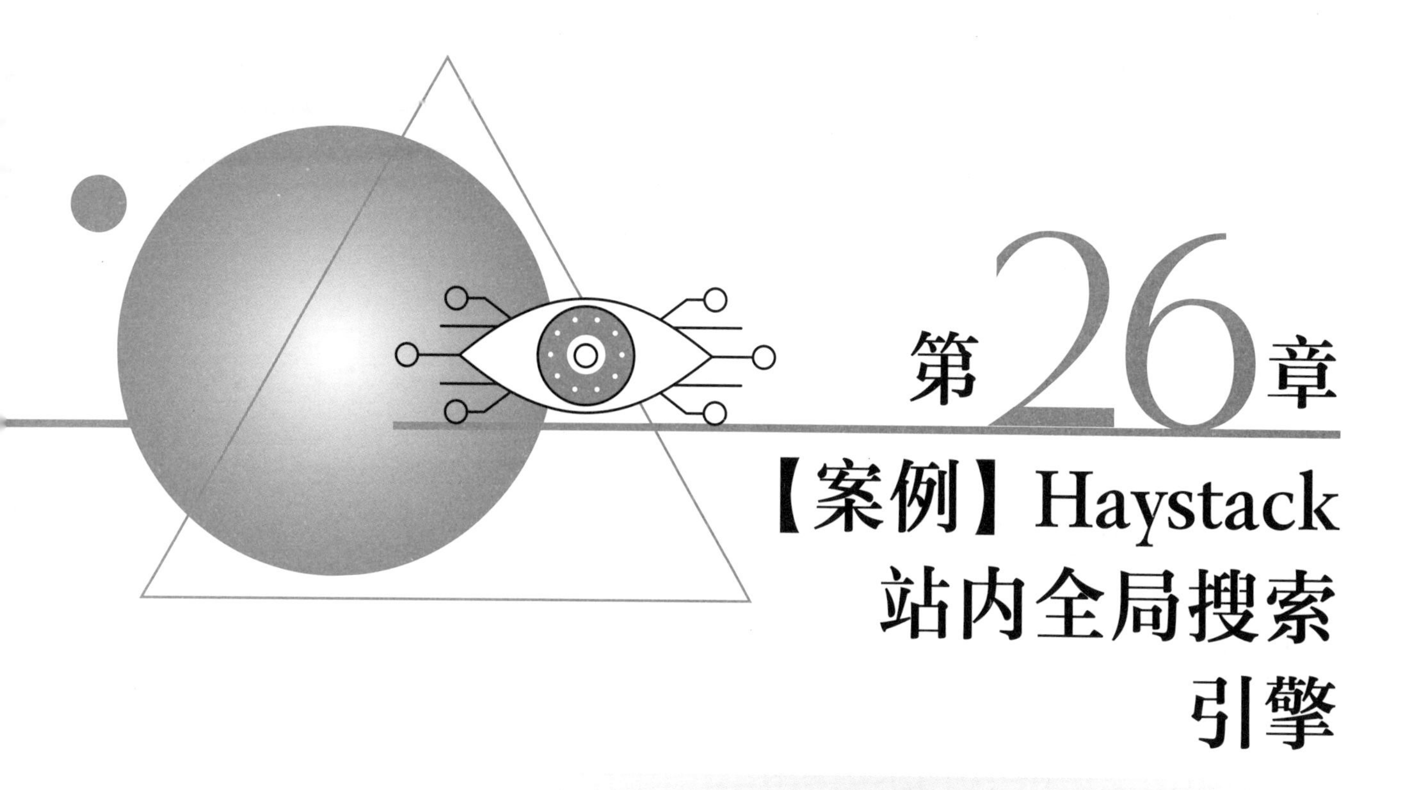

第26章 【案例】Haystack站内全局搜索引擎

站内搜索引擎可以为用户快速查找数据，是一个网站不可或缺的功能之一。如果要实现这样的需求，大多数人都可能会想到模糊查询，但是对于企业级的网站来说并不推荐这样的做法。

26.1 案例效果预览

如图 26.1 所示为搜索结果效果图。

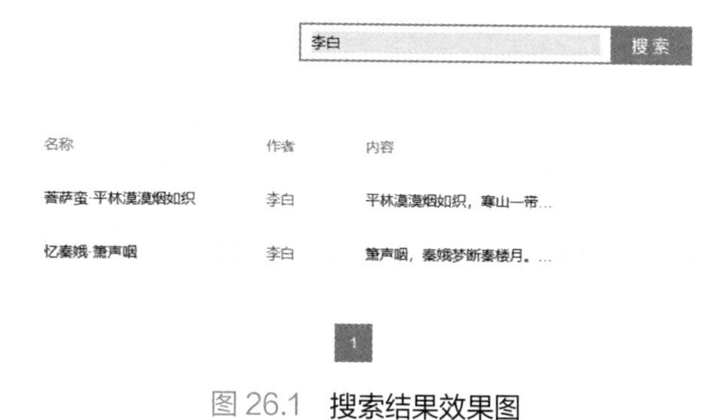

图 26.1 搜索结果效果图

26.2 案例准备

本系统的软件开发及运行环境具体如下:

- 操作系统: Windows 7 或 Windows 10。

- 语言：Python 3.7。
- 开发环境：PyCharm。
- 第三方模块：Django。

26.3 业务流程

在使用 Haystack 配置站内全局搜索引擎前，需要先了解实现该业务的主要流程，根据该需求设计出如图 26.2 所示的业务流程图。

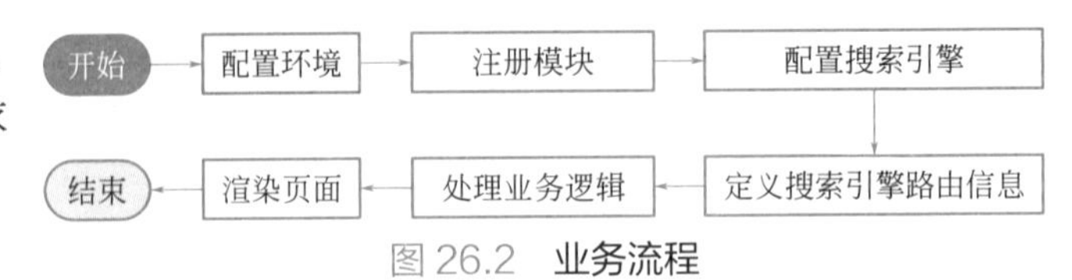

图 26.2 业务流程

26.4 实现过程

HayStack 是 Django 的一个开源框架，提供了非常方便的搜索功能，它支持 Solr、Elasticsearch、Whoosh、Xapian 多种搜索引擎。本案例将使用 Whoosh 搜索引擎，但是 Whoosh 的分词组件不支持中文搜索，所以需要使用中文分词 Jieba 来替换 Whoosh 的分词组件，实现中文全文搜索的功能。

26.4.1 准备环境

由于本文新建文件较多，请依照图 26.3 自行新建文件，不可随意更改文件名称。

search 模块下的 urls.py 文件为匹配路由，search_indexes.py 文件定义索引类，whoosh_cn_backend.py 将 Jieba 分词组件添加到搜索引擎中使其支持中文搜索，serach.html 为前端模板文件，poetry_text.txt 为搜索引擎索引模板文件。

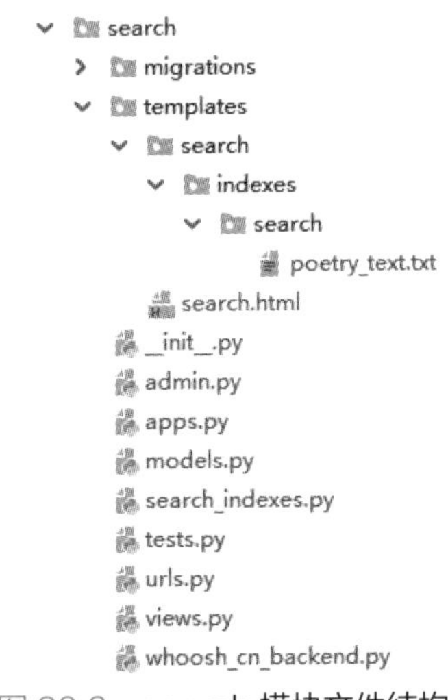

图 26.3 search 模块文件结构图

创建完成后，执行以下命令，通过 pip 安装 Whoosh 搜索引擎和 Jieba 分词：

```
01 pip install Django-haystack
02 pip install whoosh
03 pip install jieba
```

26.4.2 注册模块

接下来在项目的 settings.py 文件中注册模块和引入 HayStack，具体代码如下：

```
01 INSTALLED_APPS = [
02     'django.contrib.admin',
03     'django.contrib.auth',
04     'django.contrib.contenttypes',
05     'django.contrib.sessions',
06     'django.contrib.messages',
07     'django.contrib.staticfiles',
08     'haystack',
09     'apps.search',  # 全局搜索模块
10 ]
11 # 配置 HayStack
12 HAYSTACK_CONNECTIONS = {
```

```
13     'default': {
14         # 设置搜索引擎，文件是 apps 下的 serach 的 whoosh_cn_backend.py
15         # 如果 search 模块未在 apps 下请自行替换或者去掉 apps
16         'ENGINE': 'apps.search.whoosh_cn_backend.WhooshEngine',
17         'PATH': os.path.join(BASE_DIR, 'whoosh_index'),
18         'INCLUDE_SPELLING': True,
19     },
20 }
21 # 设置每页显示的数据量
22 HAYSTACK_SEARCH_RESULTS_PER_PAGE = 2
23 # 当数据库改变时，自动更新索引
24 HAYSTACK_SIGNAL_PROCESSOR = 'haystack.signals.RealtimeSignalProcessor'
```

26.4.3 配置搜索引擎

在 Python 的安装目录下打开 Lib\site-packages\haystack\backends\shoosh_backend.py 文件，将全文复制到新建的 whoosh_cn_backend.py 文件中，顶部添加引入 jieba 分词器模块：

```
from jieba.analyse import ChineseAnalyzer
```

在 166 行左右找到如下代码：

```
schema_fields[field_class.index_fieldname]=TEXT(stored=True, analyzer=StemmingAnalyzer (), field_boost=field_class.
boost, sortable=True)
```

将其修改为如下格式：

```
schema_fields[field_class.index_fieldname]=TEXT(stored=True,analyzer=ChineseAnalyzer(),field_boost=field_class.
boost, sortable=True)
```

修改完成后，在 search 模块下 models.py 文件中创建新的数据模型作为搜索引擎的搜索对象，具体代码如下：

```
01 from django.db import models
02 class Poetry(models.Model):
03     id = models.AutoField(' 序号 ', primary_key=True)
04     name = models.CharField(' 名称 ', max_length=50)
05     author = models.CharField(' 作者 ', max_length=20)
06     detail = models.CharField(' 内容 ', max_length=300)
07     # 设置返回值
08     def __str__(self):
09         return self.name
```

接下来创建搜索引擎的索引，在数据量非常大的时候，就需要为指定的数据添加一个索引，来使搜索引擎快速找到符合条件的数据，所以在 search_indexes.py 中定义该模型的索引类，注意该文件名称不可改变，具体代码如下：

```
01 # 本文件名称不允许修改，否则将无法创建索引
02 from haystack import indexes
03 from apps.search.models import Poetry
04 # 类名必须为模型名 +Index，比如模型为 Poetry，则索引类为 PoetryIndex
05 # 其对应的索引模板路径应为：/ 项目的应用模块名称 /templates/search/indexes/ 项目的应用模块名称 / 模型（小写）_text.txt
06 class PoetryIndex(indexes.SearchIndex, indexes.Indexable):
07     # doucument=True 代表搜索引擎将使用此字段的内容作为索引进行检索
08     # use_template=True 代表使用索引模板建立索引文件
09     text = indexes.CharField(document=True, use_template=True)
10     # 将索引类与模型 Poetry 进行绑定
11     def get_model(self):
12         return Poetry
13     # 设置索引的查询范围
14     def index_queryset(self, using=None):
15         return self.get_model().objects.all()
```

添加完成后，在索引模板 poetry_text.txt 文件中设置索引的检索字段，添加如下具体代码：

```
01 # templates/search/indexes/search/poetry_text.txt
02 {{ object.name }}
03 {{ object.author }}
04 {{ object.detail }}
```

现在已经定义了索引类和索引模板，接下来根据这两者，通过命令 python manage.py rebuild_index 创建索引文件，创建成功后会在项目文件夹下看到 whoosh_index 文件夹，该文件夹中包含索引文件。

26.4.4 业务逻辑

最后在 Django 中实现搜索功能，实现模型 Poetry 的全文检索。在 urls.py 文件中定义搜索引擎的 URL 地址，具体代码如下：

```
01 from django.urls import path
02 from . import views
03 urlpatterns = [
04     # 搜索引擎，上一层路由为 search
05     path('find/', views.MySearchView(), name='haystack'),
06 ]
```

在 URL 的视图 views.py 文件中处理具体的业务逻辑，添加如下代码：

```
01 from django.shortcuts import render
02 from django.core.paginator import Paginator, EmptyPage, PageNotAnInteger
03 from django.conf import settings
04 from .models import *
05 from haystack.views import SearchView
06 # 视图以通用视图实现
07 class MySearchView(SearchView):
08     # 模板文件
09     template = 'search.html'
10     # 重写响应方式，如果请求参数 q 为空，返回模型 Poetry 的全部数据，否则根据参数 q 搜索相关数据
11     def create_response(self):
12         if not self.request.GET.get('q', ''):
13             show_all = True
14             poetry = Poetry.objects.all()
15             paginator = Paginator(poetry, settings.HAYSTACK_SEARCH_RESULTS_PER_PAGE)
16             try:
17                 page = paginator.page(int(self.request.GET.get('page', 1)))
18             except PageNotAnInteger:
19                 # 如果参数 page 的数据类型不是整型，则返回第一页数据
20                 page = paginator.page(1)
21             except EmptyPage:
22                 # 用户访问的页数大于实际页数，则返回最后一页的数据
23                 page = paginator.page(paginator.num_pages)
24             return render(self.request, self.template, locals())
25         else:
26             show_all = False
27             qs = super(MySearchView, self).create_response()
28             return qs
```

26.4.5 渲染模板

在 HTML 模板 search.html 文件中展示数据，请复制 css 文件到 static 文件夹下，以使样式生效。模板中添加代码如下：

```
01 <!DOCTYPE html>
02 <html lang="en">
03 <head>
04     <meta charset="UTF-8">
```

```
05     <title> 搜索引擎 </title>
06     {# 导入 CSS 样式文件 #}
07     {% load staticfiles %}
08     <link type="text/css" rel="stylesheet" href="{% static "css/common.css" %}">
09     <link type="text/css" rel="stylesheet" href="{% static "css/search.css" %}">
10 </head>
11 <body>
12 <div class="header">
13     <div class="search-box">
14         <form id="searchForm" action="" method="get">
15             <div class="search-keyword">
16                 {# 搜索输入文本框必须命名为 q #}
17                 <input id="q" name="q" type="text" class="keyword" maxlength="120"/>
18             </div>
19             <input id="subSerch" type="submit" class="search-button" value=" 搜 索 " />
20         </form>
21         <div id="suggest" class="search-suggest"></div>
22     </div>
23 </div>
24 <div class="wrapper clearfix" id="wrapper">
25 <div class="mod_songlist">
26     <ul class="songlist__header">
27         <li class="songlist__header_name"> 名称 </li>
28         <li class="songlist__header_author"> 作者 </li>
29         <li class="songlist__header_album"> 内容 </li>
30     </ul>
31     <ul class="songlist__list">
32         {# 列出当前分页所对应的数据内容 #}
33         {% if show_all %}
34             {% for item in page.object_list %}
35             <li class="js_songlist__child" mid="1425301" ix="6">
36                 <div class="songlist__item">
37                     <div class="songlist__songname">{{ item.name }}</div>
38                     <div class="songlist__artist">{{item.author}}</div>
39                     <div class="songlist__album">{{ item.detail }}</div>
40                 </div>
41             </li>
42             {% endfor %}
43         {% else %}
44             {# 导入自带高亮功能 #}
45             {% load highlight %}
46             {% for item in page.object_list %}
47             <li class="js_songlist__child" mid="1425301" ix="6">
48                 <div class="songlist__item">
49                     <div class="songlist__songname">{% highlight item.object.name with query %}</div>
50                     <div class="songlist__artist">{% highlight item.object.author with query %}</div>
51                     <div class="songlist__album">{% highlight item.object.detail with query %}</div>
52                 </div>
53             </li>
54             {% endfor %}
55         {% endif %}
56     </ul>
57     {# 分页导航，如有疑问请参考本书分页功能 #}
58     <div class="page-box">
59     <div class="pagebar" id="pageBar">
60     {# 上一页的 URL 地址 #}
61     {% if page.has_previous %}
62         {% if query %}
63             <a href="{% url 'search:haystack'%}?q={{ query }}&amp;page={{ page.previous_page_number }}"
class="prev"> 上一页 </a>
64         {% else %}
65             <a href="{% url 'search:haystack'%}?page={{ page.previous_page_number }}" class="prev"> 上一页 </a>
66         {% endif %}
67     {% endif %}
68     {# 列出所有的 URL 地址 #}
69     {% for num in page.paginator.page_range %}
70         {% if num == page.number %}
71             <span class="sel">{{ page.number }}</span>
72         {% else %}
73             {% if query %}
74                 <a href="{% url 'search:haystack' %}?q={{ query }}&amp;page={{ num }}" target="_self">{{num}}</a>
75             {% else %}
76                 <a href="{% url 'search:haystack' %}?page={{ num }}" target="_self">{{num}}</a>
```

```
77              {% endif %}
78          {% endif %}
79      {% endfor %}
80      {# 下一页的 URL 地址 #}
81      {% if page.has_next %}
82          {% if query %}
83              <a href="{% url 'search:haystack' %}?q={{ query }}&amp;page={{ page.next_page_number }}" class="next">
下一页 </a>
84          {% else %}
85              <a href="{% url 'search:haystack' %}?page={{ page.next_page_number }}" class="next">下一页 </a>
86          {% endif %}
87      {% endif %}
88      </div>
89      </div>
90 </div>
91 </div>
92 </body>
93 </html>
```

添加完成后，启动项目，在浏览器中输入 http://127.0.0.1:8000/search/find/ 就可显示搜索页面，搜索框中输入“李白”后即可查看搜索结果。

26.5 关键技术

本案例关键技术主要就是配置搜索引擎的索引，关键代码如下：

```
01 # 本文件名称不允许修改，否则将无法创建索引
02 from haystack import indexes
03 from apps.search.models import Poetry
04 # 类名必须为模型名 +Index，比如模型为 Poetry，则索引类为 PoetryIndex
05 # 其对应的索引模板路径应为：/ 项目的应用模块名称 /templates/search/indexes/ 项目的应用模块名称 / 模型（小写）_text.txt
06 class PoetryIndex(indexes.SearchIndex, indexes.Indexable):
07     # doucument=True 代表搜索引擎将使用此字段的内容作为索引进行检索
08     # use_template=True 代表使用索引模板建立索引文件
09     text = indexes.CharField(document=True, use_template=True)
10     # 将索引类与模型 Poetry 进行绑定
11     def get_model(self):
12         return Poetry
13     # 设置索引的查询范围
14     def index_queryset(self, using=None):
15         return self.get_model().objects.all()
```

然后还需再在索引模板 poetry_text.txt 文件中设置索引的检索字段，代码如下：

```
01 # templates/search/indexes/search/poetry_text.txt
02 {{ object.name }}
03 {{ object.author }}
04 {{ object.detail }}
```

小结

通过本章案例的学习，可以使用 HayStack 为站点配置一个搜索引擎。同时 HayStack 框架不仅仅支持 Whoosh，还支持使用 Solr 和 Elasticsearch 等搜索引擎，也可通过 HayStack 直接切换引擎，且无须修改大量的搜索代码。但在本案例中，如果要使用中文搜索，还需为 HayStack 配置 Jieba 中文分词。

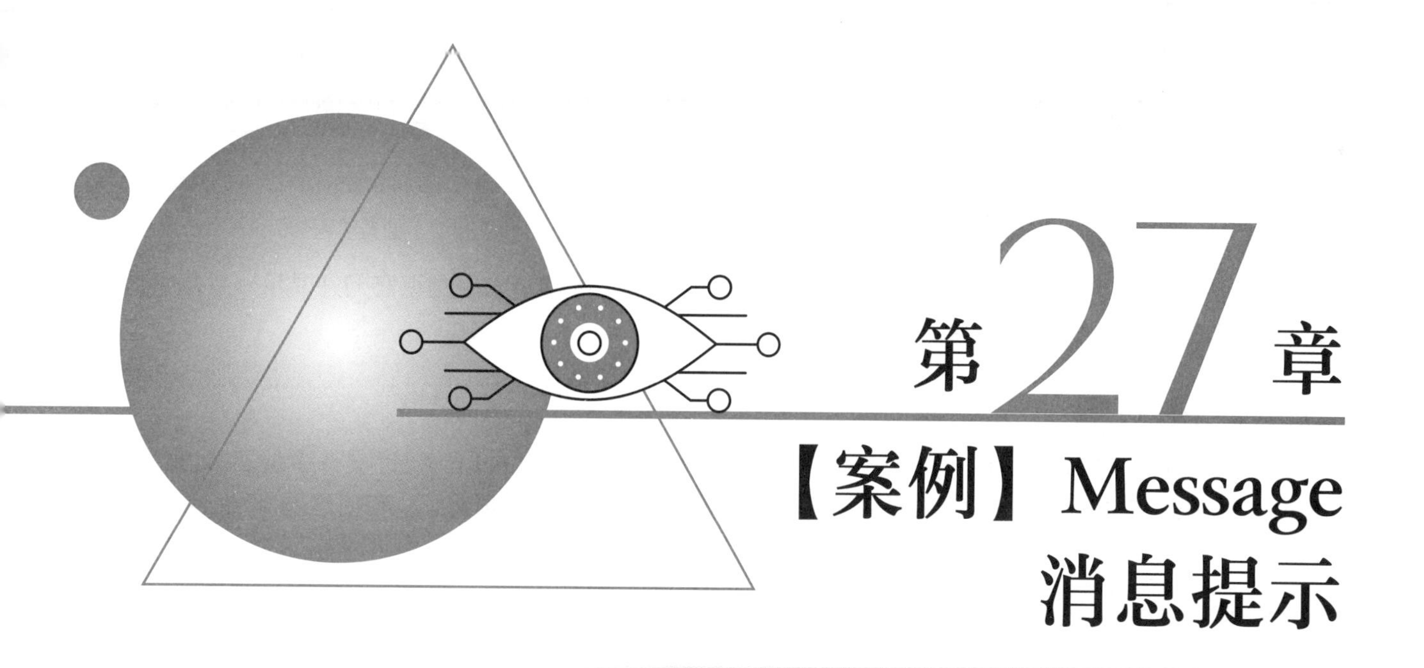

第27章 【案例】Message 消息提示

在使用 Django 框架进行 Web 开发的过程中，用户浏览网站时提交某个请求，在请求成功或失败时，如果不跳转指定页面、不刷新页面数据，用户很难知道请求结果。例如在注册账号时，填写的手机号码格式错误或用户名称被占用，如果不返回对应的提示信息，用户就会反复地进行提交，造成资源浪费不说，用户的体验也极差。因此，就需要给用户提示对应的消息，此处可借助 Django 自带的消息框架 Message 来实现。

27.1 案例效果预览

如图 27.1 所示为消息提示效果图。

提示信息
成功信息
警告信息
Important: 错误信息
传递消息

图 27.1 消息提示

27.2 案例准备

本系统的软件开发及运行环境具体如下：

- 操作系统：Windows 7 或 Windows 10。
- 语言：Python 3.7。
- 开发环境：PyCharm。
- 第三方模块：Django。

27.3 业务流程

在使用 Django 的 Message 消息框架前，需要先了解实现该业务的主要流程，根据该需求设计出如图 27.2 所示的业务流程图。

27.4 实现过程

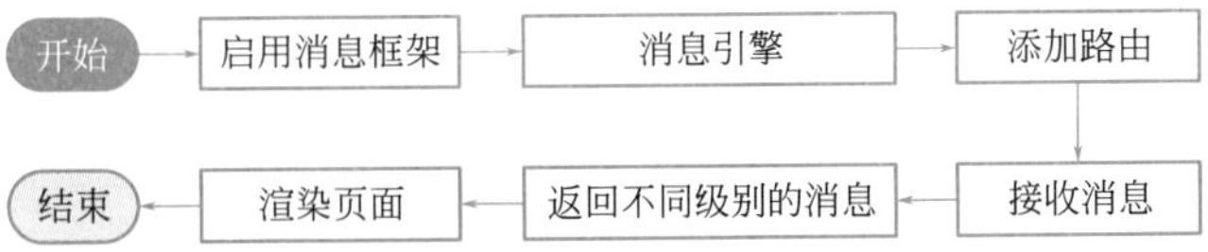

开始 → 启用消息框架 → 消息引擎 → 添加路由 → 接收消息 → 返回不同级别的消息 → 渲染页面 → 结束

图 27.2 业务流程

Django 提供了基于 Cookie 或者 Session 的消息框架 Message，无论是匿名用户还是认证的用户。这个消息框架都允许临时将消息存储在请求中，并在接下来的请求中提取它们并显示。且每个消息都带有一个特定的 level 标签，表示其优先级。

27.4.1 配置文件

在使用 Django 自带的 Message 消息提示框架前，应先查看 settings.py 配置文件中的 TEMPLATES、MIDDLEWARE 和 INSTALLED_APPS 是否已启用消息框架，该框架默认情况下，在创建项目时已启用。关键代码如下所示：

```
01 INSTALLED_APPS = [
02     'django.contrib.admin',
03     'django.contrib.auth',
04     'django.contrib.contenttypes',
05     'django.contrib.sessions',
06     'django.contrib.messages',
07     'django.contrib.staticfiles',
08     'apps.mail',  # 邮件验证模块
09     'apps.log',  # 日志配置模块
10     'apps.chat',  # 实时聊天模块
11     'channels',
12     'apps.cscom',  # 自定义命令模块
13     'apps.message',  # 消息提示模块
14     'apps.page',  # 数据分页模块
15     'apps.ajax',  # Ajax 模块
16     'haystack',
17     'apps.search',  # 全局搜索模块
18 ]
19
20 MIDDLEWARE = [
21     'django.middleware.security.SecurityMiddleware',
22     'django.contrib.sessions.middleware.SessionMiddleware',
23     'django.middleware.common.CommonMiddleware',
24     'django.middleware.csrf.CsrfViewMiddleware',
25     'django.contrib.auth.middleware.AuthenticationMiddleware',
26     'django.contrib.messages.middleware.MessageMiddleware',
27     'django.middleware.clickjacking.XFrameOptionsMiddleware',
28 ]
29
30 ROOT_URLCONF = 'djangoweb.urls'
31
32 TEMPLATES = [
33     {
34         'BACKEND': 'django.template.backends.django.DjangoTemplates',
35         'DIRS': [os.path.join(BASE_DIR, 'templates')],
36         'APP_DIRS': True,
37         'OPTIONS': {
38             'context_processors': [
39                 'django.template.context_processors.debug',
40                 'django.template.context_processors.request',
41                 'django.contrib.auth.context_processors.auth',
42                 'django.contrib.messages.context_processors.messages',
43             ],
44         },
45     },
46 ]
```

27.4.2 消息引擎

一般情况下，可以选择 Django 默认的消息引擎，无须再重新配置。但如果有特殊的业务需求，也可自由配置。

Django 提供了三种内置的消息存储后端：

- class storage.session.SessionStorage
- class storage.cookie.CookieStorage
- class storage.fallback.FallbackStorage

其中默认的存储后端为 FallbackStorage，可以通过设置 MESSAGE_STORAGE 选择另外一个存储后端，例：

```
MESSAGE_STORAGE = 'django.contrib.messages.storage.cookie.CookieStorage'
```

消息框架的级别是可配置的，与 Python 的 logging 模块类似，Django 内置的 message 级别有下面几种：

- DEBUG：生产环境中忽略（或删除）的与开发相关的消息。
- INFO：普通提示信息。
- SUCCESS：成功信息。
- WARNING：警告信息。
- ERROR：已经发生的错误信息。

通常，在前端 HTML 页面中，希望给不同级别的消息增加不同的 CSS 样式，比如 SUCCESS 为绿色，WARNING 为黄色，ERROR 为红色等。该消息框架也提供了一个默认的样式，它使用的 class 样式就是对应级别消息的小写，例如 SUCCESS 级别的消息，在前端会被赋予一个 SUCCESS 样式的 class。

27.4.3 添加路由

urls.py 中创建请求匹配地址，关键代码如下：

```
01 from django.urls import path
02 from . import views
03 from apps.message.views import TipView
04 urlpatterns = [
05     path('tip/', TipView.as_view(), name='tip'),
06     path('receive/', views.receive_message, name='receive'),
07 ]
```

27.4.4 业务逻辑

views.py 中可以提示 5 种类型的消息，关键代码如下：

```
01 from django.shortcuts import render, HttpResponse
02 from django.template import RequestContext
03 from django.contrib import messages
04 from django.views.generic import View
05
06 def receive_message(request):
07     """ 接收消息 """
08     # 获取消息
09     storage = messages.get_messages(request)
10     for message in storage:
11         print(message)
12     return HttpResponse(' 请在控制台查看消息 ')
13
14 class TipView(View):
```

```
15        """ 信息提示 """
16        def get(self, request):
17            """ 两种添加提示信息的方式，五种信息类型 """
18            messages.debug(request, ' 调试信息 ')
19            messages.add_message(request, messages.INFO, ' 提示信息 ')
20            messages.success(request, ' 成功信息 ')
21            messages.warning(request, ' 警告信息 ')
22            messages.error(request, ' 错误信息 ')
23            return render(request, 'message.html', locals(), RequestContext(request))
```

27.4.5 渲染模板

HTML 模板中获取后端传递过来的信息并展示，关键代码如下：

```
01 <!DOCTYPE html>
02 {% load staticfiles %}
03 <html lang="en">
04 <head>
05     <meta charset="UTF-8">
06     <title> 消息提示 </title>
07     <style>
08    .messages{
09       width:98%;
10       text-align:center; /* 居中 */
11    }
12    /* 列表样式 */
13    li{
14       list-style:none;
15       font-size:14pt;
16       padding:5px;
17
18    }
19    /* 提示信息样式 */
20    .info{
21       color:blue;
22       text-align:center;
23    }
24    /* 成功信息样式 */
25    .success{
26       color:green;
27    }
28    /* 警告信息样式 */
29    .warning{
30       color:orange;
31    }
32    /* 错误信息样式 */
33    .error{
34       color:red;
35    }
36     </style>
37     <script src={% static 'js/jquery.min.js' %}></script>
38 </head>
39 <body>
40 {% if messages %}
41 <ul class="messages">
42    {% for message in messages %}
43    {# message.tags： 信息类型，可以自己设置 CSS 样式 #}
44    <li{% if message.tags %} class="{{ message.tags }}"{% endif %}>
45
46 {# message.level 拿到当前消息的级别数值，判断是否为 error 级别，是否需要显示到页面 #}
47         {% if message.level == DEFAULT_MESSAGE_LEVELS.ERROR %}Important: {% endif %}
48         {{ message }}
```

```
49     </li>
50    {% endfor %}
51 </ul>
52 {% else %}
53    <script>alert(' 暂无信息 ');</script>
54 {% endif %}
55
56 <button onclick="send()"> 传递消息 </button>
57    <script language="javascript" type="text/javascript">
58        function send(){
59            $.get('http://127.0.0.1:8000/message/receive/');
60        }
61    </script>
62
63 </body>
64 </html>
```

27.5 关键技术

本案例关键技术为在 views.py 文件中添加提示信息，关键代码如下：

```
01 from django.template import RequestContext
02 from django.contrib import messages
03 from django.views.generic import View
04
05 def receive_message(request):
06     """ 接收消息 """
07     # 获取消息
08     storage = messages.get_messages(request)
09     for message in storage:
10         print(message)
11     return HttpResponse(' 请在控制台查看消息 ')
12 class TipView(View):
13     """ 信息提示 """
14     def get(self, request):
15         """ 两种添加提示信息的方式，五种信息类型 """
16         messages.debug(request, ' 调试信息 ')
17         messages.add_message(request, messages.INFO, ' 提示信息 ')
18         messages.success(request, ' 成功信息 ')
19         messages.warning(request, ' 警告信息 ')
20         messages.error(request, ' 错误信息 ')
21         return render(request, 'message.html', locals(), RequestContext(request))
```

小结

通过本章案例的学习，读者能够了解使用 Django 自带的 Message 消息框架来提示信息，该消息框架共有 DEBUG、INFO、SUCCESS、WARNING 和 ERROR 五种类型的信息，并且自带了前端样式。通过该消息提示框架，可以极大地提高用户体验，且节省开发周期。

扫码领取

- 教学视频
- 配套源码
- 实战练习答案
- ……

第 4 篇
项目强化篇

- 第 28 章　基于 Flask 框架的 51 商城
- 第 29 章　基于 Django 框架的综艺之家管理系统
- 第 30 章　Web 项目部署

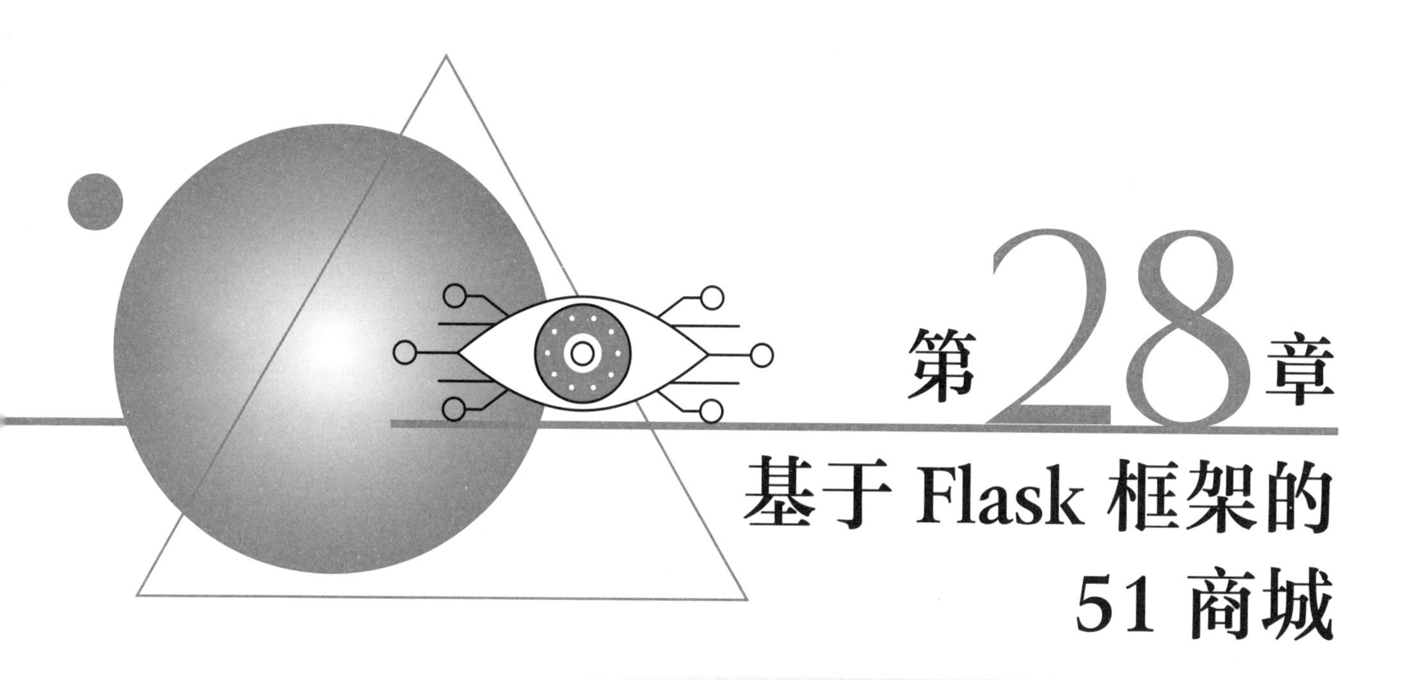

第28章 基于 Flask 框架的 51 商城

购物网站与人们的日常生活密不可分，只要有网络和相应的设备就能做到足不出户进行商品的选购，并且可以享受商品送货上门的体验。虽然国内已经有很多的购物网站，但是没有一个网站可以把自己的制作细节介绍给大家，本章内容将使用 Python 语言开发一个购物网站，并详细介绍开发时需要了解和掌握的相关开发细节。

28.1 系统需求分析

作为一个商城系统，为满足用户的基本购物需求，应该具备以下功能：

- 具备首页幻灯片展示功能；
- 具备首页商品展示功能，包括展示最新上架商品、展示打折商品和展示热门商品等功能；
- 具备商品请求功能，可以用于展示商品的详细信息；
- 具备加入购物车功能，用户可以将商品添加至购物车；
- 具备查看购物车功能，用户可以查看购物车中的所有商品，可以更改购买商品的数量，可以清空购物车等；
- 具备填写订单功能，用户可以填写地址信息，用于接收商品；
- 具备提交订单功能，用户提交订单后，显现收款码；
- 具备查看订单功能，用户提交订单后可以查看订单详情；
- 具备会员管理功能，包括用户注册、登录和注销等；
- 具备后台管理商品功能，包括新增商品、编辑商品、删除商品和查看商品排行等；
- 具备后台管理会员功能，包括查看会员信息等；
- 具备后台管理订单功能，包括查看订单信息等。

28.2 系统功能设计

51 商城共分为两个部分，前台主要实现商品展示及销售，后台主要是对商城中的商品信息、会员信息，以及订单信息进行有效的管理等。

28.2.1 系统功能结构

51 商城的功能结构如图 28.1 所示。

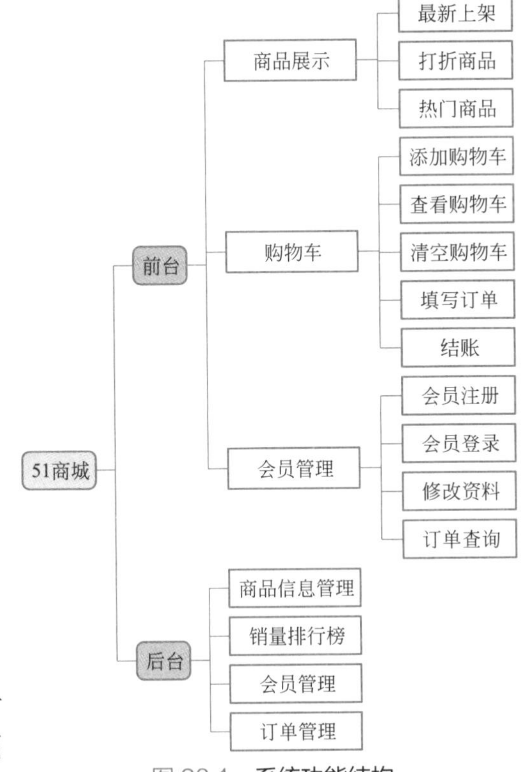

图 28.1 系统功能结构

28.2.2 系统业务流程

在开发 51 商城前，需要先了解商城的业务流程。根据对其他网上商城的业务分析，并结合自己的需求，设计出如图 28.2 所示的 51 商城的系统业务流程图。

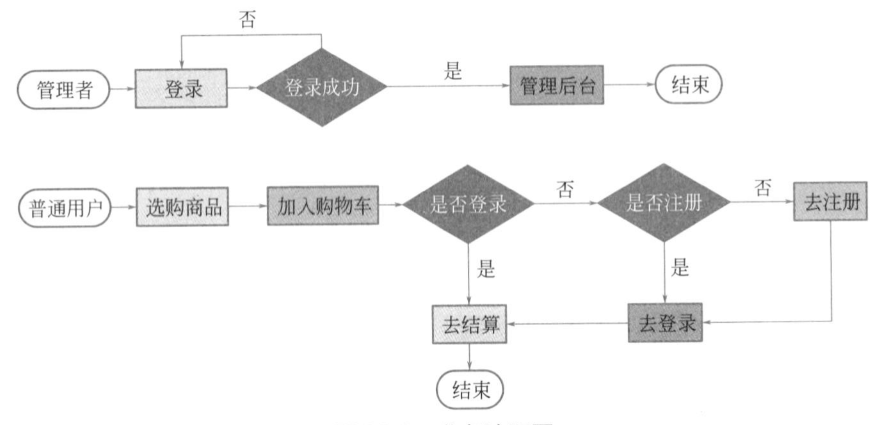

图 28.2 业务流程图

28.2.3 系统预览

51 商城项目分为网站前台和后台两个部分，下面将分别介绍这 2 个部分的功能。

1. 网站前台

在虚拟环境中启动程序后，使用浏览器访问“http://127.0.0.1:5000”即可进入网站前台首页。如图 28.3 所示。

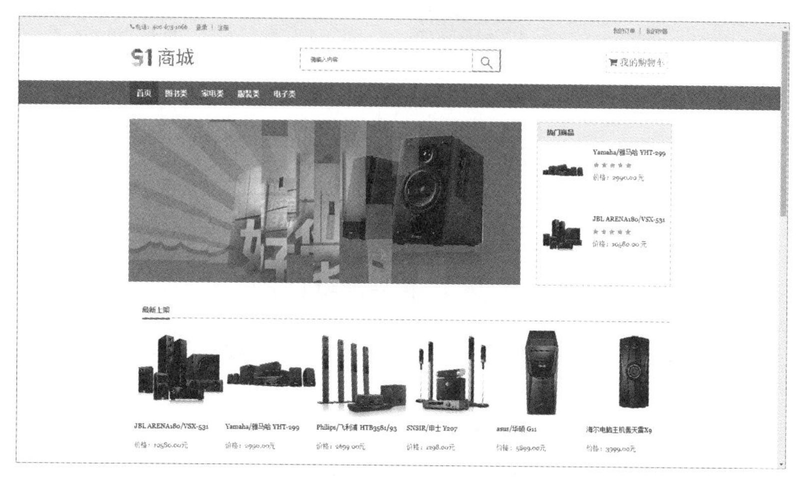

图 28.3 首页

单击首页左上角“注册”按钮，进入注册页面，如图 28.4 所示。注册完成后，进入登录页面，如图 28.5 所示。

图 28.4 注册页面

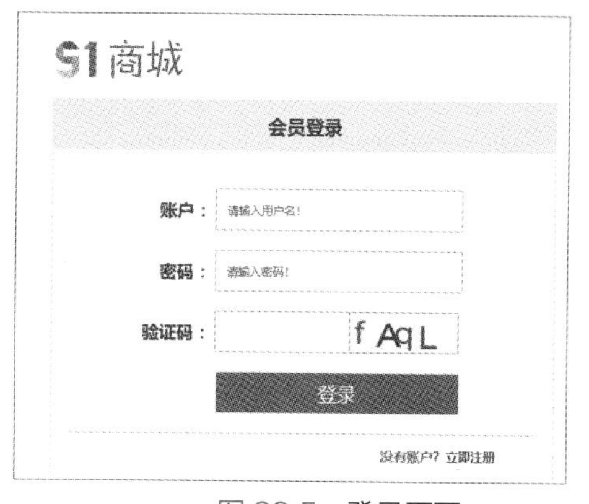

图 28.5 登录页面

登录成功后，可以在首页选择商品，也可以通过顶部导航栏分类选择商品。选择商品时，可以将鼠标悬浮到商品图片处，此时会在图片右下角显示一个购物车按钮，如图 28.6 所示，单击购物车按钮，将商品加入购物车。

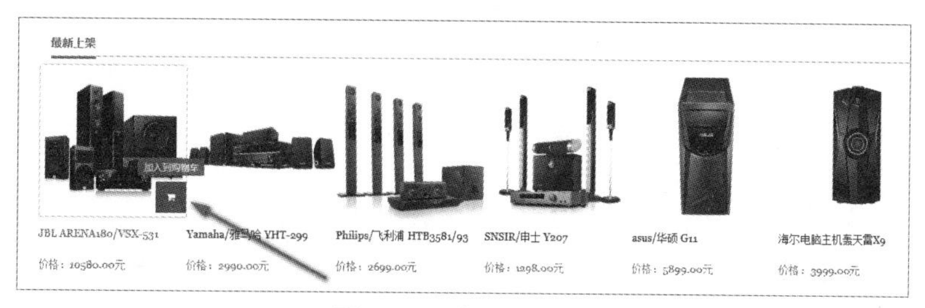

图 28.6 加入购物车

另外，还有一种添加商品到购物车的方法，即可以单击商品图片，进入到商品详情页，如图 28.7 所示。

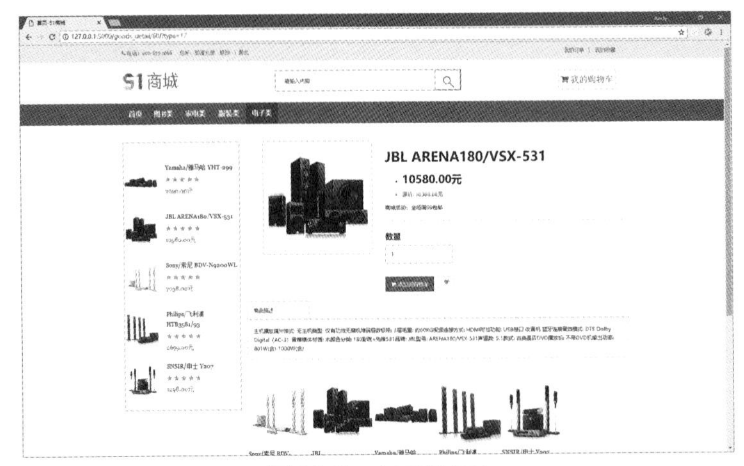

图 28.7　商品详情页

在商品详情页，可以更改商品数量（默认为 1），然后单击“添加到购物车”按钮，即可进入购物车页面，如图 28.8 所示。

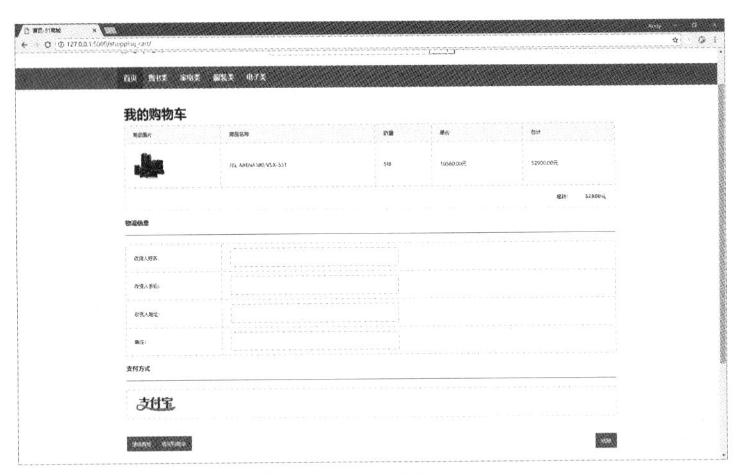

图 28.8　购物车页面

在购物页面，需要填写物流信息，也可以清空购物车。单击“结账”按钮，即可进入支付宝扫码支付页面，如图 28.9 所示。

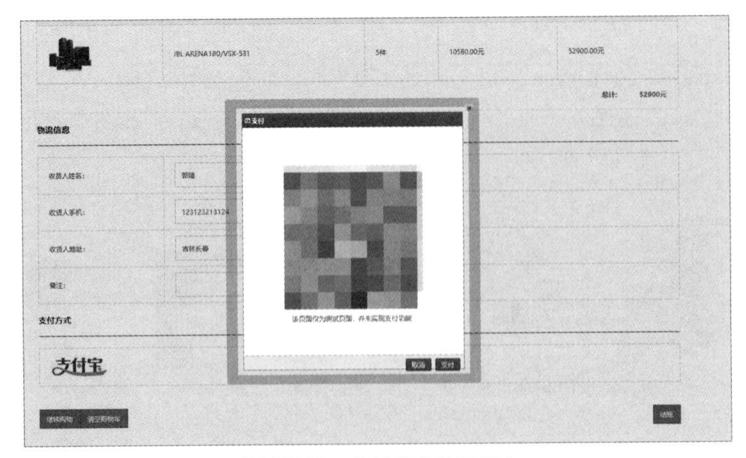

图 28.9　支付宝扫码页面

本项目为本地项目，不包含线上支付功能，单击“支付”按钮，则默认用户已经支付成功。单击网站右上方的“我的订单”，可以查看用户订单，如图 28.10 所示。

图 28.10　订单页面

此外，用户还可以在顶部搜索栏根据商品名称模糊查询商品，如图 28.11 所示，搜索结果如图 28.12 所示。

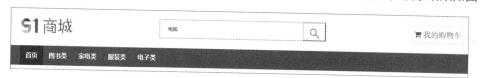

图 28.11　搜索商品

2. 网站后台

在浏览器中输入网址“http://127.0.0.1:5000/admin/login/”即可访问网站后台登录页。如图 28.13 所示。

- 后台管理账号：mr
- 后台管理员密码：mrsoft

登录成功后，进入后台首页，运行效果如图 28.14 所示。

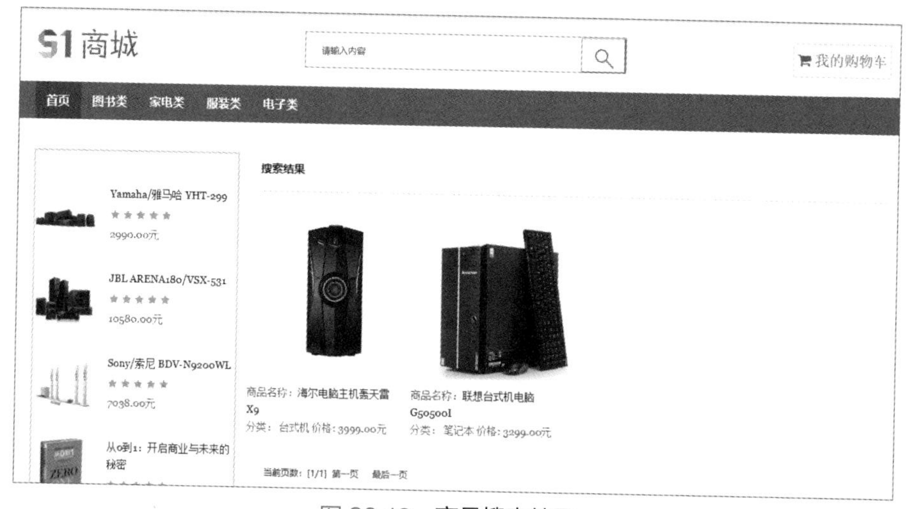

图 28.12　商品搜索结果

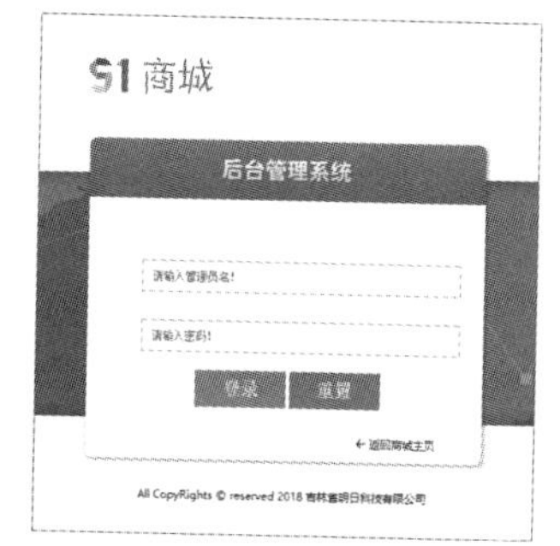

图 28.13　后台登录页

单击顶部菜单的“大分类信息管理”和“小分类信息管理”，可以管理大分类和小分类。例如，“图书→管理”和“图书→小说”中，图书就是大分类，管理和小说都是该大分类下的小分类。图 28.15 和图 28.16 分别为大分类管理和小分类管理页面。

后台管理系统

[大分类信息管理] [小分类信息管理] [添加商品信息]

商品列表

商品名称	价格	是否新品	是否特价	修改	删除
Sony/索尼 BDV-N9200WL	7038.00	否	否		
JBL ARENA180/VSX-531	10580.00	是	否		
Yamaha/雅马哈 YHT-299	2990.00	是	否		
Philips/飞利浦 HTB3581/93	2699.00	是	否		
SNSIR/申士 Y207	1298.00	是	否		
asus/华硕 G11	5899.00	是	否		
海尔电脑主机赢天翼X9	3999.00	是	否		
Alienware 外星人 ALPHA R2 ALWAD-4728	8999.00	是	否		
Dell/戴尔 I3650-1838	5499.00	是	否		
联想台式机电脑G5050OI	3299.00	是	否		

当前页数：[1/6] 第一页 下一页 最后一页

网站后台管理

商品管理 Goods Manage
销量排行榜 Sale Top 10
会员管理 Member Manage
订单管理 Order Manage
退出后台 Exit Background

关于我们 | 销售排行 | 特价商品 | 购物流程 | QQ帮助 | 刷新页面

All CopyRights © reserved 2016 吉林省明日科技有限公司

客服热线：0431-84978981 E-mail：mingrisoft@mingrisoft.com

图 28.14 后台首页

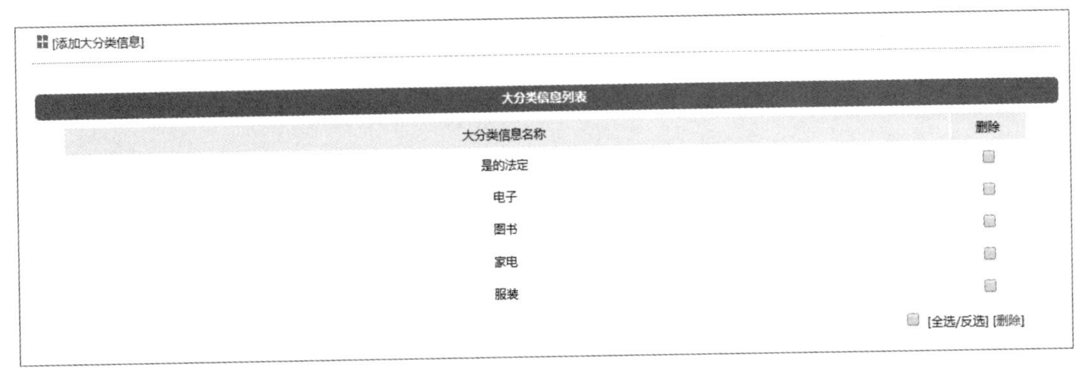

[添加大分类信息]

大分类信息列表

大分类信息名称	删除
是的法定	
电子	
图书	
家电	
服装	

[全选/反选] [删除]

图 28.15 大分类管理

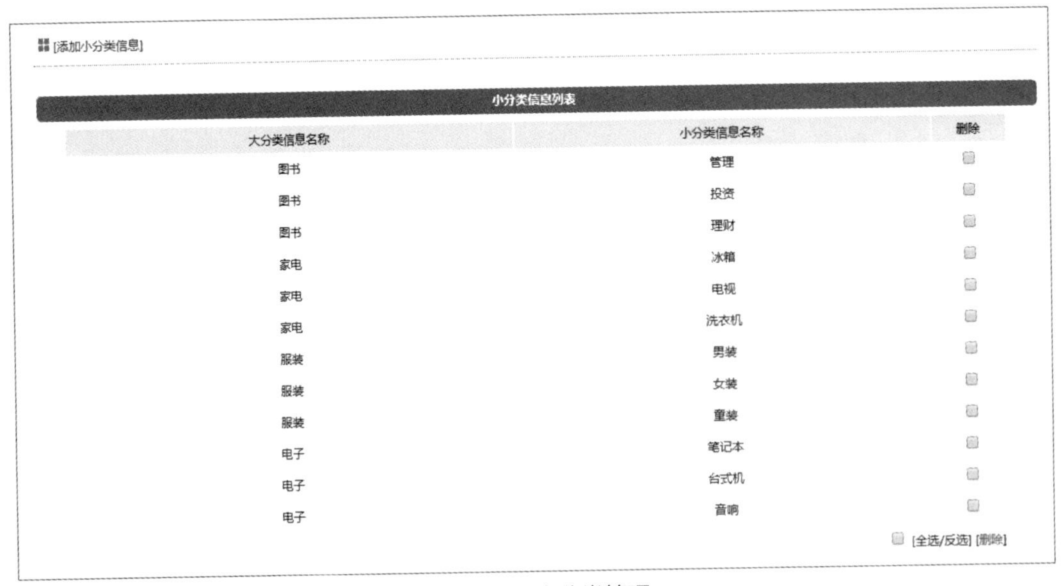

[添加小分类信息]

小分类信息列表

大分类信息名称	小分类信息名称	删除
图书	管理	
图书	投资	
图书	理财	
家电	冰箱	
家电	电视	
家电	洗衣机	
服装	男装	
服装	女装	
服装	童装	
电子	笔记本	
电子	台式机	
电子	音响	

[全选/反选] [删除]

图 28.16 小分类管理

添加商品前，需要选择对应的大分类和小分类。此外，在添加图片文件时，需要添加商品的图片路径。现将图片拷贝到“app\static\images\goods”路径下，如图 28.17 所示。

然后，在添加商品表单的“图片文件”处填写图片的名称，如图 28.18 所示。

当单击菜单栏时，会显示对应的页面，菜单如图 28.19 所示。

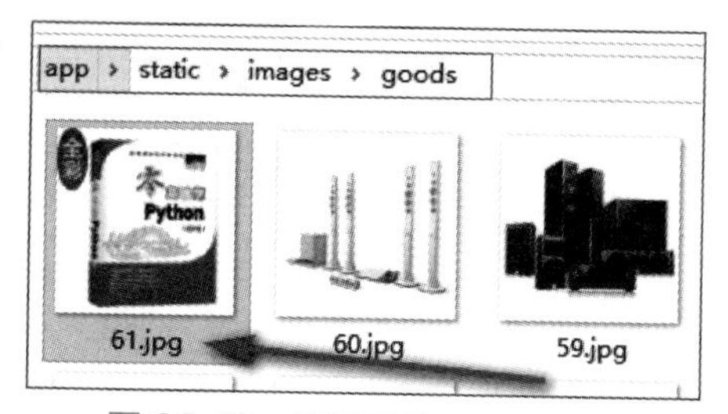

图 28.17 拷贝图片到指定目录

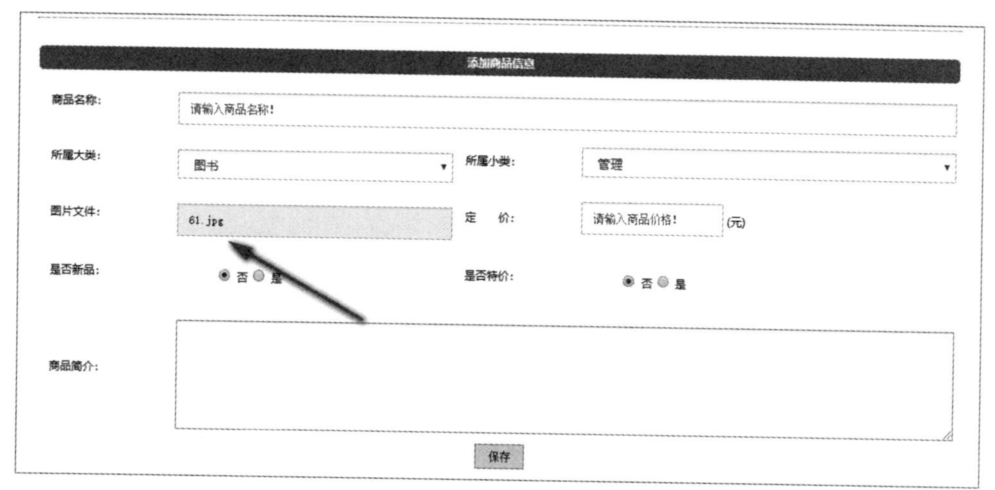

图 28.18 添加商品

图 28.19 后台菜单

28.3 系统开发必备

28.3.1 系统开发环境

本系统的软件开发及运行环境具体如下。

- 操作系统：Windows 7 或 Windows 10。
- Python 版本：Python 3.7。
- 虚拟环境：virtualenv。
- 数据库：PyMySQL 驱动 + MySQL。
- 开发工具：PyCharm / Sublime Text 3 等。
- Python Web 框架：Flask。
- 浏览器：谷歌浏览器。

28.3.2 文件夹组织结构

本项目采用的是 Flask 微型 Web 框架进行开发。由于 Flask 框架的灵活性，可任意组织项目的目录结构。在 51 商城项目中，使用包和模块方式组织程序。文件夹组织结构如图 28.20 所示。

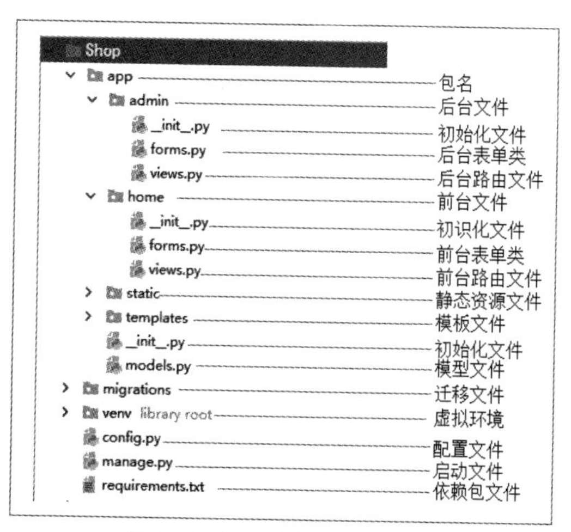

图 28.20 文件夹组织结构

28.4 数据库设计

本项目采用 MySQL 数据库，需参考第 3 章内容自行安装，并新建数据库，数据库名称为 shop。

28.4.1 数据库概要说明

shop 数据库中包含 8 张数据表，数据表名称及作用如表 28.1 所示。

表 28.1 数据库数据表名称及作用

表名	含义	作用
admin	管理员表	用于存储管理员用户信息
user	用户表	用于存储用户的信息
goods	商品表	用于存储商品信息
cart	购物车表	用于存储购物车信息
orders	订单表	用于存储订单信息
orders_detail	订单明细表	用于存储订单明细信息
supercat	商品大分类表	用于存储商品大分类信息
subcat	商品小分类表	用于存储商品小分类信息

28.4.2 数据表模型

本项目中使用 SQLAlchemy 进行数据库操作，将所有的模型放置到一个单独的 models 模块中，使程序的结构更加清晰。SQLAlchemy 是一个常用的数据库抽象层和数据库关系映射包 (ORM)，并且需要一些设置才可以使用，因此使用 Flask-SQLAlchemy 扩展来操作它。

由于篇幅有限，这里只给出 models.py 模型文件中的比较重要的代码。关键代码如下：

源码位置 资源包 \Code\Shop\app\models.py

```
01 from . import db
02 from datetime import datetime
03
04 # 会员数据模型
05 class User(db.Model):
06     __tablename__ = "user"
07     id = db.Column(db.Integer, primary_key=True)  # 编号
08     username = db.Column(db.String(100)) # 用户名
09     password = db.Column(db.String(100))  # 密码
10     email = db.Column(db.String(100), unique=True)  # 邮箱
11     phone = db.Column(db.String(11), unique=True)  # 手机号
12     consumption = db.Column(db.DECIMAL(10, 2), default=0)  # 消费额
13     addtime = db.Column(db.DateTime, index=True, default=datetime.now)  # 注册时间
14     orders = db.relationship('Orders', backref='user')  # 订单外键关系关联
15
16     def __repr__(self):
17         return '<User %r>' % self.name
18
19     def check_password(self, password):
20         """
21         检测密码是否正确
22         :param password: 密码
23         :return: 返回布尔值
24         """
```

```
25         from werkzeug.security import check_password_hash
26         return check_password_hash(self.password, password)
27
28 # 管理员
29 class Admin(db.Model):
30     __tablename__ = "admin"
31     id = db.Column(db.Integer, primary_key=True)  # 编号
32     manager = db.Column(db.String(100), unique=True)  # 管理员账号
33     password = db.Column(db.String(100))  # 管理员密码
34
35     def __repr__(self):
36         return "<Admin %r>" % self.manager
37
38     def check_password(self, password):
39         """
40         检测密码是否正确
41         :param password: 密码
42         :return: 返回布尔值
43         """
44         from werkzeug.security import check_password_hash
45         return check_password_hash(self.password, password)
46
47 # 大分类
48 class SuperCat(db.Model):
49     __tablename__ = "supercat"
50     id = db.Column(db.Integer, primary_key=True)  # 编号
51     cat_name = db.Column(db.String(100))  # 大分类名称
52     addtime = db.Column(db.DateTime, index=True, default=datetime.now)  # 添加时间
53     subcat = db.relationship("SubCat", backref='supercat')  # 外键关系关联
54     goods = db.relationship("Goods", backref='supercat')  # 外键关系关联
55
56     def __repr__(self):
57         return "<SuperCat %r>" % self.cat_name
58
59 # 子分类
60 class SubCat(db.Model):
61     __tablename__ = "subcat"
62     id = db.Column(db.Integer, primary_key=True)  # 编号
63     cat_name = db.Column(db.String(100))  # 子分类名称
64     addtime = db.Column(db.DateTime, index=True, default=datetime.now)  # 添加时间
65     super_cat_id = db.Column(db.Integer, db.ForeignKey('supercat.id'))  # 所属大分类
66     goods = db.relationship("Goods", backref='subcat')  # 外键关系关联
67
68     def __repr__(self):
69         return "<SubCat %r>" % self.cat_name
70
71 # 商品
72 class Goods(db.Model):
73     __tablename__ = "goods"
74     id = db.Column(db.Integer, primary_key=True)  # 编号
75     name = db.Column(db.String(255))  # 名称
76     original_price = db.Column(db.DECIMAL(10,2))  # 原价
77     current_price  = db.Column(db.DECIMAL(10,2))  # 现价
78     picture = db.Column(db.String(255))  # 图片
79     introduction = db.Column(db.Text)  # 商品简介
80     views_count = db.Column(db.Integer,default=0) # 浏览次数
81     is_sale  = db.Column(db.Boolean(), default=0) # 是否特价
82     is_new = db.Column(db.Boolean(), default=0) # 是否新品
83
84     # 设置外键
85     supercat_id = db.Column(db.Integer, db.ForeignKey('supercat.id'))  # 所属大分类
86     subcat_id = db.Column(db.Integer, db.ForeignKey('subcat.id'))  # 所属小分类
87     addtime = db.Column(db.DateTime, index=True, default=datetime.now)  # 添加时间
88     cart = db.relationship("Cart", backref='goods')  # 订单外键关系关联
```

```
89     orders_detail = db.relationship("OrdersDetail", backref='goods')  # 订单外键关系关联
90
91     def __repr__(self):
92         return "<Goods %r>" % self.name
93
94 # 购物车
95 class Cart(db.Model):
96     __tablename__ = 'cart'
97     id = db.Column(db.Integer, primary_key=True)  # 编号
98     goods_id = db.Column(db.Integer, db.ForeignKey('goods.id'))  # 所属商品
99     user_id = db.Column(db.Integer)  # 所属用户
100     number = db.Column(db.Integer, default=0)  # 购买数量
101     addtime = db.Column(db.DateTime, index=True, default=datetime.now)  # 添加时间
102     def __repr__(self):
103         return "<Cart %r>" % self.id
104
105 # 订单
106 class Orders(db.Model):
107     __tablename__ = 'orders'
108     id = db.Column(db.Integer, primary_key=True)  # 编号
109     user_id = db.Column(db.Integer, db.ForeignKey('user.id'))  # 所属用户
110     recevie_name = db.Column(db.String(255))  # 收款人姓名
111     recevie_address = db.Column(db.String(255))  # 收款人地址
112     recevie_tel = db.Column(db.String(255))  # 收款人电话
113     remark = db.Column(db.String(255))  # 备注信息
114     addtime = db.Column(db.DateTime, index=True, default=datetime.now)  # 添加时间
115     orders_detail = db.relationship("OrdersDetail", backref='orders')  # 外键关系关联
116     def __repr__(self):
117         return "<Orders %r>" % self.id
118
119 class OrdersDetail(db.Model):
120     __tablename__ = 'orders_detail'
121     id = db.Column(db.Integer, primary_key=True)  # 编号
122     goods_id = db.Column(db.Integer, db.ForeignKey('goods.id'))  # 所属商品
123     order_id = db.Column(db.Integer, db.ForeignKey('orders.id'))  # 所属订单
124     number = db.Column(db.Integer, default=0)  # 购买数量
```

28.4.3 数据表关系

本项目的数据表之间存在着多个数据关系，如一个大分类（supercat 表）对应着多个小分类（subcat 表），而每个大分类和小分类下又对应着多个商品（goods 表）。一个购物车（cart 表）对应着多个商品（goods 表），一个订单（orders 表）又对应着多个订单明细（orders_detail 表）。使用 ER 图来直观地展现数据表之间的关系，如图 28.21 所示。

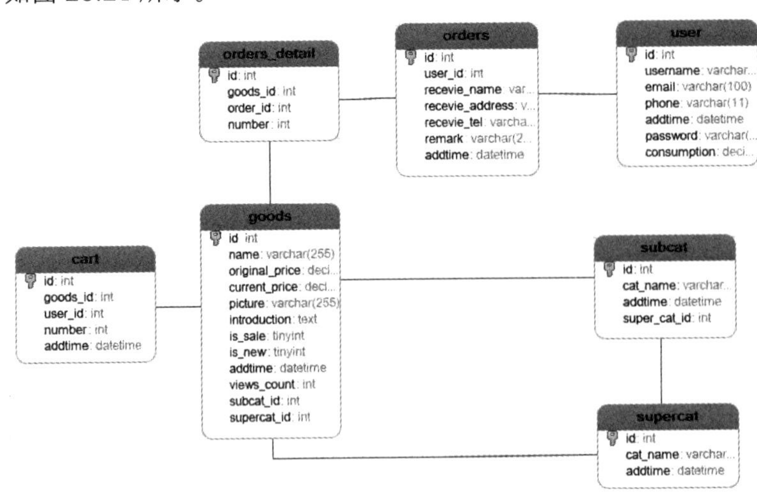

图 28.21 主要表关系

28.5 会员注册模块设计

28.5.1 会员注册模块概述

会员注册模块主要用于实现新用户注册成为网站会员的功能。在会员注册页面中，用户需要填写会员信息，然后单击“同意协议并注册”按钮，程序将自动验证输入的账户是否唯一，如果唯一，就把填写的会员信息保存到数据库中，否则给出提示，需要修改成唯一账户后，方可完成注册。另外，程序还将验证输入的信息是否合法，例如，不能输入中文的账户名称等。会员注册流程如图 28.22 所示，页面运行结果如图 28.23 所示。

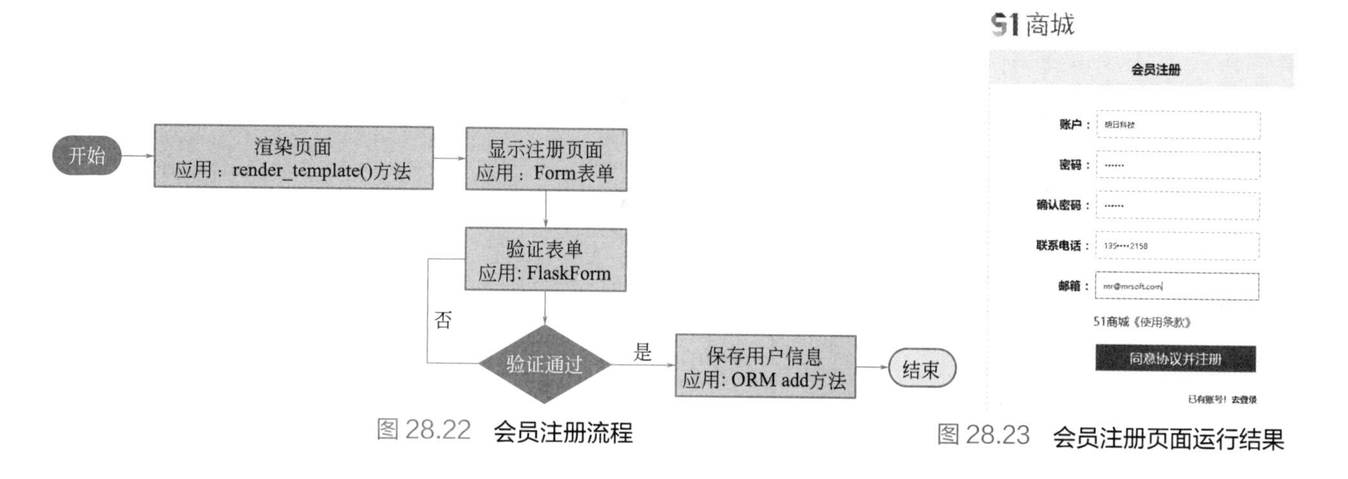

图 28.22　会员注册流程　　图 28.23　会员注册页面运行结果

28.5.2 会员注册页面

在会员注册页面的表单中，用户需要填写用户名、密码、确认密码、联系电话和邮箱信息。对于用户提交的信息，网站后台必须进行验证。验证内容包括用户名和密码是否为空、密码和确认密码是否一致、电话和邮箱格式是否正确等。在本项目中，使用 Flak-WTF 来创建表单。

1. 创建注册页面表单

在 app\home\forms.py 文件中，创建 RegiserForm 类继承 FlaskForm 类。RegiserForm 类中，定义注册页面表单中的每个字段类型和验证规则以及字段的相关属性等信息。例如，定义 username 表示用户名，该字段类型是字符串型，所以需要从 wtforms 导入 StringField。对于用户名，设置规则为不能为空，长度在 3 ～ 50 之间。所以，将 validators 设置为一个列表，包含该 DataRequired() 和 Length() 两个函数。而由于 Flask-WTF 并没有提供验证邮箱和验证手机号的功能，所以需要自定义 vilidata_email() 和 validate_phone() 两个函数来实现。具体代码如下：

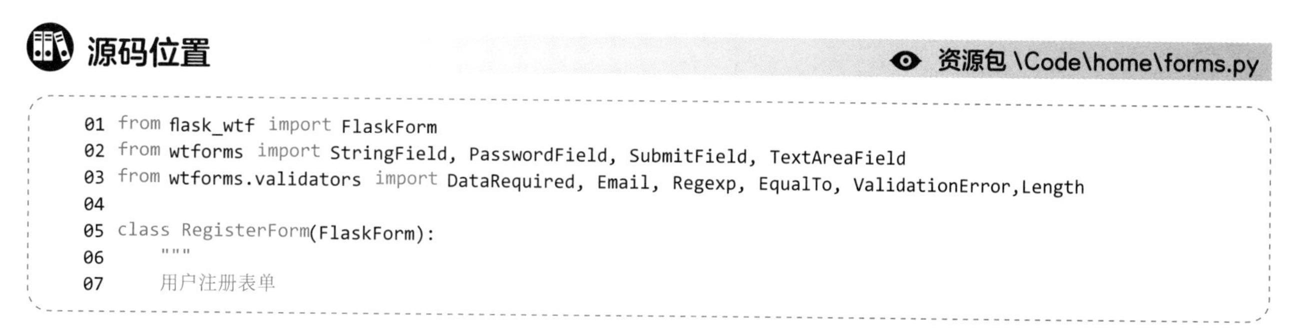

源码位置　　资源包 \Code\home\forms.py

```
01 from flask_wtf import FlaskForm
02 from wtforms import StringField, PasswordField, SubmitField, TextAreaField
03 from wtforms.validators import DataRequired, Email, Regexp, EqualTo, ValidationError,Length
04
05 class RegisterForm(FlaskForm):
06     """
07     用户注册表单
```

```
08      """
09      username = StringField(
10          label= "账户 ：",
11          validators=[
12              DataRequired("用户名不能为空！"),
13              Length(min=3, max=50, message="用户名长度必须在 3 到 10 位之间")
14          ],
15          description="用户名",
16          render_kw={
17              "type"       : "text",
18              "placeholder": "请输入用户名！",
19              "class":"validate-username",
20              "size" : 38,
21          }
22      )
23      phone = StringField(
24          label="联系电话 ：",
25          validators=[
26              DataRequired("手机号不能为空！"),
27              Regexp("1[34578][0-9]{9}", message="手机号码格式不正确")
28          ],
29          description="手机号",
30          render_kw={
31              "type": "text",
32              "placeholder": "请输入联系电话！",
33              "size": 38,
34          }
35      )
36      email = StringField(
37          label = "邮箱 ：",
38          validators=[
39              DataRequired("邮箱不能为空！"),
40              Email("邮箱格式不正确！")
41          ],
42          description="邮箱",
43          render_kw={
44              "type": "email",
45              "placeholder": "请输入邮箱！",
46              "size": 38,
47          }
48      )
49      password = PasswordField(
50          label="密码 ：",
51          validators=[
52              DataRequired("密码不能为空！")
53          ],
54          description="密码",
55          render_kw={
56              "placeholder": "请输入密码！",
57              "size": 38,
58          }
59      )
60      repassword = PasswordField(
61          label= "确认密码 ：",
62          validators=[
63              DataRequired("请输入确认密码！"),
64              EqualTo('password', message="两次密码不一致！")
65          ],
66          description="确认密码",
67          render_kw={
68              "placeholder": "请输入确认密码！",
69              "size": 38,
70          }
71      )
```

```
72      submit = SubmitField(
73          '同意协议并注册',
74          render_kw={
75              "class": "btn btn-primary login",
76          }
77      )
78
79      def validate_email(self, field):
80          """
81          检测注册邮箱是否已经存在
82          :param field: 字段名
83          """
84          email = field.data
85          user = User.query.filter_by(email=email).count()
86          if user == 1:
87              raise ValidationError("邮箱已经存在！")
88      def validate_phone(self, field):
89          """
90          检测手机号是否已经存在
91          :param field: 字段名
92          """
93          phone = field.data
94          user = User.query.filter_by(phone=phone).count()
95          if user == 1:
96              raise ValidationError("手机号已经存在！")
```

注意

自定义验证函数的格式为“validate_+ 字段名”，例如自定义的验证手机号的函数为“validate_phone”。

2. 显示注册页面

本项目中，所有模板文件均存储在“app/templates/”路径下。如果是前台模板文件，则存放于“app/templates/home/”路径下，在该路径下，创建 register.html 作为前台注册页面模板。接下来，需要使用 @home.route() 装饰器定义路由，并且使用 render_template() 函数渲染模板。关键代码如下：

源码位置 资源包 \Code\Shop\app\home\views.py

```
01 @home.route("/login/", methods=["GET", "POST"])
02 def login():
03     """
04     登录
05     """
06     form = LoginForm()                                          # 实例化 LoginForm 类
07     # 省略部分代码
08
09     return render_template("home/login.html",form=form)         # 渲染登录页面模板
```

上述代码中，实例化 LoginForm 类并赋值 form 变量，最后在 render_template() 函数中传递该参数。使用了 Flask-Form 来设置表单字段，那么在模板文件中，直接可以使用 form 变量来设置表单中的字段。如用户名字段（username）就可以使用 form.username 来代替。关键代码如下：

源码位置 资源包 \Code\Shop\app\templates\home\register.html

```
01 <form  action="" method="post" class="form-horizontal">
02    <fieldset>
```

```
03        <div class="form-group">
04            <div class="col-sm-4 control-label">
05                {{form.username.label}}
06            </div>
07            <div class="col-sm-8">
08                <!-- 账户文本框 -->
09                {{form.username}}
10                {% for err in form.username.errors %}
11                <span class="error">{{ err }}</span>
12                {% endfor %}
13            </div>
14        </div>
15        <div class="form-group">
16            <div class="col-sm-4 control-label">
17                {{form.password.label}}
18            </div>
19            <div class="col-sm-8">
20                <!-- 密码文本框 -->
21                {{form.password}}
22                {% for err in form.password.errors %}
23                <span class="error">{{ err }}</span>
24                {% endfor %}
25            </div>
26        </div>
27        <div class="form-group">
28            <div class="col-sm-4 control-label">
29                {{form.repassword.label}}
30            </div>
31            <div class="col-sm-8">
32                <!-- 确认密码文本框 -->
33                {{form.repassword}}
34                {% for err in form.repassword.errors %}
35                <span class="error">{{ err }}</span>
36                {% endfor %}
37            </div>
38        </div>
39        <div class="form-group">
40            <div class="col-sm-4 control-label">
41                {{form.phone.label}}
42            </div>
43            <div class="col-sm-8" style="clear: none;">
44                <!-- 输入联系电话的文本框 -->
45                {{form.phone}}
46                {% for err in form.phone.errors %}
47                <span class="error">{{ err }}</span>
48                {% endfor %}
49            </div>
50        </div>
51        <div class="form-group">
52            <div class="col-sm-4 control-label">
53                {{form.email.label}}
54            </div>
55            <div class="col-sm-8" style="clear: none;">
56                <!-- 输入邮箱的文本框 -->
57                {{form.email}}
58                {% for err in form.email.errors %}
59                <span class="error">{{ err }}</span>
60                {% endfor %}
61            </div>
62        </div>
63        <div class="form-group">
64            <div style="float: right; padding-right: 216px;">
65                51商城<a href="#" style="color: #0885B1;">《使用条款》</a>
66            </div>
```

```
67          </div>
68          <div class="form-group">
69             <div class="col-sm-offset-4 col-sm-8">
70                {{ form.csrf_token }}
71                {{ form.submit }}
72             </div>
73          </div>
74          <div class="form-group" style="margin: 20px;">
75             <label> 已有账号 !<a
76                href="{{url_for('home.login')}}"> 去登录 </a>
77             </label>
78          </div>
79       </fieldset>
80 </form>
```

渲染模板后，当访问网址“127.0.0.1:5000/register”时，运行效果如图 28.24 所示。

图 28.24　会员注册页面效果

注意

表单中使用 {{form.csrf_token}} 来设置一个隐藏域字段 csrf_token，该字段用于防止 CSRF 攻击。

28.5.3　验证并保存注册信息

当用户填写注册信息并单击“同意协议并注册”按钮时，程序将以 POST 方式提交表单。提交路径是 form 表单的“action”属性值。在 register.html 中 action= “” 就是提交到当前 URL。

在 register() 方法中，使用 form.validate_on_submit() 来验证表单信息，如果验证失败，则在页面返回相应的错误信息。验证全部通过后，将用户注册信息写入 user 表中。具体代码如下：

源码位置　资源包 \Code\Shop\app\home\views.py

```
01 @home.route("/register/", methods=["GET", "POST"])
02 def register():
03     """
04     注册功能
05     """
06     if "user_id" in session:
07         return redirect(url_for("home.index"))
08     form = RegisterForm()                                   # 导入注册表单
09     if form.validate_on_submit():                           # 提交注册表单
10         data = form.data                                    # 接收表单数据
11         # 为 User 类属性赋值
12         user = User(
13             username = data["username"],                    # 用户名
14             email = data["email"],                          # 邮箱
15             password = generate_password_hash(data["password"]),   # 对密码加密
16             phone = data['phone']
17         )
18         db.session.add(user)                                # 添加数据
19         db.session.commit()                                 # 提交数据
20         return redirect(url_for("home.login"))              # 登录成功，跳转到首页
21     return render_template("home/register.html", form=form)  # 渲染模板
```

在注册页面输入注册信息，当密码和确认密码不一致时，提示如图 28.25 所示错误信息。当联系电

话格式错误时，提示如图 28.26 所示错误信息。当验证通过后，则将注册用户信息保存到 user 表中，并且跳转到登录页面。

图 28.25　密码不一致　　图 28.26　手机号码格式错误

28.6　会员登录模块设计

28.6.1　会员登录模块概述

会员登录模块主要用于实现网站的会员功能，在该页面中，填写会员账户、密码和验证码（如果验证码看不清楚，可以单击验证码图片刷新该验证码），单击“登录”按钮，即可实现会员登录。如果没有输入账户、密码或者验证码，都将给予提示。另外，验证码输入错误也将给予提示。登录流程如图 28.27 所示，登录页面效果如图 28.28 所示。

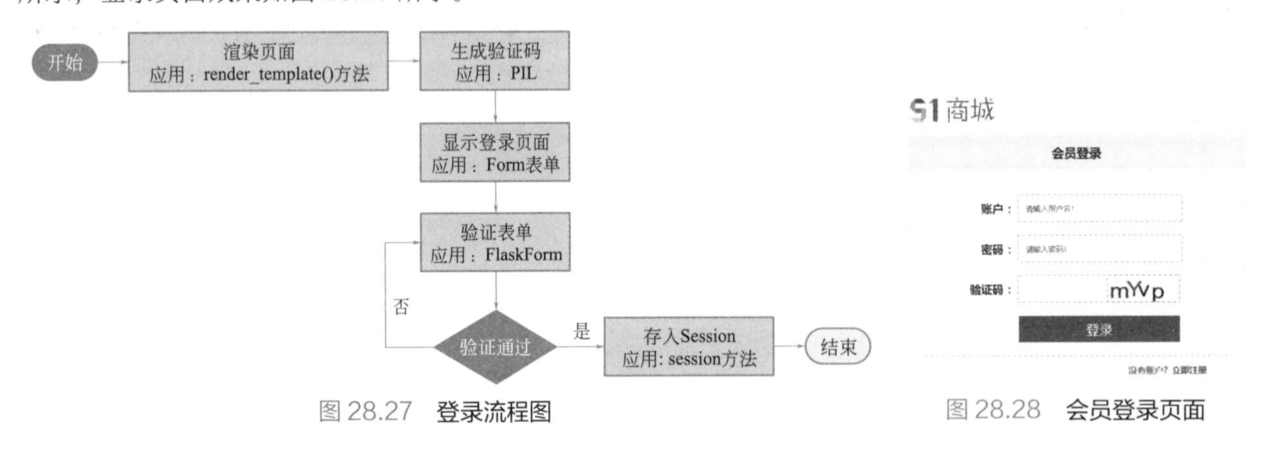

图 28.27　登录流程图　　图 28.28　会员登录页面

28.6.2　创建会员登录页面

在会员登录页面，需要用户填写用户名、密码和验证码。用户名和密码的表单字段与登录页面相同，这里不再赘述，重点介绍一下与验证码相关的内容。

1. 生成验证码

登录页面的验证码是一个图片验证码，也就是在一张图片上显示数字 0 ～ 9，和 26 个小写字母 a ～ z

和 26 个大写字母 A ～ Z 的随机组合。那么，可以使用 String 模块 ascii_letters 和 digits 方法，其中 ascii_letters 是生成所有字母（a ～ z 和 A ～ Z）,digits 是生成所有数字 0 ～ 9。最后使用 PIL(图像处理标准库) 来生成图片。实现代码如下：

源码位置 资源包 \Code\Shop\app\home\views.py

```
01 import random
02 import string
03 from PIL import Image, ImageFont, ImageDraw
04 from io import BytesIO
05
06 def rndColor():
07     ''' 随机颜色 '''
08     return (random.randint(32, 127), random.randint(32, 127), random.randint(32, 127))
09
10 def gene_text():
11     ''' 生成 4 位验证码 '''
12     return ''.join(random.sample(string.ascii_letters+string.digits, 4))
13
14 def draw_lines(draw, num, width, height):
15     ''' 划线 '''
16     for num in range(num):
17         x1 = random.randint(0, width / 2)
18         y1 = random.randint(0, height / 2)
19         x2 = random.randint(0, width)
20         y2 = random.randint(height / 2, height)
21         draw.line(((x1, y1), (x2, y2)), fill='black', width=1)
22
23 def get_verify_code():
24     ''' 生成验证码图形 '''
25     code = gene_text()
26     # 图片大小 120×50
27     width, height = 120, 50
28     # 新图片对象
29     im = Image.new('RGB',(width, height),'white')
30     # 字体
31     font = ImageFont.truetype('app/static/fonts/arial.ttf', 40)
32     # draw 对象
33     draw = ImageDraw.Draw(im)
34     # 绘制字符串
35     for item in range(4):
36         draw.text((5+random.randint(-3,3)+23*item, 5+random.randint(-3,3)),
37                   text=code[item], fill=rndColor(),font=font )
38     return im, code
```

2. 显示验证码

接下来，显示验证码。定义路由“/code”，在该路由下调用 get_verify_code() 方法生成验证码，然后生成一个 jpeg 格式的图片。最后需要将图片现在路由下。为节省内存空间，返回一张 gif 图片。具体代码如下：

源码位置 资源包 \Code\Shop\app\home\views.py

```
01 @home.route('/code')
02 def get_code():
03     image, code = get_verify_code()
04     # 图片以二进制形式写入
05     buf = BytesIO()
06     image.save(buf, 'jpeg')
```

```
07      buf_str = buf.getvalue()
08      # 把 buf_str 作为 response 返回前端，并设置首部字段
09      response = make_response(buf_str)
10      response.headers['Content-Type'] = 'image/gif'
11      # 将验证码字符串储存在 session 中
12      session['image'] = code
13      return response
```

访问“http://127.0.0.1:5000/code”，运行结果如图 28.29 所示。

最后，需要将验证码显示在登录页面上。这时，可以将在模板文件中的验证码图片 <img> 标签的“src”属性设置为“{{url_for(‘home.get_code’)}}”。此外，当点击验证码图片时还需要更新验证码图片，该功能可以通过 JavaScript 的 onclick 点击事件来实现，当点击图片时，设置使用 Math.random() 来生成一个随机数。关键代码：

源码位置 资源包 \Code\Shop\app\templates\home\login.html

```
01 <div class="col-sm-8" style="clear: none;">
02    <!-- 验证码文本框 -->
03    {{form.verify_code}}
04       <!-- 显示验证码 -->
05       <img class="img_checkcode" src="{{url_for('home.get_code')}}" width="116"
06            height="43" onclick="this.src='{{url_for('home.get_code')}}'+'?'+ Math.random()">
07 </div>
```

在登录页面，点击验证码图片后，将会更新验证码，运行效果如图 28.30 所示。

图 28.29　生成验证码

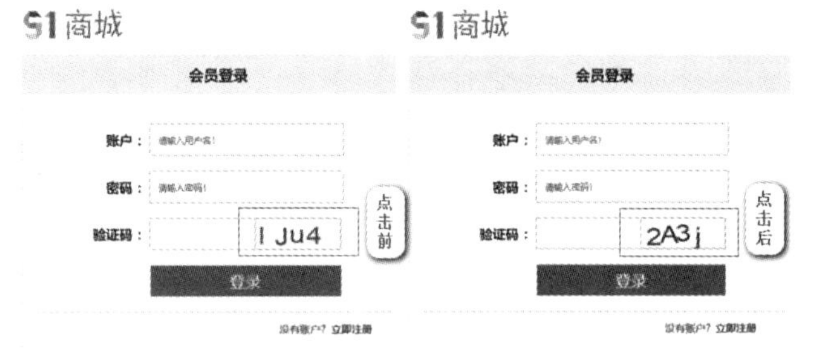

图 28.30　更新验证码效果

3. 检测验证码

在登录页面，点击“登录”按钮后，程序会对用户输入的字段进行验证。那么对于验证码图片该如何验证呢？在使用 get_code() 方法生成验证码的时候，有如下代码：

```
session['image'] = code
```

也就是将验证码的内容写入了 session，那么只需要将用户输入的验证码和 session[‘image’] 进行对比即可。由于验证码内容包括英文大小写字母，所以在对比前，全部将其转化为英文小写字母，然后再对比。关键代码如下：

源码位置 资源包 \Code\Shop\app\home\views.py

```
01 if session.get('image').lower() != form.verify_code.data.lower():
02     flash(' 验证码错误 ',"err")
03     return redirect(url_for("home.login"))  # 调回登录页
```

在登录页面填写登录信息时，如果验证码错误，则提示错误信息，运行结果如图 28.31 所示。

图 28.31　验证码错误运行结果

28.6.3　保存会员登录状态

用户填写登录信息后，除了要判断验证码是否正确，还需要验证用户名是否存在，以及用户名和密码是否匹配等内容。如果全部验证通过，需要将 user_id 和 user_name 写入 session 中，为后面判断用户是否登录做准备。此外，还需要在用户访问“/login”路由时，判断用户是否已经登录，如果用户之前已经登录过，那么则不需要再次登录，而是直接跳转到商城首页。具体代码如下：

源码位置　　资源包 \Code\Shop\app\home\views.py

```
01 @home.route("/login/", methods=["GET", "POST"])
02 def login():
03     """
04     登录
05     """
06     if "user_id" in session:        # 如果已经登录，则直接跳转到首页
07         return redirect(url_for("home.index"))
08     form = LoginForm()              # 实例化 LoginForm 类
09     if form.validate_on_submit():
10         data = form.data            # 接收表单数据
11         # 判断用户名和密码是否匹配
12         user = User.query.filter_by(username=data["username"]).first()    # 获取用户信息
13         if not user :
14             flash(" 用户名不存在 !", "err")            # 输出错误信息
15             return render_template("home/login.html", form=form)  # 返回登录页
16         # 调用 check_password() 方法，检测用户名密码是否匹配
17         if not user.check_password(data["password"]):
18             flash(" 密码错误 !", "err")            # 输出错误信息
19             return render_template("home/login.html", form=form)  # 返回登录页
20         if session.get('image').lower() != form.verify_code.data.lower():
21             flash(' 验证码错误 ',"err")
22             return render_template("home/login.html", form=form)  # 返回登录页
23         session["user_id"] = user.id    # 将 user_id 写入 session，判断用户是否登录
24         session["username"] = user.username # 将 username 写入 session，判断用户是否登录
25         return redirect(url_for("home.index")) # 登录成功，跳转到首页
26
27     return render_template("home/login.html",form=form) # 渲染登录页面模板
```

28.6.4　会员退出功能

退出功能的实现比较简单，清空登录时 session 中的 user_id 和 username 即可。使用 session.pop() 函数来实现该功能。具体代码如下：

源码位置　　资源包 \Code\Shop\app\home\views.py

```
01 @home.route("/logout/")
02 def logout():
03     """
04     退出登录
```

```
05        """
06        # 重定向到 home 模块下的登录。
07        session.pop("user_id", None)
08        session.pop("username", None)
09        return redirect(url_for('home.login'))
```

当用户点击“退出”按钮时，执行 logout() 方法，并且跳转到登录页。

28.7　首页模块设计

28.7.1　首页模块概述

当用户访问 51 商城时，首先进入的便是前台首页。前台首页设计的美观程度将直接影响用户的购买欲望。在 51 商城的前台首页中，用户不但可以查看最新上架、打折商品等信息，还可以及时了解热门商品以及商城推出的最新活动或者广告。51 商城前台首页流程如图 28.32 所示，运行结果如图 28.33 所示。

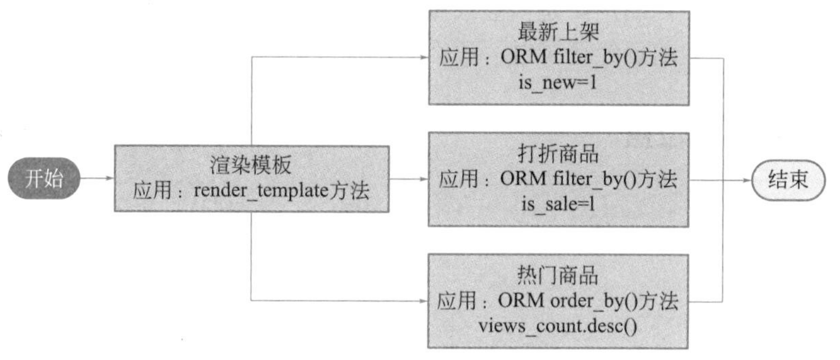

图 28.32　前台首页流程图

图 28.33　商城首页

商城首页中，主要有 3 个部分需要添加动态代码，也就是最新上架、打折商品和热门商品。从数据库中读取 goods(商品表) 中数据，并应用循环显示在页面上。

28.7.2 显示最新上架商品

最新上架商品数据来源于 goods(商品表) 中 is_new 字段为 1 的记录。由于数据较多，所以在商城首页中，根据商品的 addtime(添加时间) 降序排序，筛选出 12 条记录。然后在模板中，遍历数据，显示商品信息。

本项目中，使用 Flask-SQLAlchemy 来操作数据库，查询最新上架商品的关键代码如下：

源码位置 资源包 \Code\Shop\app\home\views.py

```
01 @home.route("/")
02 def index():
03     """
04     首页
05     """
06 # 获取 12 个新品
07 new_goods = Goods.query.filter_by(is_new=1).order_by(
08                 Goods.addtime.desc()
09                     ).limit(12).all()
10 return render_template('home/index.html',new_goods=new_goods) # 渲染模板
```

接下来渲染模板，关键代码如下：

源码位置 资源包 \Code\Shop\app\templates\home\index.html

```
01 <div class="row">
02    <!-- 循环显示最新上架商品 : 添加 12 条商品信息 -->
03    {% for item in new_goods %}
04    <div class="product-grid col-lg-2 col-md-3 col-sm-6 col-xs-12">
05       <div class="product-thumb transition">
06          <div class="actions">
07             <div class="image">
08                <a href="{{url_for('home.goods_detail',id=item.id)}}">
09                   <img src="{{url_for('static',filename='images/goods/'+item.picture)}}" >
10                </a>
11             </div>
12             <div class="button-group">
13                <div class="cart">
14                   <button class="btn btn-primary btn-primary" type="button"
15                      data-toggle="tooltip"
16                       onclick='javascript:window.location.href="/cart_add/?goods_id={{item.id}}&number=1"; '
17                      style="display: none; width: 33.3333%;"
18                      data-original-title=" 加入到购物车 ">
19                      <i class="fa fa-shopping-cart"></i>
20                   </button>
21                </div>
22             </div>
23          </div>
24          <div class="caption">
25             <div class="name" style="height: 40px">
26                <a href="{{url_for('home.goods_detail',id=item.id)}}">
27                   {{item.name}}
28                </a>
29             </div>
30             <p class="price">
31                价格: {{item.current_price}} 元
32             </p>
```

```
33            </div>
34         </div>
35      </div>
36      {% endfor %}
37      <!-- // 循环显示最新上架商品：添加 12 条商品信息 -->
38 </div>
```

商城首页最新上架商品运行效果如图 28.34 所示。

图 28.34　最新上架商品

28.7.3　显示打折商品

打折商品数据来源于 goods(商品表) 中 is_sale 字段为 1 的记录。由于数据较多，所以在商城首页中，根据商品的 addtime(添加时间) 降序排序，筛选出 12 条记录。然后在模板中，遍历数据，显示商品信息。

查询打折商品的关键代码如下：

源码位置　　资源包 \Code\Shop\app\home\views.py

```
01 @home.route("/")
02 def index():
03     """
04     首页
05     """
06     # 获取 12 个打折商品
07     sale_goods = Goods.query.filter_by(is_sale=1).order_by(
08                 Goods.addtime.desc()
09                     ).limit(12).all()
10     return render_template('home/index.html' ,sale_goods=sale_goods) # 渲染模板
```

接下来渲染模板，关键代码如下：

源码位置　　资源包 \Code\Shop\app\templates\home\index.html

```
01 <div class="row">
02    <!-- 循环显示打折商品 ： 添加 12 条商品信息 -->
03    {% for item in sale_goods %}
04    <div class="product-grid col-lg-2 col-md-3 col-sm-6 col-xs-12">
05       <div class="product-thumb transition">
06          <div class="actions">
07             <div class="image">
08                <a href="{{url_for('home.goods_detail',id=item.id)}}">
09                   <img src="{{url_for('static',filename='images/goods/'+item.picture)}}"
10                      alt="{{item.name}}" class="img-responsive">
11                </a>
12             </div>
13             <div class="button-group">
14                <div class="cart">
15                   <button class="btn btn-primary btn-primary" type="button"
16                      data-toggle="tooltip"
17                      onclick='javascript:window.location.href=
18                            "/cart_add/?goods_id={{item.id}}&number=1"; '
19                      style="display: none; width: 33.3333%;"
20                      data-original-title=" 加入到购物车 ">
21                      <i class="fa fa-shopping-cart"></i>
```

```
22                    </button>
23                </div>
24            </div>
25        </div>
26        <div class="caption">
27            <div class="name" style="height: 40px">
28                <a href="{{url_for('home.goods_detail',id=item.id)}}" style="width: 95%">
29                    {{item.name}}</a>
30            </div>
31            <div class="name" style="margin-top: 10px">
32                <span style="color: #0885B1"> 分类: </span>{{item.subcat.cat_name}}
33            </div>
34            <span class="price"> 现价: {{item.current_price}} 元
35            </span><br> <span class="oldprice"> 原价: {{item.original_price}} 元
36            </span>
37        </div>
38    </div>
39 </div>
40 {% endfor %}
41 <!-- 循环显示打折商品 : 添加 12 条商品信息 -->
42 </div>
```

商城首页最新上架商品运行效果如图 28.35 所示。

图 28.35 打折商品

28.7.4 显示热门商品

热门商品数据来源于 goods(商品表) 中 views_count 字段值较高的记录。由于页面布局限制，我们只根据 views_count 降序筛选 2 条记录。然后在模板中，遍历数据，显示商品信息。

查询热门商品的关键代码如下:

源码位置

资源包 \Code\Shop\app\home\views.py

```
01 @home.route("/")
02 def index():
03     """
04     首页
05     """
06     # 获取 2 个热门商品
07     hot_goods = Goods.query.order_by(Goods.views_count.desc()).limit(2).all()
08
09     return render_template('home/index.html', hot_goods=hot_goods) # 渲染模板
```

接下来渲染模板，关键代码如下:

```
01 <div class="box_oc">
02     <!-- 循环显示热门商品 : 添加两条商品信息 -->
03     {% for item in hot_goods %}
04     <div class="box-product product-grid">
05         <div>
06             <div class="image">
07                 <a href="{{url_for('home.goods_detail',id=item.id)}}">
08                     <img src="{{url_for('static',filename='images/goods/'+item.picture)}}" >
09                 </a>
10             </div>
```

```
11            <div class="name">
12               <a href="{{url_for('home.goods_detail',id=item.id)}}">{{item.name}}</a>
13            </div>
14            <!-- 商品价格 -->
15            <div class="price">
16               <span class="price-new">价格: {{item.current_price}} 元 </span>
17            </div>
18            <!-- // 商品价格 -->
19         </div>
20      </div>
21      {% endfor %}
22      <!-- // 循环显示热门商品 : 添加两条商品信息 -->
23</div>
```

商城首页热门商品运行效果如图 28.36 所示。

图 28.36　热门商品

28.8　购物车模块

28.8.1　购物车模块概述

在 51 商城中，购物车流程如图 28.37 所示。在首页或商品详情页单击某个商品可以进入到显示商品的详细信息页面，如图 28.38 所示。在该页面中，单击“添加到购物车”按钮，即可将相应商品添加到购物车，然后填写物流信息，如图 28.39 所示。单击“结账”按钮，将弹出如图 28.40 所示的支付对话框。最后单击“支付”按钮，模拟提交支付并生成订单。

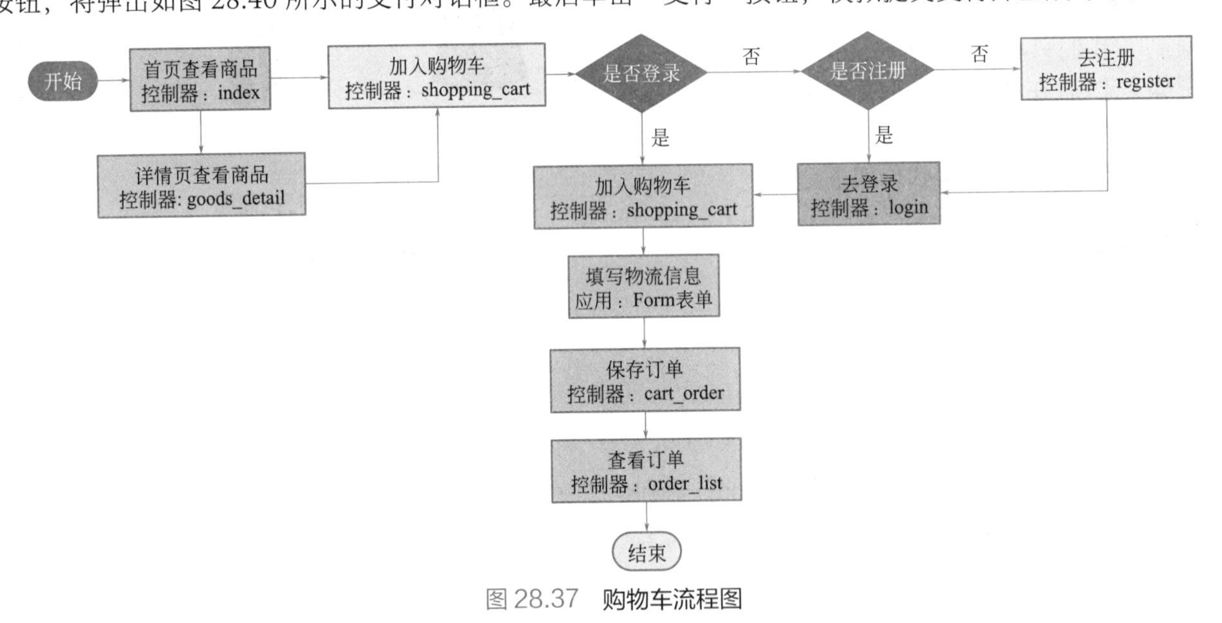

图 28.37　购物车流程图

28.8.2　显示商品详细信息

在首页单击任何商品名称或者商品图片，都将显示该商品的详细信息页面。该页面中，除显示商品的信息外，还需要显示左侧的热门商品和底部的推荐商品，如图 28.41 所示。

对于商品的详细信息，需要根据商品 ID，使用 get_or_404(id) 方法来获取。对于左侧热门商品，需要获取该商品的同一个子类别下的商品，例如正在访问的商品子类别是音箱，那么左侧热门商品就是音箱相关的产品，并且根据浏览量从高到低排序，筛选出 5 条记录。对于底部的推荐商品，与热门商品类似，只是根据商品添加时间从高到低排序，筛选出 5 条记录。

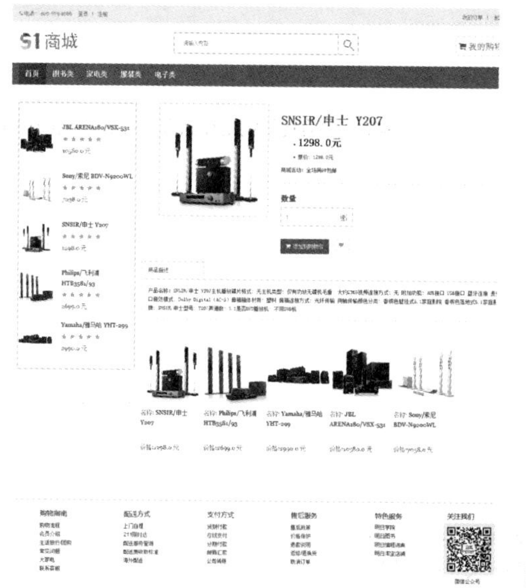

图 28.38　商品详细信息页面

图 28.39　查看购物车页面

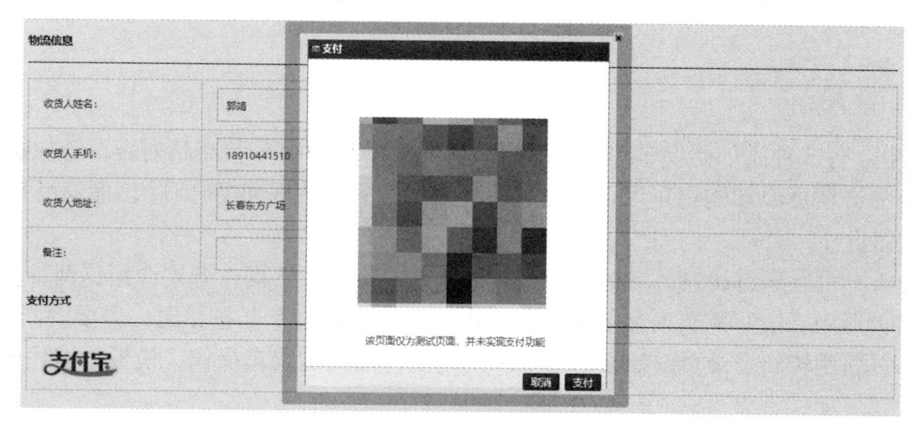

图 28.40　支付对话框

图 28.41　商品详情页

此外，由于要统计商品的浏览量，所以每当进入商品详情页时，需要更新一下 goods(商品) 表中该商品的 views_count(浏览量) 字段，将其值加 1。

商品详情页的完整代码如下：

源码位置 资源包 \Code\Shop\app\home\views.py

```
01 @home.route("/goods_detail/<int:id>/")
02 def goods_detail(id=None):  # id 为商品 ID
03     """
04     详情页
05     """
06     user_id = session.get('user_id', 0)  # 获取用户 ID，判断用户是否登录
07     goods = Goods.query.get_or_404(id) # 根据景区 ID 获取景区数据，如果不存在则返回 404
08     # 浏览量加 1
09     goods.views_count += 1
10     db.session.add(goods) # 添加数据
11     db.session.commit()   # 提交数据
12     # 获取左侧热门商品
13     hot_goods = Goods.query.filter_by(subcat_id=goods.subcat_id).order_by(
14                     Goods.views_count.desc()).limit(5).all()
15     # 获取底部相关商品
16     similar_goods = Goods.query.filter_by(subcat_id=goods.subcat_id).order_by(
17                     Goods.addtime.desc()).limit(5).all()
18     return render_template('home/goods_detail.html',goods=goods,hot_goods=hot_goods,
19                         similar_goods=similar_goods,user_id=user_id)   # 渲染模板
```

28.8.3 添加购物车

在 51 商城中，有 2 种添加购物车的方法：商品详情页添加购物车和商品列表页添加购物车。它们之间的区别在于商品详情页添加购物车可以选择购买商品的数量（大于或等于 1），而商品列表页添加购物车则默认购买数量为 1。

基于以上分析，可以通过设置 <a> 标签的方式来添加购物车。下面，分别介绍这两种情况。

在商品详情页面中，填写购买商品数量后，点击“添加到购物车”按钮时，需要判断用户是否登录。如果没有登录，页面跳转到登录页；如果已经登录，则执行加入购物车操作。模板关键代码如下：

源码位置 Code\Shop\app\templates\home\goods_detail.html

```
01 <button type="button" onclick="addCart()" class="btn btn-primary btn-primary">
02    <i class="fa fa-shopping-cart"></i> 添加到购物车 </button>
03
04 <script type="text/javascript">
05 function addCart() {
06     var user_id = {{ user_id }};          // 获取当前用户的 id
07     var goods_id = {{ goods.id }}         // 获取商品的 id
08     if( !user_id){
09         window.location.href = "/login/";  // 如果没有登录，跳转到登录页
10         return ;
11     }
12     var number = $('#shuliang').val();     // 获取输入的商品数量
13     // 验证输入的数量是否合法
14     if (number < 1) {                     // 如果输入的数量不合法
15         alert(' 数量不能小于 1!');
16         return;
17     }
18     window.location.href = '/cart_add?goods_id='+goods_id+"&number="+number
19     }
20 </script>
```

注意

需要判断用户填写的购买数量，如果数量小于 1，则提示错误信息。

在商品列表页，当单击购物车图标时，执行添加购物车操作，商品数量默认为 1。模板关键代码如下：

源码位置 Code\Shop\app\templates\home\index.html

```
01 <button class="btn btn-primary btn-primary" type="button"
02     data-toggle="tooltip"
03     onclick='javascript:window.location.href="/cart_add/?goods_id={{item.id}}&number=1"; '
04     style="display: none; width: 33.3333%;"
05     data-original-title=" 加入到购物车 ">
06     <i class="fa fa-shopping-cart"></i>
07 </button>
```

在以上两种情况下，添加购物车都执行链接“/cart_add/”并传递 goods_id 和 number 两个参数。然后将它写入到 cart(购物车表) 中，具体代码如下：

源码位置 资源包 \Code\Shop\app\home\views.py

```
01 @home.route("/cart_add/")
02 @user_login
03 def cart_add():
04     """
05     添加购物车
06     """
07     cart = Cart(
08         goods_id = request.args.get('goods_id'),
09         number = request.args.get('number'),
10         user_id=session.get('user_id', 0)    # 获取用户 ID，判断用户是否登录
11     )
12     db.session.add(cart)                     # 添加数据
13     db.session.commit()                      # 提交数据
14     return redirect(url_for('home.shopping_cart'))
```

28.8.4 查看购物车

将商品添加到购物车后，需要把页面跳转到查看购物车页面，用于显示已经添加到购物车中的商品。

购物车中的商品数据来源于 cart(购物车表) 和 goods(商品表)。由于 cart 表的 goods_id 字段与 goods 表的 id 字段关联，所以可以直接查找 cart 表中 user_id 为当前用户 ID 的记录。具体代码如下：

源码位置 资源包 \Code\Shop\app\home\views.py

```
01 @home.route("/shopping_cart/")
02 @user_login
03 def shopping_cart():
04     user_id = session.get('user_id',0)
05     cart=Cart.query.filter_by(user_id= int(user_id)).order_by(Cart.addtime.desc()).all()
06     if cart:
07         return render_template('home/shopping_cart.html',cart=cart)
08     else:
09         return render_template('home/empty_cart.html')
```

上述代码中，判断用户购物车中是否有商品，如果没有，则渲染 empty_cart.html 模板，运行结果如

图 28.42 所示，否则渲染购物车列表页模板 shopping_cart.html，运行结果如图 28.43 所示。

图 28.42　清空购物车页面

我的购物车

商品图片	商品名称	数量	单价	总计
	从0到1：开启商业与未来的秘密	1件	24.00元	24.00元
	SNSIR/申士 Y207	1件	1298.00元	1298.00元
			总计:	1322元

图 28.43　购物车页面

28.8.5　保存订单

商品加入购物车后，需要填写物流信息，包括“收货人姓名”“收货人手机”和“收货人地址”等。然后点击结账按钮，弹出支付二维码。由于调用支付宝接口需要注册支付宝企业账户，并且完成实名认证，所以，在本项目中，只是来模拟一下支付功能。当点击弹窗右下角的“支付”按钮，就默认支付完成。此时，需要保存订单。

对于保存订单功能，需要 orders 表和 orders_detail 表来实现，它们之间是一对多的关系。例如，在一个订单中，可以有多个订单明细。orders 表用于记录收货人的姓名、电话和地址等信息，而 orders_detail 表用于记录该订单中的商品信息。所以，在添加订单时，需要同时添加到 orders 表和 orders_detail 表。实现代码如下：

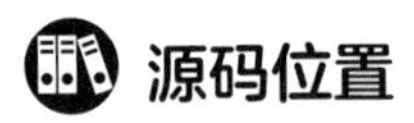
源码位置　　资源包 \Code\Shop\app\home\views.py

```
01 @home.route("/cart_order/",methods=['GET','POST'])
02 @user_login
03 def cart_order():
04     if request.method == 'POST':
05         user_id = session.get('user_id',0) # 获取用户 id
06         # 添加订单
07         orders = Orders(
08             user_id = user_id,
09             recevie_name = request.form.get('recevie_name'),
10             recevie_tel = request.form.get('recevie_tel'),
11             recevie_address = request.form.get('recevie_address'),
12             remark = request.form.get('remark')
13         )
14         db.session.add(orders)              # 添加数据
15         db.session.commit()                 # 提交数据
16         # 添加订单详情
17         cart = Cart.query.filter_by(user_id=user_id).all()
18         object = []
19         for item in cart :
20             object.append(
21                 OrdersDetail(
22                     order_id=orders.id,
23                     goods_id=item.goods_id,
24                     number = item.number,)
25             )
```

```
26          db.session.add_all(object)
27          # 更改购物车状态
28          Cart.query.filter_by(user_id=user_id).update({'user_id': 0})
29          db.session.commit()
30      return redirect(url_for('home.index'))
```

上述代码中，在添加 orders_detail 表时，由于有多个数据，所以使用了 add_all() 方法来批量添加。此外，值得注意的是，当添加完订单后，购物车就已经清空了，此时需要修改 cart(购物车) 表的 order_id 字段，将其值更改为 0。这样，再查看购物车时，购物车将没有数据。

28.8.6 查看订单

订单支付完成后，可以单击“我的订单”按钮，来查看订单信息。订单信息来源于 orders 表和 orders_detail 表。实现代码如下：

源码位置 资源包 \Code\Shop\app\home\views.py

```
01 @home.route("/order_list/",methods=['GET','POST'])
02 @user_login
03 def order_list():
04     """
05     我的订单
06     """
07     user_id = session.get('user_id',0)
08     orders = OrdersDetail.query.join(Orders).filter(Orders.user_id==user_id).order_by(
09                 Orders.addtime.desc()).all()
10     return render_template('home/order_list.html',orders=orders)
```

运行结果如图 28.44 所示。

28.9 后台功能模块设计

28.9.1 后台登录模块设计

在网站前台首页的底部提供了后台管理员入口，通过该入口可以进入到后台登录页面。在该页面，管理人员通过输入正确的用户名和密码即可登录到网站后台。当用户没有输入用户名或密码，系统将进行判断并给予提示信息，否则进入到管理员登录处理页验证用户信息。后台登录页面运行结果如图 28.45 所示。

我的订单

订单号	产品名称	购买数量	单价	消费金额	收货人姓名	收货人手机	下单日期
27	影响力（经典版）	1件	30.00元	30.00元	郭靖	18910441510	2018-11-02 15:55:50
27	行动的勇气：金融危机及其余波回忆录	1件	50.00元	50.00元	郭靖	18910441510	2018-11-02 15:55:50
26	从0到1：开启商业与未来的秘密	1件	24.00元	24.00元	小明	18910441510	2018-11-02 15:55:01
26	SIEMENS/西门子 KA62DS50TI	1件	18500.00元	18500.00元	小明	18910441510	2018-11-02 15:55:01
26	JBL ARENA180/VSX-531	1件	10580.00元	10580.00元	小明	18910441510	2018-11-02 15:55:01

继续购物

图 28.44 我的订单

图 28.45 后台登录页面运行结果

28.9.2 商品管理模块设计

51 商城的商品管理模块主要实现对商品信息的管理，包括分页显示商品信息、添加商品信息、修改商品信息等功能。下面分别进行介绍。

1. 分页显示商品信息

商品管理模块的首页是分页显示商品信息页，主要用于将商品信息表中的商品信息以列表的方式显示，并为之添加“修改”和“删除”功能，方便用户对商品信息进行修改和删除。商品管理模块首页的运行结果如图 28.46 所示。

图 28.46　商品管理模块首页运行结果

2. 添加商品信息

在商品管理首页中单击“添加商品信息”即可进入到添加商品信息页面，添加商品信息页面主要用于向数据库中添加新的商品信息。添加商品信息页面的运行结果如图 28.47 所示。

图 28.47　添加商品信息页面的运行结果

3. 修改商品信息

在商品管理首页中单击想要修改的商品信息后面的修改图标，即可进入到修改商品信息页面。修改商品信息页面主要用于修改指定商品的基本信息。修改商品信息页面的运行结果如图 28.48 所示。

图 28.48　修改商品信息页面的运行结果

28.9.3　销量排行榜模块设计

单击后台导航条中的“销量排行榜”即可进入到销量排行榜页面，在该页面中将以表格的形式对销量排在前十名的商品信息进行显示，从而方便管理员及时了解各种商品的销量情况，从而根据该结果做出相应的促销活动。销量排行榜页面的运行效果如图 28.49 所示。

图 28.49　销量排行榜页面的运行效果

28.9.4　会员管理模块设计

单击后台导航条中的“会员管理”即可进入到会员信息管理首页。对于会员信息的管理主要是查看会员基本信息和对于经常失信的会员予以冻结或解冻，但对于会员密码，管理员是无权查看的。会员信息管理页面的运行效果如图 28.50 所示。

图 28.50　会员信息管理页面的运行结果

28.9.5　订单管理模块设计

单击后台导航条中的“订单管理”即可进入到订单信息管理首页。对于订单的管理主要是显示订单列表，以及按照订单编号查询指定的订单。订单管理模块首页运行结果如图 28.51 所示。

图 28.51　订单管理模块首页运行结果

小结

本章主要介绍如何使用 Flask 框架实现 51 商城项目。在本项目中，重点讲解了商城前台功能的实现，包括登录注册、查看商品、推荐商品、加入购物车、提交订单等功能。在实现这些功能时，使用了 Flask 的流行模块，包括使用 Flask-SQLAlchemy 来操作数据库、使用 Flask-WTF 创建表单等。学习完本章内容后，也可以自行完成商品收藏功能，从而提高动手编程实战能力，并了解项目开发流程，掌握 Flask 开发 Web 技术，为今后项目开发积累经验。

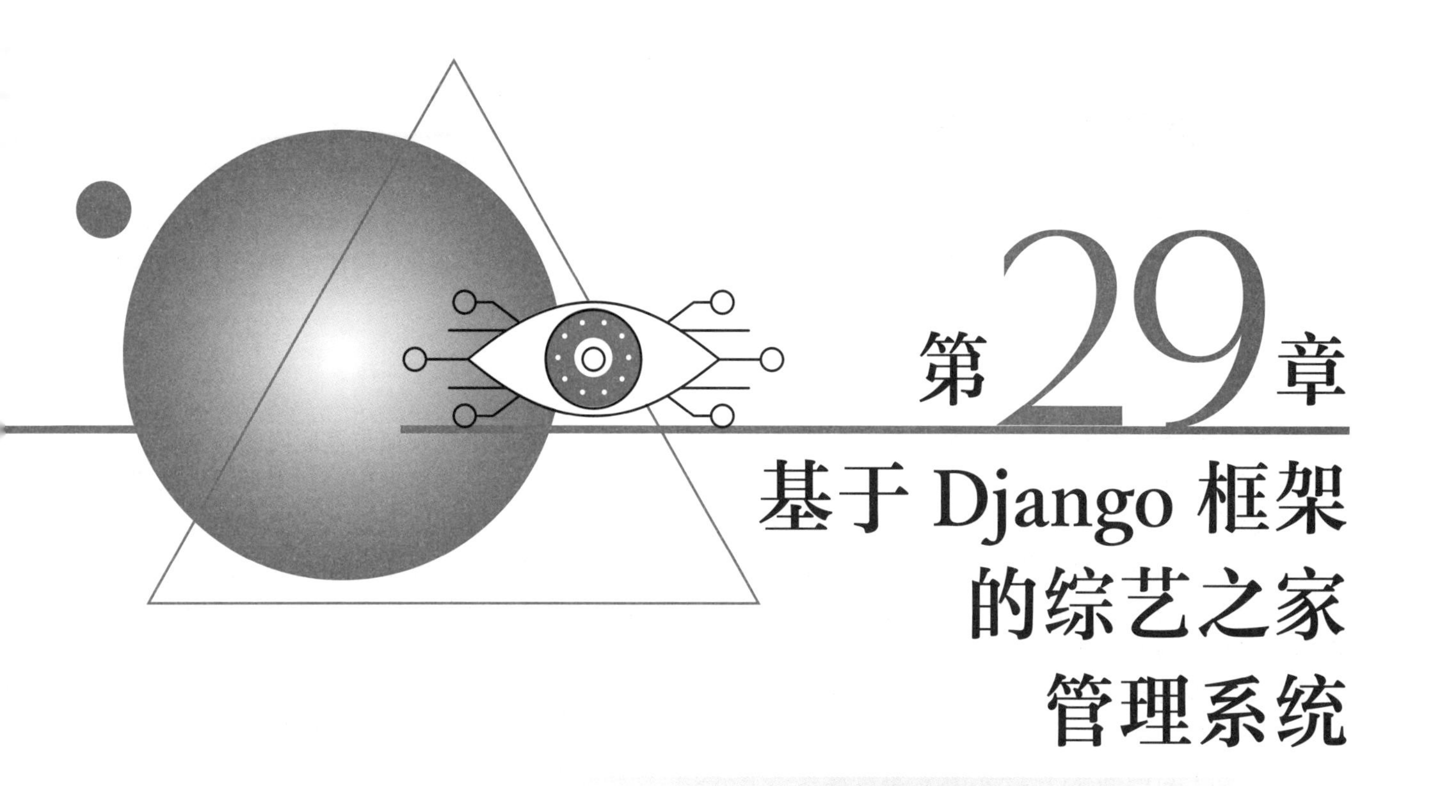

第29章 基于Django框架的综艺之家管理系统

本章设计并实现了一个综艺节目信息可视化展示系统，包括视频播放、用户间交流、节目数据可视化等功能。通过对该系统的使用，提高用户搜索节目的便捷程度，并更直观地展示数据间存在的规律与联系。

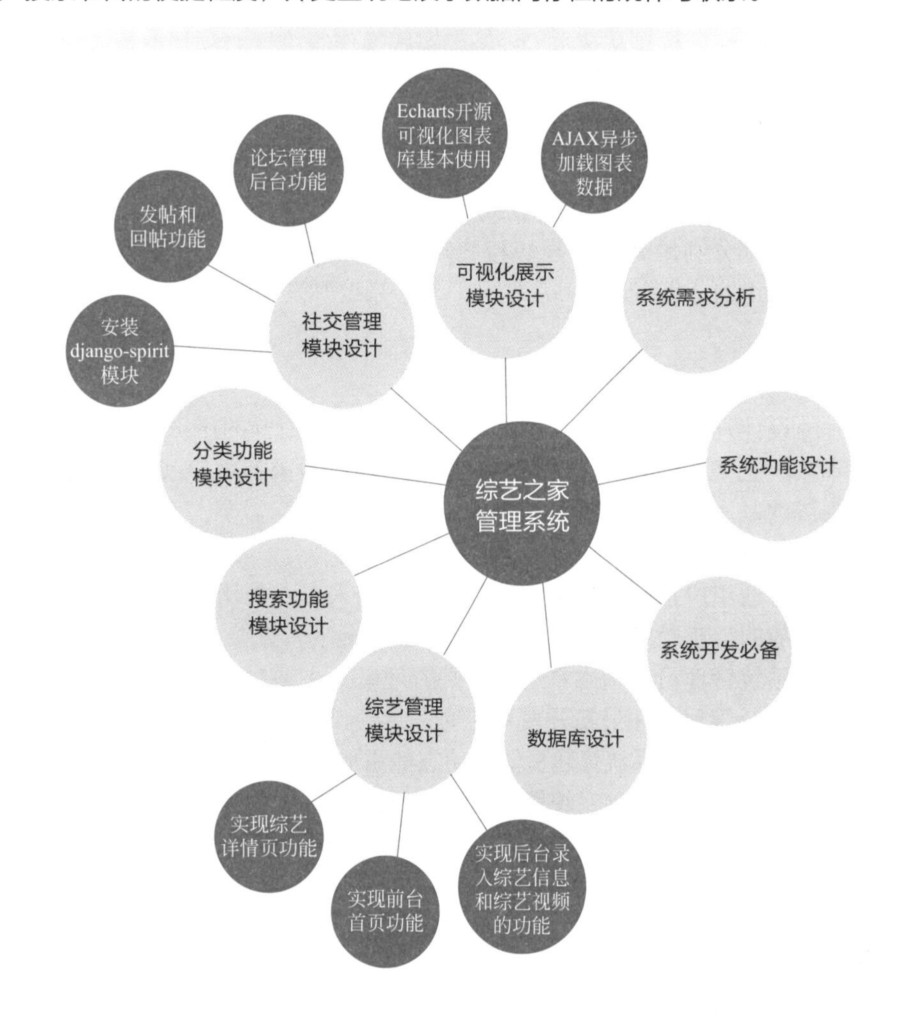

29.1 系统需求分析

本节将对综艺之家的具体设计进行分析。首先对系统进行系统的概述，其次从技术角度分析系统实现的可行性，之后从系统使用者方面对系统进行用户角色分析，并且对系统进行功能性需求与非功能性需求分析。通过本章的分析，为之后的系统功能设计与实现提供可靠基础。

29.1.1 系统概述

互联网技术的不断发展与人们精神文化水平的不断提高，使得电影电视领域与互联网的联系愈发紧密，网络上的各类综艺节目信息数量出现显著上升。为实现综艺节目信息的整理聚合，本设计致力于实现一个综艺节目信息可视化展示系统，系统中包括节目综艺展示、数据可视化、论坛交流等功能。

本系统主要包括两个主要部分：第一部分是综艺展示，第二部分是社交分享。综艺展示方面，用户可以在系统中搜索节目名称对节目进行观看，也可根据系统中的分类筛选节目内容，除了主动搜索还可以根据主页或排行榜中的推荐选择感兴趣的内容进行观看。在用户观看节目时，系统会保存观看记录，方便下次直接观看。社交分享方面，系统也为用户提供了相互交流的空间，在每个节目详情页下有对应的用户评论区，系统还设置了专门的论坛分享板块。用户需要先注册账号，然后登录账号，即可在论坛分享对综艺节目的观点，与其他用户进行社交。本系统的创新之处在于设置了专门的数据板块，除各类排行榜外，用户还可从系统提供的维度中进行选择，系统将从该维度将数据生成对应的可视化图表，用户可以通过此模块了解各类节目播出占比、各类数据变化趋势等。

29.1.2 系统可行性分析

可行性分析是从技术、经济、实践操作等维度对项目的核心内容和配置要求进行详细的考量和分析，从而得出项目或问题的可行性程度。故先完成可行性分析，再进行项目开发是非常有必要的。

从技术角度分析，本系统的数据获取部分选择使用 Python 爬虫技术实现，对于相关的爬虫和反爬的技术策略，读者可以通过阅读相关文献与实例，找到对应的代码解决思路。数据存储与整理部分选择使用 MySQL 数据库进行操作，可以满足所需的系统功能。网页开发部分选择通过 Django 框架搭建，可视化展示部分利用 Pandas 模块和 PyEcharts 模块进行开发，这两部分都是基于 Python 语言进行编写，整个系统使用的计算机语言高度统一，对于系统开发与后期维护来讲都十分有利。

29.1.3 系统用户角色分配

设计开发一个系统，首先需要确定系统所面向的用户群体，也就是哪部分人群会更多地使用该系统。本系统主要面向对综艺节目感兴趣且有观看需求的用户或是节目内容的生产创作者。用户与角色是使用系统的基本单位，根据系统中的用户权限和实际需要，系统中的角色可以分为普通用户、系统管理员和系统用户。

普通用户指所有使用综艺节目信息的人，这类用户是系统的核心用户。本系统将内容查询功能设置为开放的，普通用户可以在不用注册的情况下，直接查询感兴趣的综艺节目。

系统管理员是指本系统的后端管理者，主要对系统的用户管理负责，职能重点是对系统用户的各种行为进行管理。在最初开发系统时，会预设一个账号和密码供系统管理人员登录，但考虑到后期系统的运行管理需求，系统管理员能够动态地添加和删除系统用户人员，方便系统的管理。

系统用户泛指除系统管理员外可以登录系统后台的用户。此类用户可以登录后台系统进入管理界面，可以行使信息管理的全部权限，不能对系统用户管理进行操作。

29.1.4 功能性需求分析

根据系统总体概述，对综艺节目信息可视化展示系统的功能性需求进行了进一步的分析。主要可以划分为以下几个模块:

- 综艺管理模块。本模块主要实现用户对节目内容的选择，并为用户展示各综艺节目播出时间、播出平台、参演嘉宾等相关信息以及每一期的视频信息。
- 搜索功能模块。本模块为用户提供搜索功能，用户可直接按节目名进行搜索。
- 分类功能模块。本模块为用户提供分类联合筛选功能，用户可根据个人喜好选择对应的类比信息进行筛选，例如根据综艺类型、上映时间和地区进行筛选。
- 用户管理模块。本模块主要包含了关于用户账户操作的相关功能，包括为用户提供登录、注册等基础功能。并且，用户可查看个人主页、编辑管理个人信息等。
- 社交管理功能。本模块可支持用户进行发帖，评论等社交操作，用户可在独立的论坛版块发帖浏览评论等。
- 可视化展示功能。本模块可为用户以榜单、图表等形式，可视化呈现综艺节目相关数据占比趋势等，主要包含首页的热门榜单推荐、用户自选维度生成对应图表等。

29.1.5 非功能性需求分析

综艺节目信息可视化展示系统的主要设计目的是为给用户提供一个集综艺节目搜索、数据可视化呈现、论坛交流分享等功能为一体的平台。除了上一小节提到的功能性需求外，本系统还应注意系统的非功能性需求，如系统运行的稳定性、系统功能的可维护性，以及系统开发的可拓展性等。

29.2 系统功能设计

29.2.1 系统功能结构

综艺之家管理系统的功能结构如图 29.1 所示。

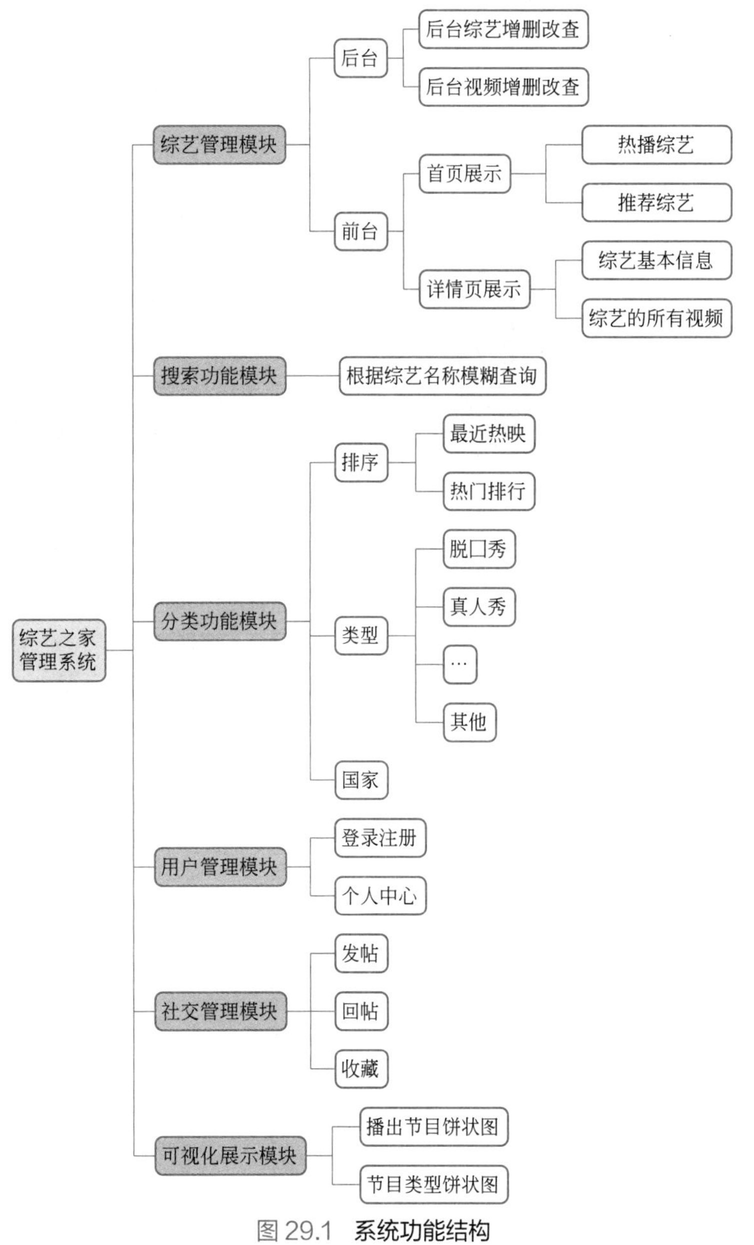

图 29.1 系统功能结构

29.2.2 系统业务流程

在设计综艺之家管理系统前，需要先了解软件的业务流程。根据综艺之家管理系统的需求分析及功能结构，设计出如图 29.2 所示的系统业务流程图。

29.2.3 系统预览

综艺之家管理系统是一个基于 Django 框架开发的 Web 项目。启动 Django 服务后，即可在浏览器中查看页面效果。如图 29.3 所示为首页效果图，图 29.4 所示为详情页运行效果，图 29.5 所示为分类筛选页运行效果，图 29.6 所示为综艺分析页运行效果，图 29.7 所示为论坛详情页运行效果，图 29.8 所示为后台首页运行效果，图 29.9 所示为后台综艺管理列表页运行效果，图 29.10 所示为后台视频管理列表页运行效果。

图 29.2 系统业务流程

图 29.3 首页效果

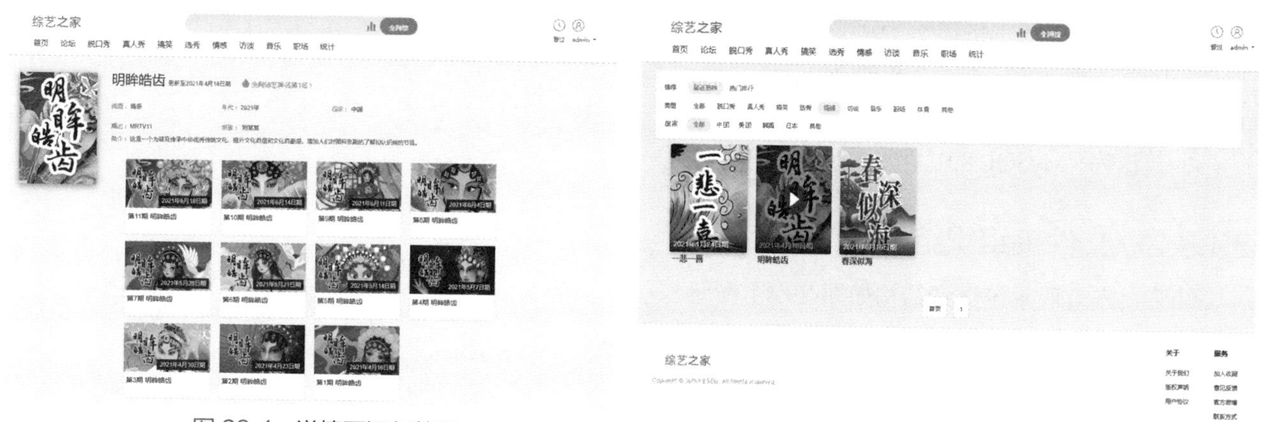

图 29.4　详情页运行效果

图 29.5　分类筛选页运行效果

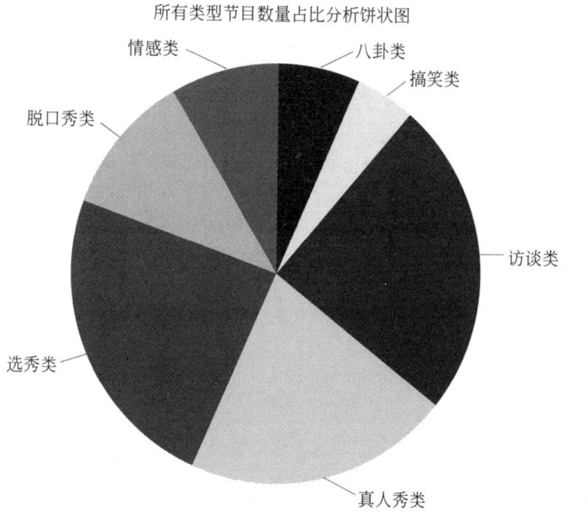

所有类型节目数量占比分析饼状图

情感类
八卦类
搞笑类
脱口秀类
访谈类
选秀类
真人秀类

图 29.6　综艺分析页运行效果

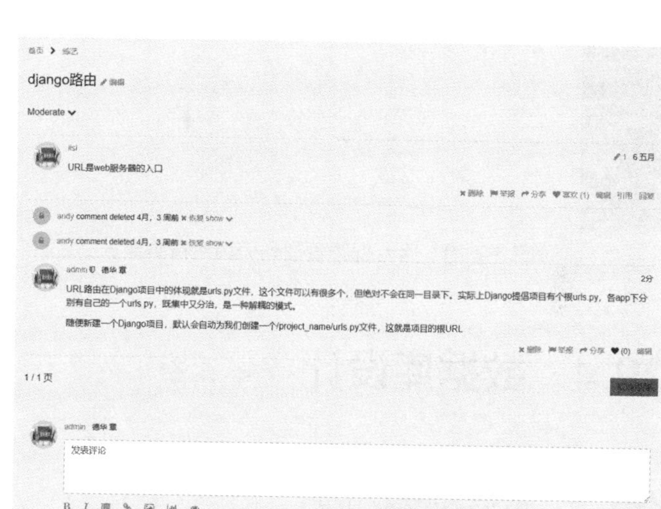

图 29.7　论坛详情页运行效果

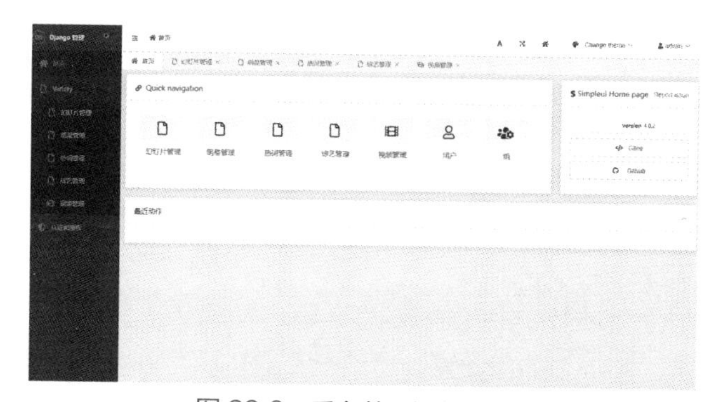

图 29.8　后台首页运行效果

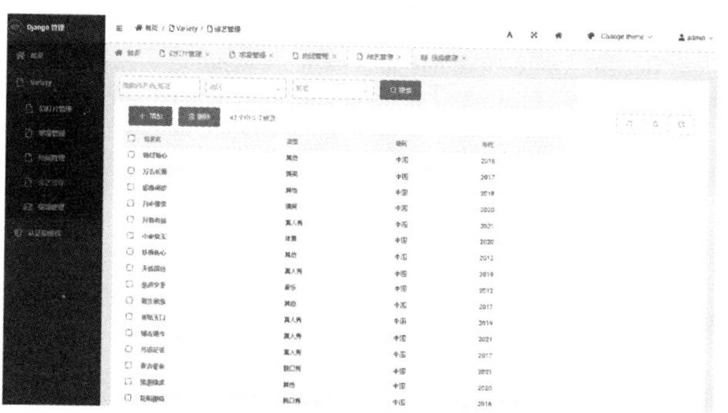

图 29.9　后台综艺管理列表页运行效果

29.3　系统开发必备

29.3.1　系统开发环境

本系统的软件开发及运行环境具体如下。

- 操作系统：Windows 7、Windows 10 或 Linux。
- Python 版本：Python 3.8 或 Python 3.9。
- 开发工具：PyCharm。
- 数据库：MySQL 8.0。

29.3.2 文件夹组织结构

综艺之家管理系统详细结构如图 29.11 所示。

图 29.10 后台视频管理列表页运行效果

图 29.11 文件夹组织结构

29.4 数据库设计

29.4.1 数据库概要说明

本项目采用 MySQL 数据库，数据库名称为 variety，主要数据表名称及作用如表 29.1 所示。

表 29.1 数据库表结构

表名	含义	作用
variety	综艺节目表	用于存储综艺节目信息
video	综艺的每期视频表	用于存储综艺节目下的每期视频
slide	幻灯片表	用于存储幻灯片的信息
auth_user	用户表	用于存储用户的信息
spirit_user_userprofile	论坛用户表	用于存储论坛用户信息
spirit_category_category	论坛分类表	用于存储论坛分类信息
spirit_topic_topic	论坛主题表	用于存储论坛主题信息
spirit_comment_comment	论坛内容表	用于存储论坛内容信息

29.4.2 数据表模型

Django 框架自带的 ORM 可以满足绝大多数数据库开发的需求，在没有达到一定的数量级时，完全不需要担心 ORM 为项目带来的瓶颈。下面是综艺之家管理系统中使用 ORM 数据模型，由于篇幅有限，这里只给出 models.py 模型文件中比较重要的代码。关键代码如下：

资源包 \Code\29\variety\variety\models.py

```
01 from django.db import models
02
03 # 国家
04 Region = [
05     (0,'中国'),
06     (1,'美国'),
07     (2,'韩国'),
08     (3,'日本'),
09     (4,'其他')
10
11 ]
12 # 综艺类型
13 Type = [
14     (0,'脱口秀'),
15     (1,'真人秀'),
16     (2,'搞笑'),
17     (3,'选秀'),
18     (4,'情感'),
19     (5,'访谈'),
20     (6,'音乐'),
21     (7,'职场'),
22     (8,'体育'),
23     (9,'其他')
24 ]
25 # 年份
26 Year = [
27     ('2010','2010'),
28     ('2011','2011'),
29     ('2012','2012'),
30     ('2013','2013'),
31     ('2014','2014'),
32     ('2015','2015'),
33     ('2016','2016'),
34     ('2017','2017'),
35     ('2018','2018'),
36     ('2019','2019'),
37     ('2020','2020'),
38     ('2021','2021')
39 ]
40 Hot = [
41     (False,'否'),
42     (True,'是')
43 ]
44 Recommend = [
45     (False,'否'),
46     (True,'是')
47 ]
48
49 class Variety(models.Model):
50     # 综艺表信息
51     id = models.AutoField(primary_key=True)
52     variety_name = models.CharField(max_length=100,verbose_name='综艺名')
53     type = models.SmallIntegerField(choices=Type,blank=False,verbose_name='类型')
54     year = models.CharField(choices=Year,max_length=4,verbose_name='年代')
55     region = models.SmallIntegerField(choices=Region,blank=False,verbose_name='国家')
56     ranking = models.IntegerField(verbose_name='全网排名')
57     platform = models.CharField(max_length=100,default='',verbose_name='播出平台')
58     star = models.CharField(max_length=200,verbose_name='明星')
59     review = models.TextField(max_length=500,null=True,verbose_name='简介')
60     is_hot = models.BooleanField(choices=Hot,default=False,verbose_name='是否热门')
61     is_recommended = models.BooleanField(choices=Recommend,default=False,verbose_name='是否推荐')
```

```
62    image = models.ImageField(upload_to='variety', verbose_name='图片', null=True)
63    class Meta:
64
65        db_table = 'variety'
66        verbose_name = '综艺管理'
67        verbose_name_plural = '综艺管理'
68
69    def __str__(self):
70        return self.variety_name
71
72 class Video(models.Model):
73    # 视频信息
74    id = models.AutoField(primary_key=True)
75    title = models.CharField(max_length=100,verbose_name='标题')
76    desc = models.CharField(max_length=255,verbose_name='描述',default='')
77    image = models.ImageField(upload_to='video', verbose_name='图片', null=True)
78    video_url = models.CharField(max_length=300,verbose_name='视频链接')
79    release_date = models.DateField(verbose_name='上映日期')
80    # 关联 Variety 表
81    variety = models.ForeignKey( Variety,on_delete=models.CASCADE,related_name='video', verbose_name='所属综艺')
82
83    class Meta:
84        db_table = 'video'
85        verbose_name = '视频管理'
86        verbose_name_plural = '视频管理'
87
88    def __str__(self):
89        return self.title
90
91 class Slide(models.Model):
92    # 幻灯片
93    id = models.AutoField(primary_key=True)
94    title = models.CharField(max_length=100,verbose_name='名称')
95    desc = models.CharField(max_length=100,verbose_name='描述',default='')
96    ranking = models.IntegerField(verbose_name='排序')
97    image = models.ImageField(upload_to='slide', verbose_name='图片', null=True)
98    jump_url = models.CharField(max_length=255,verbose_name='链接地址',default='')
99    created_date = models.DateTimeField(auto_now_add=True, verbose_name='创建时间')
100   modified_date = models.DateTimeField(auto_now=True, null=True, blank=True, verbose_name='更新时间')
101
102   class Meta:
103       db_table = 'slide'
104       verbose_name = '幻灯片管理'
105       verbose_name_plural = '幻灯片管理'
106
107   def __str__(self):
108       return self.title
```

29.4.3 数据表关系

本项目中有一组主要的数据表关系，一个综艺节目（variety 表）对应多个综艺视频（video 表），它们之间是一对多的关系，每个 video 表中的 variety_id 字段都对应着 variety 表中的 id 字段。使用 ER 图直观地展现数据表之间的关系，如图 29.12 所示。

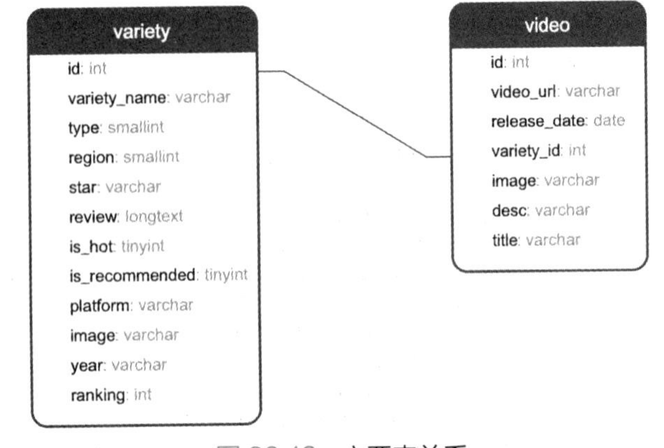

图 29.12 主要表关系

29.5 综艺管理模块设计

综艺管理模块是本项目的核心模块，它包括综艺信息管理、综艺视频管理，主要用于后台录入综艺信息和综艺视频以及前台展示综艺视频等内容，下面分别进行介绍。

29.5.1 实现后台录入综艺信息和综艺视频的功能

Django 框架自带后台管理系统 Admin，只需要通过简单的几行配置和代码就可以创建一个完整的后台数据管理控制平台。

在 29.4.2 小节中，已经创建完成了数据表模型，Admin 通过读取模型数据，快速构造出一个可以对实际数据进行管理的 Web 站点。关键代码如下：

源码位置 资源包 \Code\29\variety\variety\admin.py

```
01 from django.contrib import admin
02 from variety.models import Variety,Video,Slide,Star,HotWord
03
04
05 class VarietyAdmin(admin.ModelAdmin):
06     # 显示列表
07     list_display = ('variety_name','type','region','year')
08     # 右侧筛选条件
09     list_filter = ('region','type')
10     # 查询字段
11     search_fields = ('variety_name', 'type')
12
13
14 class VideoAdmin(admin.ModelAdmin):
15     # 显示列表
16     list_display = ('title','release_date')
17     # 查询字段
18     search_fields = ('variety_name',)
19     # 获取视频所属的综艺名
20     def get_variety_name(self, obj):
21         return obj.variety.variety_name
22     # 列名的描述信息
23     get_variety_name.short_description = '综艺名'
24
25 admin.site.register(Variety,VarietyAdmin)
26 admin.site.register(Video,VideoAdmin)
```

上述代码中创建了 VarietyAdmin 和 VideoAdmin 2 个类，它们都继承系统后台模块的 admin.ModelAdmin 类。在这 2 个类中，只需要定义对应的属性，即可实现相应的功能。例如，list_display 属性用于设置后台列表页显示的字段名和数据，list_filter 属性用于设置筛选的条件。最后，再使用 admin.site.register() 方法将模型和定义的 2 个类注册到后台模块。

此外，本项目使用了 simpleui 主题，在配置文件中安装该主题应用。代码如下：

源码位置 资源包 \Code\29\variety\config\settings\base.py

```
01 INSTALLED_APPS = [
02     'simpleui',  # 使用 simpleui 主题
03     'django.contrib.admin',
04     'django.contrib.auth',
05
```

后台综艺信息管理列表页如图 29.13 所示。编辑综艺信息页如图 29.14 所示。

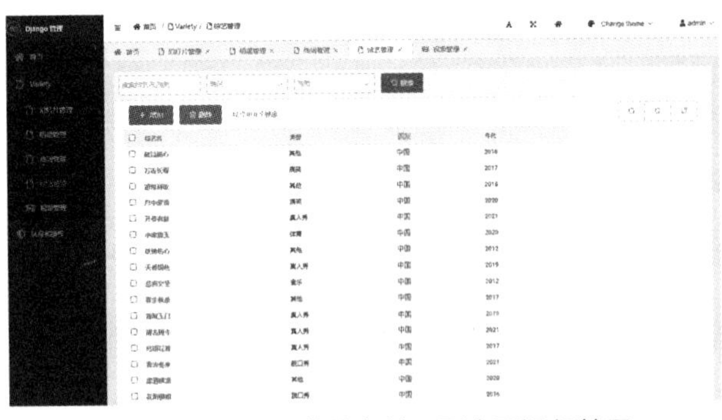

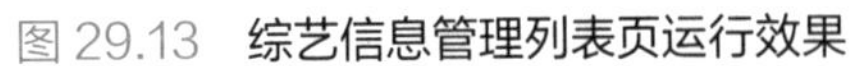
图 29.13　综艺信息管理列表页运行效果

图 29.14　编辑综艺信息页运行效果

后台综艺视频管理列表页如图 29.15 所示。编辑综艺视频页如图 29.16 所示。

图 29.15　综艺视频管理列表页运行效果

图 29.16　编辑综艺视频页运行效果

29.5.2　前台首页功能

网站前台首页是网站的门面，页面要设计简洁，并且要展示重要信息。在本项目中，首页内容包括头部信息、导航栏分类信息、幻灯片信息、正在热播综艺信息和重磅推荐信息等内容。下面重点介绍正在热播综艺信息和重磅推荐信息的功能实现。

由于网站的综艺信息和视频信息较多，不可能全部展示在首页，所以，设置了“正在热播”和“重磅推荐”2 个栏位。这 2 个栏位显示的内容是由管理员在后台设置的。在 variety 表中，is_hot 字段对应“正在热播”栏位，is_recommended 对应“重磅推荐”栏位，取值内容如下：

- is_hot: 0, 非正在热播综艺。
- is_hot: 1, 正在热播综艺。
- is_recommended: 0, 不推荐。
- is_recommended: 1, 推荐。

首页“正在热播”和“重磅推荐”功能的关键代码如下：

源码位置　　资源包 \Code\29\variety\variety\views.py

```
01 def index(request):
02     """
03     首页
04     """
05     # 获取幻灯片
06     slide = Slide.objects.order_by('ranking')[:10]
07     # 正在热播
08     hot_variety = Variety.objects.filter(is_hot=True).order_by("-year")[:12]
09     hot = []
```

```
10      for item in hot_variety:
11          last = item.video.all().last()
12          if last:
13              hot.append(last)
14      # 重磅推荐
15      recommend_variety = Variety.objects.filter(
16                                      is_recommended=True).order_by("-year")[:12]
17      recommend = []
18      for item in recommend_variety:
19          last = item.video.all().last()
20          if last:
21              recommend.append(last)
22      return render(request, 'index.html',
23                      {'slide':slide,'hot':hot,'recommend':recommend,
24                       'type':Type[:8],'region': Region, })
```

上述代码中，根据 filer(is_hot =True) 筛选条件获取“正在热播”综艺，并且使用 order_by() 依据时间进行降序，并设置最多获取 12 条记录。接下来，通过 variety 表和 video 表的一对多关系，获取该综艺下的所有视频，然后选择最后一个视频信息。“重磅推荐”的代码实现与“正在热播”类似，这里不再赘述。

获取到数据后，使用 render() 方法渲染前台首页模板 index.html，关键代码如下：

源码位置 资源包 \Code\29\variety\variety\templates\index.html

```
01 <div class="m-rebo p-mod" id="js-rebo">
02     <div class="p-mod-title">
03         <span class="p-mod-label"> 正在热播 </span>
04     </div>
05     <div class="content">
06         <ul class="rebo-list w-newfigure-list g-clear js-list">
07             {% for item in hot %}
08                 <li title='{{item.variety.variety_name}}' >
09                     <a href="{% url 'detail' id=item.variety.id %}"
10                         data-url='{{item.video_url}}' data-specialurl='' class='js-link'>
11                     <div class='w-newfigure-imglink g-playicon js-playicon'>
12                         <img src='/media/{{item.image}}'
13                              alt='{{item.variety.variety_name}}'/>
14                         <span class='w-newfigure-hint'>{{item.release_date}} 期 </span>
15                     </div>
16                     <div class='w-newfigure-detail'>
17                         <p class='title g-clear'>
18                             <span class='s1' style="padding-left:8px">
19                                 {{item.variety.variety_name}}</span></p>
20                         <p class='w-newfigure-desc' style="padding-left:8px">
21                                 {{item.title}}</p>
22                     </div>
23                 </a></li>
24             {% endfor %}
25         </ul>
26     </div>
27 </div>
28
29
30 <div class="p-mod-title">
31     <span class="p-mod-label"> 重磅推荐 !</span>
32 </div>
33 <div class="content">
34     <ul class="rebo-list w-newfigure-list g-clear js-list">
35         {% for item in recommend %}
36         <li title='{{item.variety.variety_name}}' >
37             <a href="{% url 'detail' id=item.variety.id %}"
38                     data-url='{{item.video_url}}' data-specialurl='' class='js-link'>
```

```
39                <div class='w-newfigure-imglink g-playicon js-playicon'>
40                    <img src='/media/{{item.image}}'
41                          alt='{{item.variety.variety_name}}'/>
42                    <span class='w-newfigure-hint'>{{item.release_date}} 期 </span></div>
43                <div class='w-newfigure-detail'>
44                    <p class='title g-clear'>
45                        <span class='s1' style="padding-left:8px">
46                               {{item.variety.variety_name}}</span></p>
47                    <p class='w-newfigure-desc' style="padding-left:8px">
48                              {{item.title}}</p>
49                </div>
50            </a></li>
51        {% endfor %}
52    </ul>
53 </div>
```

上述代码中，item 对象就是获取到的每一个视频信息，此外，还需要获取该视频所属的综艺，由于在数据模型中设置了一对多的关系，所以，可以通过 item.variey 属性来获取 variety 对象，然后再获取对应的综艺信息。

首页“正在热播”和“重磅推荐”的运行效果如图 29.17 所示。

图 29.17　热播推荐

29.5.3　综艺详情页功能

在综艺之家网站的首页，单击综艺名称或综艺图片即可进入到综艺详情页。综艺详情页是对综艺信息的详细描述，包括了综艺名称、图片、上映时间、发布平台、综艺介绍，以及该综艺下的所有视频信息。此外，当用户单击了综艺详情页后，还需要记录一下用户的浏览记录信息。

实现综艺详情页功能的关键代码如下：

源码位置　　资源包 \Code\29\variety\variety\views.py

```
01 def detail(request, id):
02     """
03     详情页
04     :param request:
05     :param id: 综艺 id
06     :return:
07     """
08     try:
09         variety = Variety.objects.get(pk=id) # 根据 id 获取对象
10         # 实现浏览记录功能
11         cookies = request.COOKIES.get('variety_cookies','')
12         if cookies == '':
13             # 第一次浏览综艺详情，本地还没有生成综艺的 cookie 信息，
14             # 那么直接将这个综艺的 id 存到 cookie
15             cookies = str(id)+';'       # '1;2;3;'
16         elif cookies != '':
17             # 说明不是第一次浏览综艺详情，本地已经存在综艺的 cookie 信息；
18             # 从 '1;2;3;' 这个 cookie 字符串中，取出每一个综艺的 id
19             variety_id_list = cookies.split(';')  # ['1','2','3']
20             if str(id) in variety_id_list:
21                 # 说明当前这个商品记录已经存在了，将这个记录从 cookie 中删除
22                 variety_id_list.remove(str(id))
```

```
23
24            variety_id_list.insert(0,str(id))
25            if len(variety_id_list) >= 6:
26                variety_id_list = variety_id_list[:5]
27            cookies = ';'.join(variety_id_list)
28    except Variety.DoesNotExist:            # 如果不存在，返回 404 页面
29        return render(request, '404.html')
30    response = render(request,'detail.html',
31                      {'variety': variety,'region':Region,'year':Year,'type':Type})
32    response.set_cookie('variety_cookies', cookies)
33    return response
```

上述代码中，首先接收一个参数综艺 id，该参数是唯一的，通过它获取综艺节目信息。如果接收的综艺 id 在 variety 综艺表中不存在，则返回 404 页面。接下来，为了记录浏览信息，设置了一个名为 variety_cookies 的 cookie。首次访问时，该值为空字符串，将综艺 id 写入到 variety_cookies 中。再次访问时，将原有综艺 id 删除，把该综艺 id 写入到第一个位置。最后渲染 detail.html 模板。

detail.html 模板关键代码如下：

源码位置　　资源包 \Code\29\variety\variety\templates\detail.html

```
01 <div data-block="tj-info" class="top-info">
02     <div class="top-info-title g-clear">
03         <div class="title-left g-clear">
04             <h1>{{variety.variety_name}}</h1>
05             <p class="tag"> 更新至 {{variety.video.all.last.release_date}} 期 </p>
06             <a href="#" class="rank" data-block="tj- 排行 "
07                monitor-shortpv-c-sub="tab_ 排名 "> 全网综艺排名第 {{variety.ranking}} 名 </a>
08             <img src="https://p4.ssl.qhimg.com/t01460566f2d9f59a1b.png" />
09         </div>
10         <div class="s-title-right">
11         </div>
12     </div>
13
14     <div id="js-desc-switch" class="top-info-detail g-clear">
15         <div class="base-item-wrap g-clear">
16             <p class="item item42"><span class="cat-title"> 类型 ：</span>
17                 {% for item in type %}
18                     {% if item.0 == variety.type %}
19                         {{item.1}}
20                     {% endif %}
21                 {% endfor %}
22             </p>
23             <p class="item item41"><span> 年代 ：</span>{{variety.year}} 年 </p>
24             <p class="item item41"><span> 国家 ：</span>
25                 {% for item in region %}
26                     {% if item.0 == variety.region %}
27                         {{item.1}}
28                     {% endif %}
29                 {% endfor %}
30             </p>
31             <p style='clear:both'></p>
32             <p class="item item41"><span> 播出 ：</span>{{variety.platform}}</p>
33             <p class="item item44 item-actor">
34                 <span> 明星 ：</span>
35                 {{variety.star}}
36             </p>
37         </div>
38         <div class="item-desc-wrap g-clear js-open-wrap"><span> 简介 ：</span>
39             <p class="item-desc">{{variety.review}}
40             </p></div>
41     </div>
```

```
42 </div>
43
44
45 <div data-block="tj-juji" class="juji-main-wrap">
46     <ul class="list w-newfigure-list g-clear">
47         {% for item in variety.video.all.values %}
48             <li title="{{item.title}}">
49                 <a href="{{item.video_url}}" data-url="{{item.video_url}}"
50                    data-specialurl="" data-daochu="to=qiyi" class="js-link">
51                     <div class="w-newfigure-imglink g-playicon js-playicon">
52                         <img src="/media/{{item.image}}"
53                              data-src="/media/{{item.image}}" alt="{{item.title}}">
54                         <span class="w-newfigure-hint">{{ item.release_date }}期</span>
55                     </div>
56                     <div class="w-newfigure-detail">
57                         <p class="title g-clear">
58                             <span class="s1">
59                                 {% if item.desc %}
60                                     {{ item.desc }}
61                                 {% else %}
62                                     {{ item.title }}
63                                 {% endif %}
64                             </span>
65                         </p>
66                     </div>
67                 </a>
68             </li>
69         {% endfor %}
70     </ul>
71 </div>
```

上述代码中，第一部分是获取综艺信息，直接通过 vareity 对象的属性就可以获取到基本信息，但是对于更新时间这个栏位，需要使用 variety.video.all 对象获取全部视频，然后再来获取最后一个视频对象的发布日期属性，即 variety.video.all.last.release_ date。第二部分是获取该综艺下的所有视频，由于 variety 表和 video 表的一对多关系，可以使用 variety.video.all.values 来获取所有的 video 对象，然后再遍历每一个 video 对象，获取相应的视频属性。

综艺详情页的运行效果如图 29.18 所示。

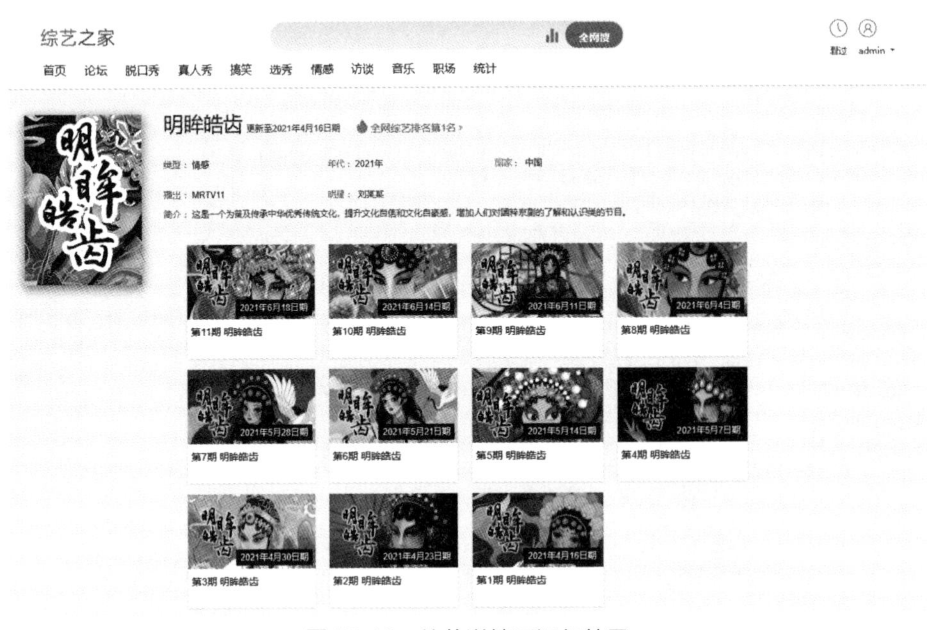

图 29.18　综艺详情页运行效果

29.6 搜索功能模块设计

为了快速查找到想要观看的综艺信息，可以使用顶部导航栏的搜索功能。输入关键字，然后按下搜索按钮，即可搜索到所有包含该关键字的综艺信息。本项目使用的是模糊查询，即通过 MySQL 中的 like 关键字结合“%”匹配所有综艺名称。如果匹配成功，获取搜索的综艺信息；否则，提示搜索内容不存在。

实现搜索功能的关键代码如下：

源码位置　资源包 \Code\29\variety\variety\views.py

```
01 def search(request):
02     keyword = request.GET.get('keyword', '')
03     variety_list = Variety.objects.filter(variety_name__contains=keyword)
04     # 分页效果
05     paginator = Paginator(variety_list, 8)
06     page_number = request.GET.get('page')
07     page_obj = paginator.get_page(page_number)
08     page_range = paginator.page_range
09     return render(request, 'search.html',
10                   {'keyword': keyword, 'page_obj': page_obj,
11                    'page_range': page_range,'region':Region,'type':Type})
```

上述代码中，接收关键字 keyword，然后使用 filter() 方法中的“字段名 +__contains”参数来查询所有综艺名字包含关键字的 variety 对象。由于查询结果可能很多，所有使用 Paginator 对象用于分页。最后渲染 search.html 模板。

search.html 模板关键代码如下：

源码位置　资源包 \Code\29\variety\variety\templates\search.html

```
01 <div class="p-body g-clear js-logger">
02     {% if not page_obj %}
03     <span style="font-size:20px">
04         您搜索的名字不存在，换一个名字试试！
05     </span>
06     {% else %}
07     {% for variety in page_obj %}
08         <div >
09         <div class="m-mainpic">
10             <a href="{% url 'detail' id=variety.id %}"
11                title="{{variety.variety_name}}">
12                 <img src="/media/{{ variety.image }}" />
13                 <span>{{variety.video.all.values.last.release_date}} 期 </span>
14             </a>
15         </div>
16         <div class="cont" style="width:80%">
17             <h3 class="title">
18                 <a href="{% url 'detail' id=variety.id %}" >
19                     <b>{{ variety.variety_name }}</b>
20                 </a>
21                 <span class="playtype">
22                     {% for item in type %}
23                         {% if item.0 == variety.type %}
24                             {{item.1}}
25                         {% endif %}
26                     {% endfor %}
27                     · {{variety.year}}</span>
28                 <div class="m-score"></div>
```

```
29             </h3>
30             <ul class="index-zongyi-ul g-clear" style="padding:0px">
31                 <li class='area'><b>国  家 ：</b>
32                     {% for item in region %}
33                         {% if item.0 == variety.region %}
34                         <span>{{item.1}}</span>
35                         {% endif %}
36                     {% endfor %}
37                 </li>
38                 <li class='director'><b>明  星 ：</b>
39                     {{ variety.star }}
40                 </li>
41             </ul>
42             <div class="m-description">
43                 <p><i>简  介 ：</i>
44                     {{ variety.review }}
45                 </p>
46             </div>
47             <div class="index-zongyi-tabview js-zongyi-tabview">
48                 <div class="views js-zongyi-views">
49                     <div>
50                         {% for item in variety.video.all.values %}
51                         <a href="{{item.video_url}}" title="{{ item.title }}">
52                             <span class="data" style="width:105px">
53                                     {{ item.release_date }}期</span>
54                             <span class="name">{{ item.title }}</span>
55                         </a>
56                         {% endfor %}
57                     </div>
58                 </div>
59             </div>
60         </div>
61     </div>
62     {% endfor %}
63     {% endif %}
64 </div>
```

上述代码中，使用 {% if %} 标签来判断搜索的内容是否存在，如果存在，再使用 {% for %} 标签来遍历每一个综艺，并展示综艺信息和该综艺下的视频信息，运行效果如图 29.19 所示。否则，提示综艺不存在，运行效果如图 29.20 所示。

图 29.19　显示搜索结果

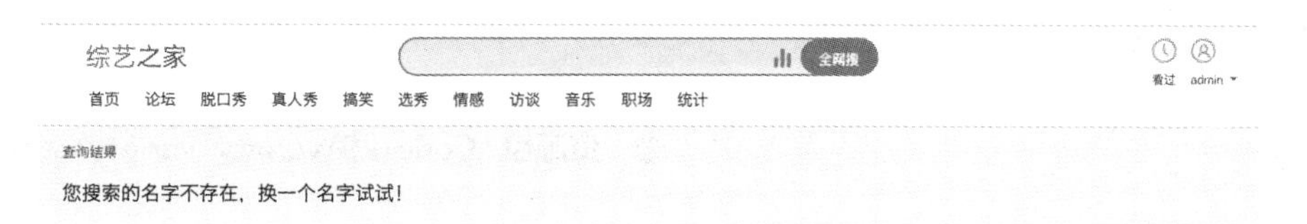

图 29.20 搜索结果不存在的运行效果

29.7 分类功能模块设计

综艺节目根据类型可以划分为"真人秀""脱口秀""选秀""情感""音乐"等。为了方便用户查找同一类型的综艺，本项目提供了分类筛选工能。筛选条件可以分为如下三类：

- 排序：最近热映、热门排行。
- 类型：全部、脱口秀、真人秀、搞笑等。
- 国家：中国、美国、韩国等。

在筛选时这三个分类属于"并且"关系，即筛选的结果需要同时满足三个筛选条件，才会被筛出来，可以通过 URL 中的参数来设置分类的条件。分类页面中，一个完整的 URL 示例如下：

```
http://127.0.0.1:8000/lists/?tag=2&page=1&region=0&ranking=rank_order
```

重点关注"？"后的参数：tag 表示类型，page 表示页码，region 表示地区，ranking 表示排序。通过获取这几个参数，就能确定最终的筛选条件。

实现分类功能关键代码如下：

源码位置 资源包 \Code\29\variety\variety\views.py

```
01 def lists(request):
02     # 获取参数
03     tag = request.GET.get('tag', '全部')
04     region = request.GET.get('region', '全部')
05     ranking = request.GET.get('ranking', '最近热映')
06     condition_dict = {}                # 筛选条件字典
07     if tag != '全部':                  # 筛选类型
08         condition_dict['type'] = tag
09     if region != '全部':               # 筛选国家
10         condition_dict['region'] = region
11     if ranking == 'rank_hot':          # 筛选热门综艺，后台设置是否热门
12         condition_dict['is_hot'] = True
13         variety_list = Variety.objects.filter(**condition_dict)
14     else:  # 根据排名进行排序
15         variety_list = Variety.objects.filter(**condition_dict).order_by(
16                             'ranking')
17     # 分页功能实现
18     paginator = Paginator(variety_list, 14)      # 设置每页显示条数
19     page_number = request.GET.get('page')        # 获取当前页面
20     page_obj = paginator.get_page(page_number)   # 获取分页对象
21     page_range = paginator.page_range            # 分页迭代对象
22 
23     return render(request, 'lists.html', {'type':Type,'region': Region,
24                                 'page_obj': page_obj, 'page_range': page_range})
```

上述代码中，先获取三个分类变量，然后加入 condition_dict 字典中，接下来使用 filter(**condition_dict) 进行多条件筛选。此外，还要结合分页功能。最后渲染 list.html 模板。

list.html 模板关键代码如下：

源码位置 资源包 \Code\29\variety\variety\templates\list.html

```
01 <div data-channel="zongyi">
02     <div class="filter-container" >
03         <div class="s-filter">
04             <dl class="s-filter-item g-clear">
05                 <dt class="type">排序 </dt>
06                 <dd class="item g-clear js-filter-content">
07                     <a class="ranking" href="javascript:;"
08                        data-ranking='rank_hot' >最近热映 </a>
09                     <a class="ranking"  href="javascript:;"
10                         data-ranking='rank_order'> 热门排行 </a>
11                 </dd>
12             </dl>
13             <dl class="s-filter-item js-s-filter">
14                 <dt class="type">类型 </dt>
15                 <dd class="item g-clear js-filter-content">
16                     <a class="tag" href="javascript:;" data-tag=" 全部 ">全部 </a>
17                     {% for item in type %}
18                         <a class="tag" href="javascript:;" data-tag="{{ item.0 }}">
19                             {{ item.1 }}
20                         </a>
21                     {% endfor %}
22                 </dd>
23             </dl>
24             <dl class="s-filter-item js-s-filter">
25                 <dt class="type">国家 </dt>
26                 <dd class="item g-clear js-filter-content">
27                 <a class="region" href="javascript:;" data-region=" 全部 ">全部 </a>
28                     {% for item in region %}
29                         <a class="region" href="javascript:;"
30                             data-region="{{ item.0 }}">
31                             {{ item.1 }}
32                         </a>
33                     {% endfor %}
34                 </dd>
35             </dl>
36         </div>
37     </div>
38     <div class="js-tab-container" data-block="tj-list" >
39         <div class="s-tab">
40             <div class="s-tab-main">
41                 <ul class="list g-clear js-list">
42                     {% for variety in page_obj %}
43                     <li class="item">
44                         <a class="js-tongjic"
45                             href="{% url 'detail' id=variety.id %}" >
46                             <div class="cover g-playicon">
47                                 <img src="/media/{{variety.image}}">
48                                 <div class="mask-wrap">
49                                     <span class="hint">
50                                         {% if  variety.video.all.last.release_date %}
51                                             {{variety.video.all.last.release_date}}期
52                                          {% endif %}
53                                       </span>
54                                 </div>
```

```
55                          </div>
56                          <div class="detail">
57                              <p class="title g-clear">
58                                  <span class="s1">{{variety.variety_name}}</span>
59                              </p>
60                              <p class="star">{{variety.video.all.last.title}}</p>
61                          </div>
62                      </a>
63                  </li>
64                  {% endfor %}
65              </ul>
66          </div>
67      </div>
68  </div>
```

上述代码中，使用 {% for %} 标签遍历获取每一个 variety 对象，然后获取对应的属性。

以上只是根据分类条件获取对象，当单击分类右侧的名称时，筛选条件发生改变。此时，还需要保证其余的条件不变。例如，当前的筛选条件为是“排序：最近热映；类型：情感；国家：中国；页码：2”，当单击类型“真人秀”时，只有类型发生变化，而其他条件保持不变，即筛选条件为“排序：最近热映；类型：情感；国家：中国；页码：2”。

为了实现以上功能，使用了如下 JavaScript 代码：

源码位置 资源包 \Code\29\variety\variety\templates\list.html

```
01 <script>
02 $(".tag , .region , .ranking").each(function () {
03     $(this).click(function () {
04         class_name = $(this).attr('class');
05        var data_tag = $(this).data(class_name);
06         matchUrl(class_name,data_tag);
07     });
08 });
09
10 // 添加选中样式
11 $(document).ready(function(){
12     // 清除原来选中的选项
13     $(".on").removeClass("on");
14     // 获取 tag 值，默认为 "all"
15     var tag =  getUrlParam('tag') ? getUrlParam('tag') : '全部';
16     var region = getUrlParam("region") ? getUrlParam("region") : '全部';
17     var ranking = getUrlParam("ranking") ? getUrlParam("ranking") : 'rank_hot';
18     // 为 tag 添加选中样式
19     console.log(tag)
20     $(".tag , .region , .ranking").each(function(){
21         if($(this).data('tag') == tag){
22             $(this).addClass("on");
23         }
24         if($(this).data('region') == region){
25             $(this).addClass("on");
26         }
27         if($(this).data('ranking') == ranking){
28             $(this).addClass("on");
29         }
30     });
31 });
32 </script>
```

分类功能页面运行效果如图 29.21 所示。

29.8 社交管理模块设计

社交管理模块也可以成为社区或是论坛模块，为用户提供相互交流和评论点赞的平台。社交模块的主要功能就是发帖、回帖和收藏等。为提供更好的服务，用户在发帖或是回帖前，需要先登录网站，而未登录的游客只能浏览对应的帖子，无法进行互动。

本项目使用开源模块 django-spirit 来实现社交管理功能。django-spirit 是一个基于 Django 框架的开源社区项目，它具备完善的社区功能，包括用户登录、注册、个人中心设置和论坛发帖、回帖以及消息通知功能。

29.8.1 安装 django-spirit 模块

django-spirit 可独立进行安装，安装步骤如下：

```
pip install django-spirit
spirit startproject mysite
cd mysite
python manage.py spiritinstall
python manage.py createsuperuser
python manage.py runserver
```

安装完成后，运行效果如图 29.22 所示。

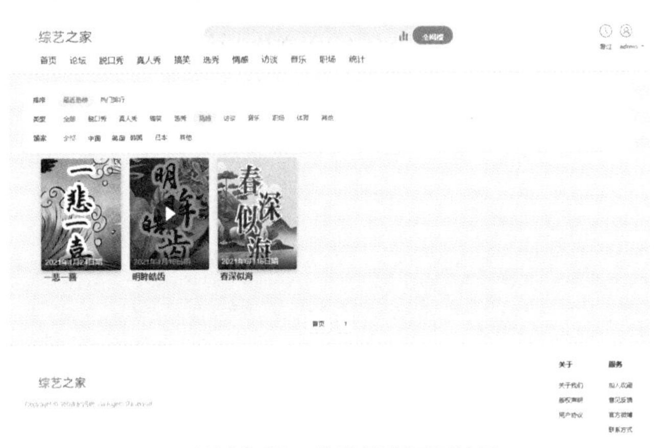

图 29.21　分类筛选页面效果

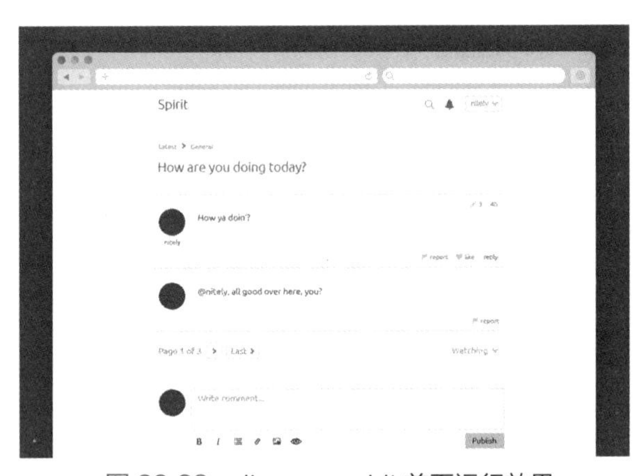

图 29.22　django_spirit 首页运行效果

在综艺之家管理系统中，将 django_spirit 作为一个应用，整合到项目中。把 django_spirit 的配置文件作为项目的配置文件，将 variety 综艺应用添加到 installed_app 配置信息，关键配置代码如下：

源码位置　　资源包 \Code\29\variety\config\settings\base.py

```
01 INSTALLED_APPS = [
02     'simpleui',
03     'django.contrib.admin',
04     'django.contrib.auth',
05     'django.contrib.contenttypes',
06     'django.contrib.sessions',
07     'django.contrib.messages',
08     'django.contrib.staticfiles',
09     'django.contrib.humanize',
10 
11     'spirit.core',
12     'spirit.admin',
13     'spirit.search',
```

```
14
15      'spirit.user',
16      'spirit.user.admin',
17      'spirit.user.auth',
18
19      'spirit.category',
20      'spirit.category.admin',
21
22      'spirit.topic',
23      'spirit.topic.admin',
24      'spirit.topic.favorite',
25      'spirit.topic.moderate',
26      'spirit.topic.notification',
27      'spirit.topic.private',
28      'spirit.topic.unread',
29
30      'spirit.comment',
31      'spirit.comment.bookmark',
32      'spirit.comment.flag',
33      'spirit.comment.flag.admin',
34      'spirit.comment.history',
35      'spirit.comment.like',
36      'spirit.comment.poll',
37
38      'djconfig',
39      'haystack',
40      'variety'
41 ]
```

接下来，配置路由文件，关键代码如下：

```
01 urlpatterns = [
02     url(r'^', include('variety.urls')),
03     url(r'^forum/', include('spirit.urls')),
04     url(r'^admin/', admin.site.urls),
05 ]
```

配置完成后，当访问“http://127.0.0.1:8000/forum/”，页面会跳转至论坛首页。运行效果如图 29.23 所示。

29.8.2 发帖和回帖功能

单击某个帖子，会进入帖子的详情页。在详情页，会展示帖子的标题、发布时间、发布人、发布的内容等，运行效果如图 29.24 所示。

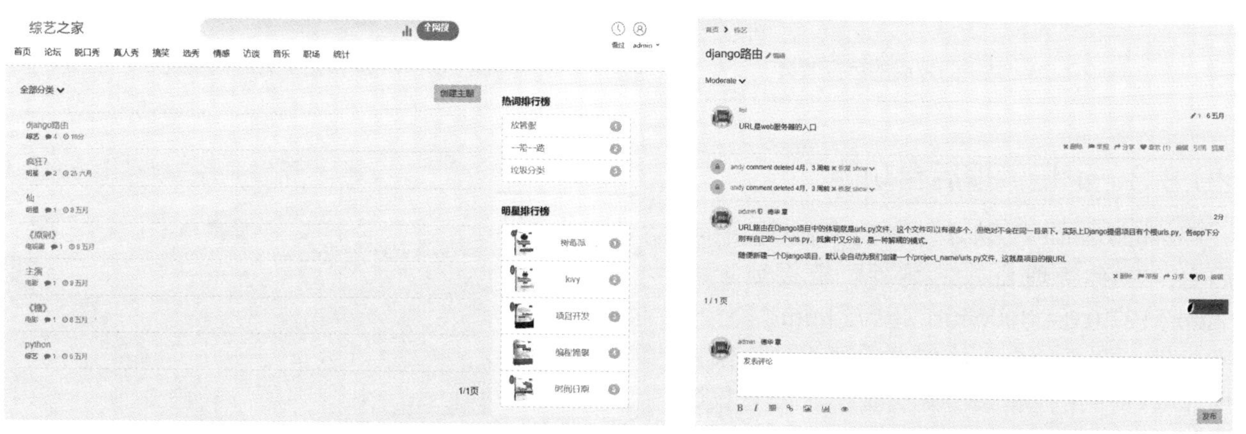

图 29.23　论坛首页运行效果

图 29.24　论坛详情页运行效果

如果用户没有登录，单击“回复”按钮，页面会跳转至登录页，运行效果如图 29.25 所示。如果没有账号，则需要单击“没有账号，去创建”，页面会跳转至注册页，运行效果如图 29.26 所示。

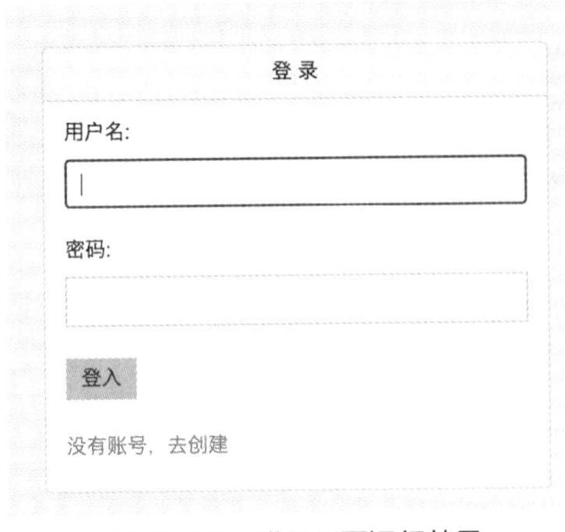

图 29.25　登录页面运行效果

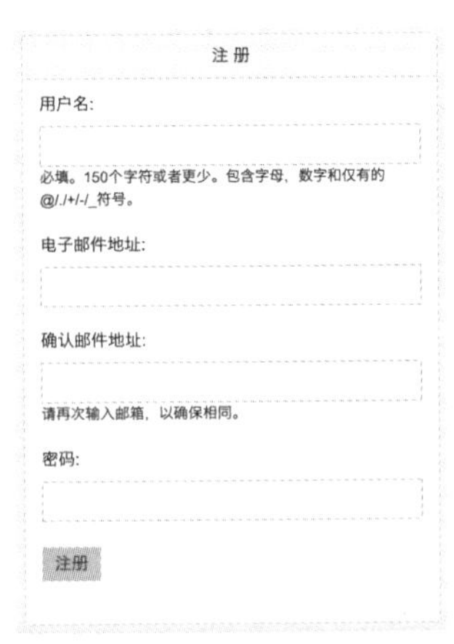

图 29.26　注册页面运行效果

如果用户已经登录，则可以正常回帖，回帖页面使用了富文本编辑器，可以设置样式，或从本地插入图片，运行效果如图 29.27 所示。回复完成后的运行效果如图 29.28 所示。

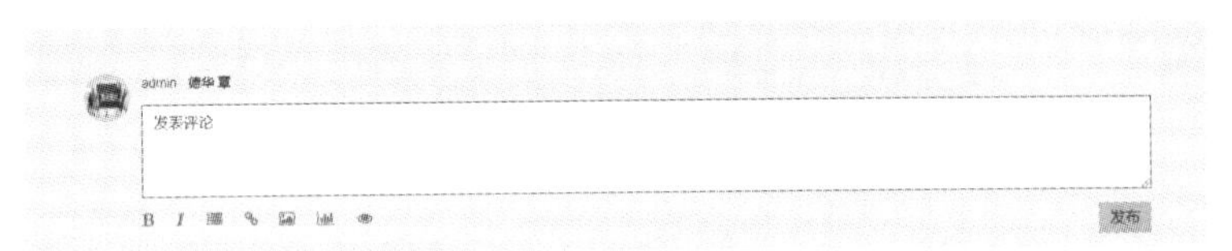

图 29.27　回复帖子运行效果

用户可以在论坛首页单击“创建主题”进行发帖，在发帖页面，需要填写帖子的标题，选择帖子的分类，用富文本编辑器编写帖子的内容，发布帖子的运行效果如图 29.29 所示。

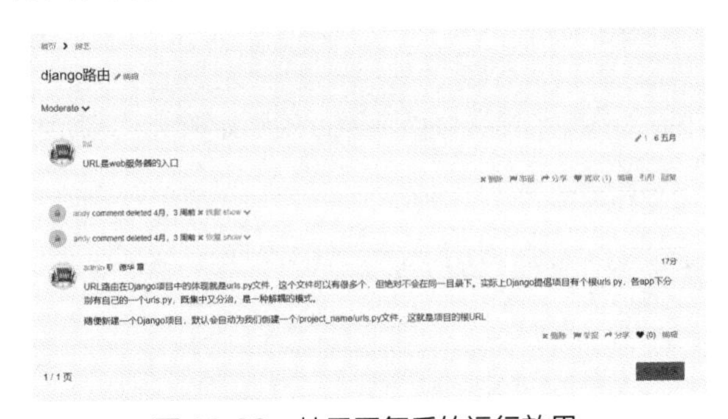

图 29.28　帖子回复后的运行效果

图 29.29　发布帖子的运行效果

29.8.3　论坛管理后台功能

django_spirit 模块有一个单独的管理后台，只有管理员才能访问，链接地址为“http://127.0.0.1:8000/forum/st/admin/”。如果用户未登录，会跳转到登录页面。如果使用非管理员用户登录，则会提示“没有权限访问”。只有使用管理员用户访问该链接，才能进入到论坛管理后台，运行效果如图 29.30 所示。

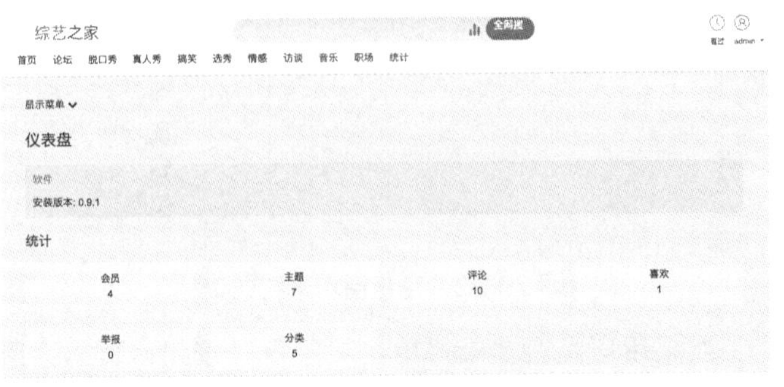

图 29.30　论坛管理后台首页运行效果

论坛管理后台可以设置网站的基本信息，管理帖子分类、管理主题、管理用户、管理举报信息等。管理帖子分类的运行效果如图 29.31 所示，管理用户的运行效果如图 29.32 所示。

图 29.31　管理帖子分类运行效果

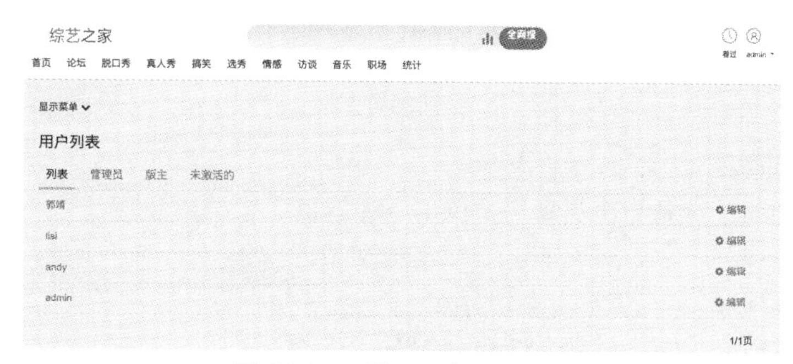

图 29.32　管理用户运行效果

29.9　可视化展示模块设计

正所谓一图胜千言，使用图表可以更直观地展示项目中的综艺信息数据。例如每个类型的综艺占比，所有平台的综艺节目数量占比等。本项目中，选择使用比较流行的开源可视化图表库 ECharts，来更直观地展示这些数据信息。

29.9.1　ECharts 开源可视化图表库基本使用

ECharts 是一个基于 JavaScript 的开源可视化图表库，可以流畅地运行在 PC 和移动设备上，兼容当前绝大部分浏览器（IE6/7/8/9/10/11、Chrome、Firefox、Safari 等），底层依赖轻量级的 Canvas 类库 ZRender，提供直观、生动、可交互、可高度个性化定制的数据可视化图表。创新的拖拽重计算、数据视图、值域漫游等特性大大增强了用户体验，赋予了用户对数据进行挖掘、整合的能力。

它支持折线图（区域图）、柱状图（条状图）、散点图（气泡图）、K 线图、饼图（环形图）、雷达图（填充雷达图）、和弦图、力导向布局图、地图、仪表盘、漏斗图、事件河流图等 12 类图表，同时提供标题、详情气泡、图例、值域、数据区域、时间轴、工具箱等 7 个可交互组件，支持多图表、组件的联动和混搭展现。

1. 获取 ECharts

可以通过以下几种方式获取 Apache ECharts™。

- 从 Apache ECharts 官网下载界面获取官方源码包后构建。
- 在 ECharts 的 GitHub 获取。
- 通过 npm 获取 echarts，npm install echarts--save。

通过 CDN 方式引入。

为简单起见，本项目中直接通过 CDN 的方式来引入 ECharts。这种方式读者需要保证电脑可以正常访问 EChart 的 CDN。示例代码如下：

```
<script src="https://cdn.bootcdn.net/ajax/libs/echarts/4.7.0/echarts-en.common.js">
</script>
```

2. 引入 ECharts

通过标签方式直接引入构建好的 ECharts 文件，关键代码如下：

```
01 <!DOCTYPE html>
02 <html>
03 <head>
04     <meta charset="utf-8">
05     <title>ECharts</title>
06     <!-- 引入 echarts.js -->
07     <script src="e https://cdn.bootcdn.net/ajax/libs/echarts/4.7.0/echarts-en.common.js "></script>
08 </head>
09 </ html>
```

3. 绘制一个简单的图表

在绘制前需要为 ECharts 准备一个具备高宽的 DOM 容器。

```
01 <body>
02     <!-- 为 ECharts 准备一个具备大小（宽高）的 DOM -->
03     <div id="main" style="width: 600px;height:400px;"></div>
04 </body>
```

然后就可以通过 echarts.init 方法初始化一个 ECharts 实例并通过 setOption 方法生成一个简单的柱状图，完整代码如下：

```
01 <!DOCTYPE html>
02 <html>
03 <head>
04     <meta charset="utf-8">
05     <title>ECharts</title>
06     <!-- 引入 echarts.js -->
07     <script src="e https://cdn.bootcdn.net/ajax/libs/echarts/4.7.0/echarts-en.common.js "></script>
08 </head>
09 <body>
10     <!-- 为 ECharts 准备一个具备大小（宽高）的 DOM -->
11     <div id="main" style="width: 600px;height:400px;"></div>
12     <script type="text/javascript">
13         // 基于准备好的 DOM，初始化 ECharts 实例
14         var myChart = echarts.init(document.getElementById('main'));
15
16         // 指定图表的配置项和数据
17         var option = {
18             title: {
19                 text: 'ECharts 入门示例 '
20             },
21             tooltip: {},
22             legend: {
23                 data:[' 销量 ']
24             },
25             xAxis: {
26                 data: [" 衬衫 "" 羊毛衫 "" 雪纺衫 "" 裤子 "" 高跟鞋 "" 袜子 "]
27             },
28             yAxis: {},
```

```
29            series: [{
30                name: '销量',
31                type: 'bar',
32                data: [5, 20, 36, 10, 10, 20]
33            }]
34        };
35
36        // 使用刚指定的配置项和数据显示图表
37        myChart.setOption(option);
38    </script>
39 </body>
40 </html>
```

运行结果如图 29.33 所示。

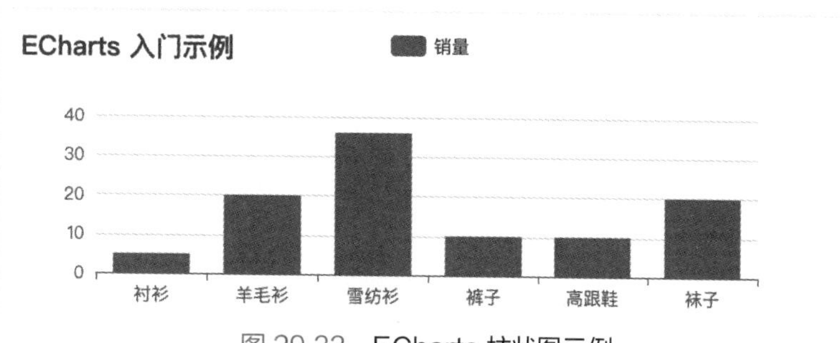

图 29.33　ECharts 柱状图示例

29.9.2　AJAX 异步加载图表数据

AJAX = Asynchronous JavaScript and XML（异步的 JavaScript 和 XML）。AJAX 不是新的编程语言，而是一种使用现有标准的新方法。AJAX 最大的优点是在不重新加载整个页面的情况下，可以与服务器交换数据并更新部分网页内容。由于可视化页面中需要展示不同的图表，而使用 ECharts 生成图表时，只有数据不同，其余内容保持不变，所以使用 AJAX 异步加载数据，会达到较好的用户体验。

在本项目中，使用 EChart 生成饼状图来展示数据所占比例。创建模板文件，关键代码如下：

源码位置　资源包 \Code\29\variety\variety\templates\statistics.html

```
01 <div class="col-9">
02     <div class="dropdown" style="padding-bottom:20px">
03         <a href="#" role="button" id="dropdownMenuLink" >
04             类型
05         </a>
06         <ul class="dropdown-menu" aria-labelledby="dropdownMenuLink">
07             <li><a class="dropdown-item type" href="#" id="all-categories">
08                    所有类型节目数量占比饼状图 </a></li>
09             <li><a class="dropdown-item type" href="#" id="all-platforms">
10                     所有平台播出节目数量占比 </a></li>
11             <li><a class="dropdown-item type" href="#" id="hunan-tv">
12                     湖南卫视播出各类节目占比 </a></li>
13         </ul>
14     </div>
15
16     <!-- 展示图表 -->
17     <div id="main" style="width: 1000px;height:400px;"></div>
18
19 </div>
20
21 <script src="/static/variety/js/jquery.js"></script>
22 <script src="https://cdn.bootcdn.net/ajax/libs/echarts/4.7.0/
23               echarts-en.common.js"></script>
24 <script>
25     // 自动加载时，执行点击事件
26     $(document).ready(function(){
27         $('#all-categories').click();
```

```
28     });
29     // 点击事件
30     $('.type').click(function(){
31         words = $(this).text()
32         id = $(this).attr('id')
33         $('#dropdownMenuLink').html(words)
34         $(".shows").hide()
35         $("."+id).show()
36         var myChart = echarts.init(document.getElementById('main'));
37         // 显示标题，图例和空的坐标轴
38         myChart.setOption({
39             title: {
40                 text: words,
41                 left: 'center'
42             },
43             tooltip: {
44                 trigger: 'item'
45             },
46             legend: {
47                 orient: 'vertical',
48                 left: 'left',
49             },
50             series : [
51                 {
52                     type: 'pie',
53                     radius: '55%',
54                     data:[]
55                 }
56             ]
57         })
58
59         url = '/chart/'+id
60         console.log(id)
61         // 异步加载数据
62         $.get(url).done(function (data) {
63             console.log(data)
64             // 填入数据
65             myChart.setOption({
66                 series: [{
67                     // 根据名字对应到相应的系列
68                     name: '销量',
69                     data: data.data
70                 }]
71             });
72         });
73     })
74 </script>
```

上述代码中，主要通过 JavaScript 的 click 点击事件实现图表切换，然后使用 AJAX 发送 get 请求，请求地址的 URL 为“http://127.0.0.1:8000/chart/”，最后再将返回的 JSON 数据填充到 EChart 中 series 对象的 data 属性。返回的 JSON 格式示例如下:

```
01 # 示例数据
02 data['data'] = [
03     {'value':235, 'name':'视频广告'},
04     {'value':274, 'name':'联盟广告'},
05     {'value':310, 'name':'邮件营销'},
06     {'value':335, 'name':'直接访问'},
07     {'value':400, 'name':'搜索引擎'}
08 ]
```

接下来，设置路由，代码如下:

资源包 \Code\29\variety\variety\urls.py

```
path('chart/<type>',views.chart,name='chart'),
```

然后创建视图，关键代码如下：

源码位置

资源包 \Code\29\variety\variety\views.py

```
01 def dictfetchall(cursor):
02     "将获取到的行数据以字典方式展示"
03     desc = cursor.description
04     return [
05         dict(zip([col[0] for col in desc], row))
06         for row in cursor.fetchall()
07     ]
08
09 def transfor_type(data):
10     "将类型由数字转化为名称"
11     l = []
12     for i in data:
13         for j in Type:
14             if i['name'] == j[0]:
15                 l.append({'name':j[1],'value':i['value']})
16     return l
17
18 def chart(request,type):
19     "生成图表数据"
20     data = {}
21     cursor = connection.cursor()
22
23     if type == 'all-platforms':  # 所有平台综艺占比
24         cursor.execute("select platform as name,count(*) as value from variety
25                         where platform != '' group by platform")
26         variety = dictfetchall(cursor)
27         data['data'] = variety
28     elif type == 'all-categories':  # 所有类型综艺占比
29         cursor.execute("select type as name,count(*) as value from variety
30                         group by type")
31         variety = dictfetchall(cursor)
32         data['data'] = transfor_type(variety)
33     # 返回 json 格式数据
34     return JsonResponse(data)
```

上述代码中，首先接收 type 参数，通过 type 参数的值，判定要显示的图表内容。接下来，使用 cursor.execute() 函数执行 SQL 语句。在 SQL 语句中，主要使用 group by 进行分组统计，并使用 as 关键字为返回的字段设置别名，方便后面整合数据。

此外，使用自定义函数 dictfetchall() 输出的列表类型数据，转换为字典类型数据。使用 transfor_type() 函数，用于将数字转化为对应的文字。例如 type 为 1，转换为真人秀。

最后，使用 JsonResponse() 函数将获取到的数据转化为 JSON 格式数据返回。

说明

> 在获取数据时，并没有使用 Django 自带的 ORM，而是使用了原生的 SQL 语句，因为当筛选的条件比较复杂时，使用 ORM 编写 SQL 比较麻烦，而且可读性不好。

所有类型节目占比饼状图运行效果如图 29.34 所示，所有平台播出节目数量占比饼状图运行效果如图 29.35 所示。

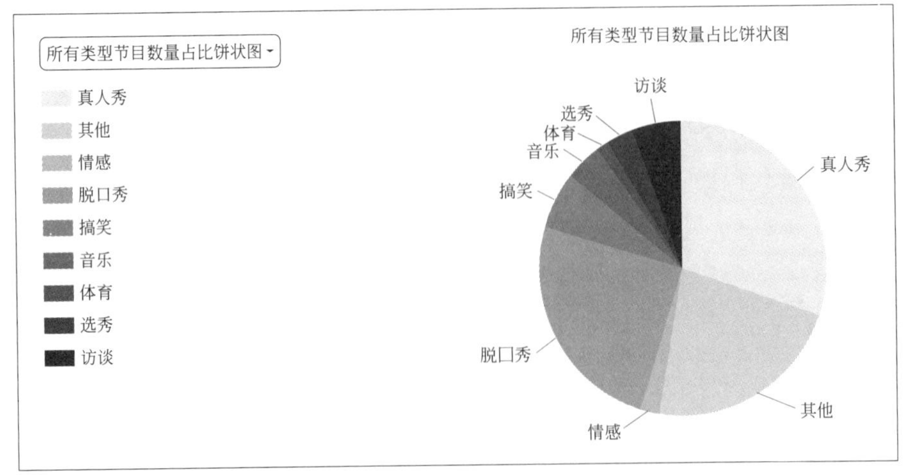

图 29.34 **所有类型节目占比饼状图运行效果**

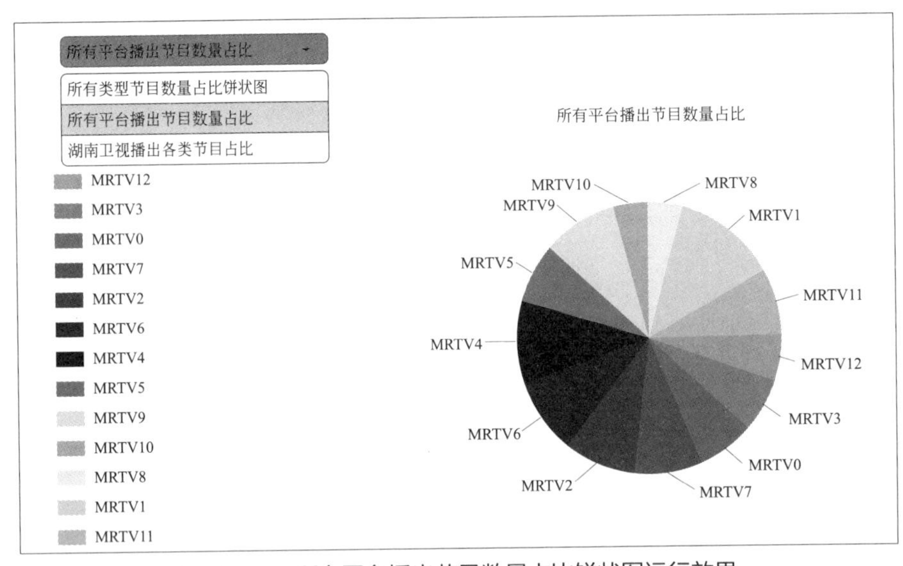

图 29.35 **所有平台播出节目数量占比饼状图运行效果**

小结

本章重点介绍了综艺节目信息可视化交互系统的设计与实现流程。首先说明了系统的设计是考虑用户需求并解决现存问题，接着对本章主要内容进行了概要阐述，并交代了本章的组织框架。然后对系统开发过程中运用到的相关核心技术进行了概述介绍，包括 Django 框架、MySQL 数据库及数据可视化技术等。

系统的开发则是在 Django 框架的基础上，使用 MTV 模式进行开发，将每部分功能模块化。在综艺节目模块，实现了综艺信息和综艺视频信息的展示、搜索等功能。在社区模块，实现了用户的登录、注册、发帖和回帖等功能。在可视化交互模块，实现了多组数据的可视化图表，对数据进行了直观的呈现。希望通过本章的学习，读者可以理解 Django 框架的模块化的思想，以及掌握 Django 框架的编程技术。

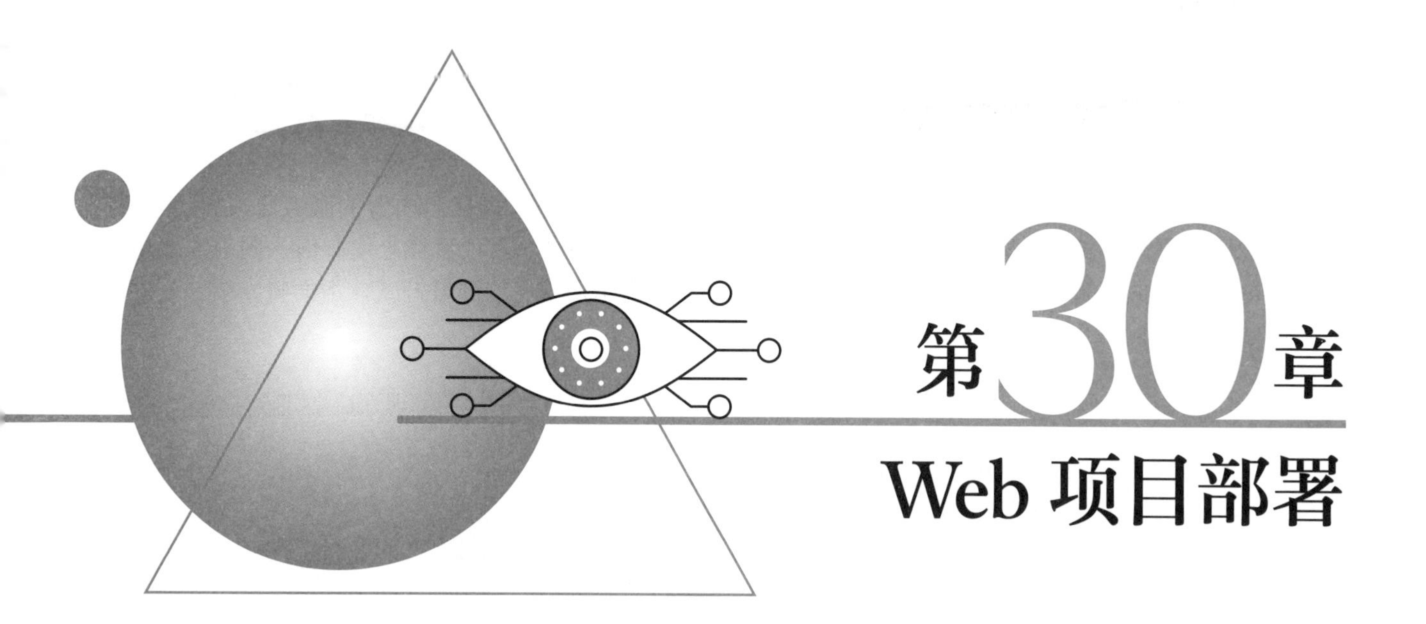

第30章 Web项目部署

由于 Python 简洁易懂，可维护性好，所以越来越多的互联网公司使用 Python 进行 Web 开发，如豆瓣、知乎等网站。本章将介绍在开发完 Web 项目后如何将其部署到云服务器上，并介绍一些常用到的服务组件以及配置。

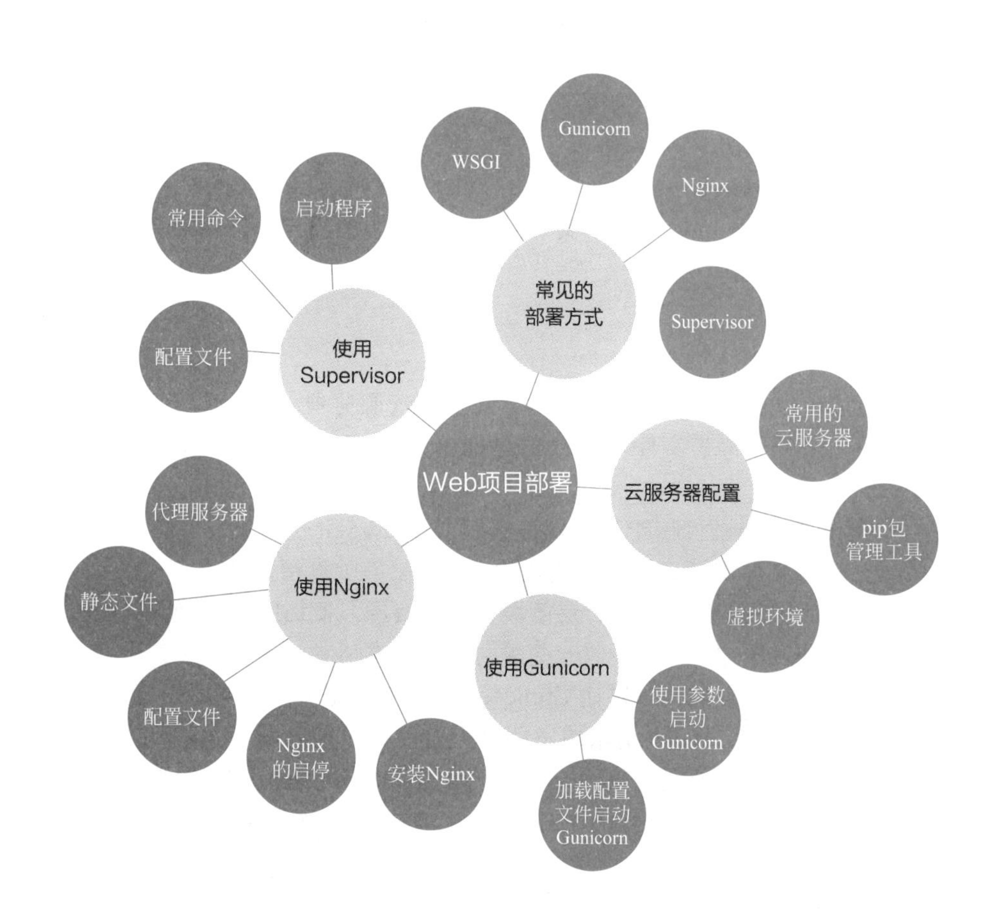

30.1 常见的部署方式

Flask、Django 等框自身都有 Web 服务器，在本地开发时，可以直接使用内置的服务器来启动项目。但是由于性能问题，通常框架自带的 Web 服务器主要用于开发测试，当项目线上发布时，则需要使用高性能的 WSGIServer，而 WSGI+Gunicorn+Nginx+Supervisor 则是最常见的部署方式。下面将介绍一下部署 Python Web 项目时常用到的这些组件。

30.1.1 WSGI

WSGI（Web Server Gateway Interface）服务器网关接口，是 Web 服务器和 Web 应用程序或框架之间的一种简单而通用的接口。WSGI 中存在两种角色：接受请求的 Server（服务器）和处理请求的 Application（应用）。当 Server 收到一个请求后，可以通过 Socket 把环境变量和一个 Callback 回调函数传给后端 Application，Application 在完成页面组装后通过 Callback 把内容返回给 Server，最后 Sever 再将响应返回给 Client（客户端）。整个流程如图 30.1 所示。

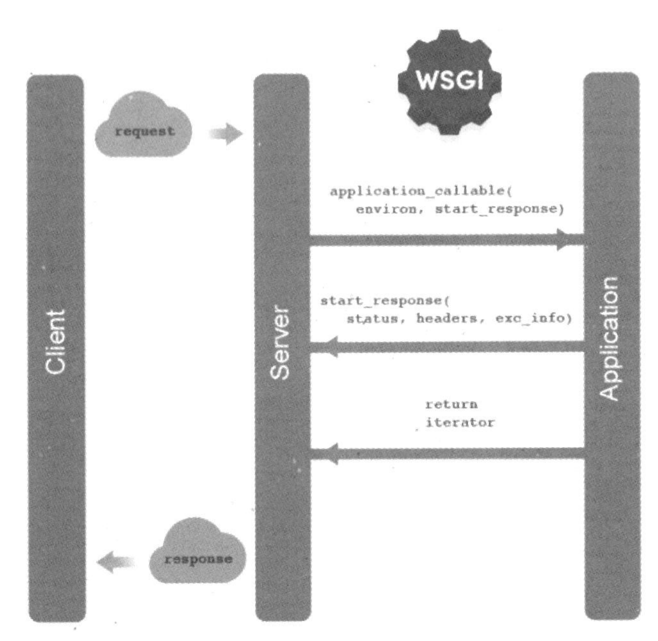

图 30.1 WSGI 工作概述

30.1.2 Gunicorn

常用的 WSGI Server 容器有 Gunicorn 和 uWSGI，但 Gunicorn 直接用命令启动，不需要编写配置文件，相对 uWSGI 要容易很多，所以本章介绍使用 Gunicorn 作为容器。

Gunicorn（Green Unicorn）是从 Ruby 社区的 Unicorn 移植到 Python 上的一个 WSGI HTTP Server。Gunicorn 使用 pre-fork worker 模型，Gunicorn 服务器与各种 Web 框架广泛兼容，实现简单，服务器资源少且速度很快。

30.1.3 Nginx

通常在Gunicorn服务前再部署一个Nginx服务器。Nginx是一个Web服务器，是一个反向代理工具，通常用它来部署静态文件。既然通过 Gunicorn 已经可以启动服务了，那为什么还要添加一个 Nginx 服务呢?

Nginx 作为一个 HTTP 服务器，它有很多 uWSGI 没有支持的特性。比如：

- 静态文件支持。经过配置之后，Nginx 可以直接处理静态文件请求而不用经过应用服务器，避免占用宝贵的运算资源；还能缓存静态资源，使访问静态资源的速度提高。
- 抗并发压力。可以吸收一些瞬时的高并发请求，让 Nginx 先保持住连接（缓存 HTTP 请求），然后后端慢慢处理。如果让 Gunicorn 直接提供服务，浏览器发起一个请求，鉴于浏览器和网络情况都是未知的，HTTP 请求的发起过程可能比较慢，而 Gunicorn 只能等待请求发起完成后，才去真正处理请求，处理完成后，等客户端完全接收请求，才继续下一个。
- HTTP 请求缓存处理的比 Gunicorn 和 uWSGI 完善。

- 多台服务器时，可以提供负载均衡和反向代理。

30.1.4 supervisor

supervisor 是一个进程管理工具。当程序异常退出时，希望进程重新启动。所以通常使用 supervisor 看守进程，一旦异常退出它会立即启动进程。

综上所述，框架部署的链路一般是：Nginx ⟶ WSGI Server ⟶ Python Web 程序，通常还会结合 supervisor 工具进行监听启停，如图 30.2 所示。

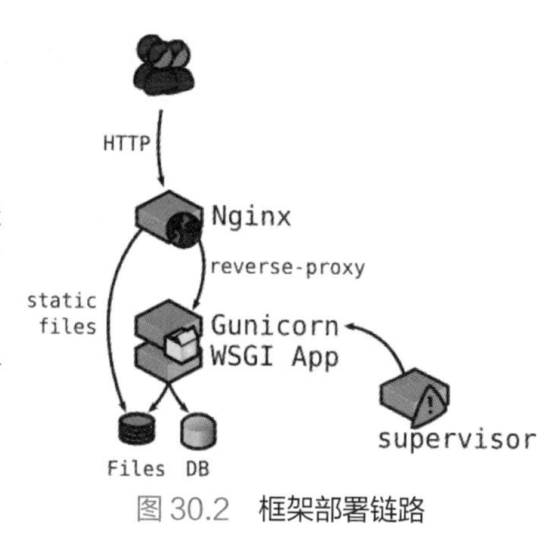

图 30.2 框架部署链路

30.2 云服务器配置

在本地开发的项目只能通过局域网在本地访问，为了能够让更多的人通过互联网访问到这个项目，通常需要购买服务器，并将项目部署到服务器。

30.2.1 常用的云服务器

近年来，云服务器在中国快速普及开来，之前如果想要搭建一个网站，就要购买服务器或者合租服务器，再或者购买一些虚拟主机，看个人选择而不同。而现在如果想要搭建一个网站，只需在网上选一个云服务器厂商，按照自己的配置需求点几下，就可以购买自己的云服务器了，计费方式可按照需求包月或包年等。相比传统的购买服务器，既节省了经济成本，又节约了大量时间。

云服务器厂商很多，比如阿里云、腾讯云、华为云等，可以根据自身情况进行选择。本章主要介绍如何在腾讯云服务器部署 Python Web 项目，其他云服务部署方式也是大同小异。

步骤 1：注册腾讯云账号。进入腾讯云官方网址：https://cloud.tencent.com，可以通过微信或 QQ 进行注册。

步骤 2：购买 Linux 云服务器。在腾讯云首页单击“云服务器”，单击“立即选购”进入到云服务器购买页面，需要结合自身情况选择如下选项。

- 地域：选择与你最近的一个地区，例如东三省，地域选择“北京”。
- 机型：选择需要的云服务器机型配置。这里选择“入门配置（1 核 1GB）”。
- 镜像：选择需要的云服务器操作系统。这里选择“Ubuntu Server 16.04.1 LTS 64 位”
- 公网带宽：勾选后会为你分配公网 IP，默认为“1Mbps”，可以根据需求调整。
- 购买数量：默认为“1 台”。
- 购买时长：默认为“1 个月”。

购买云服务器配置页面如图 30.3 所示。

付费完成后，即完成了云服务器的购买。云服务器可以作为个人虚拟机或者建站的服务器。接下来，就可以登录购买的这台服务器。

步骤 3：登录云服务器。通过快速配置购买的云服务器，系统将自动分配云服务器登录密码并发送到用户的站内信中。如图 30.4 所示。

登录云服务器控制台，在实例列表中找到刚购买的云服务器，如图 30.5 所示。在右侧操作栏中单击“登录”按钮，进入登录 Linux 实例页面，选择标准登录方式，单击“立即登录”，进入登录页面，如图 30.6 所示。

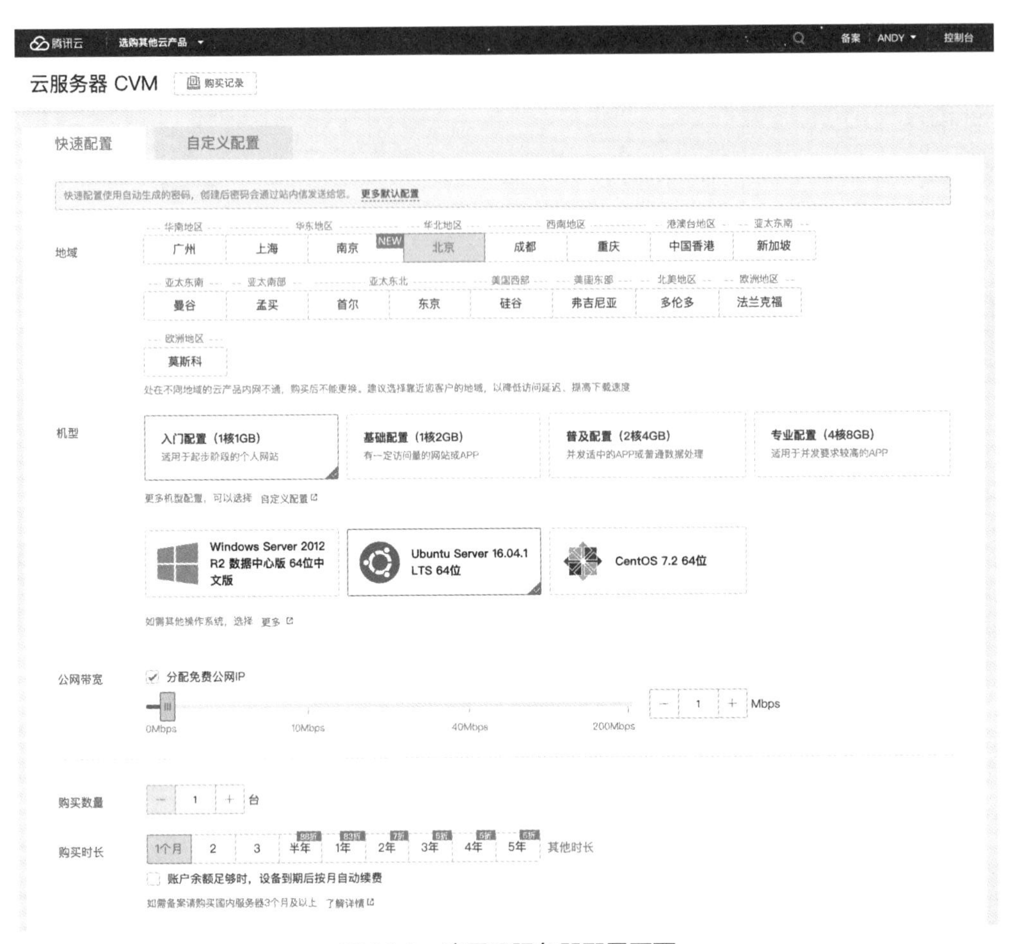

图 30.3　购买云服务器配置页面

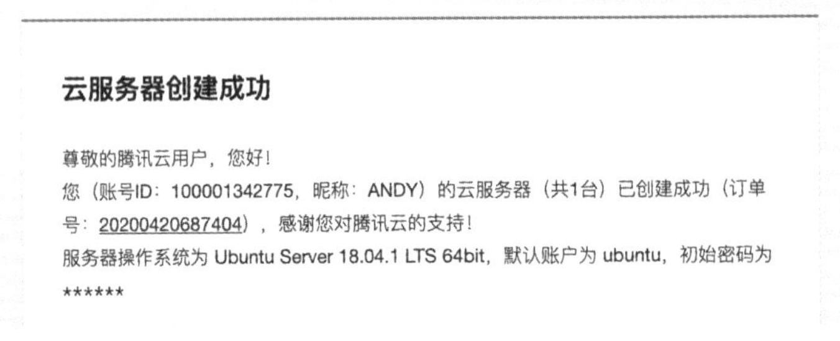

云服务器创建成功

尊敬的腾讯云用户，您好！
您（账号ID：100001342775，昵称：ANDY）的云服务器（共1台）已创建成功（订单号：20200420687404），感谢您对腾讯云的支持！
服务器操作系统为 Ubuntu Server 18.04.1 LTS 64bit，默认账户为 ubuntu，初始密码为 ******

图 30.4　获取初始密码

图 30.5　云服务器控制台实例列表

在登录页面，默认用户名是 ubuntu，输入初始密码，单击“确定”按钮，进入到终端页面如图 30.7 所示。

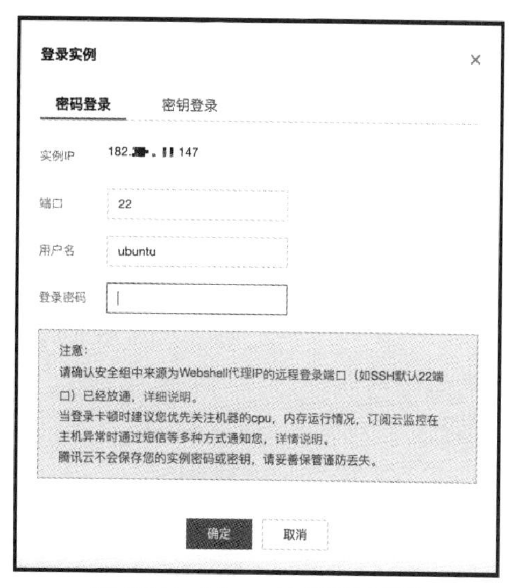

图 30.6　Linux 实例登录页面

```
清理终端
* Socket connection established *
Welcome to Ubuntu 18.04.4 LTS (GNU/Linux 4.15.0-88-generic x86_64)

 * Documentation:  https://help.ubuntu.com
 * Management:     https://landscape.canonical.com
 * Support:        https://ubuntu.com/advantage

  System information as of Mon May  4 11:12:32 CST 2020

  System load:  0.03              Processes:           114
  Usage of /:   6.9% of 49.15GB   Users logged in:     1
  Memory usage: 20%               IP address for eth0:
  Swap usage:   0%

 * Ubuntu 20.04 LTS is out, raising the bar on performance, security,
   and optimisation for Intel, AMD, Nvidia, ARM64 and Z15 as well as
   AWS, Azure and Google Cloud.

     https://ubuntu.com/blog/ubuntu-20-04-lts-arrives


 * Canonical Livepatch is available for installation.
   - Reduce system reboots and improve kernel security. Activate at:
     https://ubuntu.com/livepatch

Last login: Sun May  3 16:53:50 2020 from 119.28.22.215
ubuntu@VM-0-9-ubuntu:~$
```

图 30.7　终端页面

步骤 4: 重置实例密码。如果遗忘了密码，可以在控制台上重新设置实例的登录密码。在实例的管理页面，选择需要重置密码的云服务器，单击【更多】⟶【密码 / 密钥】⟶【重置密码】。如图 30.8 所示。

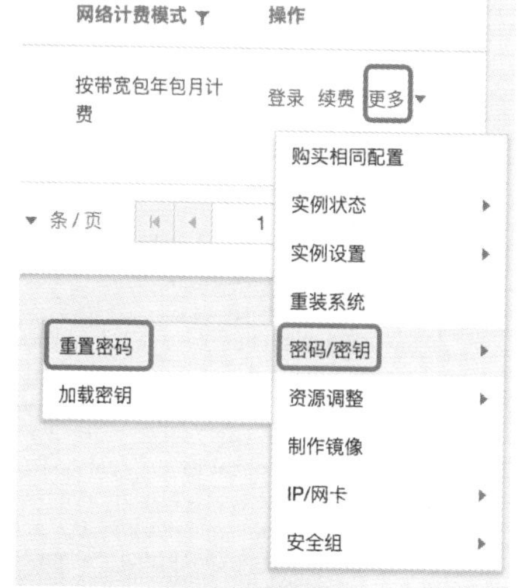

图 30.8　重置密码

30.2.2　pip 包管理工具

输入正确的用户名和密码进入终端后，可以通过如下指令查看当前系统版本号：

```
ubuntu@VM-0-9-ubuntu:~$ cat/etc/issue
Ubuntu 18.04.4 LTS \n \l
```

说明

第 1 行 $ 后面的是命令内容，第 2 行是输出结果。

Ubuntu 18.04.4 版本自带了 Python 2 和 Python 3，可以通过如下指令查看 Python 版本。

```
ubuntu@VM-0-9-ubuntu:~$ python  --version
Python2.7.15+
ubuntu@VM-0-9-ubuntu:~$ python3  --version
Python5.6.9
```

运行结果如图 30.9 所示。

当前有 Python 2 和 Python 3 两个版本，它们分别对应着 pip 和 pip3。本书使用 Python 3 版本，在终端输入如下命令：

```
ubuntu@VM-0-9-ubuntu:~$ pip3
Command 'pip3' not found , but can be installed with:
sudo apt install python3 -pip
```

```
ubuntu@VM-0-9-ubuntu:~$ cat /etc/issue
Ubuntu 18.04.4 LTS \n \l

ubuntu@VM-0-9-ubuntu:~$ python --version
Python 2.7.15+
ubuntu@VM-0-9-ubuntu:~$ python3 --version
Python 3.6.9
ubuntu@VM-0-9-ubuntu:~$
```

图 30.9　查看 Python 版本

pip 3 命令不存在，可以按照提示来安装 pip 3，运行如下命令：

```
ubuntu@VM-0-9-ubuntu:~$ sudo apt install python3 -pip
```

安装完成后，输入如下命令：

```
ubuntu@VM-0-9-ubuntu:~$ pip3  --version
pip 9.0.1 from /usr/lib/python3/dist-packages(python5.6)
```

此时，说明已经安装完 Python 3 版本的包管理工具。

30.2.3 虚拟环境

接下来安装 virtualenv 虚拟环境，使用如下命令：

```
sudo pip3 install virtualenv
```

说明

由于默认使用的登录账号是 ubuntu，安装 virtualenv 时，会提示 Permission Error 权限不足。此时在命令前添加 sudo，表示以系统管理者的身份执行指令，也就是说，经由 sudo 所执行的指令就好像是 root 亲自执行。

接下来，选定创建项目目录，在 /var/www/html 目录下创建 flask_test 文件夹，命令如下：

```
ubuntu@VM-0-9-ubuntu:~$ sudo mkdir /var/www/html/flask_test
```

修改 flask_test 文件的所有者为 ubuntu 用户，命令如下：

```
ubuntu@VM-0-9-ubuntu:~$ sudo chown -R ubuntu/var/www/html/flask_test
```

接下来，进入到 flask_test 目录，并创建虚拟环境，命令如下：

```
ubuntu@VM-0-9-ubuntu:~$ cd /var/www/html/flask_test/
ubuntu@VM-0-9-ubuntu:/var/www/html/flask_test$ virtualenv -p python3 venv
Already using interpreter /usr/bin/python3
Using base prefix '/usr'
New python executable in /var/www/html/flask_test/venv3/bin/python3
Also creatin gexecutable in /var/www/html/flask_test/venv3/bin/python
Please make sure you remove any previous custom paths you're your /home/ubuntu/.pydistutils.cfgfile.
Installing setup tools,pkg_resources,pip,wheel...done.
```

说明

安装虚拟环境时使用命令：virtualenv -p python3 venv，其中 -p 参数用于指定 Python 3 版本，否则默认为 Python 2。

安装完成后，激活虚拟环境，命令如下：

```
ubuntu@VM-0-9-ubuntu:/var/www/html/flask_test$ source venv/bin/activate
(venv)ubuntu@VM-0-9-ubuntu:/var/www/html/flask_test$
```

在虚拟环境下安装查看 pip 版本，命令如下：

```
(venv)ubuntu@VM-0-9-ubuntu:/var/www/html/flask_test$ pip  --version
pip 20.1 from /var/www/html/flask_test/venv/lib/python5.6/site-packages/pip(python5.6)
```

接下来，安装 Python Web 框架。由于 Flask 框架比较简单，在虚拟环境中安装 Flask 框架，命令如下：

```
(venv)ubuntu@VM-0-9-ubuntu:/var/www/html/flask_test$ pip install flask
```

安装完成后，使用 vim 编辑器创建一个 run.py 文件，命令如下：

```
vim  run.py
```

在打开的文件内，按下键盘中的“i”，进入 vim 插入模式，输入如下代码：

```
01 from flask import Flask
02
03
04 app=Flask(__name__)
05
06 @app.route('/')
07 def index():
08     return 'hello world'
09
10 if  __name__=="__main__":
11   app.run()
```

输入完成，按下“Esc”键，切换到底线命令模式，在最后一行输入“:wq”，按下回车键，保存并退出。在虚拟环境下，输入如下命令运行程序：

```
(venv)ubuntu@VM-0-9-ubuntu:/var/www/html/flask_test$ python run.py
*Serving Flask app "run"(lazy loading)
*Environment: production
WARNING: This is a development server. Do not use it in a production deployment.
Use a production WSGI server instead.
*Debug mode: off
*Runningonhttp://127.0.0.1:5000/(PressCTRL+Ctoquit)
```

此时，使用的是 Flask 内置的服务器，只能通过本地访问。下一节将介绍如何使用 Gunicorn 启动服务。

说明

需要了解最基本的 vim 知识。

30.3 使用 Gunicorn

Gunicorn 是使用 Python 开发的，可以直接使用 pip 进行安装。在 venv 虚拟环境下安装 Gunicorn 的命令如下：

```
(venv)ubuntu@VM-0-9-ubuntu:/var/www/html/flask_test$ pip install gunicorn
```

安装成功以后，可以通过 2 种方式来启动服务。

30.3.1 使用参数启动 Gunicorn

通过如下命令直接启动 Gunicorn：

```
(venv)ubuntu@VM-0-9-ubuntu:/var/www/html/flask_test$ gunicorn -w 3 -b 0.0.0.0:9100 run:app
```

参数说明如下：

- -w： 用于处理工作的进程数量。
- -b： 绑定运行的主机和端口。
- run： 执行的 Python 文件 run.py。

- app：Flask APP 应用名称。

启动后运行效果如下：

```
[2020-05-0417:49:27+0800][27943][INFO]Starting gunicorn 20.0.4
[2020-05-0417:49:27+0800][27943][INFO]Listenin gat:http://0.0.0.0:9100(27943)
[2020-05-0417:49:27+0800][27943][INFO]Using worker:sync
[2020-05-0417:49:27+0800][27946][INFO]Booting worker with pid:27946
[2020-05-0417:49:27+0800][27947][INFO]Booting worker with pid:27947
[2020-05-0417:49:27+0800][27948][INFO]Booting worker with pid:27948
```

此时，可以在浏览器中输入公网 IP 地址来访问 Flask 项目，运行结果如图 30.10 所示。

此外，Gunicorn 还有很多常用的启动参数，如表 30.1 所示。

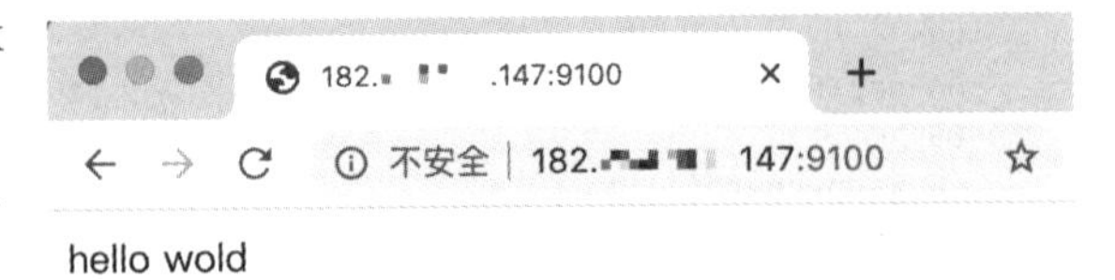

图 30.10 访问公网 IP 地址

表 30.1 Gunicorn 常用的启动参数及说明

参数	说明
-c CONFIG，--config=CONFIG	指定配置文件
-b BIND，--bind=BIND	绑定运行的主机加端口
-w INT，--workers INT	用于处理工作进程的数量，整数，默认为 1
-k-STRTING，--worker-class STRTING	要使用的工作模式，默认为 sync 异步，类型：sync,eventlet,gevent,tornado,gthread,gaiohttp
--threads INT	处理请求的工作线程数，使用指定数量的线程运行每个 worker。为正整数，默认为 1
--worker-connections INT	客户端并发最大数量，默认 1000
--backlog INT	等待连接的最大数，默认 2048
-p FILE，--pid FILE	设置 pid 文件的文件名，如果不设置将不会创建 pid 文件
--access-logfile FILE	日志文件路径
--access-logformat STRING	日志格式
--error-logfile FILE，--log-file FILE	错误日志文件路径
--log-level LEVEL	日志输出等级
--limit-request-line INT	限制 HTTP 请求行的允许大小，默认 4094。取值范围 0 ~ 8190，此参数可以防止任何 DDOS 攻击
--limit-request-fields INT	限制 HTTP 请求头字段的数量以防止 DDOS 攻击，与 limit-request-field-size 一起使用可以提高安全性。默认 100，最大值 32768
--limit-request-field-size INT	限制 HTTP 请求中请求头的大小，默认 8190。值是一个整数或者 0，当该值为 0 时，表示将对请求头大小不做限制
-t INT，--timeout INT	超过设置时间，工作将被关闭并重新启动，默认 30s，nginx 默认 60s
--reload	在代码改变时自动重启，默认 False
--daemon	是否以守护进程启动，默认 False
--chdir	在加载应用程序之前切换目录
--graceful-timeout INT	默认 30s，在超时（从接收到重启信号开始）之后仍然运行的工作将被强行关闭
--keep-alive INT	在 keep-alive 连接上等待请求的时间，默认情况下值为 2s。一般设定在 1 ~ 5s 之间
--spew	打印服务器执行过的每一条语句，默认 False。此选择为原则性的，即要么全部打印，要么全部不打印
--check-config	显示当前的配置，默认 False，即显示
-e ENV，--env ENV	设置环境变量

30.3.2 加载配置文件启动 Gunicorn

如果启动 Gunicorn 时加载的参数很多，那么第一种直接启动的方式就不再适用了，此时可以使用加载配置文件的方式来启动 Gunicorn。

在 flask_test 文件夹下创建“gunicorn”文件夹，命令如下：

```
mkdir /var/www/html/flask_test/gunicorn
```

然后使用 cd 命令进入该目录，命令如下：

```
ubuntu@VM-0-9-ubuntu:~$ cd /var/www/html/flask_test/gunicorn
```

使用 vim 编写 gunicorn_conf.py 文件，命令如下：

```
vim  gunicorn_conf.py
```

gunicorn_conf.py 文件代码如下：

```
01 import multiprocessing
02
03
04 bind='0.0.0.0:9100'
05 workers=multiprocessing.cpu_count()*2+1# 进程数
06 reload=True
07 loglevel='info'
08 timeout=600
09
10 log_path="/tmp/logs/flask_test"
11 accesslog=log_path+'/gunicorn.access.log'
12 errorlog=log_path+'/gunicorn.error.log'
```

上述代码中的参数说明可以参照表 30.1 常用启动参数及说明，其中 log_path 变量可以自行定义。启动 Gunicorn 出错时，可以查看 errorlog 错误日志。

接下来，先终止 Gunicorn 进程，命令如下：

```
ubuntu@VM-0-9-ubuntu:/var/www/html/flask_test$ pkill gunicorn
```

然后在虚拟环境下，以加载配置文件的方式启动 Gunicorn，命令如下：

```
(venv)ubuntu@VM-0-9-ubuntu:/var/www/html/flask_test$ gunicorn -c
gunicorn/gunicorn_conf.pyrun:app
[2020-05-0613:00:28+0800][27753][INFO]Starting gunicorn20.0.4
[2020-05-0613:00:28+0800][27753][INFO]Listenin gat:http://0.0.0.0:9100(27753)
[2020-05-0613:00:28+0800][27753][INFO]Using worker:sync
[2020-05-0613:00:28+0800][27756][INFO]Booting worker with pid:27756
[2020-05-0613:00:28+0800][27757][INFO]Booting worker with pid:27757
[2020-05-0613:00:28+0800][27758][INFO]Booting worker with pid:27758
```

30.4 使用 Nginx

Nginx 是一款轻量级的 Web 服务器和反向代理服务器，由于它的内存占用少，启动极快，高并发能力强，在互联网项目中被广泛应用。所以通常在 Gunicorn 服务中添加一层 Nginx 反向代理。正向代理和反向代理如图 30.11 所示。

30.4.1 安装 Nginx

在 Ubutun 系统中使用如下命令安装 Nginx：

```
sudo apt-get install nginx
```

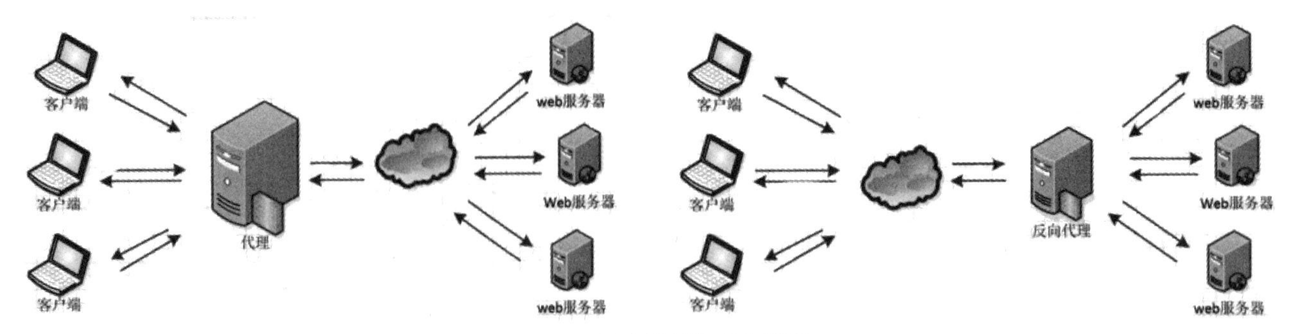

图 30.11　正向代理和反向代理

安装成功后 Nginx 会默认启动，此时，在浏览器中输入公网 IP，运行结果如图 30.12 所示。

此外，Nginx 有 4 个主要的文件夹结构，目录及说明如下：

- /usr/sbin/nginx：主程序。
- /etc/nginx：存放配置文件。
- /usr/share/nginx：存放静态文件。
- /var/log/nginx：存放日志。

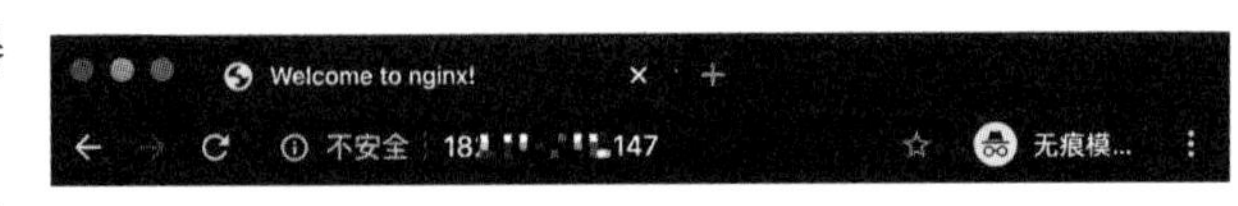

Welcome to nginx!

If you see this page, the nginx web server is successfully installed and working. Further configuration is required.

For online documentation and support please refer to nginx.org.
Commercial support is available at nginx.com.

Thank you for using nginx.

图 30.12　Nginx 启动成功

30.4.2　Nginx 的启停

Nginx 启动之后，可以使用以下命令控制：

```
nginx -s <signal>
```

其中，-s 的意思是向主进程发送信号；signal 可以为以下四个中的一个：

- stop：快速关闭。
- quit：优雅关闭。
- reload：重新加载配置文件。
- reopen：重新打开日志文件。

当运行 nginx -s quit 时，Nginx 会等待工作进程处理完当前请求，然后再关闭。当修改配置文件后，并不会立即生效，而是等待重启或者收到 nginx -s reload 信号。当 Nginx 收到 nginx -s reload 信号后，首先检查配置文件的语法，语法正确后，主线程会开启新的工作线程并向旧的工作线程发送关闭信号，如果语法不正确，则主线程回滚变化并继续使用旧的配置。当工作进程收到主进程的关闭信号后，会在处理完当前请求之后退出。

30.4.3　配置文件

Nginx 配置的核心是定义要处理的 URL 以及如何响应这些 URL 请求，即定义一系列的虚拟服务器（Virtual Servers）以控制对来自特定域名或者 IP 的请求的处理。

每一个虚拟服务器定义一系列的 location 以控制处理特定的 URI 集合。每一个 location 定义了对于映射到自己的请求的处理场景，可以返回一个文件或者代理此请求。

Nginx 由不同的模块组成，这些模块由配置文件中指定的指令控制，指令分为简单指令和块指令。

一个简单指令包含指令名称和指令参数，以空格分隔，以分号（;）结尾。块指令与简单指令类似，但是由大括号（{ 和 }）包围。如果块指令大括号中包含其他指令，则称该指令为上下文（如：events、http、server 和 location）。

配置文件中的放在上下文之外的指令默认放在主配置文件中（类似继承主配置文件）。events 和 http 放置在主配置文件中，server 放置在 http 块指令中，location 放置在 server 块指令中。配置文件的注释以 # 开始。

30.4.4 静态文件

Web 服务器一个重要的功能是服务静态文件（图像或静态 HTML 页面）。例如，Nginx 可以很方便地让服务器从 /var/www/html 获取 html 文件，从 /var/www/html/images 获取图片来返回给客户端，这只需要在 http 块指令中的 server 块指令中设置两个 location 块指令。

首先，进入 /var/www/html 目录，在该目录下创建 welcome.html。然后再创建 /data/images 目录并将一些图片从本地上传至服务器。

接下来，进入 /etc/nginx/sites-enabled 配置文件目录，在该目录下的所有文件都会作为配置文件被加载进来。所以，通常为每个网站单独创建一个配置文件。这里创建一个 demo 文件，代码如下：

```
01 server {
02     location / {
03             root /var/www/html
04     }
05     location /images/ {
06             root /var/www/html/images
07     }
08 }
```

通常，配置文件可以包括多个 server 块，它们以端口和服务器名称来区分。当 Nginx 决定某一个 server 处理请求后，它将请求头中的 URI 和 server 块中的 location 块进行对比，加入 location 块指令到 server 中。

第一个 location 块与请求中的 URI 对比。对于匹配的请求，URI 将被添加到 root 指令中指定的路径，即 /var/www/html，以此形成本地文件系统的路径，如访问 http://localhost/welcome.html，对应服务器文件路径为 /var/www/html/welcome.html。如果 URI 匹配多个 location 块，Nginx 采用最长前缀匹配原则（类似计算机网络里面的 IP 匹配），上面的 location 块前缀长度为 1，因此只有当所有其他 location 块匹配时，才使用该块。

例如，第二个 location 位置块，它将匹配以 /images/（也匹配这样的请求，但具有较短的前缀）开始的请求。

配置完成后，使用如下命令重新加载 Nginx：

```
nginx  -s  reload
```

到目前为止，这已经是一个可以正常运行的服务器，它监听 80 端口，并且可以在公网 IP 上访问。例如，访问公网 IP/welcome.html，运行结果如图 30.13 所示。访问公网 IP/images/qrcoder.jpg，运行效果如图 30.14 所示。

30.4.5 代理服务器

Nginx 的一个常见应用是将它设置为代理服务器（Proxy Server），即接受客户端的请求并将其转发给代理服务器，再接受代理服务器发来的响应，将它们发送到客户端。比如可以用一个 Nginx 实例实现对 8000 端口的请求转发到代理服务器。

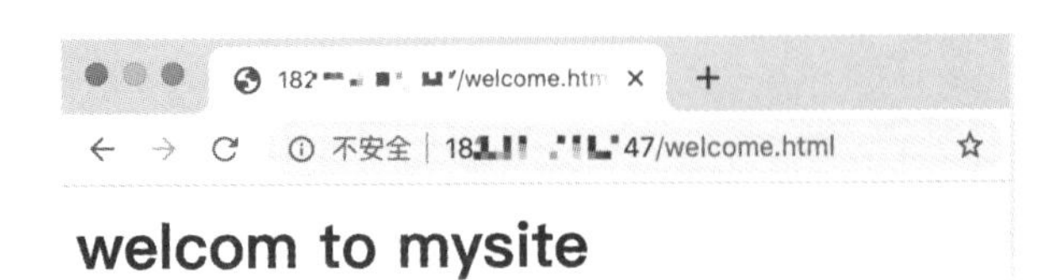

图 30.13　访问静态 HTML 文件

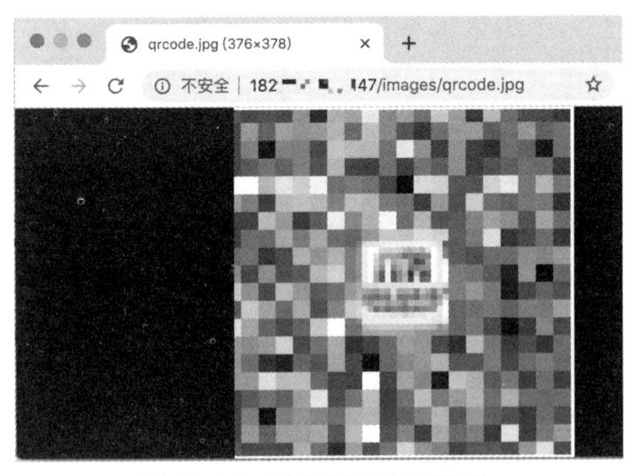
图 30.14　访问静态图片资源

进入 /etc/nginx/sites-enabled 配置文件目录，创建 flask_demo 文件，代码如下：

```
01 server {
02         listen 8000;
03         listen [::]:8000;
04         server_name 182.254.165.147;
05         location / {
06                 proxy_pass http://182.254.165.147:9100;
07                 proxy_set_header Host      $host;
08                 proxy_set_header X-Real-IP $remote_addr;
09         }
10
11 }
```

上述代码中，设置 listen 监听 8000 端口，接收到请求后，通过 proxy_pass 设置代理转发至 9100 端口。参数说明如下：

- listen：监听的端口。
- server_name：监听地址。
- proxy_pass：代理转发。
- proxy_set_header：允许重新定义或添加字段传递给代理服务器的请求头。

重新加载 Nginx，在浏览器中访问公网 IP:8000，Nginx 会转发至公网 IP:9100，运行结果如图 30.15 所示。

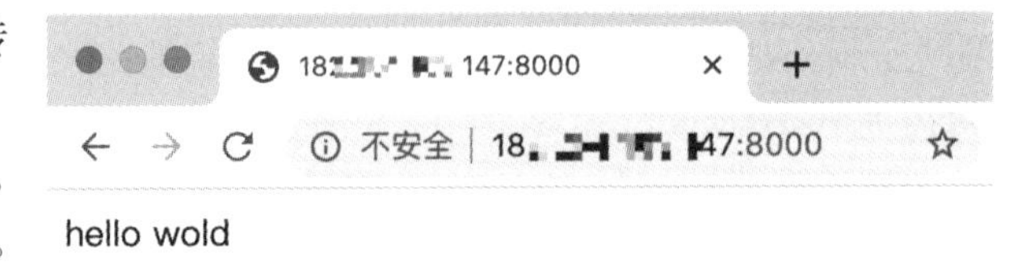

图 30.15　代理转发效果

30.5　使用 supervisor

supervisor 是一个用 Python 编写的进程管理工具，它符合 C/S 架构体系，对应的角色分别为 supervisorctl 和 supervisord。它们的作用如下：

- supervisord：启动配置好的程序、响应 supervisorctl 发过来的指令以及重启退出的子进程。
- supervisorctl：它以命令行的形式提供了一系列参数，来方便用户向 supervisord 发送指令，常用的有启动、暂停、移除、更新等命令。

使用 Ubuntu 系统命令或者 Python 包管理工具都可以安装 supervisor，但是使用 Ubuntu 安装的 supervisor 版本较低，所以推荐使用 pip 命令来安装。

为了方便查找路径，在 /home/ubuntu 目录下新建一个 venv 虚拟环境，命令如下：

```
ubuntu@VM-0-9-ubuntu:~$ virtualenv venv
```

创建完成后，激活该虚拟环境，并使用如下命令安装 supervisor：

```
ubuntu@VM-0-9-ubuntu:~$ source venv/bin/activate
(venv) ubuntu@VM-0-9-ubuntu:~$ pip install supervisor
```

30.5.1 配置文件

安装完 supervisor 以后，在终端输入如下命令可以查看 supervisor 的基本配置:

```
(venv) ubuntu@VM-0-9-ubuntu:~$ echo_supervisord_conf
```

如果在终端看到输出配置文件内容，接下来在 /etc/supervisor 目录下创建 supervisord.conf 文件，命令如下:

```
(venv) ~$ sudo su - root -c "echo_supervisord_conf > /etc/supervisor/supervisord.conf"
```

说明

su-root -c 表使用 root 用户权限执行命令。

执行完成后，在 /etc/supervisor/ 目录下会生成一个 supervisord.conf 文件，使用 vim 编辑该文件，修改最后一行的代码，修改结果如下:

```
[include]
;files = relative/directory/*.ini
files = /etc/supervisor/conf.d/*.ini
```

上述代码的作用是将 /etc/supervisor/conf.d 目录下的所有后缀为 .ini 的文件作为配置文件加载。

此外，默认文件将 supervisord.pid 以及 supervisor.sock 存放在 /tmp 目录下，但是 /tmp 目录是存放临时文件，里面的文件会被 Linux 系统删除，一旦这些文件丢失，就无法再通过 supervisorctl 来执行相关命令，提示 unix:///tmp/supervisor.sock 不存在的错误。所以需要将包含 /tmp 的目录做如下修改:

```
[supervisorctl]
serverurl=unix:///var/run/supervisor.sock ; use a unix:// URL  for a unix socket

[unix_http_server]
file=/var/run/supervisor.sock   ; the path to the socket file

[supervisord]
logfile=/var/log/supervisord.log ; main log file; default $CWD/supervisord.log
pidfile=/var/run/supervisord.pid ; supervisord pidfile; default supervisord.pid
```

修改完成后，进入 /etc/supervisor/conf.d 目录，在该目录下使用 vim 编辑器创建 test.ini 配置文件。test.ini 文件代码如下:

```
[program:foo]
command=/bin/cat
```

接下来，使用如下命令启动 supervisor：

```
sudo  supervisord -c  /etc/supervisor/supervisor.conf
```

启动成功后，通过如下命令查看进程状态:

```
(venv) ubuntu@VM-0-9-ubuntu:/etc/supervisor$ sudo supervisorctl status
foo                              RUNNING   pid 10133, uptime 0:19:53
```

30.5.2 常用命令

supervisorctl status 命令可以查看进程的状态，此外，supervisorctl 还有很多常用的命令，如表 30.2 所示。

表 30.2 supervisorctl 常用命令

参数	说明
status	查看进程状态
status <name>	查看 <name> 进程状态
start <name>	启动 <name> 进程
stop <name>	停止 <name> 进程
stop all	停止进程服务
restart <name>	重启 <name> 服务，注意，不会重启读取配置信息
restart all	重启全部服务，注意，不会重启读取配置信息
reload	重新启动远程监督者
reread	重新加载守护程序的配置文件，而无须添加 / 删除（不重新启动）
stop all	停止进程服务
add <name>	激活配置中进程 / 组的任何更新
remove <name>	从活动配置中删除进程 / 组
update	重新加载配置并根据需要添加 / 删除，并将重新启动受影响的程序
tail	输出最新的 log 信息
shutdown	关闭 supervisord 服务

30.5.3 启动程序

前面学习了使用 Gunicorn 来启动 Flask 程序，但是如果 Gunicorn 服务器出现故障，Flask 程序就会中断。为了解决这个问题，就可以使用 supervisor 来监测 Gunicorn 进程。当 Gunicorn 服务停止，令其自动重启。

首先需要在 /etc/supervisor/conf.d 目录下新建一个 flask_test 配置文件，配置如下：

```
[program:flask_test]
command=/var/www/html/flask_test/venv/bin/gunicorn -c gunicorn/gunicorn_conf.py  run:app
directory=/var/www/html/flask_test
user=root
autostart=true
autorestart=true
startsecs=10
startretries=3
stdout_logfile=/var/log/flask_test_error.log
stderr_logfile=/var/log/flask_test_out.log
stopasgroup=true
stopsignal=QUIT
```

文件中参数说明如下：

- program：程序名称。
- command： 要执行的命令。
- directory： 当 supervisor 作为守护程序运行时，在守护程序之前，cd 到该目录。
- user： 以哪个用户执行。
- autostart： 是否与 supervisord 一起启动。
- autorestart： 是否自动重启。
- startsecs： 延时启动时间，默认为 10 秒。

- startretries：启动重试次数，默认为 3 次。
- stdout_logfile：正常输出日志。
- stderr_logfile：错误输出日志。
- stopasgroup: 如果为 true，则该标志使 supervisor 将停止信号发送到整个过程组，并暗示 killasgroup 为 true。这对于程序（例如调试模式下的 Flask）非常有用，这些程序不会将停止信号传播到其子级，而使它们成为孤立状态。
- stopsignal：停止信号。

配置完成后，使用如下命令重启 supervisor：

```
(venv) ubuntu@VM-0-9-ubuntu:~$ sudo supervisorctl reload
Restarted supervisord
```

重启后通过如下命令查看所有进程的状态:

```
(venv) ubuntu@VM-0-9-ubuntu:~$ sudo supervisorctl status
flask_test                       RUNNING   pid 30683, uptime 0:00:41
foo                              RUNNING   pid 30684, uptime 0:00:41
```

为了验证 supervisor 是否能够自动重启 Gunicorn，使用如下命令关闭 Gunicorn 进程:

```
(venv) ubuntu@VM-0-9-ubuntu:~$ sudo pkill gunicorn
```

在浏览器中访问公网 IP:9100 端口，发现 Flask 程序依然可以正常访问。此外，也可以通过如下命令对比 Gunicorn 关闭前后，进程 ID 是否发生变化:

```
ps aux | grep gunicorn
```

小结

本章主要介绍在 Web 项目开发完成后，如何将它部署在云服务器上，以便于用户可使用公网访问。首先介绍了常见的部署方式，然后介绍了部署项目还需购买云服务器等设备，如果条件允许还可以为网站准备一个域名，不过部分域名需要进行备案。最后介绍了 Gunicorn + Nginx + supervisor 具体的配置方法。通过本章的学习，可以将自己的项目部署在云服务器上，在部署的过程中，要循序渐进，先保证项目可以正常运行再去设置其他配置。

附录

附录 1　Flask 框架常用类和函数

名称	功能描述
Flask()	Flask 实例化
render_template()	渲染模板
jsonify()	返回 JSON 响应
redirect()	重定向
url_for()	生成 URL
Blueprint()	实例化蓝图
make_response()	将返回值从视图函数转换为 response_class 的实例
request()	获取请求对象
session()	获取 Session 对象
abort()	为给定的状态码或 WSGI 应用程序引发 HTTPException 异常
Markup()	对 HTML 文档进行标记，并将其转化为 str 类型
current_app()	获取当前应用
flash()	消息闪现
g()	应用上下文对象
render_template_string()	直接渲染存储的模板字符串
has_request_context()	判断请求上下文是否存在
Request()	请求对象
get_flashed_messages()	获取闪存消息
get_template_attribute()	加载模板导出的宏（或变量）
helpers()	帮助函数
after_this_request()	请求之后执行函数
signals_available()	判断信号系统是否可用
testsuite()	单元测试组件
escape()	将 &、<、>、‘、” 字符串转化为 HTML 安全序列
safe_join()	安全地拼接目录和零个或多个不受信任的路径名组件

附录 2　Flask 框架请求对象提供的常用属性或方法

属性或方法	说明
form	一个字典，存储请求提交的所有表单字段
args	一个字典，存储通过 URL 查询字符串传递的所有参数
values	一个字典，form 和 args 的合集
cookies	一个字典，存储请求的所有 cookie
headers	一个字典，存储请求的所有 HTTP 首部
files	一个字典，存储请求上传的所有文件
get_data()	返回请求主体缓冲的数据
get_json()	返回一个 Python 字典，包含解析请求主体后得到的 JSON

续表

属性或方法	说明
blueprint	处理请求的 Flask 蓝本的名称
endpoint	处理请求的 Flask 端点的名称
method	HTTP 请求方法，例如 GET 或 POST
scheme	URL 方案（http 或 https）
is_secure()	通过安全的连接（HTTPS）发送请求时返回 True
host	请求定义的主机名，如果客户端定义了端口号，还包括端口号
path	URL 的路径部分
query_string	URL 的查询字符串部分，返回原始二进制值
full_path	URL 的路径和查询字符串部分
url	客户端请求的完整 URL
base_url	同 url，但没有查询字符串部分
remote_addr	客户端的 IP 地址
environ	请求的原始 WSGI 环境字典

附录 3　Flask 框架响应对象提供的属性或方法

属性或方法	说明	属性或方法	说明
status_code	HTTP 数字状态码	content_length	响应主体的长度
headers	一个类似字典的对象，包含随响应发送的所有首部	content_type	响应主体的媒体类型
set_cookie()	为响应添加一个 cookie	set_data()	使用字符串或字节值设定响应
delete_cookie()	删除一个 cookie	get_data()	获取响应主体

附录 4　Flask 框架常用扩展

名称	功能描述	名称	功能描述
Flask-SQLAlchemy	ORM 操作数据库	Flask-Login	认证用户状态
Flask-Script	通过命令行的形式来操作 Flask	Flask-OpenID	基于 OpenID 的身份验证
Flask-Migrate	管理迁移数据库	Flask-RESTful	开发 REST API 的工具
Flask-WTF	表单验证	Flask-Bootstrap	集成前端 Bootstrap 框架
Flask-Mail	发送邮件	Flask-Moment	本地化日期和时间
Flask-Bable	提供国际化和本地化支持	Flask-Admin	简单而可扩展的后台管理

附录 5　Django 框架常用命令

名称	功能描述
python -m django --version	查看 Django 版本
django-admin startproject 项目名称	创建项目
python manage.py runserver	启动服务
python manage.py startapp 应用名称	创建应用
python manage.py makemigrations	生成迁移文件
python manage.py migrate	应用数据库迁移
python manage.py shell	进入交互式 Python 命令行
python manage.py createsuperuser	创建一个管理员账号

附录 6　Django 框架 setting.py 常用配置

名称	说明
BASE_DIR	项目路径
SECRET_KEY	秘钥
DEBUG = True	开启调试模式
ALLOWED_HOSTS=[ ]	域名访问权限
INSTALLED_APPS = ['django.contrib.admin', 'django.contrib.auth', 'django.contrib.contenttypes', 'django.contrib.sessions', 'django.contrib.messages', 'django.contrib.staticfiles',]	默认安装应用，说明如下： django.contrib.admin：管理员站点 django.contrib.auth：认证授权系统 django.contrib.contenttypes：内容类型框架 django.contrib.sessions：会话框架 django.contrib.messages：消息框架 django.contrib.staticfiles：管理静态文件的框架

DATABASES = {
'default': {
'ENGINE': 'django.db.backends.mysql',
'NAME': 'student_system',
'USER': 'root',
'PASSWORD': 'root'
}
}
	连接 MySQL 数据库配置，参数说明如下：
	'ENGINE'：驱动引擎，可以选择不同的数据库
	'NAME'：数据库名称
	'USER'：数据库用户名
	'PASSWORD'：数据库密码

STATIC_URL = '/static/'	静态资源文件夹
STATICFILES_DIRS = (os.path.join(BASE_DIR, "static"),)	静态文件目录
TEMPLATE_DIRS = (os.path.join(BASE_DIR, "templates"),)	模板文件目录
MIDDLEWARE = [ ]	中间件
ROOT_URLCONF = ' '	指定根级 url 的配置
TEMPLATES = [ ]	模板引擎的设置
AUTH_PASSWORD_VALIDATORS = [ ]	用户验证器
LANGUAGE_CODE = 'zh-Hans'	设置语言
TIME_ZONE = 'Asia/Shanghai'	设置时区
USE_I18N = True	国际化设置
USE_L10N = True	本地化设置
USE_TZ = True	使用默认时区

附录 7　Django 框架 ORM 常用 API

方法名	解释
filter()	过滤查询对象
exclude()	排除满足条件的对象
annotate()	使用聚合函数
order_by()	对查询集进行排序
reverse()	反向排序
distinct()	对查询集去重
values()	返回包含对象具体值的字典的 QuerySet

续表

方法名	解释
values_list()	与 values() 类似，只是返回的是元组而不是字典
dates()	根据日期获取查询集
datetimes()	根据时间获取查询集
none()	创建空的查询集
all()	获取所有的对象
union()	并集
intersection()	交集
difference()	差集
select_related()	附带查询关联对象
prefetch_related()	预先查询
extra()	附加 SQL 查询
defer()	不加载指定字段
only()	只加载指定字段
using()	选择数据库
select_for_update()	锁住选择的对象，直到事务结束
raw()	接收一个原始的 SQL 查询